高等教育应用型人才培养"十三五"规划教材

实用**有机化学**

李晓敏　俞铁铭　主　编
于文博　　副主编

化学工业出版社
·北京·

本书共分十四章，主要内容包括烃、卤代烃、含氧化合物、含氮化合物、杂环、对映异构、生命有机化合物的命名、性质、用途，重要代表化合物以及相关的分离提纯、干燥、萃取、合成、等技能操作和应用。

本书可作为高职高专类院校生物与化工大类、环境保护类、农业类等专业的教材，也可供其他相关专业人员参考使用。

图书在版编目（CIP）数据

实用有机化学/李晓敏，俞铁铭主编．—北京：化学工业出版社，2019.7 （2023.1重印）
高等教育应用型人才培养"十三五"规划教材
ISBN 978-7-122-34306-2

Ⅰ.①实… Ⅱ.①李…②俞… Ⅲ.①有机化学-高等学校-教材 Ⅳ.①O62

中国版本图书馆CIP数据核字（2019）第069398号

责任编辑：张双进　　　　　　　　　文字编辑：孙凤英
责任校对：张雨彤　　　　　　　　　装帧设计：王晓宇

出版发行：化学工业出版社（北京市东城区青年湖南街13号　邮政编码100011）
印　　装：天津盛通数码科技有限公司
787mm×1092mm　1/16　印张17　字数412千字　2023年1月北京第1版第4次印刷

购书咨询：010-64518888　　　　　　　售后服务：010-64518899
网　　址：http://www.cip.com.cn
凡购买本书，如有缺损质量问题，本社销售中心负责调换。

定　　价：49.00元　　　　　　　　　　　　　　　　　　版权所有　违者必究

前言
PREFACE

随着现代化职业教育和信息化教育教学的发展，对教材提出了新的要求。在编写中，我们以纸质教材为载体，建设了以视频、动画、主题讨论、新技术、行业领军人物专题资料等数字资源，并建设课程学习网站。通过多元化的教学形式，力求实现"线上＋线下"结合的"教""学"新模式。

在编写中，我们注意内容选取从培养技术应用型人才的目的出发，按照高职院校化工、制药等专业对有机化学教学的要求，以"必需和够用"为度，力求做到理论适中，加强应用，集理论、实验、习题为一体；其次，注意教学的启发性和学生思维能力的培养，教材内容力求做到由浅入深，难点分散，便于学生自主性学习；第三，习题的编写既有章节的练习（密切配合单元授课内容），也有附在各章之后的习题（有一定知识综合运用的题目），同时认真对作业题目进行了选取，按难度等级进行了比例划分，同时配有网络题库；注重课程教学的职业素养培养，实践能力上增加常用仪器和设备的使用、日常养护及常见问题处理、化学软件的使用等内容，通过拓展商栏目介绍学前企业生产中的新方法、新技术、行业领军人物等专题，使教材具有一定的前瞻性，提高学生学习兴趣，陶冶学生情操。

本书由杭州职业技术学院李晓敏、俞铁铭主编，于文博副主编，各章编写分工如下：俞铁铭（第一章至第三章），李晓敏（第五章至第七章、第九章），于文博（第四章、第十一章、第十四章），张慧燕（第八章上、第十二章、第十三章），何达（第八章下、第十章）。同时参与编写和材料提供的有河北化工医药职业技术学院的师俊杰副教授，宁波职业技术学院的杨伟群副教授，金华职业技术学院的盛柳青讲师及杭州新希望双峰乳液有限公司的张晓敏工程师，在此一并表示感谢。

本教材虽几易其稿，反复修订，但限于编者水平，不足之处在所难免，希望使用本书的师生和读者提出批评和建议，在此我们预先致以诚挚谢意，并在以后再版时完善。

编者
2018 年 11 月

目 录
Contents

第一章　认识有机化合物和有机实验室 ……………………………………………… 001

　第一节　有机化合物和有机化学 ……………………………………………… 001
　　一、有机化合物和有机化学的定义 ………………………………………… 001
　　二、有机化合物的性质特点 ………………………………………………… 002
　第二节　有机化合物中的共价键 ……………………………………………… 002
　　一、共价键的形成 …………………………………………………………… 002
　　二、共价键的类型 …………………………………………………………… 003
　　三、共价键的参数 …………………………………………………………… 004
　　四、共价键的极性 …………………………………………………………… 004
　　五、共价键的断裂和有机反应类型 ………………………………………… 005
　第三节　有机化合物分子的构造及其表示方法 …………………………… 005
　第四节　有机化合物的分类 …………………………………………………… 006
　　一、按碳骨架分类 …………………………………………………………… 006
　　二、按官能团分类 …………………………………………………………… 007
　第五节　学习有机化学的方法 ………………………………………………… 007
　第六节　有机化学实验的一般知识 …………………………………………… 008
　　一、有机化学实验室规则 …………………………………………………… 008
　　二、有机化学实验室的"6S"管理及安全环保常识 ……………………… 009
　　三、有机化学实验常用玻璃仪器及装置 …………………………………… 010
　　四、实验预习、实验记录和实验报告的基本要求 ………………………… 014
　拓展窗　未来的化学 …………………………………………………………… 015
　技能项目一　有机实验常用仪器的认知、洗涤、干燥及装配 …………… 016
　　一、工作任务 ………………………………………………………………… 017
　　二、主要工作原理 …………………………………………………………… 017
　　三、所需仪器、试剂 ………………………………………………………… 017
　　四、工作过程 ………………………………………………………………… 017
　　五、问题讨论 ………………………………………………………………… 017
　　六、方案参考 ………………………………………………………………… 017
　本章小结 ………………………………………………………………………… 018
　习题 ……………………………………………………………………………… 018

第二章　烷烃 ……………………………………………………………………… 020

　第一节　烷烃的通式、同系列和构造异构 …………………………………… 021
　　一、烷烃的通式和同系列 …………………………………………………… 021
　　二、烷烃的构造异构 ………………………………………………………… 021

第二节　烷烃的结构 ———————————————————— 021
　　一、碳原子的 sp³ 杂化及甲烷的结构 ——————————— 021
　　二、其他烷烃的结构及 σ 键的特点 ——————————— 023
　　三、烷烃的构象异构 ———————————————— 023
　　练习 ———————————————————————— 024
第三节　烷烃的命名 ———————————————————— 024
　　一、碳原子和氢原子的分类 —————————————— 024
　　练习 ———————————————————————— 025
　　二、重要的烷基 —————————————————— 025
　　三、烷烃的命名方法 ———————————————— 025
　　练习 ———————————————————————— 026
第四节　烷烃的物理、化学性质 ———————————————— 027
　　一、烷烃的物理性质 ———————————————— 027
　　练习 ———————————————————————— 028
　　二、烷烃的化学性质 ———————————————— 028
拓展窗　汽油的辛烷值及汽车尾气 ——————————————— 030
技能项目二　熔点的测定和温度计校准 ————————————— 031
　　一、工作任务 ——————————————————— 031
　　二、主要工作原理 ————————————————— 032
　　三、所需仪器、试剂 ———————————————— 032
　　四、工作过程 ——————————————————— 032
　　五、问题讨论 ——————————————————— 032
　　六、方案参考 ——————————————————— 033
　　七、注释 ————————————————————— 034
本章小结 ————————————————————————— 034
习题 ——————————————————————————— 035

第三章　烯烃和二烯烃　038

第一节　烯烃 ——————————————————————— 038
　　一、烯烃的结构 —————————————————— 038
　　二、烯烃的异构现象 ———————————————— 040
　　练习 ———————————————————————— 040
　　三、烯烃的命名 —————————————————— 041
　　练习 ———————————————————————— 043
　　四、烯烃的物理性质 ———————————————— 043
　　五、烯烃的化学性质 ———————————————— 043
　　练习 ———————————————————————— 046
　　练习 ———————————————————————— 047
　　练习 ———————————————————————— 048
第二节　二烯烃 —————————————————————— 049
　　一、二烯烃的分类 ————————————————— 049

二、二烯烃的命名 ………………………………………………… 049
　　练习 ……………………………………………………………… 049
　　三、共轭二烯烃的结构和共轭体系 …………………………… 049
　　四、共轭二烯烃的化学性质 …………………………………… 050
　拓展窗　高分子材料——塑料、橡胶和合成纤维 …………………… 052
　技能项目三　蒸馏法提纯工业乙醇 …………………………………… 053
　　一、工作任务 …………………………………………………… 053
　　二、主要工作原理 ……………………………………………… 053
　　三、所需仪器、试剂 …………………………………………… 054
　　四、工作过程 …………………………………………………… 054
　　五、问题讨论 …………………………………………………… 054
　　六、方案参考 …………………………………………………… 054
　　七、注释 ………………………………………………………… 055
　本章小结 …………………………………………………………………… 055
　习题 ………………………………………………………………………… 056

第四章　炔烃 …………………………………………………………… 060

　第一节　炔烃的通式、异构现象、结构及命名 ……………………… 060
　　一、炔烃的通式、异构现象 …………………………………… 060
　　二、炔烃的结构 ………………………………………………… 061
　　三、炔烃的命名 ………………………………………………… 061
　　练习 ……………………………………………………………… 062
　第二节　炔烃的物理、化学性质 ……………………………………… 062
　　一、烯炔的物理性质 …………………………………………… 062
　　二、炔烃的化学性质 …………………………………………… 063
　　练习 ……………………………………………………………… 065
　拓展窗　绿色化学 ………………………………………………………… 066
　技能项目四　鉴别液体石蜡、松节油和苯乙炔 ……………………… 068
　　一、工作任务 …………………………………………………… 068
　　二、主要工作原理 ……………………………………………… 068
　　三、所需仪器、试剂 …………………………………………… 068
　　四、工作过程 …………………………………………………… 069
　　五、问题讨论 …………………………………………………… 069
　本章小结 …………………………………………………………………… 069
　习题 ………………………………………………………………………… 070

第五章　脂环烃 ………………………………………………………… 071

　第一节　脂环烃的命名法 ……………………………………………… 072
　　一、环烷烃的命名 ……………………………………………… 072
　　二、环烯烃的命名 ……………………………………………… 072

三、双环脂环烃的命名 ———————————— 073
　　练习 ———————————————————— 073
第二节　环烷烃的结构与稳定性 ———————————— 073
第三节　脂环烃的性质 ———————————————— 074
　　一、环烷烃的物理性质 ———————————— 074
　　二、环烷烃的化学性质 ———————————— 074
　　三、环烯烃的化学性质 ———————————— 076
第四节　环烷烃的来源与制备 ———————————— 076
　　一、石油馏分异构化法 ———————————— 076
　　二、苯催化加氢法 ———————————————— 077
拓展窗　金刚烷 ———————————————————— 077
技能项目五　重结晶法提纯粗品苯甲酸 ———————— 078
　　一、工作任务 ———————————————— 078
　　二、主要工作原理 ———————————————— 078
　　三、所需仪器、试剂 ———————————— 080
　　四、工作过程 ———————————————— 080
　　五、注释 ———————————————————— 080
　　六、问题讨论 ———————————————— 081
本章小结 ———————————————————————— 081
习题 ——————————————————————————— 081

第六章　芳香烃 ———————————————————— 084

第一节　芳烃的分类和命名 ———————————————— 084
　　一、芳烃的分类 ———————————————— 084
　　二、芳烃的命名 ———————————————— 085
　　练习 ———————————————————— 087
第二节　苯的结构 ———————————————————— 087
第三节　苯及其同系物的物理、化学性质 ———————— 088
　　一、苯及其同系物的物理性质 ———————— 088
　　二、苯及其同系物的化学性质 ———————— 088
　　练习 ———————————————————— 092
第四节　苯环上亲电取代反应的规律 ———————————— 094
　　一、两类取代基——邻、对位取代基和间位取代基 ———— 094
　　二、取代基的立体效应 ———————————— 095
　　三、二元取代苯的定位规律 ———————————— 095
　　练习 ———————————————————— 096
　　四、定位规律的应用 ———————————————— 096
第五节　稠环芳烃 ———————————————————— 096
　　一、萘 ———————————————————————— 097
　　二、其他稠环芳烃 ———————————————— 097

第六节 芳烃的来源 098
　一、从煤焦油中提取芳烃 098
　二、石油芳构化 098
　三、从石油裂解副产物中提取芳烃 098
拓展窗 化学新型绿色催化剂——分子筛催化剂 099
技能项目六 环己烯、液体石蜡和甲苯的鉴别 100
　一、工作任务 101
　二、主要工作原理 101
　三、所需仪器、试剂 101
　四、工作过程 101
　五、问题讨论 101
　六、方案参考 101
　七、注释 102
本章小结 102
习题 103

第七章 卤代烃 106

第一节 卤代烃的分类和命名 106
　一、卤代烃的分类 106
　二、卤代烃的命名 107
　练习 108
第二节 卤代烃的制法 108
　一、烷烃卤代 108
　二、由烯烃制备 108
　三、由芳烃制备 109
　四、由醇制备 109
第三节 卤代烃的物理、化学性质 109
　一、卤代烃的物理性质 109
　二、卤代烃的化学性质 110
练习 111
练习 112
第四节 亲核取代反应机理 113
　一、双分子亲核取代反应机理（S_N2） 113
　二、单分子亲核取代反应机理（S_N1） 114
第五节 卤代烯烃与卤代芳烃 114
　一、卤代烯烃与卤代芳烃的分类 114
　二、卤代烯烃或卤代芳烃中卤原子的活泼性 115
练习 115
第六节 重要的卤代烃 116
　一、三氯甲烷 116

二、四氯化碳 ———— 116
　　三、氯苯 ———— 117
　　四、氯乙烯 ———— 117
　　五、氯化苄 ———— 118
　　六、二氟二氯甲烷 ———— 118
　　七、四氟乙烯 ———— 118
　拓展窗　氟里昂 ———— 119
　技能项目七　不同卤代烃的鉴别 ———— 120
　　一、工作任务 ———— 120
　　二、主要工作原理 ———— 120
　　三、所需仪器、试剂 ———— 120
　　四、工作过程 ———— 120
　　五、问题讨论 ———— 120
　　六、方案参考 ———— 120
　　七、注释 ———— 121
　本章小结 ———— 121
　习题 ———— 122

第八章　醇、酚、醚 ———— 125

　第一节　醇 ———— 125
　　一、醇的结构、分类和命名 ———— 125
　　练习 ———— 127
　　二、醇的制法 ———— 127
　　三、醇的物理性质 ———— 128
　　四、醇的化学性质及应用 ———— 128
　　练习 ———— 131
　　五、重要的醇 ———— 131
　第二节　酚 ———— 131
　　一、酚的结构、分类和命名 ———— 131
　　练习 ———— 132
　　二、酚的物理性质 ———— 132
　　三、酚的化学性质及应用 ———— 132
　　练习 ———— 134
　　四、重要的酚 ———— 134
　第三节　醚 ———— 134
　　一、醚的分类和命名 ———— 134
　　练习 ———— 135
　　二、醚的制法 ———— 135
　　三、醚的物理性质 ———— 136
　　四、醚的化学性质 ———— 136

练习 ·· 137
　　五、重要的醚 ··· 137
拓展窗　生物能源的新星：长链醇 ·· 137
技能项目八　环己烯的制备 ··· 138
　　一、工作任务 ··· 138
　　二、主要工作原理 ··· 139
　　三、主要试剂及产品的物理常数 ·· 139
　　四、工作过程 ··· 139
　　五、问题讨论 ··· 140
　　六、注释 ·· 140
本章小结 ··· 141
习题 ··· 143

第九章　醛、酮 ·· 146

第一节　醛、酮的分类命名 ··· 147
　　一、醛、酮的分类 ··· 147
　　二、醛、酮的命名 ··· 147
　　练习 ··· 148
第二节　醛、酮的制法 ·· 148
　　一、醇的氧化或脱氢 ··· 148
　　二、烯烃的氧化 ··· 148
　　三、芳烃的傅瑞德尔-克拉夫茨酰基化反应 ····················· 148
　　四、羰基合成 ··· 148
第三节　醛、酮的物理、化学性质 ·· 149
　　一、醛、酮的物理性质 ·· 149
　　二、醛、酮的化学性质 ·· 149
　　练习 ··· 152
　　练习 ··· 153
　　练习 ··· 154
　　练习 ··· 157
第四节　重要的醛、酮 ·· 157
　　一、甲醛 ·· 157
　　二、乙醛 ·· 158
　　三、苯甲醛 ··· 158
　　四、丙酮 ·· 159
　　五、环己酮 ··· 159
拓展窗　2015感动中国人物——屠呦呦事迹 ································· 160
技能项目九　乙醛、丙酮、正丁醇和苯甲醛的鉴别 ························ 161
　　一、工作任务 ··· 161
　　二、主要工作原理 ··· 161

三、所需仪器、试剂 ························· 162
　　四、工作过程 ····································· 162
　　五、问题讨论 ····································· 162
　　六、方案参考 ····································· 162
　　七、注释 ·· 162
本章小结 ·· 162
习题 ··· 164

第十章　羧酸及其衍生物 ························· 168

第一节　羧酸 ·· 168
　　一、羧酸的分类和命名 ····················· 168
　　练习 ·· 169
　　二、羧酸的制法 ································ 169
　　三、羧酸的物理性质 ························· 170
　　四、羧酸的化学性质及应用 ··············· 171
　　练习 ·· 173
　　五、重要的羧酸 ································ 173
第二节　羧酸衍生物 ······························· 174
　　一、羧酸衍生物的分类和命名 ··········· 174
　　练习 ·· 176
　　二、羧酸衍生物的物理性质 ··············· 176
　　三、羧酸衍生物的化学性质及应用 ····· 176
　　练习 ·· 180
拓展窗　说说合成纤维的故事 ················ 180
技能项目十　乙酸异戊酯的制备 ············· 182
　　一、工作任务 ····································· 182
　　二、主要工作原理 ····························· 182
　　三、主要试剂、主副产物的物理性质 · 182
　　四、实验装置 ····································· 183
　　五、实验步骤 ····································· 183
　　六、思考与讨论 ································ 184
　　七、注释 ·· 184
本章小结 ·· 184
习题 ··· 186

第十一章　含氮有机化合物 ······················ 189

第一节　硝基化合物 ······························· 189
　　一、硝基化合物的分类和命名 ··········· 189

二、硝基化合物的物理性质 191
三、硝基化合物的化学性质 191
第二节 胺 193
一、胺的分类和命名 193
练习 194
二、胺的制备 195
三、胺的物理性质 195
四、胺的化学性质 196
练习 197
第三节 重氮化合物和偶氮化合物 200
一、重氮盐的命名 200
二、重氮盐的制法 200
三、重氮盐的性质 201
第四节 腈 203
一、腈的命名 203
二、腈的性质 203
三、腈的制法 204
四、重要的腈——丙烯腈 204
拓展窗 偶氮染料 205
技能项目十一 乙酰苯胺的合成 206
一、工作任务 206
二、主要工作原理 206
三、所需仪器、试剂 206
四、工作过程 207
五、问题讨论 207
六、方案参考 207
七、注释 208
本章小结 208
习题 210

第十二章 杂环化合物 212

第一节 杂环化合物的分类和命名 212
一、杂环化合物的分类 212
二、杂环化合物的命名 213
第二节 五元杂环化合物 214
第三节 糠醛 215
一、结构 215
二、制法 216
三、性质和用途 216
第四节 六元杂环化合物 216

一、吡啶的结构 ———————————————————— 216
　　二、吡啶的性质 ———————————————————— 217
拓展窗　百年神奇药——阿司匹林 ———————————— 218
技能项目十二　乙酰水杨酸（阿司匹林）的制备 ————— 220
　　一、工作任务 ————————————————————— 220
　　二、主要工作原理 —————————————————— 220
　　三、所需仪器、试剂 ————————————————— 221
　　四、工作过程 ————————————————————— 221
　　五、问题讨论 ————————————————————— 221
　　六、注释 ——————————————————————— 221
本章小结 ————————————————————————— 222
习题 ——————————————————————————— 222

第十三章　对映异构 —————————————————— 224

第一节　偏振光与旋光性 ————————————————— 225
　　一、偏振光与旋光性 ————————————————— 225
　　二、旋光度与比旋光度 ———————————————— 225
第二节　物质的旋光性与分子结构的关系 ———————— 226
第三节　含一个手性碳原子的化合物的对映异构 ———— 227
　　一、对映异构体的构型表示方法 ——————————— 227
　　二、手性碳原子的构型的标记法 ——————————— 228
第四节　含两个手性碳原子的化合物的对映异构 ———— 229
　　一、含有两个不相同手性碳原子化合物的对映异构 — 229
　　二、含有两个相同手性碳原子化合物的对映异构 —— 230
第五节　手性药物 ———————————————————— 230
　　一、手性药物的定义 ————————————————— 230
　　二、手性药物的分类 ————————————————— 231
　　三、手性药物的制法 ————————————————— 231
拓展窗　反应停——沙利度胺 —————————————— 232
本章小结 ————————————————————————— 234
习题 ——————————————————————————— 234

第十四章　生命有机化合物 —————————————— 236

第一节　碳水化合物 ——————————————————— 236
　　一、单糖 ——————————————————————— 237
　　二、二糖 ——————————————————————— 244
　　三、多糖 ——————————————————————— 245
第二节　氨基酸和蛋白质 ————————————————— 246

一、氨基酸 ··· 246
　　二、多肽 ··· 250
　　三、蛋白质 ··· 251
拓展窗　米勒实验和生命的化学起源 ·· 252
技能项目十三　有机化合物结构绘制 ·· 254
　　一、工作任务 ··· 254
　　二、ChemDraw 软件使用的简要介绍 ·· 254
　　三、ChemDraw 软件操作练习题 ··· 255
　　四、问题讨论 ··· 255
本章小结 ·· 256
习题 ·· 257

参考文献 ··· **258**

第一章
认识有机化合物和有机实验室
Organic Compounds and Organic Laboratories

> 学习目标 (Learning Objectives)
>
> 1. 了解有机化合物的含义，掌握有机化合物的性质特点；
> 2. 掌握有机化合物中共价键的特点；
> 3. 了解有机化合物的分类原则，能识别常见的官能团；
> 4. 了解学习有机化学的方法；
> 5. 掌握有机化学实验的一般知识与技能。

第一节 有机化合物和有机化学

一、有机化合物和有机化学的定义

在化学上，通常将化合物分为两大类：无机化合物和有机化合物。将不含碳的化合物，如食盐、硫酸、氢氧化钠等称为无机化合物；另一类含碳的化合物，如甲烷、苯、酒精、乙酸等称为有机化合物。

有机化合物都含有碳，绝大多数有机化合物还含有氢，有的还含有氧、氮、硫及卤素等元素。从化学组成上，有机化合物可以看做是碳氢化合物以及从碳氢化合物衍生而得的化合物。因此，可以把有机化合物定义为碳氢化合物及其衍生物。研究有机化合物的化学称为有机化学。

最初有机化合物大多来自动植物体内，例如，1773年从哺乳动物的尿液中分离出尿素。当时人们认为有机物只能从有"生命力"的动植物有机体中得到，而不能通过人工方法合成得到。1828年，德国化学家武勒（Wohler）第一次由无机物氰酸铵制得了尿素：

$$\text{NH}_4\text{OCN} \xrightarrow{\Delta} \text{H}_2\text{N}-\overset{\overset{\displaystyle\text{O}}{\|}}{\text{C}}-\text{NH}_2$$

氰酸铵　　　　尿素

1845年柯尔伯（H. Kolber）合成了乙酸，同年柏塞罗（M. Berthelot）合成了油脂类的化合物。现在，成千上万的合成新药、合成染料和新型材料主要以石油为原料被合成。不但可以合成与天然有机化合物完全相同的有机化合物，而且可以制备出由生物体得不到的、比天然有机化合物用途更广的新的有机化合物。"有机化合物"和"有机化学"这些名词仍沿用至今，但含义已完全不同。

二、有机化合物的性质特点

与无机化合物比较起来，有机化合物一般具有以下特点。

1. 易燃烧

有机化合物是碳氢化合物及其衍生物，所以大多数容易燃烧。燃烧后生成二氧化碳和水，若含其他元素，则生成这些元素的氧化物。无机化合物一般不易燃烧。

2. 熔点、沸点较低

有机物分子间的聚集状态主要取决于微弱的分子间作用力，使固态有机物熔化或液态有机物汽化时所需的能量较低，所以有机化合物的熔点、沸点较低。有机化合物的熔点一般不超过400℃。

3. 难溶于水而易溶于有机溶剂

大多数有机物是弱极性或非极性分子，水是极性分子。根据"相似相溶"原理，绝大多数有机物难溶于水，而易溶于有机溶剂。

4. 反应速率慢且副反应多

有机化合物分子中的共价键在反应过程中的断裂比无机化合物分子中的离子键困难，所以有机化合物反应速率较慢。此外，在反应时有机分子中的各个部位均会受到影响，这使得有机反应常常不是局限在一个特定部位，从而导致产物的多样化，副反应多，产率较低。

上述特点也有一些例外，如 CCl_4 不但不燃烧，反而能灭火，是一种灭火剂；极性较大的有机物，如乙醇、乙酸等易溶于水；随着人们对分子结构和反应过程的深入了解，现在已经发现了一些产物专一、产率可达95%甚至100%的有机反应，但毕竟还不多见。

第二节　有机化合物中的共价键

有机化合物分子中的原子不是简单随意地堆积在一起，而是通过一种作用力结合在一起，这种作用力就是共价键，共价键是有机化合物分子中最常见的化学键。

一、共价键的形成

电子在原子核外高速运动，并没有固定的轨道，只能用统计的方法来推断电子在原子核外某个区域出现概率的大小。由于电子高速运转，而且运动的空间是立体的，就好像带负电的云雾笼罩在原子核外，人们形象地称之为电子云。通常把原子核外空间电子出现概率最大的区域称为原子轨道。

有机化学中常见的原子轨道有s轨道和p轨道。s轨道呈球形，p轨道呈哑铃形。p轨道共有三个伸展方向，每个轨道对称轴分别是 x、y、z 三个轴（图 1-1）。

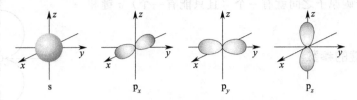

图 1-1　s、p 原子轨道示意

按照价键理论的观点，共价键的形成是原子轨道的重叠或电子配对的结果，如果两个原子都有未成键电子，各出一个电子配对而形成的共用电子对，就形成了共价键。例如，当两个氢原子相互靠近时，随着核间距的减小，两个 1s 原子轨道发生重叠，在核间形成一个电子云密度较大的区域，增强了核对它们的吸引，同时部分抵消了两核间的排斥，从而形成稳定的共价键（图 1-2）。

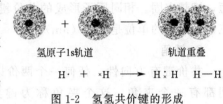

图 1-2　氢氢共价键的形成

共价键有饱和性。一个未成对电子已经配对成键，就不能再与其他未成对电子配对。每个原子成键的总数或以单键连接的原子数目是一定的。原子中的未成对电子数决定键总数。例如，碳原子外层存在 4 个未成对电子，即可形成 4 个共价键。

共价键也有方向性。因为原子轨道具有一定的方向性，在形成共价键时，只有当成键原子轨道沿合适的方向相互靠近才能达到最大程度的重叠，形成稳定的共价键。

二、共价键的类型

根据原子轨道重叠方式，将共价键分为 σ 键和 π 键。

1. σ 键

原子轨道沿两原子核的连线（键轴），以"头顶头"方式重叠，重叠部分集中于两核之间，通过并对称于键轴，这种键称 σ 键。形成 σ 键的电子称为 σ 电子，图 1-3 所示的 Cl—H 键、Cl—Cl 键均为 σ 键。

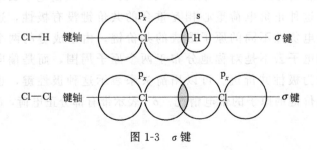

图 1-3　σ 键

2. π 键

当原子轨道垂直于两原子核连线，以"肩并肩"方式重叠，重叠部分在键轴的两侧并对称于与键轴垂直的平面，这样形成的键称为 π 键（图 1-4）。形成 π 键的电子称为 π 电子，例如，乙烯和乙炔中的 π 键。

当两原子形成双键或三键时,既有 σ 键又有 π 键。例如,乙烯分子的两个碳原子之间就有一个(且只能有一个)σ 键和一个 π 键。

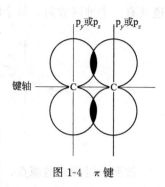

图 1-4 π 键

三、共价键的参数

1. 键长

形成共价键的两个原子核之间的平均距离称为键长。不同的共价键有不同的键长,即使是同一类型的共价键,在不同化合物分子中,键长也有差别。一般两个原子之间形成的键长越短,键越牢固。相同原子形成的共价键的键长:单键>双键>三键。键长的单位是纳米(nm)。

2. 键角

共价键有方向性,任何一个两价以上的原子,在与其他原子所形成的两个共价键之间都有一个夹角,这个夹角称为键角。例如,甲烷分子中的 H—C—H 键间的夹角是 109.5°。

3. 键能

共价键形成时会放出能量,断裂时要吸收能量,这个能量等于共价键的键能。键能越大断裂时所需要的能量越大,表明该键越牢固,所以键能也是共价键牢固程度的参数。键能的单位是 kJ/mol。常见共价键的键长和键能见表 1-1。

表 1-1 常见共价键的键长和键能

键型	键长/nm	键能/(kJ/mol)	键型	键长/nm	键能/(kJ/mol)
C—C	0.154	347	C—N	0.147	305
C=C	0.134	611	C—F	0.142	485
C≡C	0.120	837	C—Cl	0.178	339
C—H	0.109	415	C—Br	0.191	285
C—O	0.143	360	C—I	0.213	218

四、共价键的极性

两个相同原子形成的共价键,例如 H—H、Cl—Cl,成键电子云对称地分布于两个成键的原子之间,这种正负电荷重心相互重合的共价键没有极性,这种共价键称为非极性共价键。两个电负性不同的原子形成的共价键,由于成键的两个原子对价电子的吸引力不同,成键电子云不是对称地分布于两个原子周围,而是偏向电负性较大的一方,这种共价键称为极性共价键。可以用箭头来表示这种极性键,也可以用 δ^+ 和 δ^- 来表示构成极性共价键的原子的带电情况。δ^+ 表示带有部分正电荷,δ^- 表示带有部分负电荷。例如:

$$\overset{\delta^+}{H} \longrightarrow \overset{\delta^-}{Cl} \qquad \overset{\delta^+}{CH_3} \longrightarrow \overset{\delta^-}{Cl}$$

元素吸引电子的能力,叫做元素的电负性。电负性值大的原子其吸引电子的能力强。成键的两个原子的电负性值相差越大,共价键的极性也越大。表 1-2 列出了有机化合物中常见元素的电负性。

表 1-2　有机化合物中常见元素的电负性

H	C	N	O	S	F	Cl	Br	I
2.1	2.5	3.0	3.5	2.5	4.0	3.2	2.9	2.7

五、共价键的断裂和有机反应类型

化学反应的实质就是旧键的断裂和新键的生成。在有机反应中，连接两个原子或基团的共价键断裂时有两种不同的方式。

1. 均裂

一个共价键断裂时，共用的一对电子平均地分给两个成键原子，这种断裂方式称为均裂。

$$A \colon B \xrightarrow{\text{均裂}} A \cdot + B \cdot$$

均裂产生的 A 和 B 各带有一个成单电子，称为自由基（或游离基）。一般以 R· 表示自由基，例如 $CH_3 \cdot$ 为甲基自由基。

自由基活性很高，会引发一系列反应，这种反应称为均裂反应或自由基反应。

2. 异裂

一个共价键断裂时，共用的一对电子完全转移到一个原子上，这种断裂方式称为异裂。

$$A \colon B \xrightarrow{\text{异裂}} A^+ + \colon B^-$$

$$A \colon B \xrightarrow{\text{异裂}} \colon A^- + B^+$$

异裂产生正离子和负离子，一个带有孤对电子，一个带有空轨道。例如，氯甲烷可以异裂生成甲基碳正离子（CH_3^+）和氯负离子（Cl^-）。

在有机反应中，按异裂方式进行的反应叫做异裂反应或离子型反应。离子型反应分为亲电反应和亲核反应。在反应过程中接受电子的试剂称为亲电试剂，在反应过程中能提供电子而进攻反应物中带部分正电荷的碳原子的试剂称为亲核试剂。由亲电试剂进攻而引发的反应称为亲电反应，由亲核试剂进攻而引发的反应称为亲核反应。

例如，烯烃可使 Br_2/CCl_4 溶液褪色，该反应就是共价键发生异裂，是典型的离子型亲电加成反应。

第三节　有机化合物分子的构造及其表示方法

表示分子内原子间相互连接顺序的化学式称为构造式。有机化合物的构造式有 3 种表示方式。

1. 短线式

用一条短线表示一对共用电子对，即代表一个共价键，双键以两条短线相连，三键则以三条短线相连。例如：

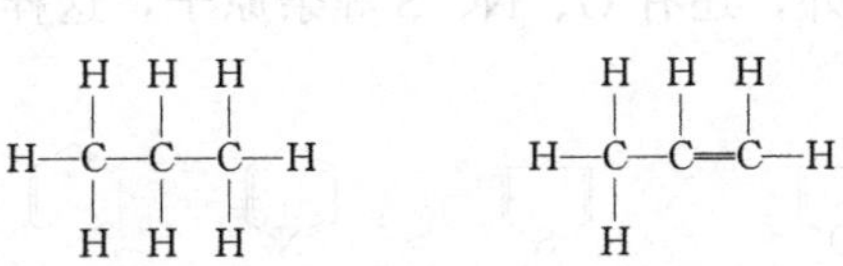

丙烷　　　　　　丙烯

2. 缩简式

省略掉一些代表单键的短线，就是缩简式。例如：

$CH_3CH_2CH_3$　　　　　　　　$CH_3CH=CH_2$

丙烷　　　　　　　　　　　　　丙烯

3. 键线式

不写出碳原子和氢原子，用短线表示碳碳键，短线的连接点和端点表示碳原子，称为键线式。例如：

正戊烷　　　环己烷　　　2-氯丁烷　　　环戊烯

第四节　有机化合物的分类

由于有机化合物数目庞大，为了研究和学习的方便，把有机化合物按照结构分成若干类。一般的分类方法有以下两种。

一、按碳骨架分类

1. 开链化合物

这类化合物中的碳链两端不相连，是打开的，碳链可长可短，碳碳之间的键可以是单键、双键或三键等不饱和键。由于它们最早是从脂肪中发现的，故又称为脂肪族化合物。例如：

$CH_3CH_2CH_3$　　　$CH_3CH_2CH=CH_2$　　　$CH_3CH_2CH_2Br$　　　$CH_3CH_2CH_2OH$

丙烷　　　　　　1-丁烯　　　　　　　正丙基溴　　　　　　正丙醇

2. 脂环族化合物

这类环状化合物的结构和性质与脂肪族化合物有相似之处，故称为脂环族化合物。例如：

环己烷　　　环戊二烯　　　环戊醇　　　环己基甲酸

3. 芳香族化合物

一般指分子中含有一个或多个苯环的化合物。例如：

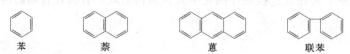

苯　　　　萘　　　　蒽　　　　联苯

4. 杂环化合物

组成环的原子除碳原子外，还有 O、N、S 等杂原子，这样的环状化合物称为杂环化合物。例如：

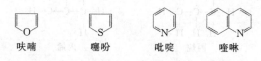

呋喃　　　噻吩　　　吡啶　　　喹啉

上述后三类也合称为闭链化合物。

二、按官能团分类

官能团是指分子中比较活泼、容易发生反应的原子或基团。它决定化合物的主要性质，含有相同官能团的化合物具有相似的性质（表 1-3）。

表 1-3　一些常见化合物类别和官能团

有机化合物类别	官能团式子	官能团名称	实　　例
烯烃	$\mathrm{C}=\mathrm{C}$	双键	$CH_2=CH_2$　乙烯
炔烃	$-C\equiv C-$	三键	$HC\equiv CH$　乙炔
卤代烃	$-X$	卤素	CH_3CH_2Cl　氯乙烷
醇和酚	$-OH$	羟基	CH_3CH_2OH　乙醇 C_6H_5OH　苯酚
醚	$(C)-O-(C)$	醚键	$CH_3CH_2OCH_2CH_3$　乙醚
醛和酮	$\begin{array}{c}-C-\\ \parallel\\ O\end{array}$	羰基	CH_3OCH_3　丙酮 CH_3CHO　乙醛
羧酸	$-COOH$	羧基	CH_3COOH　乙酸
酯	$-COOR$	酯基	$CH_3COOC_2H_5$　乙酸乙酯
酰胺	$-CONH_2$	酰胺基	CH_3CONH_2　乙酰胺
酰卤	$\begin{array}{c}-C-X\\ \parallel\\ O\end{array}$	酰卤基	CH_3COCl　乙酰氯
酸酐	$\begin{array}{c}-C-O-C-\\ \parallel\quad\quad\parallel\\ O\quad\quad O\end{array}$	酸酐基	$(CH_3CO)_2O$　乙酸酐
硝基化合物	$-NO_2$	硝基	$C_6H_5NO_2$　硝基苯
胺	$-NH_2$	氨基	$C_6H_5NH_2$　苯胺
偶氮化合物	$(C)-N=N-(C)$	偶氮基	$C_6H_5N=NC_6H_5$　偶氮苯
重氮化合物	$-N_2X$	重氮基	$C_6H_5N=N-Cl$　氯化重氮苯
硫醇和硫酚	$-SH$	巯基	C_2H_5SH　乙硫醇
磺酸	$-SO_3H$	磺（酸）基	$C_6H_5SO_3H$　苯磺酸

第五节　学习有机化学的方法

1. 学好结构

有机化合物的性质是由分子结构决定的，学习分子的结构有些枯燥，但搞清楚化合物的结构，尤其是官能团的结构，对理解化合物的性质是很有帮助的，可避免死记硬背，提高学习效率。

2. 重视分类

有机化合物数量庞大，不可能学习每一个化合物的性质，但是每一类别的有机化合物有它们相似的地方，例如按照官能团分类，只要学好某类化合物中几个典型化合物的性质，就可以举一反三，掌握该类所有物质的性质，所以一定要重视分类方法的学习。

3. 善于总结

归纳和总结也是学好有机化学的重要环节。众多有机化合物的命名、反应与合成是有一定规律的。要学会揭示各类化合物之间的内在联系，找出它们的共性和不同官能团化合物的个性之间的关系。有机化合物的合成是有机化学的重点，也是学习的难点。只有勤于思考，善于归纳总结，培养自学能力，不断提高分析问题和解决问题的能力，熟练掌握化合物的性质和相互转化规律，一切问题都会迎刃而解。

学习方法因人而异，但共同点是理解、记忆、应用，同时注意做好下列几点：课前预习，利于听课效果；课堂认真听讲，降低学习难度；课后归纳比较，提高复习效率。

第六节　有机化学实验的一般知识

一、有机化学实验室规则

在有机化学实验中经常用到一些易燃、易爆的试剂（如乙醇、苯和乙醚等）和腐蚀性的试剂（如浓硫酸、浓硝酸、浓盐酸、烧碱等），实验过程中也经常使用玻璃器皿、燃气、电气设备等。因此，在实验过程中要时刻注意安全问题，特别是对于刚刚接触有机实验的低年级学生，更要认真做好课前预习，了解所做实验中用到的试剂和仪器的性能、用途、可能出现的问题及预防措施等，并严格按照操作规程进行实验，确保实验的顺利进行。

① 熟悉实验室水、电、燃气的阀门，消防器材、洗眼器与紧急淋浴器的位置和使用方法；熟悉实验室安全出口和紧急情况时的逃生路线。

② 掌握实验室安全与急救常识，进入实验室应穿实验服并根据需要戴防护眼镜。实验服要求长袖和过膝，不准穿短裤、拖鞋或凉鞋进行实验；书包、衣物及与实验无关物品应放在远离实验台的衣物柜中；要保持实验室的良好秩序，不允许在实验室使用手机听音乐、玩游戏等与实验无关的活动，不能大声喧哗、打闹或随处走动、吸烟或进食等。

③ 实验前认真预习，了解实验目的、原理、合成路线以及实验过程可能出现的问题，查阅有关文献，明确各化合物的物理化学性质，最后写出预习报告。

④ 实验开始前，先检查仪器是否完好无损（如玻璃器皿是否破裂，接口是否结合紧密，电气线路是否完好等），如有问题应及时报告指导教师。

⑤ 严格按照实验步骤进行实验，注意观察实验现象并如实记录。

⑥ 严防水银等有毒物质流失而污染实验室，破损温度计及发生意外事故要及时向老师报告并采取必要的措施；重做实验必须经实验指导老师的批准；损坏仪器、设备应如实说明情况并按规定予以赔偿。

⑦ 保持实验室桌面、地面、水池清洁，废纸、火柴杆等杂物禁止扔进水槽以免堵塞；废弃有机溶剂要倒入指定的回收瓶中，废液及废渣不许倒进水池，必须倒在指定的废液瓶中；实验开始前和结束后要清理自己的实验台，离开时要将公用仪器摆放整齐。

⑧ 保持实验台整洁，取用试剂要小心，防止试剂撒在实验台上，撒落的试剂要及时处理；称量纸要预先准备好，称量后将自己的称量纸带走并将天平（或台秤）归零；防止皮肤直接接触实验试剂，否则应及时清洗。

⑨ 节约水、电、燃气及其他消耗品，严格控制试剂用量；公用仪器和试剂用完要放回原处，不得将实验所用仪器、试剂带出实验室。

⑩ 实验结束后，应将自己的实验台整理好，关闭水、电、燃气，认真洗手，实验记录交老师审阅，签字后方可离开实验室；值日生要做好清洁卫生工作，检查实验室安全，关好门、窗，检查水、电、燃气的阀门，待老师检查同意后方可离开实验室。

二、有机化学实验室的"6S"管理及安全环保常识

"6S"管理是在"5S"管理的基础上发展起来的,"5S"管理是20世纪80年代兴起于日本的先进的现场管理方法,在丰田等公司的倡导推行下,以低成本有效地提高了生产效率和办公效率。"5S"管理的核心思想由"整理(Seiri)、整顿(Seiton)、清扫(Seiso)、清洁(Seiketsu)、素养(Shitsuke)"组成,由于其日文单词发音的首字母均为"S",故名"5S"管理。海尔集团在"5S"管理模式的运作上又加了一个"S"(Safety),一切工作均以安全为前提,成为海尔"6S"管理。

在有机化学实验中,会经常接触易燃、易爆、有毒、有腐蚀性的药品,如若使用或处理不慎后果不堪设想,因此要特别注意防火、防爆、防中毒、防灼伤,所以熟悉有机化学实验室的"6S"管理,知晓有机化学实验室安全与环保常识非常重要。

1. "6S"管理常识

(1) 整理 将工作场所中的所有物品区分必要的与不必要的,必要的留下来,不必要的彻底清除。其目的是改善、拓宽实验实训(含实习)作业面积;畅通通道,提高工效;减少和避免器皿、物件磕碰,保证质量。

(2) 整顿 将物品分门别类地按规定的位置放置,并摆放整齐,加以标志,将不属于实验实训室的物品清出。将未经许可带入或不使用的有毒、易燃、易爆物品清出。将有害、非实验使用的物品清出。其目的是使物品类别、数量清晰,取放方便,井然有序。

(3) 清扫 将实验实训室保持在无垃圾、无灰尘、干净整洁的状态。将整个橱柜抽屉或整个实验实训室打扫擦拭干净,保持仪器设备表面清洁。其目的是随时保持一个整洁、明快、舒畅的实验实训作业环境,保证安全、优质、高效地工作。

(4) 清洁 岗位人员(含实验实训学生)在整理、整顿、清扫的基础上对实训现场认真维护,保持最佳的完美状态,是前三项的继续与细化,并形成制度化、规范化。其目的是通过制度化来维持成果。

(5) 素养 人人养成好习惯,按规定行事,具有积极进取的精神。其目的是培养具有良好习惯、遵守规则的学员。

(6) 安全 消除隐患,创造良好的、安全的实验实训(含实习)环境。其目的是避免各类事故的发生。

2. 安全常识

① 不能用敞口容器加热和盛放易燃、易挥发的化学试剂。应根据实验要求和物质特性选择正确的加热方法。如对沸点低于80℃的易燃液体,加热时应采用间接加热,而不能直接加热。

② 尽量防止或减少易燃物气体的外逸。处理和使用易燃物时,应远离明火,注意室内通风,及时将蒸气排出。

③ 使用易燃易爆物品时,应严格按操作规程操作,要特别小心。

④ 控制加料速度和反应温度,避免反应过于猛烈。

⑤ 常压操作时,不能在密闭体系中加热或反应;减压操作时,不能用平底烧瓶等不耐压容器。

⑥ 一切涉及有毒、有刺激性、有恶臭物质的实验,均应在通风橱中进行。若反应中有有毒、有腐蚀性的气体放出,要安装尾气吸收装置。

⑦ 倾倒试剂，开启易挥发的试剂瓶及加热液体时，不要俯视容器口，以防流体溅出或气体冲出伤人。不可用鼻孔直接对着瓶口或试管口嗅闻气体，只能用手煽闻。

⑧ 使用浓酸、浓碱、溴、铬酸洗液等具有强腐蚀性的试剂时，切勿溅在皮肤或衣服上。如溅到身上应立即用大量水冲洗。

⑨ 高压钢瓶、电气设备、精密仪器等在使用前必须熟悉使用方法和注意事项，严格按要求使用。

3. 环保常识

有机化学实验会产生各种有毒的废气、废液和废渣，若直接排放，会造成严重的环境污染；因此有机化学实验室废弃物应集中，统一处理后再排放。

对于废气：若实验产生的有毒气体量较少，可在通风橱中进行，通过排风设备把有毒气体排到室外，由大量的空气稀释有毒气体；若产生有毒气体的量较多，可安装尾气吸收装置，通过用尾气吸收装置中的物质与有毒气体作用，使其转化为无毒的物质后再排放。

对于废液或废渣：实验室应备有废液缸或回收瓶，将其集中处理后再排放或深埋。有毒的废渣应深埋在指定的地点，若有毒废渣能溶于水，必须经处理后方可深埋。

4. 常见小事故的处理

(1) 火灾 一旦发生火灾，应首先切断电源，移走易燃物，然后根据起火原因及火势采取适当的灭火方法。若是瓶内反应物着火，用石棉布盖住瓶口，火即熄灭；若是地面或桌面着火，火势不大时，可用淋湿的抹布或砂子灭火；若是衣服着火，立即就近卧倒，在地上滚动灭火；若火势较大，可用灭火器灭火。

(2) 烫伤 较轻的烫伤或烧伤，可用90%～95%的酒精轻拭伤处，或用稀高锰酸钾溶液擦洗伤处，然后涂凡士林或烫伤油膏；若伤势较重，用消毒纱布小心包扎后，及时送医院治疗。

(3) 化学灼伤 先用大量水冲洗再根据不同的灼伤情况做相应处理。若是强酸灼伤，可擦上碳酸氢钠油膏或凡士林；酸溅入眼中时，用大量水冲洗后，再用饱和碳酸氢钠溶液或氨水冲洗，最后用水清洗。若是强碱灼伤，可用柠檬酸或硼酸饱和溶液冲洗，再擦上凡士林；若溅入眼中，用硼酸溶液冲洗，再用水清洗。

(4) 误食毒物 若溅入口中还未下咽，应立即吐出，并用大量水冲洗口腔；若是误食强酸，先饮大量水，然后服用氢氧化铝膏、鸡蛋清，再用牛奶灌注；若误食强碱，也应先饮大量水，然后服用醋、酸果汁、鸡蛋清，再用牛奶灌注；若是其他刺激性毒物，可服一杯含5～10mL 5%硫酸铜溶液的温水，再用手指伸入喉部，刺激促使呕吐，然后送医院治疗。

(5) 吸入毒气 若吸入刺激性毒气，可吸入少量乙醇和乙醚的混合蒸气，然后到室外呼吸新鲜空气。

三、有机化学实验常用玻璃仪器及装置

熟悉有机实验中常用玻璃仪器及设备的性能、使用方法及保养，是实验顺利进行的保障。

1. 常用玻璃仪器

玻璃仪器一般由软质玻璃和硬质玻璃两种材料制成。软质玻璃耐温、耐腐蚀性差，价格相对便宜，一般用于制作漏斗、量筒、吸滤瓶、干燥器等不耐温的仪器。硬质玻璃具有较好的耐温和耐腐蚀性，制成的仪器可在温度变化较大的情况下使用，如烧瓶、烧杯、冷凝

管等。

目前普遍生产和使用的玻璃仪器大多为标准磨口玻璃仪器,根据其口径不同,有10、12、14、19、24、29、34等编号。相同编号的磨口仪器,口径一致,连接紧密,使用时可以互换,组装成多种不同的实验仪器装置。常用玻璃仪器的有关内容见表1-4。

表1-4　有机实验常用的玻璃仪器

仪器图示	规　格	用　途	使用注意
 烧杯	有一般型和高型、有刻度和无刻度等几种。规格以容积(mL)表示	配制溶液或溶解固体;反应物量多时,可作反应器;也可作简单水浴	加热前先将外壁水擦干,放在石棉网上;反应液体不超过容积的2/3,加热液体不超过容积的1/3
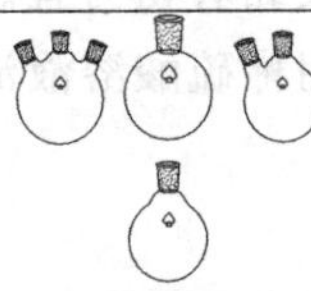 烧瓶	有平底、圆底、长颈、短颈;细口、磨口、圆形、茄形、梨形;单口、二口、三口、四口等种类	用作反应器、蒸馏容器,多口的可装配温度计、搅拌器、加料管,或通过蒸馏头与冷凝管连接	反应物料或液体不超过容积的2/3,也不宜太少;加热要固定在铁架台上,预先将外壁擦干,下垫石棉网等;圆底烧瓶放在桌面上,下面要放有木环或石棉环,以免翻滚损坏
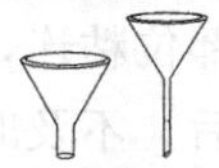 漏斗	有短颈、长颈、粗颈、无颈等种类。规格以斗颈(mm)表示	用于过滤;加料;长颈漏斗常用于装配气体发生器,作加液用	过滤时,漏斗颈尖端要紧贴容器的内壁;长颈漏斗在气体发生器中作加液用时,颈尖端应插入液面以下
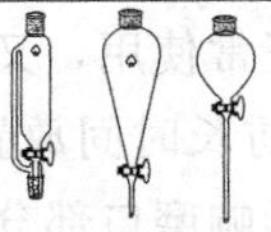 分液、滴液漏斗	有球形、梨形、筒形、锥形等,规格以容积(mL)表示	互不相溶的液液分离;液体的洗涤和萃取;加料	不能用火加热;漏斗活塞不能互换;用作萃取时,振荡初期应放气数次;分液时,上口塞要接通大气
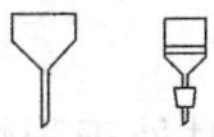 布氏漏斗、吸滤瓶、吸滤管 	布氏漏斗有瓷制品或玻璃制品,规格以直径(cm)表示。吸滤瓶以容积(mL)表示大小。吸滤管以直径×管长(mm)表示	连接到水泵或真空系统中进行结晶或沉淀的减压过滤	不能用火加热;漏斗和吸滤瓶大小要配套;滤纸直径要略小于漏斗内径;过滤前,先抽气,结束时,先断开抽气管和吸滤瓶连接处,再停抽气,以防液体倒吸
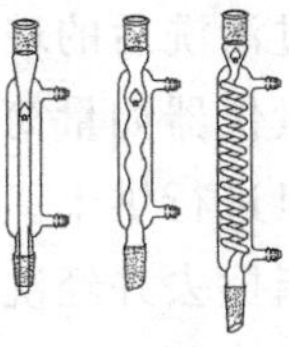 冷凝管	有直形、球形、蛇形、空气冷凝管等多种。规格以外套管长(cm)表示	球形和蛇形的冷却面积大,适宜加热回流时用;直形的不易积液,适宜蒸馏冷却时用;沸点高于140℃的液体蒸馏,可用空气冷凝管	下支管进水,上支管出水。开始进水缓慢,水流不能太大
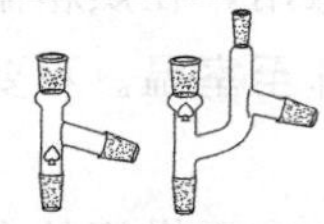 蒸馏头、克氏蒸馏头	标准磨口仪器	用于蒸馏,与温度计、烧瓶、冷凝管连接	磨口处要洁净;减压蒸馏时,要选用克氏蒸馏头,并在各连接口上涂真空油脂
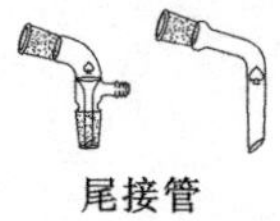 尾接管	标准磨口仪器,分单尾和多尾两种	承接蒸馏出来的冷凝液体。在减压蒸馏时,其支管接真空系统	磨口处要洁净;减压蒸馏时,在各连接口上涂真空油脂

2. 玻璃仪器的清洗

实验用的玻璃仪器，在实验结束后应立即清洗。久置不洗会使污物牢固地黏附在玻璃表面，造成事后清洗的困难。实验者应养成及时清洗、干燥玻璃仪器的好习惯。

玻璃仪器的清洗方法应根据所进行实验的性质、污物量或污染程度而定。最常用的方法是用毛刷沾少许洗涤剂轻擦玻璃仪器的内外，再用水淋洗干净即可。

对于黏性或焦油状残迹等，用一般方法不容易清洗干净，可用少量有机溶剂浸泡一段时间。待黏着物溶解后，再将溶剂倒回回收瓶内，然后再用清水冲洗干净。丙酮、乙醚、乙醇、氯仿、二氯乙烷等是常用的有机溶剂。其中前3种易燃，在使用时应远离明火，注意操作的安全性。

对于难洗的酸性黏着物或焦性物质，可用稀碱溶液煮洗，其用量以盖没黏着物为宜。待黏着物溶解后，倒出稀碱溶液，玻璃仪器用水冲洗干净。以同样方法，可用稀硫酸溶液清洗碱性残留物。

3. 玻璃仪器的保养

磨口玻璃仪器使用不当，会使磨口连接部位或磨口塞粘连在一起，影响实验进程，甚至会使仪器报废。例如，用磨口锥形瓶久贮碱性溶液而不经常启用，会使磨口部位粘连，瓶塞不能启开。在使用标准磨口玻璃仪器组装的反应装置进行实验时，实验完成后，不及时拆卸仪器进行清洗，则容易发生磨口部件之间的粘连。

因此磨口玻璃仪器要勤于保养，使之随时处于待用的状态，既能保证正常使用，又能延长其使用寿命。经过清洗、干燥后的各磨口连接部位，应垫衬一纸片，以防长时间放置后，磨口粘连不能启开。在清洗、干燥或保存时，不要使磨口碰撞而受损伤，影响磨口部分的密闭性。

4. 玻璃仪器的干燥

在玻璃仪器经过认真清洗后，都要进行干燥处理，使待用的玻璃仪器时时处于干燥、清洁的状态。这是因为许多有机反应都要求在无水溶剂中进行，若从反应容器或其他器具中混入水分将导致实验的失败。

（1）自然干燥　将经过清洗后的玻璃仪器倒置，让其自然干燥，可供下次实验时用。但一些有机反应必须是绝对无水的，所以必须进行下面的烘干处理。

（2）烘箱干燥　用电烘箱进行干燥是经常采用的一种干燥方法。将经过清洗后的玻璃仪器倒置，流去表面水珠后，再送入烘箱内干燥。注意，不能将有刻度的容量仪器如量筒、量杯、容量瓶、移液管、滴定管进入烘箱内烘干，也不能将吸滤瓶等厚壁器皿进行烘干。有磨口的玻璃仪器如滴液漏斗、分液漏斗等，应将磨口塞、活塞取下，将其油脂擦去并经洗净后再烘干，因漏斗的活塞不能互换，烘干时不要配错。

在从电烘箱中取出玻璃仪器时，应待烘箱温度自然下降后取出。如因急用，在烘箱温度较高时取出玻璃仪器时，应戴手套并将玻璃仪器在石棉网上放置，慢慢冷却至室温。不要将温度较高的玻璃仪器与铁质器皿等冷物体直接接触，以免损坏玻璃器皿。

（3）热气流干燥　将经过清洗后的玻璃仪器，倒插入热气流干燥器的各支干燥用的金属管上，经过热空气加热后，可快速干燥。

用电吹风机的热空气可对小件急用玻璃仪器进行快速吹干。

5. 常用玻璃仪器装置

常用的玻璃仪器装置有以下几种。

(1) 回流装置　许多有机化学反应和某些固体的溶解，需要在较长时间的沸腾状态下进行，为防止被加热的反应物或溶剂的蒸气逸出，需使用回流装置。

回流是指沸腾液体的蒸气经冷凝管又流回原容器中的过程。回流装置由汽化和冷凝两部分组成。主要仪器有：圆底烧瓶（或平底烧瓶和三角瓶）、球形冷凝管（或空气冷凝管、蛇形冷凝管）。实验室常用的回流装置如图 1-5 所示。图 1-5(a) 是普通的回流装置；图 1-5(b) 是带气体吸收的回流装置，适用于回流时有水溶性气体，特别是有害气体的产生；图 1-5(c) 是带有干燥管的回流装置，适用于水汽的存在会影响物料的反应；图 1-5（d）是带有水分离器的回流装置，可及时排除生成的水。

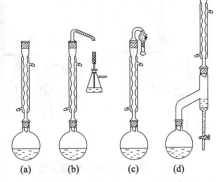

图 1-5　常用的回流装置

(2) 搅拌回流装置　一些常用搅拌回流装置如图 1-6 所示。装置中的搅拌棒一般由玻璃制成，它是由电动搅拌器带动。搅拌棒可采用简易密封固定。一般采用将搅拌棒插入一搅拌套管中，套管上端用一节胶管与搅拌棒套住。或将搅拌棒插入聚四氟乙烯搅拌密封塞中。

搅拌回流装置在安装时需注意：搅拌器轧头、搅拌棒、烧瓶应在同一直线上，加料前，应开动搅拌器，以低速运转，看搅拌是否正常，搅拌棒是否碰撞温度计或器壁。支撑所有仪器的夹子必须旋紧，以保证安全。

(3) 蒸馏装置　蒸馏是先将液体加热至沸，使液体变为蒸气，然后使蒸气冷却再凝结成液体并收集在另一容器中的操作过程。蒸馏装置主要由汽化、冷凝和接受三部分组成。主要仪器有：圆底烧瓶、蒸馏头、温度计、直形冷凝管（或空气冷凝管）、尾接管和接收瓶。普通蒸馏装置如图 1-7 所示。

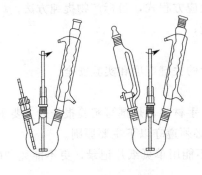

图 1-6　搅拌回流装置

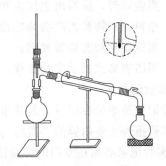

图 1-7　普通蒸馏装置

普通蒸馏是常压蒸馏，一般分离提纯沸点在 140℃ 以下的液体化合物，因为很多物质高于 140℃ 已经分解，或者由于温度过高给操作带来不便。对于沸点在 140℃ 以上或在常压下蒸馏易发生分解、氧化或聚合等反应的液体化合物，则采用减压蒸馏。其装置如图 1-8 所示。

减压蒸馏必须使用克氏蒸馏头，有两个颈，其目的是为了避免减压蒸馏时瓶内液体由于沸腾而冲入冷凝管中，瓶的一颈中插入一根末端拉成很细的毛细管，距瓶底 1~2mm，其作用是使液体平稳蒸馏，避免因过热造成暴沸溅跳现象。另外，为保证体系接头处不漏气，最好根据真空度要求在磨口处均匀地涂上一层真空油脂或凡士林。

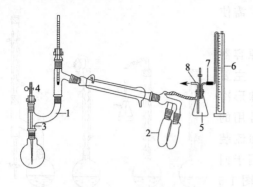

图 1-8　减压蒸馏装置

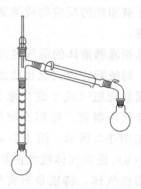

图 1-9　简单分馏装置

1—克氏蒸馏头；2—接收器；3—毛细管；4—螺旋夹；
5—吸滤瓶；6—水银压力计；7—导管；8—二通旋塞

（4）分馏装置　简单分馏装置类似于普通蒸馏装置，区别仅在于圆底烧瓶与蒸馏头之间增加了一支分馏柱。通过分馏柱使冷凝、蒸发的过程由一次变成多次，将沸点相近的互溶液体化合物得到分离和提纯。装置如图 1-9 所示。

四、实验预习、实验记录和实验报告的基本要求

1. 实验预习

为了使实验能够达到预期的效果，在实验之前要做好充分的预习和准备。每个学生都必须准备一个实验记录本，并编上页码，不能用活页本或单页纸张代替。不准撕下记录本的任何一页。如果写错了，可以用笔删除，但不得涂抹或用橡皮擦掉。文字要简明扼要，书写整齐，字迹清楚。预习报告（以合成实验为例）包括以下内容：

（1）实验目的；
（2）实验原理，应写出主反应和主要副反应的反应方程式，目标产物提纯方法；
（3）原料、产物和副产物的物理常数，原料用量；
（4）实验器材和实验装置图；
（5）用图表形式表示实验步骤，特别注意本实验的关键事项和实验安全。

2. 实验记录

实验记录是原始性记录，是从事实验活动的第一手材料，是撰写实验报告的主要事实依据，是实验报告主要内容的"素材"。填写实验记录必须遵守以下主要原则。

① 实验记录必须在专门的实验簿上进行记录。不能用单页纸片记录，更不能凭"脑子"记忆而不作书面记载。

② 实验记录本必须逐页进行编号，不得有"缺页缺号"。因此进行编号后的记录本，不得随意撕页。实验记录中，即使有涂改或污损，只能用钢笔整齐地划去，不能撕页。

③ 实验记录要用钢笔填写。不能用铅笔。即使需改动，只能用钢笔划去，不能用橡皮擦去。

④ 实验记录是"现场"记录，记录内容要真实、客观。要实事求是地反映观察到的实际情况，不能靠事后"追记"。

3. 实验报告

实验报告是实验者完成实验后所获得的实验成果的一种书面反映。实验报告应当以实验

原理为指导，实验记录为根据，按规范化的格式进行撰写。要用黑色签字笔书写，不能用铅笔。书写的文字要工整，不得潦草。作图要规范，不能随手勾画。实验报告内各项内容均要书写，不能有空白。

下面就实验报告的几部分内容作如下说明：

(1) 实验原理　对于合成反应要写反应方程式，产物的提纯方法。

(2) 实验装置图　要用直尺等作图工具，按比例规范化作图。要将实际使用的实验装置画出，可以参考实验书内的装置图绘制。

(3) 实验步骤　可以用文字简述实际操作过程，不需将实验书内的实验步骤全部抄下。

(4) 实验结果　描述样品的色泽、气味、状态；获得的样品质量（或体积）；产率的计算 [(实际产量/理论产量)×100%]。

由于有机反应常常不能进行完全，常伴有副反应，而且操作中存在损失，因此产物的实际产量总比理论产量低。通常将实验产量与理论产量的百分比称为产率。产率的高低是评价一个实验方法以及考核实验者的一个重要指标。

(5) 实验讨论　回答实验项目中的问题；实验中正常或异常现象及原因分析；反应产量高低，产物色泽等原因的讨论；本人实验操作的回顾及操作经验总结；实验装置与步骤的改进意见等。实验讨论部分是实验者发挥创造性思维的园地，实验者不仅应当善于操作，还应当善于发现，善于总结与提高。

未来的化学

化学在为人类创造财富的同时，给人类也带来了环境的污染，目前全世界每年产生的有害废物达3亿~4亿吨，给环境造成危害，并威胁着人类的生存。每一门科学的发展史上都充满着探索与进步，由于科学中的不确定性，化学家在研究过程中不可避免地会合成出未知性质的化合物，只有经过长期应用和研究才能熟知其性质，这时新物质可能已经对环境或人类生活造成了影响。严峻的现实使得各国必须寻找一条不破坏环境，不危害人类生存的可持续发展的道路。

"绿色化学"是在1991年由美国化学会（ACS）提出的，其核心是利用化学原理，从源头上减少和消除工业生产对环境的污染；反应物的原子全部转化为期望的最终产物。绿色化学给化学家提出了一项新的挑战，国际国内对此很重视。

"绿色化学"的核心内容是原子经济性（atom economy）和"5R"原则。原子经济性是指充分利用反应物中的各个原子，从而既能充分利用资源又能防止污染。"5R"原则是指：reduction，减量使用原料，减少实验废弃物的产生和排放；reuse，循环使用、重复使用；recycling，实现资源的回收利用，从而实现"省资源，少污染，减成本"；regeneration，变废为宝，资源和能源再利用，是减少污染的有效途径；rejection，拒用有毒有害品，这是杜绝污染的最根本的办法。

"绿色化学"的研究已成为国内外企业、政府和学术界的重要研究与开发方向。

开发"原子经济"反应。理想的原子经济反应是原料分子中的原子百分之百地转变成产物，不生副产物或废物。实现废物的"零排放"。对于大宗基本有机原料的生产来说，选择原子经济反应十分重要。近年来，开发新的原子经济反应已成为绿色化学研究的热点之一。

采用无毒、无害的原料。在现有化工生产中仍使用毒性的光气等作为原料。为了人类健康和社区安全，需要用无毒无害的原料代替它们来生产所需的化工产品。例如采用双酚A和碳酸二甲酯聚合生产聚碳酸酯的新技术，它取代了常规的光气合成路线。这同时实现了两个绿色化学目标。一是不使用有毒有害的原料，二是不使用作为溶剂的可疑的有害物——甲基氯化物。

采用无毒、无害的催化剂。目前烃类的烷基化反应一般使用氢氟酸、硫酸等液体酸催化剂。这些液体催化剂的共同缺点是，对设备的腐蚀严重、对人身危害和产生废渣污染环境。为了保护环境，国内外正从分子筛、杂多酸、超强酸等新催化材料中大力开发固体酸烷基化催化剂。其中采用新型分子筛催化剂的乙苯液相烃化技术引人注目，这种催化剂选择性很高，乙苯质量收率接近百分之百，而且催化剂寿命长。

采用无毒、无害的溶剂。大量与化学品制造相关的污染问题不仅来源于原料和产品，而且源自在其制造过程中使用的溶剂。当前广泛使用的溶剂是挥发性有机化合物，其在使用过程中有的会对人体健康产生影响，主要是刺激眼睛和呼吸道，使皮肤过敏，使人产生头痛、咽痛与乏力。在无毒无害溶剂的研究中，最活跃的研究项目是开发超临界流体。特别是超临界二氧化碳作溶剂。超临界二氧化碳的最大优点是无毒、不可燃和价廉等。

利用可再生的资源合成化学品。利用生物原料代替当前广泛使用的石油，是保护环境的一个长远的发展方向。此类物质主要由淀粉及纤维素等组成。已有报道以葡萄糖为原料，通过酶反应可制得己二酸、邻苯二酚和对苯二酚等。另外，利用生物或农业废物如多糖类制造新型聚合物的工作，由于其同时解决了多个环保问题，因此引起人们的特别兴趣。

绿色化学是近年来才被人们认识和开展研究的一门新兴学科，是实用背景强、国计民生急需解决的热点研究领域。绿水青山就是金山银山。在21世纪中它必将大展宏图，为人类可持续发展做出贡献。

技能项目一
有机实验常用仪器的认知、洗涤、干燥及装配

背景：

周某某收到杭州鼎启钟华化工科技有限公司产品研发中心的实习面试通知，实验室王主任向周同学提问了有关实验室的安全环保等基本知识，同时要求周同学安装一套普通蒸馏装置。请你帮助周同学回顾有机实验室的规则、"6S"管理和安全环保等知识，准备需要的实验仪器，规范装配普通蒸馏装置。

一、工作任务

任务（一）：熟悉并严格遵守有机化学实验室规则。

任务（二）：了解"6S"管理，熟悉实验室安全环保知识，处理常见的突发事故。

任务（三）：认识实验室常用仪器和装置，练习仪器的清洗和干燥。

任务（四）：学习规范装配普通蒸馏和简单分馏装置。

任务（五）：正确进行实验预习、做好实验记录和规范书写实验报告。

二、主要工作原理

有机化学实验是精细化工、生物、医药、环境保护、工业分析与检验、食品等专业必修的一门重要的基础课程。尤其是在注重实践技能培养的高职高专院校，有机化学实验教学成为实现培养应用性、职业型人才的重要途径之一。通过有机化学实验的学习，使学生养成良好的工作习惯，掌握实验室基本技能，提高分析问题和解决问题的能力，巩固有机化学理论知识。

三、所需仪器、试剂

电热套、圆底烧瓶、蒸馏头、温度计套管、温度计、直形冷凝管、分馏柱、接收器、锥形瓶、气流干燥器、电烘箱、酒精灯。

四、工作过程

1. 学习有机化学实验室规则，学习有机实验室的安全知识及常见小事故的处理方法。
2. 认识有机实验室常用的玻璃仪器及实验装置。
3. 根据所需仪器，安装一套普通蒸馏装置（酒精灯作热源）。
4. 根据所需仪器，安装一套简单分馏装置（电热套作热源）。
5. 将已安装的装置按要求拆卸，清洗干净并干燥。
6. 将使用实验仪器放回原处，清理实验现场。

五、问题讨论

1. 如何正确进行实验预习、做好实验记录和规范书写实验报告？
2. 普通回流装置需要哪些仪器？
3. 常压蒸馏和简单分馏装置需要哪些仪器？
4. 有机化学实验室中，针对防火、防爆应有哪些注意事项？
5. 在实验过程中，一旦发生化学灼伤，可采取哪些相应措施？
6. 在实验过程中，一旦发生着火，可采取哪些相应措施？

六、方案参考

玻璃仪器装置的组装和拆卸：以普通蒸馏装置为例，安装普通蒸馏装置时，先根据被蒸馏物的性质选择合适的热源。一般沸点低于80℃选用水浴，高于80℃使用油浴或电热套。再以选好的热源高度为基准，用铁夹将合适口径的烧瓶固定在铁架台上，然后由下而上，从左往右依次安装蒸馏头、温度计、冷凝管和接收器。安装温度计时，应注意使水银球的上端与蒸馏头侧管的下沿处在同一水平线上［如图1-10(b) 所示］。这样，蒸馏时水银球能被蒸气完全包围，才可测得准确的温度。在组装蒸馏头与冷凝管时，要调节角度，使冷凝管和蒸馏头侧管的中心线成一条直线［如图1-10(a) 所示］。

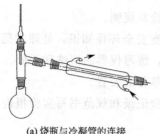
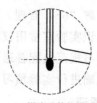

(a) 烧瓶与冷凝管的连接　　　　(b) 温度计的位置

图 1-10　普通蒸馏装置组装示意

若采用水冷凝管，冷凝水应从下口进入，上口流出，并使上端的出水口朝上，以使冷凝管套管中充满水，保证冷凝效果。

整套装置要求准确、端正、稳固。装置中各仪器的轴线应在同一平面内，铁架、铁夹及胶管应尽可能安装在仪器背面，以方便操作。

拆卸仪器时，按与安装仪器的顺序相反的方向逐个拆除。

本章小结

1. 有机化合物是碳氢化合物及其衍生物，研究有机化合物的化学是有机化学。
2. 有机化合物的性质特点 $\begin{cases} 大多数容易燃烧 \\ 熔点、沸点较低 \\ 大多数难溶于水而易溶于有机溶剂 \\ 反应速率慢且副反应多 \end{cases}$
3. 共价键的类型 $\begin{cases} σ键：以"头顶头"方式重叠 \\ π键：以"肩并肩"方式重叠 \end{cases}$
4. 共价键的断裂方式包括：均裂和异裂。
5. 有机反应类型：自由基反应和离子型反应。
6. 表示有机化合物分子构造的三种形式 $\begin{cases} 短线式 \\ 缩简式 \\ 键线式 \end{cases}$
7. 有机化合物的分类：按碳骨架分类、按官能团分类。

习题

1. 解释下列名词
   (1) 有机化合物　　(2) 极性共价键　　(3) 官能团　　(4) 均裂和异裂
   (5) σ键、π键　　(6) 电负性　　(7) "6S"管理
2. 将下列各组共价键，按极性由大到小的顺序进行排列

(1) C—H、O—H、N—H、F—H、C—N

(2) C—O、C—Br、C—Cl、C—I、C—F

3. 写出 2-氯丁烷和环己烷的构造式，分别用短线式、缩简式和键线式表示。

4. 将下列化合物按照碳骨架分类

(1) $CH_3CH=CHCH_3$ (2) $CH_3CH_2CH_2C≡CH$ (3) CH_3CH_2OH

(4) 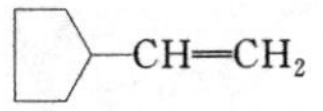 环丙基—CH=CH$_2$ (5) 环戊烷   (6) 吡啶

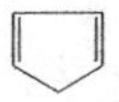

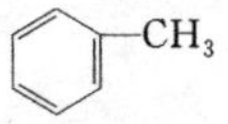

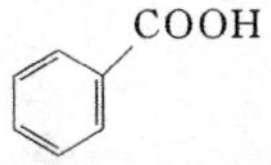

(7) 甲苯   (8) 苯甲酸   (9) 联苯

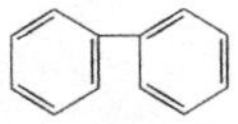

5. 写出下列化合物含有的官能团名称，并指出该化合物按官能团分类的类别

(1) CH_3CH_2Br (2) $CH_3CH_2CH_2NH_2$ (3) CH_3CHCH_3
                                                                                                          OH

(4) $CH_3-\overset{O}{\underset{\|}{C}}-OH$ (5) CH_3CH_2CHO (6) $CH_2=CH-CN$

6. 判断题

(1) 有机化合物中的化学键主要是离子键。 ( )

(2) 结构特点决定性质特点。 ( )

(3) 通常有机化合物易燃烧，沸点低，易溶解于水，比如，甲苯。 ( )

(4) 大部分有机化学反应是共价键断裂和生成的过程。 ( )

(5) 共价键断裂包括均裂和异裂。 ( )

(6) 通常反应装置仪器的装配顺序是："由上而下，由左向右"。 ( )

(7) 有机反应仪器常需要干燥。 ( )

(8) 反应装置仪器安装的要求是"上下一条线，左右在同面"。 ( )

(9) 为了防止误服化学药品而中毒，不能将饮料瓶、碗等食具盛装化学药品。 ( )

(10) 电器着火，可用泡沫灭火器灭火，不会损坏任何仪器。 ( )

第二章
烷烃
Alkane

> ### 学习目标 (Learning Objectives)
>
> 1. 理解碳原子的 sp^3 杂化、烷烃的结构和 σ 键的特点；
> 2. 掌握碳原子和氢原子的分类，学会烷烃的系统命名法；
> 3. 掌握烷烃的化学性质；
> 4. 了解烷烃的物理性质及变化规律；
> 5. 学会熔点的测定和温度计校准。

由碳氢两种元素组成的化合物称为烃类化合物，简称烃。烃可分为开链烃和环状烃（闭链烃），开链烃又称脂肪烃，脂肪烃分为饱和脂肪烃和不饱和脂肪烃两类。环状烃分为脂环烃和芳香烃两类。

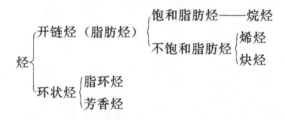

烃是最简单的有机化合物，如果将烃分子中的氢换成不同的官能团就得到烃的衍生物，所以烃可以看做是其他有机化合物的母体。

烃分子中的碳原子除了以碳碳键连接外，其他价键都与氢原子结合而达到饱和的烃叫做饱和烃，也叫做烷烃。

第一节 烷烃的通式、同系列和构造异构

一、烷烃的通式和同系列

最简单的烷烃是甲烷，依次为乙烷、丙烷、丁烷、戊烷等，它们的构造式分别为：

烷烃	分子式	构造式
甲烷	CH_4	CH_4
乙烷	C_2H_6	$CH_3—CH_3$
丙烷	C_3H_8	$CH_3—CH_2—CH_3$
丁烷	C_4H_{10}	$CH_3—CH_2—CH_2—CH_3$

……

从上述烷烃的构造式可以看出每增加 1 个碳原子，就增加 2 个氢原子，由此可知，在任何一个分子中，如果碳原子数为 n，则氢原子数为 $2n+2$ 个，因此烷烃的通式为 C_nH_{2n+2}。相邻的两个烷烃在组成上都相差一个 CH_2，CH_2 称为系差。在组成上相差一个或几个系差的化合物称为同系列。同系列中的化合物互称为同系物。

同系列是有机化学的普遍现象。由于同系物的结构和性质相似，物理性质随着碳原子数目的增加而呈规律性变化，所以掌握了同系物中几个典型的或有代表性化合物的性质，就可推知同系列中其他化合物的基本性质，为学习研究庞大的有机物提供方便。

二、烷烃的构造异构

在甲烷、乙烷和丙烷分子中，碳原子只有一种连接方式。从 C_4H_{10} 开始出现了分子中原子间相互连接的顺序和方式（分子构造）的不同，例如：

$CH_3—CH_2—CH_2—CH_3$
正丁烷
（沸点：$-0.5℃$；熔点：$-138.3℃$）

$CH_3—CH—CH_3$
　　　　|
　　　CH_3
异丁烷
（沸点：$-11.7℃$；熔点：$-159.4℃$）

正丁烷和异丁烷分子式都是 C_4H_{10}，两者的性质不一样，是两个不同的化合物，其差异在于碳原子间的连接顺序和方式不同，即它们的构造不同或构造式不同。像这样分子式相同、构造式不同的化合物互称为构造异构体。

这种由于碳链的构造不同而产生的构造异构现象，又称为碳链异构。碳链异构是构造异构的一种。

烷烃分子中，随着碳原子数的增加，构造异构体的数目迅速增加。例如，C_5H_{12} 有 3 种异构体，C_6H_{14} 有 5 种，C_7H_{16} 有 9 种，C_8H_{18} 有 18 种，$C_{20}H_{42}$ 则有 36 万多种。

第二节 烷烃的结构

一、碳原子的 sp³ 杂化及甲烷的结构

从无机化学已了解到，碳原子基态时的核外电子排布为 $1s^22s^22p^2$，最外层电子为 $2p^2$，

按照电子配对法，化合价应为二价，但实际上碳原子主要表现为四价。

为了解决这一矛盾，提出了杂化轨道理论：碳原子在成键时，能量相同或相近的原子轨道，可以重新组合成新的轨道。新轨道同时具有混合前的各轨道成分，但它又和原来的各轨道不同，因此称为"杂化轨道"。

烷烃中的碳原子在成键时，能量相近的 2s 轨道上的一个电子跃迁到空的 2p 轨道上，并和 3 个 2p 轨道进行杂化，形成 4 个能量相等、形状相同的新的原子轨道，每一个杂化轨道含有 1/4s 轨道成分和 3/4p 轨道成分，称为 sp³ 杂化轨道（碳原子还可以进行其他方式的杂化，将在后续章节介绍）。

一个 sp³ 杂化轨道的形状一头大、一头小，大的一头参与成键（图 2-1）。

图 2-1　sp³ 杂化轨道的形状和一个碳氢 σ 键的形成

4 个 sp³ 杂化轨道在空间的分布，是以碳原子为中心，4 个轨道轴的空间取向相当于正四面体中心到 4 个顶点的连线方向，每两个轨道对称轴之间的夹角（键角）均为 109.5°（图 2-2）。

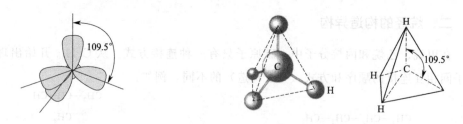

图 2-2　4 个 sp³ 杂化轨道在空间的分布　　　　图 2-3　甲烷的正四面体结构

甲烷是最简单的烷烃，分子式为 CH_4。实验证明，甲烷分子是正四面体结构，碳原子位于正四面体的中心，4 个氢原子位于正四面体的 4 个顶点，任意两个键之间的夹角都是 109.5°，甲烷的正四面体结构如图 2-3 所示。

在甲烷分子中，碳原子的 4 个 sp³ 杂化轨道分别与 4 个氢原子的 1s 轨道沿对称轴方向重叠，形成 4 个完全等同的 C—H σ 键。甲烷的分子结构模型如图 2-4 所示。

(a) 球棒模型　　　　(b) 比例模型

图 2-4　甲烷的分子结构模型

二、其他烷烃的结构及 σ 键的特点

乙烷和其他烷烃分子中的碳原子也是 sp^3 杂化，如乙烷分子中，2 个碳原子间各以一个 sp^3 杂化轨道形成一个 C—C σ 键，每个碳原子分别与 3 个氢原子形成 3 个 C—H σ 键，乙烷和丙烷的球棒模型如图 2-5、图 2-6 所示。

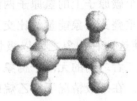

图 2-5 乙烷的球棒模型

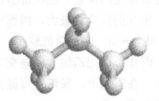

图 2-6 丙烷的球棒模型

各种烷烃的碳链中 C—C—C 的键角都是 109.5°左右。因此，丙烷的 3 个碳原子并不在一条直线上。虽然丙烷的结构简式书写成 CH_3—CH_2—CH_3，但丙烷的碳链不是直线形的，同理，其余直链烷烃都是锯齿形的：

$$CH_3 \overset{CH_2}{\diagup \diagdown} CH_3 \qquad CH_3 \overset{CH_2}{\diagup \diagdown} CH_2 \overset{}{\diagdown} CH_3$$

烷烃分子中的 C—C 单键和 C—H 单键都是 σ 键，其特点是：

① 成键时杂化轨道的大头一端与另一原子轨道交盖，重叠程度较大，比较牢固。

② 由于电子云沿着键轴对称分布，当成键的两原子沿键轴旋转时不会影响其重叠程度，所以 σ 键在一般情况下是可以自由旋转的。

三、烷烃的构象异构

1. 乙烷的构象

摆出乙烷分子的模型。固定一个甲基，使另一个甲基绕着 C—C 单键转动。随着 C—C 单键的转动，乙烷分子中两个碳原子上的氢原子在空间的相对位置，或者说排列，就不是一种，而是无数种。这种由于绕着单键转动而引起的分子中原子在空间的不同排列叫做构象。分子的构象可以有无数种。把构造相同，而具有不同构象的物质互称为构象异构体。

常用来表示构象的方法有透视式和纽曼投影式。在乙烷的无穷多个构象中，有两种典型构象，一个是重叠式构象，另一个是交叉式构象（图 2-7 和图 2-8）。

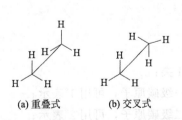

(a) 重叠式　　(b) 交叉式

图 2-7 乙烷分子的构象（透视式）

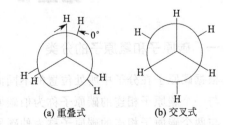

(a) 重叠式　　(b) 交叉式

图 2-8 乙烷分子的构象（纽曼投影式）

透视式表示构象很直观，无需解说。构象也可用纽曼（Newman）投影式表示。摆出乙烷分子的模型，用眼睛沿着 C—C 单键的键轴观察过去，后面的碳原子在黑板或纸面上用圆

圈表示,从圆圈上"辐射"出去3条直线表示连接在这个碳原子上的3个单键,在乙烷分子中这3个单键是分别连接到后面的3个氢原子上;前面的碳原子用点表示,从点上也"辐射"出去3条直线表示连接在这个碳原子上的3个单键,在乙烷分子中这3个单键也是分别连接到前面的3个氢原子上,这就是纽曼投影式。

在交叉式构象中,两个碳原子上的氢原子的距离最远,相互间的排斥力最小,因而能量最低,是最稳定的构象,也叫优势构象。在重叠式中,两个碳原子上的氢原子两两相对,距离最近,相互的排斥力最大,因而能量最高,最不稳定。重叠式构象能量约比交叉式构象能量大12.6kJ/mol。这个能值较小,室温下的热能就足以使这两种构象之间以极快的速度互相转变,因此可以把乙烷看做是交叉式与重叠式以及介于二者之间的无限个构象异构体的平衡混合物。在室温下,我们不可能分离出某个构象异构体。在一般情况下,乙烷的主要存在形式是交叉式。

2. 正丁烷的构象

正丁烷的构象可看做是乙烷分子中两个碳原子上各有一个氢原子被甲基取代的产物。它的构象异构要比乙烷复杂。以正丁烷的C2—C3单键为轴旋转,根据两个碳原上所连接的两个甲基的空间相对位置,可以写出4种典型的构象式,如图2-9所示。

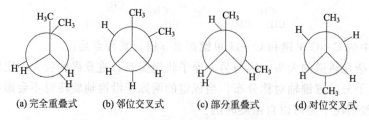

(a) 完全重叠式　　(b) 邻位交叉式　　(c) 部分重叠式　　(d) 对位交叉式

图2-9　正丁烷的典型构象式(纽曼投影式)

这4种典型的构象式中,由于空间排布中基团的斥力不同,它们的能量也不同,因此有不同的稳定性,其中完全重叠式中,两个甲基距离最近,排斥力最大,能量最高,最不稳定。反之,对位交叉式能量最低,为稳定的优势构象。

练习

2-1　写出丁烷和1,2-二氯乙烷的最稳定和最不稳定构象,用纽曼投影式表示。

第三节　烷烃的命名

一、碳原子和氢原子的分类

根据碳原子在分子中所处位置的不同而分为以下4类:
与一个碳原子相连的碳原子称为伯碳原子,又称一级碳原子,可用1°表示;
与两个碳原子相连的碳原子称为仲碳原子,又称二级碳原子,可用2°表示;
与三个碳原子相连的碳原子称为叔碳原子,又称三级碳原子,可用3°表示;
与四个碳原子相连的碳原子称为季碳原子,又称四级碳原子,可用4°表示。
例如:

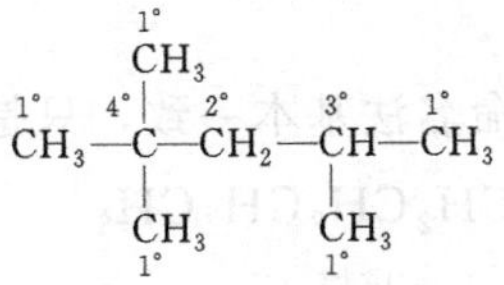

$$\begin{array}{c} \overset{1°}{CH_3} \\ \overset{1°}{CH_3} - \overset{4°}{C} - \overset{2°}{CH_2} - \overset{3°}{CH} - \overset{1°}{CH_3} \\ \underset{1°}{CH_3} \quad \underset{1°}{CH_3} \end{array}$$

与伯、仲、叔碳原子直接相连的氢原子分别称为伯、仲、叔氢原子（可用 $1°H$；$2°H$；$3°H$ 表示）。没有季氢原子。

练习

2-2 写出戊烷的三个构造异构体，用短线式表示。指出异构体中所有的碳原子和氢原子的类别。

二、重要的烷基

从烃分子中去掉一个氢原子后剩余的基团称为烃基。

从烷烃分子中去掉一个氢原子后剩余的基团称为烷基，通式：$-C_nH_{2n+1}$，常用 R— 表示。烷基的名称是从相应的烷烃名称衍生出来的。例如：

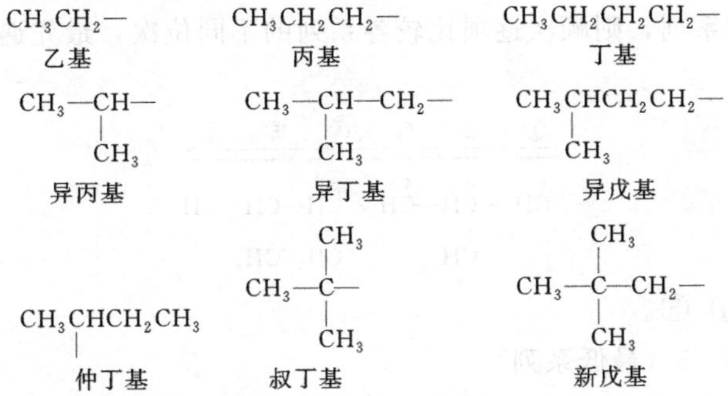

$CH_3CH_2—$ $CH_3CH_2CH_2—$ $CH_3CH_2CH_2CH_2—$
　乙基　　　　　丙基　　　　　　丁基

$CH_3—CH—$ $CH_3—CH—CH_2—$ $CH_3CHCH_2—$
　　　CH_3　　　　　CH_3　　　　　　　CH_3
　异丙基　　　　异丁基　　　　　　异戊基

$CH_3CHCH_2CH_3$ $CH_3—\overset{CH_3}{\underset{CH_3}{C}}—$ $CH_3—\overset{CH_3}{\underset{CH_3}{C}}—CH_2—$
　仲丁基　　　　叔丁基　　　　　新戊基

三、烷烃的命名方法

1. 普通命名法

普通命名法，也称为习惯命名法。分子中碳原子数在十以内的，以甲、乙、丙、丁、戊、己、庚、辛、壬、癸来命名；碳原子数在十以上的，用十一、十二等中文数字来命名，称为"某"烷。再冠以表示碳链结构的正、异、新即可。

"正"代表直链烷烃：

$CH_3CH_2CH_2CH_3$　　　　$CH_3(CH_2)_{10}CH_3$
　正丁烷　　　　　　　　　正十二烷

"异"代表在链端第 2 位碳原子上连有一个甲基的烷烃：

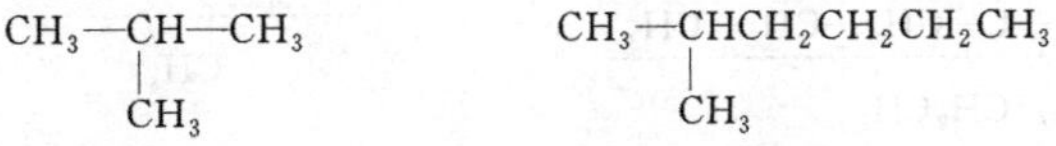

$CH_3—CH—CH_3$　　　$CH_3—CHCH_2CH_2CH_3$
　　　CH_3　　　　　　　　CH_3
　异丁烷　　　　　　　　异庚烷

"新"代表在链端第 2 位碳原子上连有两个甲基的烷烃：

$CH_3—\overset{CH_3}{\underset{CH_3}{C}}—CH_3$　　　$CH_3—\overset{CH_3}{\underset{CH_3}{C}}—CH_2CH_3$
　新戊烷　　　　　　　　新己烷

2. 系统命名法

直链烷烃的系统命名法与习惯命名法基本一致，只是把"正"字去掉。例如：

$CH_3CH_2CH_2CH_3$　　　　$CH_3CH_2CH_2CH_2CH_3$　　　　$CH_3CH_2CH_2CH_2CH_2CH_3$
　　丁烷　　　　　　　　　　　　戊烷　　　　　　　　　　　　　己烷

支链烷烃的命名是将其看作直链烷烃的烷基衍生物，即将直链作为母体，支链作为取代基，命名原则如下。

(1) 选主链（母体）　选择含支链最多的最长碳链作为主链，支链作为取代基。按主链碳原子数称为"某"烷。若分子中有两条以上等长的碳链，则选一条含支链最多的碳链作为主链。例如：

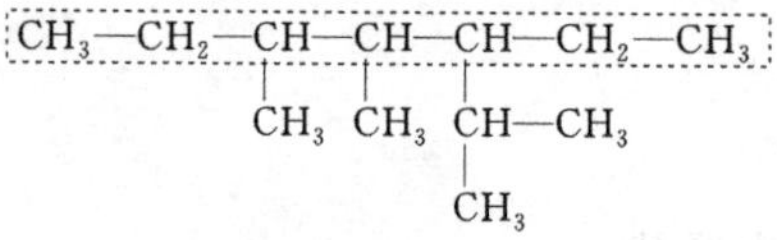

$$\begin{matrix} CH_3-CH_2-CH-CH-CH_2-CH_3 \\ \quad\quad\quad\quad CH_3\ CH_3-CH_3 \\ \quad\quad\quad\quad\quad\quad\quad CH_3 \end{matrix}$$
错误 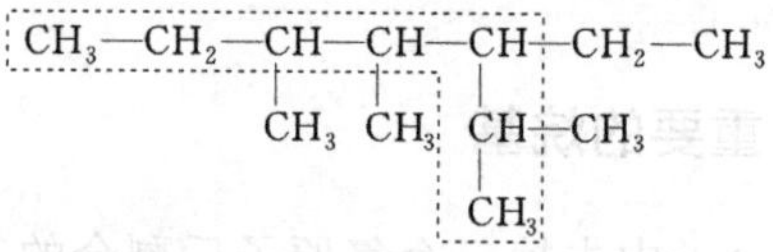　　　　　　　　　　　　　正确

(2) 给母体碳原子编号　为标明支链在母体中的位置，需将母体上的碳原子依次编号（用阿拉伯数字1、2、3……），编号应遵循"最低系列"原则。即给母体以不同方向编号，得到两种不同编号的系列，则顺次逐项比较各系列的不同位次，最先遇到的位次最小者定为"最低系列"。例如：

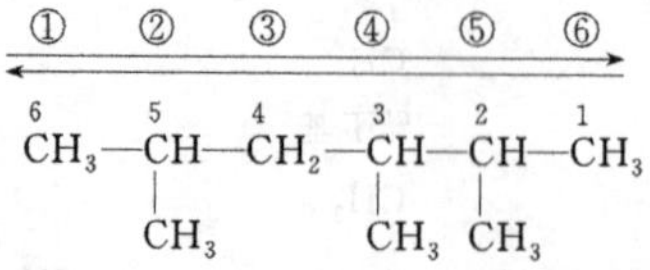

从左至右：② ④ ⑤。

从右至左：2 3 5（最低系列）。

(3) 写出全名称　按照取代基的位次（用阿拉伯数字表示）、相同取代基的数目（用中文数字表示）、取代基的名称、母体名称的顺序，写出烷烃的名称。阿拉伯数字之间用"，"隔开，阿拉伯数字与中文数字之间用"-"隔开，不同烷基的排列顺序，按照次序规则（见第三章）的规定"较优"基团后列出。例如：

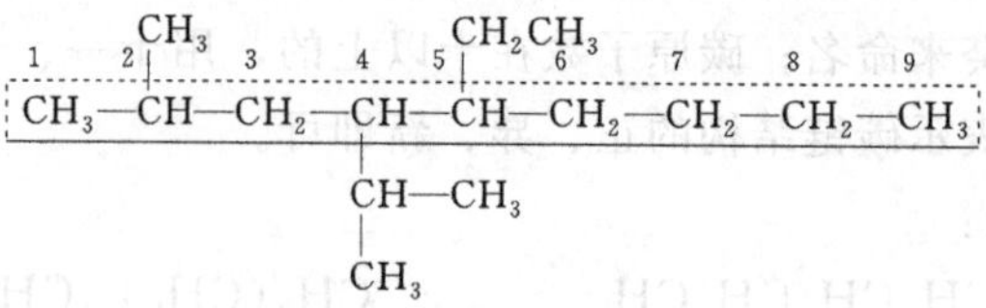

2-甲基-5-乙基-4-异丙基壬烷

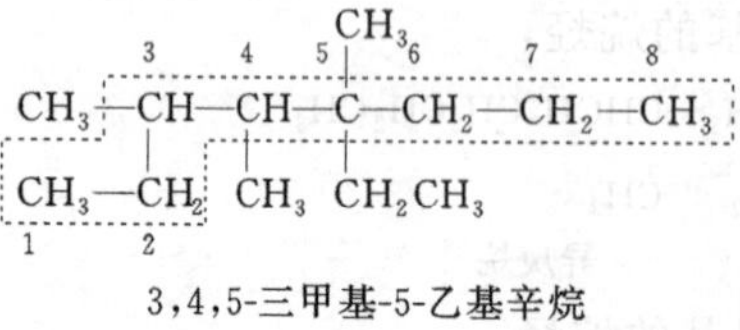

3,4,5-三甲基-5-乙基辛烷 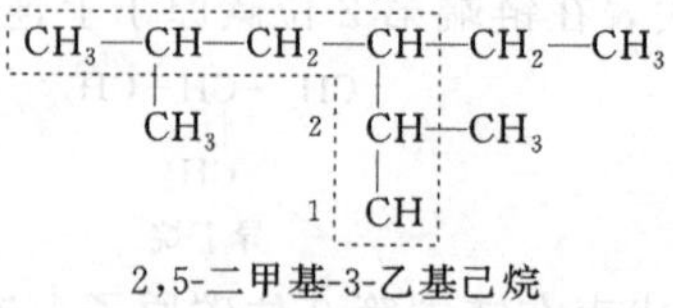　　　　2,5-二甲基-3-乙基己烷

练习

2-3　写出乙基、异丙基、正丁基、异丁基、叔丁基的构造式。

2-4　用系统命名法命名下列化合物。

(1) CH₃CHCH₂CH₃
      |
     CH₂CH₃

(2) CH₃CH₂CH—CHCH₃
          | |
         CH₃ CH₂CH₃

(3) CH₃—CH—CH—CH—CH₃
         | | |
        CH₃ C₂H₅ CH₃

(4) CH₃—C—CH₂—C—CH₃
         | |
       C₂H₅   CH₃

第四节　烷烃的物理、化学性质

一、烷烃的物理性质

有机化合物的物理性质一般指化合物的物态、熔点、沸点、密度、溶解度和折射率等。直链烷烃的物理性质随着分子量的增加而呈现一定的变化规律，一些直链烷烃的物理性质见表 2-1。

表 2-1　直链烷烃的物理性质

名称	熔点/℃	沸点/℃	相对密度	物态
甲烷	−182.5	−161.5	0.424	气态
乙烷	−183.3	−88.6	0.546	
丙烷	−187.6	−42.1	0.501	
丁烷	−138.3	−0.5	0.579	
戊烷	−129.8	36.1	0.626	液态
己烷	−94.0	68.7	0.659	
庚烷	−90.6	98.4	0.684	
辛烷	−56.8	125.7	0.703	
壬烷	−53.5	150.8	0.718	
癸烷	−29.7	174.0	0.730	
十一烷	−25.6	195.8	0.740	
十二烷	−9.6	216.3	0.749	
十三烷	−6.0	235.4	0.756	
十四烷	5.5	253.7	0.763	
十五烷	10.0	270.6	0.769	
十六烷	18.2	287.0	0.773	
十七烷	22.0	301.8	0.778	
十八烷	28.2	316.1	0.777	固态
十九烷	32.1	329.0	0.776	
二十烷	36.8	343.0	0.786	

在常温和常压下，直链烷烃 C_4 以下是气体，C_5～C_{17} 是液体，C_{18} 以上是固体。

直链烷烃的熔点随着分子量的增加而有规律地升高，但是含偶数碳原子的直链烷烃比含奇数碳原子的直链烷烃的熔点升高较多。这是因为晶体分子间的作用力不仅取决于分子的大小，也取决于晶格的排列情况。由于偶数碳原子的烷烃具有较好的对称性，分子晶格排列更紧密些，所以熔点高。

直链烷烃的沸点也是随着分子量的增加而有规律地升高。烷烃属于非极性分子，随着分子中碳原子数目的增加，分子间的色散力增大，所以烷烃的分子量越大，沸点越高。相同碳原子数的烷烃，含支链越多，分子间距离越大，色散力越弱，所以沸点低于直链烷烃。

烷烃的相对密度都小于1，比水轻。随着分子量的增大，直链烷烃的相对密度逐渐增大最后趋于最大值约 0.8（20℃）。相同碳原子数的烷烃，支链增多，相对密度减小。

烃类几乎不溶于水，而易溶于有机溶剂。这是因为极性相似的化合物彼此互溶，即"相似相溶"原理。

折射率是液体有机化合物纯度的标志。各脂烃同系列中，同系物的折射率随分子中碳原子数目的增加而缓慢加大。

练习

2-5 不查表由高到低排列下列烷烃的沸点
（1）己烷　　　（2）2-甲基戊烷　　　（3）2,2-二甲基丁烷　　　（4）庚烷

二、烷烃的化学性质

烷烃分子是由牢固的 C—C、C—H σ 键组成的，所以烷烃的化学性质很稳定，常温下与强酸、强碱、强氧化剂和强还原剂难以反应。烷烃除作为燃料外，还常用作溶剂和润滑剂。但烷烃的稳定性是相对的，在光照、加热或催化剂存在下，也能发生一些反应，这些反应在基本有机原料工业及石油化工中都非常重要。

（一）取代反应

烷烃分子中的氢原子被其他原子或基团取代的反应称为取代反应。氢被卤原子取代称为卤代反应。烷烃与卤素的反应活性是：$F_2 > Cl_2 > Br_2 > I_2$。因为氟代反应过于剧烈，而碘代反应难以发生，所以烷烃的卤代通常指氯代和溴代。

1. 氯代反应

烷烃与氯气常温时在暗处并不反应。在强光照射或加热下，烷烃能与氯气反应。例如，甲烷和氯气的混合物在强光照射下，会发生爆炸，生成氯化氢和炭黑。但这种方法不能用来制造炭黑。

$$CH_4 + 2Cl_2 \xrightarrow{日光} 4HCl + C$$

控制好反应条件，甲烷分子中的氢原子能逐步被氯原子取代，生成一氯甲烷、二氯甲烷、三氯甲烷（氯仿）和四氯甲烷（四氯化碳）。一般情况下，反应产物是 4 种氯代产物的混合物。

$$CH_4 + Cl_2 \xrightarrow{漫射光} \underset{一氯甲烷}{CH_3Cl} + \underset{二氯甲烷}{CH_2Cl_2} + \underset{\substack{三氯甲烷\\(氯仿)}}{CHCl_3} + \underset{四氯化碳}{CCl_4} + HCl$$

控制原料的配比和反应时间，可控制产物的主要成分。甲烷和氯气的体积比为 10∶1 时，一氯甲烷为主要产物；甲烷和氯气的体积比为 0.26∶1 时，四氯化碳为主要产物。利用 4 种产物的沸点不同，采用精馏的方法将它们分开，这是工业上生产这些化合物的一种方法。

生产出来的混合物主要作为溶剂使用。一氯甲烷主要用于生产甲基氯硅烷、四甲基铅、甲基纤维素等；氯仿是优良的有机溶剂，可用于生产氟里昂、聚四氟乙烯单体，医药上用于萃取剂、止痛软膏生产等；四氯化碳主要用作制冷剂、杀虫剂的原料，也是有机溶剂和灭火剂。

其他烷烃与氯气在一定条件下，也能发生取代反应，生成两种或两种以上的同分异构体。例如：

$$CH_3CH_2CH_3 + Cl_2 \xrightarrow{光} CH_3CH_2CH_2Cl + CH_3CHClCH_3$$
$$(45\%) \qquad (55\%)$$

$$CH_3-\underset{CH_3}{\underset{|}{CH}}-CH_3 + Cl_2 \xrightarrow{光} CH_3-\underset{CH_3}{\underset{|}{\overset{|}{C}}}-CH_3 + CH_3-\underset{CH_3}{\underset{|}{CH}}-CH_2Cl$$
$$\qquad\qquad\qquad\qquad\qquad\qquad Cl$$
$$(37\%) \qquad\qquad (63\%)$$

大量的实验证明，烷烃不同位置的氢原子被取代的难易程度是不同的。氢原子的反应活性顺序：$3°H > 2°H > 1°H$。

2. 氯代反应机理

反应机理是指化学反应所经过的途径或过程，也称为反应历程。反应机理是根据大量的实验事实作出的理论假设。

实验证明，烷烃的氯代反应是典型的自由基反应机理。以甲烷与氯气为例，整个反应是由自由基参与的，所以甲烷的氯代反应属于自由基取代反应机理。反应机理包括链引发、链增长和链终止三步。

（1）**链引发** 在光照或高温下，氯分子吸收能量而发生共价键的均裂，产生两个氯自由基而引发反应：

$$Cl:Cl \xrightarrow{光照} 2Cl\cdot \quad 氯原子(氯自由基)$$

（2）**链增长** 氯自由基很活泼，可以夺取甲烷分子中的一个氢原子生成氯化氢和一个新的自由基——甲基自由基：

$$Cl\cdot + H:CH_3 \longrightarrow HCl + \cdot CH_3$$
$$\qquad\qquad\qquad\qquad 甲基自由基$$

甲基自由基再与氯分子作用，生成一氯甲烷和氯自由基。反应一步步传递下去，逐步生成二氯甲烷、三氯甲烷和四氯化碳：

$$\cdot CH_3 + Cl:Cl \longrightarrow CH_3Cl + Cl\cdot$$
$$Cl\cdot + H:CH_2Cl \longrightarrow HCl + \cdot CH_2Cl \quad 一氯甲基自由基$$
$$\cdot CH_2Cl + Cl:Cl \longrightarrow CH_2Cl_2 + Cl\cdot$$
$$\cdots\cdots$$

（3）**链终止** 随着反应的进行，自由基与自由基间发生碰撞结合成分子的机会就会增加：

$$Cl\cdot + Cl\cdot \longrightarrow Cl_2$$
$$\cdot CH_3 + \cdot CH_3 \longrightarrow CH_3CH_3$$
$$Cl\cdot + \cdot CH_3 \longrightarrow CH_3Cl$$

随着体系中自由基的减少直至消失，反应逐渐停止。

（二）氧化反应

常温下，烷烃一般不与氧化剂反应，也不与空气中的氧气反应。但是烷烃在空气中燃烧，完全氧化生成二氧化碳和水，同时放出大量的热。

$$CH_4 + 2O_2 \xrightarrow{点燃} CO_2 + 2H_2O + 890kJ/mol$$

石油产品如汽油、煤油、柴油等作为燃料就是利用它们燃烧时放出的热量。但当燃烧不完全时，则有游离态碳生成，在动力车尾气中有黑烟冒出。

烷烃是当今人们重要的能源，但使用时必须注意通风，若烷烃燃烧时供氧不足，烷烃燃烧不完全，将会产生大量的一氧化碳等有毒物质，危害人身安全。

在控制条件下，烷烃可被氧化成醇、醛、酮和羧酸等有机含氧化合物。例如：

$$CH_3CH_2CH_2CH_3 + \frac{5}{2}O_2 \xrightarrow[\triangle]{Co^{2+},5MPa} 2CH_3COOH + H_2O$$

石蜡氧化生成高级脂肪酸：

$$R-CH_2CH_2-R' + \frac{5}{2}O_2 \xrightarrow[\triangle]{Co^{2+},MnO_2} RCOOH + R'COOH + H_2O$$

（三）异构化反应

由一种异构体转变成另一种异构体的反应，称为异构化反应。例如

$$CH_3CH_2CH_2CH_3 \underset{}{\overset{AlCl_3,\ HCl}{\rightleftharpoons}} CH_3-\underset{CH_3}{\overset{CH_3}{C}H}-CH_3$$

利用烷烃的异构化反应，使直链烷烃变成支链较多的烷烃，在石油工业中，可以提高汽油的辛烷值。

（四）裂化反应

烷烃在无氧条件下进行的热分解反应（500～700℃）称为裂化反应。裂化反应中，烷烃分子中的 C—C 键和 C—H 键发生断裂，生成小分子的烷烃、烯烃及氢等混合物。例如：

$$CH_3CH_2CH_2CH_3 \xrightarrow{500℃} \begin{cases} CH_4 + CH_3CH=CH_2 \\ CH_3CH_3 + CH_2=CH_2 \\ CH_3CH_2CH=CH_2 + H_2 \end{cases}$$

工业上常用催化剂使裂化温度降低到 450～500℃，称为催化裂化。把石油在更高温度下（＞700℃）进行的深度裂化称为裂解。在石油工业中，裂化反应的目的主要是由柴油或重油等生产轻质油或改善重油的质量。裂解的目的是得到乙烯、丙烯和丁二烯等重要的化工原料。

> **拓展窗**
>
> ## 汽油的辛烷值及汽车尾气
>
> 　　辛烷值是评价汽油抗爆性的指标。当汽油蒸气在气缸内燃烧时，常因燃烧急速而发生引擎不正常燃爆现象，使机器强烈震动，称为爆震。爆震时会降低引擎的动力，损害机器，浪费汽油。实验证明，汽油爆震程度的大小与汽油分子的化学结构有关，支链多的烷烃比直链烷烃在气缸内的燃烧性能要好，即爆震程度较小。
>
> 　　人为规定爆震程度最大的正庚烷的辛烷值为 0，爆震程度最小的异辛烷（2,2,4-三甲基戊烷）的辛烷值为 100。在两者的混合物中，异辛烷所占的百分比称为辛烷值。例如，某汽油的爆震性与 90% 异辛烷和 10% 正庚烷的混合物的爆震性相当，其辛烷值为 90。
>
> 　　为了减少汽油的爆震现象，可在低辛烷值的汽油中添加防爆剂而提高辛烷值，只要在每升汽油中加入 0.2～0.6mL 的四乙基铅，就会大幅提高汽油的辛烷值，但汽车尾气中的铅化物造成严重的大气污染，所以改用其他无铅添加剂，如异丁烯基酰胺异庚酯、甲基叔丁基醚就是新型的高辛烷值汽油添加剂。

汽车尾气污染物主要包括：一氧化碳、烃类化合物、氮氧化合物、硫氧化合物、铅及其他可被人吸入的固体颗粒物等。由于汽车尾气的排放主要在地面上方0.3～2m，正好是人的呼吸范围，因此对人体健康的损害非常严重。汽车尾气中一氧化碳的含量最高，它经呼吸道进入肺泡，被血液吸收与血红蛋白结合，它与人体中血红蛋白的结合能力是氧气的270倍，从而降低血液的载氧能力，削弱血液对人体组织的供氧量，当血液中75%的血红蛋白丧失输氧能力时，就会导致人窒息。汽车尾气中氮氧化合物含量较少，但毒性很大，它进入肺泡后，能形成亚硝酸和硝酸，对肺组织产生剧烈的刺激作用，最后造成肺气肿。二氧化碳是造成地球温室效应的重要因素。二氧化硫会刺激人的眼睛和呼吸器官，还能被大气氧化为硫酸，是形成酸雨的重要原因。汽车尾气中的铅化合物可随呼吸系统进入血液，并迅速地累积到人体的骨骼和牙齿中，它们干扰血红素的合成，侵蚀红细胞，引起贫血，损害神经系统，严重时引起脑损伤。当儿童血液中铅的浓度达0.6～0.8mg/L时，会影响儿童的生长和智力发育，甚至出现痴呆症状。铅还能透过母体进入胎盘，危及婴儿。

由汽车尾气造成的空气污染典型事件是光化学烟雾。1943年9月8日，美国洛杉矶被一种浅蓝色的烟雾笼罩了一整天，人们喉咙疼痛、眼睛发红，一夜之间有400多人死亡，花草树木枯萎。之后，日本的东京和大阪、英国的伦敦等大城市相继出现了类似事件。经分析，是由于汽车尾气在紫外线作用下变成光化学烟雾而造成的。

为了减少汽车尾气的排放，要提高发动机的质量，使用清洁汽油，并安装汽车尾气净化装置。

技能项目二
熔点的测定和温度计校准

背景：
　　纯的固态有机化合物有固定的熔点。通常当结晶物质加热到一定温度时，即从固态转化为液态，此时的温度可视为该物质的熔点。利用该性质，把实验室无标签的纯的有机化合物贴上标签。

一、工作任务

任务（一）：了解有机化合物的物理性质，认识熔点测定的意义。

任务（二）：学会校准温度计。

任务（三）：学会使用毛细管法提勒管式装置测定固体熔点。

任务（四）：根据所学知识设计实验方案，确定无标签试剂是什么物质。

任务（五）：学会规范取料等操作，及时整理台面，树立安全环保、节约的实训意识。

二、主要工作原理

熔点是指固体物质在标准大气压力下,固液两相达到平衡时的温度。实际上,当固体物质被加热到一定温度时,就从固态转变为液态,此时的温度,即可认为是该物质的熔点。

物质从开始熔化(初熔)到完全熔化(全熔)的温度范围叫做熔程(又叫熔点范围)。纯的有机化合物一般都有固定的熔点,熔程很小,仅为 0.5~1℃。如果含有杂质,熔点就会降低,可以通过测定熔点来鉴别有机化合物和检验物质的纯度。还可通过测定纯度较高的有机化合物的熔点来进行温度计的校正。

在鉴定未知物时,如果测得其熔点与某已知物的熔点相同(或接近),并不能就此完全确认它们为同一化合物。因为有些不同的有机物却具有相同或相近的熔点,如尿素和肉桂酸的熔点都是 133℃。此时,可将二者混合,测该混合物的熔点,若熔点不变,则可认为是同一物质,否则,便是不同物质。

测定熔点的方法很多,最常用的方法是毛细管测定法,该方法具有所用仪器简单、样品用量少、操作简便、结果较准确等优点。毛细管法测定熔点最常用的仪器是提勒管,实验装置如图 2-10 所示。

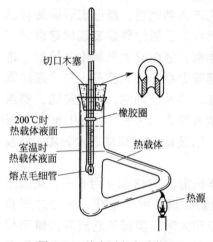

图 2-10 熔点测定实验装置

用以上方法测定熔点时,温度计上的熔点读数与真实熔点之间常有一定的偏差。这可能是由于温度计的误差所引起的。例如,一般温度计中的毛细孔径不一定是很均匀的,有时刻度也不很准确。另外,经常使用的温度计,可能会发生体积变形或损坏而使刻度不准。为了校准温度计,可选用一支标准温度计与之比较,通常也可采用纯有机化合物的熔点作为校准的标准。

一些有机化合物的熔点见表 2-2,校准时可以选用。

表 2-2 一些有机化合物的熔点

化合物	熔点/℃	化合物	熔点/℃	化合物	熔点/℃
对二氯苯	53	乙酰苯胺	114	水杨酸	159
萘	80.5	苯甲酸	122.4	间二硝基苯	174
邻苯二酚	105	尿素	132	蒽	216

三、所需仪器、试剂

提勒管 1 个,6~8cm 毛细管(ϕ1~2mm)6 根,200℃温度计 1 支,酒精灯 1 盏,表面皿 1 只,30~50 cm 玻璃管(ϕ8mm)1 根,橡胶圈。甘油,萘,苯甲酸,未知样品。

四、工作过程

(1) 学习温度计的校准。

(2) 按照工作任务(一)和任务(三)学习已知熔点物质"萘"的熔点测定操作。

(3) 根据工作任务(三)进行实验方案设计,小组讨论进行方案修订及可行性论证。

(4) 根据实验方案列出仪器、药品清单并准备所需仪器、药品。

(5) 测定未知样品的熔点,确认测定结果。

五、问题讨论

1. 为什么说通过测定熔点可检验有机物的纯度?

2. 测定熔点时如遇下列情况,结果会产生什么偏差?

（1）熔点管不洁净；
（2）样品不干燥；
（3）样品研得不细或填装不实；
（4）加热速度太快。

3. 有 A 和 B 两种样品，其熔点都是 148~149℃，用什么方法可判断它们是否为同一物质？

六、方案参考

1. 温度计的校准

量程 100℃ 普通玻璃温度计校准的一个简单的方法是，把温度计分别放入冰水混合物和沸水里面，保持放置时间 5min 左右，侵入深度 2/3 以上，可以用于 0℃ 和 100℃ 的校准。

2. 已知样品（萘或苯甲酸）的熔点测定

（1）毛细管封口　将准备好的毛细管一端放在酒精灯火焰边缘，慢慢转动加热，毛细管因玻璃熔融而封口。操作时转速要均匀，使封口严密且厚薄均匀，要避免毛细管烧弯或熔化成小球。

（2）样品的填装　将干燥过的待测样品研细。将少量（约 0.1g）研细的样品置于干净的表面皿上，聚成小堆，将毛细管开口的一端插入其中，使样品挤入毛细管中。将毛细管开口端朝上投入准备好的玻璃管（竖直放在洁净的表面皿上）中，让毛细管自由落下，样品因毛细管上下弹跳而被压入毛细管底。重复几次，把样品填装均匀、密实，使装入的样品高度为 2~3mm。

（3）仪器安装　将提勒管固定在铁架台上，倒入导热液，使液面位于提勒管的叉管处[1]，管口处安装插有温度计的开槽塞子，毛细管通过橡胶圈套在温度计上（注意橡胶圈应在导热液液面之上）[2]，使试样位于水银球的中部，然后调节温度计位置，使水银球位于提勒管上下叉管中间，因为此处对流循环好，温度均匀。

（4）熔点测定　用小火在提勒熔点测定管底部加热，初始升温可以快一些，约 5℃/min，当温度升至离熔点约 10℃ 时，要控制升温速度在 1℃/min 左右。固体样品的熔化过程参见图 2-11，如果熔点管中的样品出现塌落、湿润，甚至显现出小液滴，即表明开始熔化（此时可将灯焰稍移开一些），此时的温度即初熔温度 [$t_{初熔}$，见图 2-11(c)]。继续缓缓地升温，当只剩少许即将消失的细小晶体时的温度即全熔温度 [$t_{全熔}$，即管中绝大部分固体已熔化，见图 2-11(d)]。记下初熔和全熔时的温度 $t_{初熔}$ 和 $t_{全熔}$，即为该样品的熔程[3]。

移去火焰，让导热液温度下降，低于熔点 20℃ 左右取出温度计，将熔点管丢弃，换上第二支样品，重复测定一次。

3. 未知试剂的确认

未知样品常需要先粗略测定，然后再精确测定。填装三支未知样品，其中第一次可较快升温，粗测一次，得到粗略熔点后，再精测两次。根据所测熔点，推测可能的化合物，并向老师索取该化合物。测定此化合物的熔点，若与未知样熔点相同，再将其与未知样混合并测定混合物的熔点，以确认测定结果。将萘和未知样的熔点数据填入表 2-3。

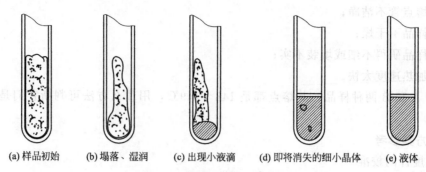

(a) 样品初始　　(b) 塌落、湿润　　(c) 出现小液滴　　(d) 即将消失的细小晶体　　(e) 液体

图 2-11　固体样品的熔化过程

表 2-3　熔点测定数据记录

样品	实验次数	初熔/℃	全熔/℃	备注
萘	第一次			
	第二次			
未知样	第一次			
	第二次			
	第三次			
混合物	第一次			
	第二次			

七、注释

[1] 甘油黏度较大，挂在壁上的流下后就可使液面超过侧管。另外，加热后，其热膨胀也会使液面增高。

[2] 固定熔点管的橡胶圈不可浸没在溶液中，以免被浴液溶胀而使熔点管脱落。

[3] 测定结束后，温度计需冷却至接近室温方可洗涤，导热液也应冷却至室温后再倒回试剂瓶中。否则将可能造成温度计或试剂瓶炸裂。

本章小结

1. 烷烃的结构

饱和碳原子在成键时，1 个 2s 轨道和 3 个 2p 轨道进行杂化，形成 4 个新的 sp^3 杂化轨道，是烷烃分子中的键角都接近于 109.5°的原因。

σ 键：原子轨道沿键轴方向重叠形成的共价键，可以旋转，烷烃分子中 C—C 键、C—H 键都是 σ 键。

构象：单键转动而引起的分子中原子在空间的不同排列，乙烷的典型构象有重叠式和交叉式。

2. 烷烃的命名

碳原子可分为伯碳原子、仲碳原子、叔碳原子和季碳原子。

重要的有烷基有甲基、乙基、异丙基、正丁基、异丁基、叔丁基等。

（1）习惯命名法：直链——正某烷；支链——异某烷、新某烷。

(2) 系统命名法：选主链——含支链最多的最长碳链；编号——最低系列原则；写名称优先基团后列出。

3. 化学性质
(1) 取代反应、卤代反应、氯代反应。
① 烷烃的卤代反应属于自由基取代反应机理；
② 烷烃与卤素的氯代反应活性是：$F_2 > Cl_2 > Br_2 > I_2$；
氢原子的氯代反应活性顺序：$3°H > 2°H > 1°H$。
(2) 氧化反应。
(3) 异构化反应。
(4) 裂化反应。

习题

1. 用系统命名法命名下列化合物，并标明其中（1）（2）的碳原子类别

(1) $CH_3-\underset{\underset{CH_3}{|}}{CH}-\underset{\underset{CH_2CH_3}{|}}{\overset{\overset{CH_3}{|}}{C}}-CH_3$

(2) $CH_3-\underset{\underset{CH_2CH_3}{|}}{\overset{\overset{CH_3}{|}}{C}}-CH_2-CH_2-CH_3$

(3) $CH_3-\underset{\underset{CH_2CH_3}{|}}{\overset{\overset{CH_2CH_3}{|}}{C}}-CH_2-CH_3$

(4) $CH_3-CH_2-\underset{\underset{CH_3}{|}}{CH}-CH_2-\underset{\underset{CH_3}{|}}{CH}-CH_3$

2. 用构造式表示下列化合物
(1) 2,4-二甲基-3-乙基己烷
(2) 2-甲基-3-乙基庚烷
(3) 2,3,4-三甲基-3-乙基庚烷
(4) 2,5-二甲基-4-异丙基辛烷

3. 写出符合下列氯代产物的 C_5H_{12} 的构造式
(1) 可有三种一氯代产物
(2) 只有一种一氯代产物
(3) 可有四种一氯代产物
(4) 可有两种二氯代产物

4. 判断题
(1) 烃只含碳和氢两种元素，脂肪烃中没有环状结构，不饱和脂肪烃中只包括单键。
(　　)
(2) 构造异构是指两个分子的分子式相同，构造不同。(　　)
(3) 构造是指分子内原子的连接次序和空间分布。(　　)
(4) 两个 sp^3 杂化轨道夹角为 $120°$。(　　)
(5) 烷烃中的所有键都是 $σ$ 键，C 原子都以 sp^3 杂化，直链分子实际上是锯齿形的。
(　　)
(6) "2-乙基-4,4-二甲基戊烷"这个系统命名是正确的。(　　)
(7) 自由基反应有自由基参与。(　　)
(8) 测定熔点时样品研得不细或填装不实，结果偏低。(　　)
(9) 样品经测定熔点冷却后又转变为固态，可再次测定。(　　)

(10) 物质从开始熔化到完全熔化的温度范围叫做熔程。（　　）

5. 单项选择

(1) 下列化合物中，含有叔碳原子的是（　　）。
A. 戊烷　　　　　B. 2-甲基丁烷　　　　C. 2,2-二甲基丙烷　　　D. 丙烷

(2) 下列化合物中，含有季碳原子的是（　　）。
A. 3,3-二甲基戊烷　B. 异戊烷　　　　C. 2-甲基戊烷　　　　D. 3-甲基戊烷

(3) 化合物 2,2,4-三甲基己烷分子中含有（　　）碳原子。
A. 伯和仲　　　　B. 伯、仲和叔　　　C. 1个季　　　　　D. 3个仲

(4) 在化合物 2,2,3-三甲基戊烷分子中含有（　　）仲氢原子。
A. 15个　　　　　B. 1个　　　　　　C. 2个　　　　　　D. 0个

(5) 下列各组结构式中，属于相同化合物的是（　　）。
A. $(CH_3)_2CH(CH_2)_2CH_3$ 和 $CH_3CH(CH_3)CH(CH_3)_2$
B. $CH_3CH_2CH(CH_3)_2$ 和 $CH_3CH_2CH(C_2H_5)_2$
C. $CH_3CH(CH_3)CH(CH_3)CH_3$ 和 $(CH_3)_2CHCH(CH_3)_2$
D. $CH_3(CH_2)_3CH_3$ 和 $CH_2(C_2H_5)_2$

(6) 下列各组化合物中，属于异构体的是（　　）。
A. $CH_3CH_2CH(CH_3)CH_2CH_3$ 和 $CH_3CH_2CH(C_2H_5)CH_3$
B. $CH_3CH_2CH_2CH_2CH_3$ 和 $CH_3CH_2CH(C_2H_5)C_2H_5$
C. $CH_3CH(CH_3)CH(CH_3)CH_3$ 和 $(CH_3)_2CHCH(CH_3)_2$
D. $CH_3(CH_2)_3CH_3$ 和 $CH_2(C_2H_5)_2$

(7) 甲烷的空间结构呈（　　）形。
A. 正四面体　　　B. 三角锥　　　　C. 正三角　　　　D. 直线

(8) 卤素与烷烃反应的相对活性是（　　）。
A. $F_2>Cl_2>Br_2>I_2$　　　　　　　B. $Br_2>I_2>F_2>Cl_2$
C. $Cl_2>F_2>I_2>Br_2$　　　　　　　D. $I_2>Br_2>C_2>F_2$

(9) 分子式为 C_5H_{12} 的烷烃异构体的数目是（　　）。
A. 两个　　　　　B. 三个　　　　　C. 四个　　　　　D. 五个

(10) 不同氢原子被卤原取代时，由易到难的次序是（　　）。
A. $3°H>2°H>1°H$　　　　　　　B. $1°H>2°H>3°H$
C. $2°H>3°H>1°H$　　　　　　　D. $3°H>1°H>2°H$

(11) 丙烷的一溴代产物有（　　）。
A. 两种　　　　　B. 三种　　　　　C. 一种　　　　　D. 四种

(12) 同系物是指（　　）。
A. 结构相似，组成上相差 CH_2 及其整数倍的系列化合物
B. 分子式相同，组成上相差 CH_2 及其整数倍的系列化合物
C. 结构相似，组成上相差 CH_3 及其整数倍的系列化合物
D. 结构不同，组成上相差 CH_2 及其整数倍的系列化化合物

(13) 下列烷烃中，沸点最低的是（　　）。
A. 正己烷　　　　B. 正戊烷　　　　C. 异戊烷　　　　D. 新戊烷

(14) 烷烃分子中碳原子的空间几何形状是（　　）。

A. 四面体形　　　　B. 平行四边形　　　　C. 线性　　　　　　　　D. 六边形
(15) 异戊烷和新戊烷互为同分异构体的原因是（　　）。
A. 具有相似的化学性质　　　　　　B. 具有相同的物理性质
C. 具有相同的结构　　　　　　　　D. 分子式相同但碳链的排列方式不同
(16) 测定熔点时如遇下列情况，结果偏高的是（　　）。
A. 熔点管不洁净　　　　　　　　　B. 样品不干燥
C. 毛细管未完全封闭　　　　　　　D. 加热速度太快

第三章
烯烃和二烯烃
Olefin and Alkadiene

> **学习目标** (Learning Objectives)
>
> 1. 熟练掌握烯烃和二烯烃的命名法；
> 2. 记住次序规则，学会确定化合物的顺反构型，掌握 Z/E 命名法；
> 3. 理解 sp^2 杂化的特点及 π 键的结构与特性；
> 4. 掌握烯烃和二烯烃的化学性质及其应用；
> 5. 了解亲电加成反应的特点，掌握马氏规则；
> 6. 理解共轭二烯烃的结构，掌握共轭体系的特点和分类；
> 7. 学会蒸馏法提纯工业乙醇。

分子中含有碳碳双键的不饱和烃称为烯烃。分子中含有两个碳碳双键的不饱和烃称为二烯烃。碳碳双键是烯烃的官能团。

第一节 烯 烃

一、烯烃的结构

最简单的烯烃是乙烯（$CH_2\!=\!\!CH_2$），下面以乙烯为例来说明烯烃的结构。

1. 碳原子的 sp^2 杂化

经过实验测定，乙烯分子具有平面结构，有一个碳碳双键，全部原子在一个平面，所有键角接近 120°。形成这一结构的原因是因为碳原子采取了 sp^2 杂化。

杂化轨道理论认为，碳原子在形成双键时，2s 轨道上的电子吸收能量激发到空的 2p 轨道中，一个 2s 轨道和两个 2p 轨道重新组合，形成三个新的 sp^2 杂化轨道，如图 3-1 所示。

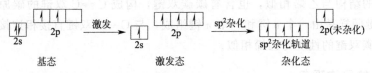

图 3-1 碳原子的 sp^2 杂化

一个 sp^2 杂化轨道的形状是一头大、一头小的葫芦形。三个 sp^2 杂化轨道以平面三角形对称地分布在碳原子周围，它们对称轴之间的夹角为 120°，未参与杂化的 2p 轨道垂直于三个 sp^2 杂化轨道组成的平面，如图 3-2 所示。

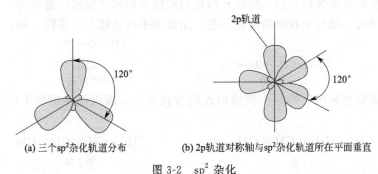

(a) 三个 sp^2 杂化轨道分布　　　　(b) 2p 轨道对称轴与 sp^2 杂化轨道所在平面垂直

图 3-2　sp^2 杂化

2. 乙烯的分子结构

在乙烯分子中，两个碳原子各以一个 sp^2 杂化轨道沿键轴方向重叠形成一个 C—C σ 键，各自剩余的两个 sp^2 杂化轨道分别与两个氢原子的 1s 轨道沿键轴方向重叠形成 4 个等同的 C—H σ 键，5 个 σ 键都在同一平面内，因此乙烯为平面构型。此外，每个碳原子还有一个未参与杂化的 2p 轨道，两个碳原子的 2p 轨道相互平行，从侧面重叠成键。这种成键原子的 p 轨道侧面重叠形成的共价键称为 π 键。乙烯分子中的 σ 键和 π 键如图 3-3 所示。

(a) 5 个 σ 键　　　　(b) 5 个 σ 键的球棒模型　　　　(c) 2p 轨道侧面重叠形成的 π 键

图 3-3　乙烯的分子结构

3. σ 键和 π 键的比较

σ 键和 π 键的特点比较见表 3-1。

表 3-1　σ 键和 π 键的特点比较

项　目	σ 键	π 键
存在方式	可以单独存在	不能单独存在，只能与 σ 键共存
形成方式	成键轨道沿键轴重叠，重叠程度大	成键轨道平行侧面重叠，重叠程度小
空间分布	电子云对称分布在键轴周围呈圆柱形	电子云对称分布于 σ 键所在平面的上下方
性质	①可沿键轴相对自由旋转 ②键能较大，不易断裂	①不能沿键轴相对旋转 ②键能较小，易断裂，易加成，易氧化

其他烯烃的结构与乙烯相似,也含有碳碳双键,构成 C═C 双键的碳原子也是 sp^2 杂化,C═C 双键同样是由一个 σ 键和一个 π 键组成,与 C═C 双键直接相连接的各原子处在同一平面,碳碳双键的性质与乙烯相似。

二、烯烃的异构现象

烯烃与碳原子数相同的烷烃比较,由于分子中含有 C═C 双键,少了两个氢原子,所以烯烃的通式为 C_nH_{2n}。烯烃的同系物之间的系差也是 CH_2。

1. 构造异构

烯烃的异构现象比烷烃复杂,构造异构包括碳链异构和官能团位置异构。

(1) 碳链异构 烯烃中双键的位置不变,而碳原子的连接方式不同。如:

$$CH_3—CH_2—CH═CH_2 \qquad \qquad \begin{matrix} CH_3—C═CH_2 \\ | \\ CH_3 \end{matrix}$$
$$\text{1-丁烯} \qquad \qquad \qquad \text{2-甲基丙烯}$$

(2) 官能团位置异构 烯烃中碳链的连接方式不变,而双键在碳链中的位置发生了改变。如:

$$CH_3—CH_2—CH═CH_2 \qquad \qquad CH_3—CH═CH—CH_3$$
$$\text{1-丁烯} \qquad \qquad \qquad \text{2-丁烯}$$

2. 顺反异构

由于烯烃中的碳碳双键不能自由旋转,所以当双键的两个碳原子上各连有两个不同的原子或基团时,4 个基团在空间上的排列方式有两种或称为有两种构型。两个相同的基团在双键同侧称为顺式构型,简称"顺式",两个相同的基团在双键异侧称为反式构型,简称"反式"。

$$\begin{matrix} A \qquad A \\ \diagdown\;\;\diagup \\ C═C \\ \diagup\;\;\diagdown \\ B \qquad B \end{matrix} \qquad\qquad \begin{matrix} A \qquad B \\ \diagdown\;\;\diagup \\ C═C \\ \diagup\;\;\diagdown \\ B \qquad A \end{matrix}$$
$$\text{顺式构型} \qquad\qquad \text{反式构型}$$

烯烃这种由于双键不能旋转造成原子或基团在空间的排列方式不同所引起的异构现象,称为顺反异构现象,这两种异构体称为顺反异构体。顺反异构体在物理性质和化学性质上都是不同的。并不是所有的烯烃都能产生顺反异构体,双键碳原子只要有一个连有两个相同的原子或基团,就不会产生顺反异构体。例如:

$$\begin{matrix} CH_3 \qquad H \\ \diagdown\;\;\diagup \\ C═C \\ \diagup\;\;\diagdown \\ CH_3CH_2 \qquad H \end{matrix} \qquad\qquad \begin{matrix} CH_3 \qquad CH_2CH_3 \\ \diagdown\;\;\diagup \\ C═C \\ \diagup\;\;\diagdown \\ CH_3 \qquad CH_2CH_3 \end{matrix}$$
$$(\text{Ⅰ}) \qquad\qquad\qquad (\text{Ⅱ})$$

上面两个化合物中,由于(Ⅰ)中一个双键碳原子连有两个氢原子,(Ⅱ)中一个双键碳原子连有两个甲基,因此无顺反异构体。

练习

3-1 判断具有下列构造式的烯烃有无顺反异构体?若有,写出其顺反异构体的一对构型式。

(1) $CH_2═CHCH_2CH_3$ \qquad (2) $\begin{matrix} CH_3C═CHCH_2CH_3 \\ | \\ CH_3 \end{matrix}$

(3) $CH_3CH_2CH=CCH_3$
       |
       CH_3

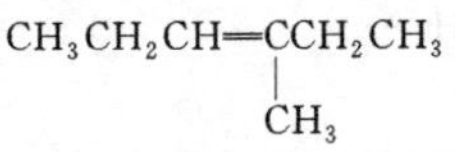

(4) 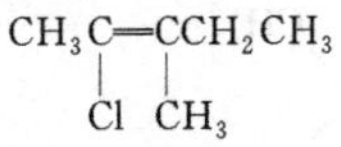 $CH_3-C=CH_2CH_3$
           | |
           Cl CH_3

3-2 写出 C_5H_{10} 所有的构造异构体和可能的顺反异构体。

三、烯烃的命名

1. 常见的烯基

烯烃分子中去掉一个氢原子后剩余的基团，称为烯基。常见的烯基有：

$CH_2=CH-$　　　　　　　　　$CH_2=CH-CH_2-$
乙烯基　　　　　　　　　　　　烯丙基

2. 系统命名法

烯烃的命名包括普通命名法和系统命名法。少数简单的烯烃常用普通命名法。如：

$CH_3CH_2CH=CH_2$　　　　　　$CH_3-C=CH_2$
　　　　　　　　　　　　　　　　　　|
　　　正丁烯　　　　　　　　　　　　CH_3
　　　　　　　　　　　　　　　　　异丁烯

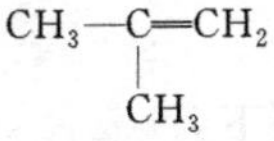

烯烃的系统命名与烷烃基本相似，由于烯烃有碳碳双键官能团，因此命名方法与烷烃有所不同，命名原则如下所述。

（1）选主链　含双键的最长碳链　选择含有双键且连接支链较多的最长碳链作为主链，根据主链上的碳原子数称为"某烯"。如：庚烯。

（2）编号　双键碳原子编小号　从靠近双键一端开始给主链碳原子编号。以双键碳原子中编号小的数字表明双键的位次，放在"某烯"之前，中间用半字线相连。如：2-庚烯。

（3）取代基的列出　与烷烃命名原则相同，例如：

（选择含有双键的最长碳链为母体）　　　　（选择含取代基多的最长碳链为母体）

2,5-二甲基-3-乙基-2-庚烯　　　　　　　5-甲基-4-乙基-2-己烯

与烷烃不同，含十个碳以上的烯烃，在烯字之前加一个"碳"字。

$CH_3(CH_2)_3CH=CH(CH_2)_4CH_3$
5-十一碳烯

3. 顺反异构体的命名

顺反异构体的命名方法有两种，一是顺反命名法，二是 Z/E 命名法。顺反命名法有一定的局限性，但所有的顺反异构体都可用 Z/E 命名法。

（1）顺反命名法　考虑相同基团的相对位置　两个双键碳原子上至少含有一个相同的原子或基团时，可用顺反命名法。相同基团在双键的同侧，为"顺"式，在异侧为"反"式。例如：

顺-2-丁烯　　　　　　　　　　反-2-丁烯

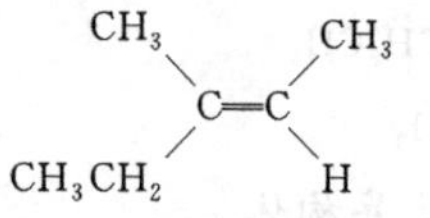

顺-3-甲基-2-戊烯 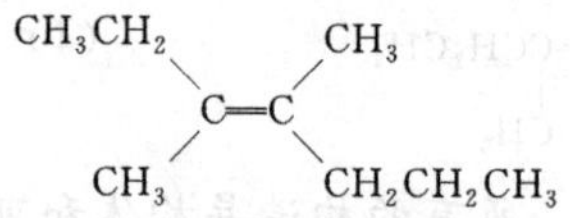   反-3,4-二甲基-3-庚烯

当两个双键碳原子上连有四个不同的原子或基团时，则不能用顺反命名法命名。如：

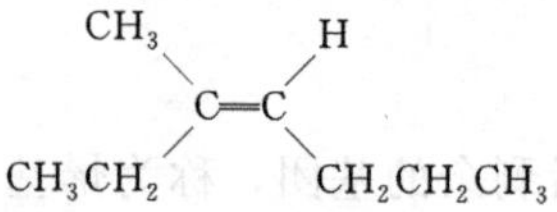

此时只能用 Z/E 命名法来命名。

(2) Z/E 命名法　考虑优先基团的相对位置

a. 根据次序规则确定每个双键碳原子上所连接的两个原子或基团的优先次序。

b. 当两个双键碳原子上的优先基团在双键的同一侧时，称为（Z）式构型，反之为（E）式构型。

次序规则的主要内容如下：

① 将双键碳原子上直接相连的原子按原子序数大小排列，大者为优先基团。

几种常见的原子排列次序：I＞Br＞Cl＞S＞F＞O＞N＞C＞H（其中"＞"表示"优于"）

原子序数： 53　35　17　16　9　8　7　6　1

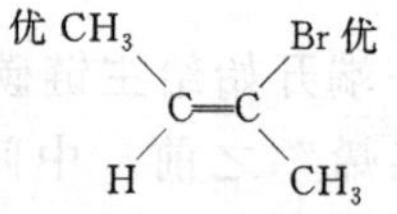

Z/E 命名法：(Z)-2-溴-2-丁烯   (E)-2-溴-2-丁烯
顺反命名法：反-2-溴-2-丁烯   顺-2-溴-2-丁烯

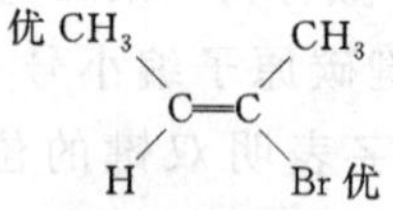

应当指出，Z/E 命名法与顺反命名法不是完全对应的。Z 式不一定是顺式，E 式也不一定是反式。如上面的例子

② 如与双键碳原子直接相连的第一个原子相同，则比较第二个原子，如仍相同则比较第三个，以此类推。例如：

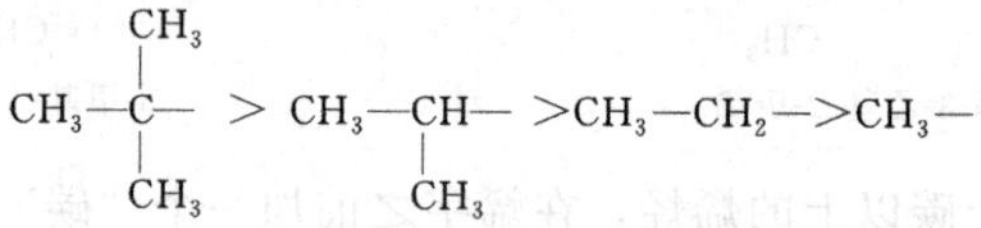

$CH_3-C(CH_3)_2-$ ＞ CH_3-CH- ＞ CH_3-CH_2- ＞ CH_3-

下面的例子只能用 Z/E 命名法来命名：

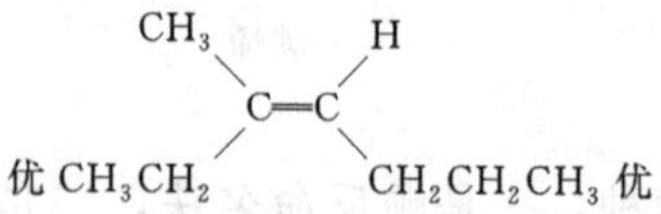

(Z)-3-甲基-3-庚烯

③ 若基团中含有双键或三键等不饱和键，则把不饱和键看成单键的重复，即双键连着两个原子，三键连接着三个原子。例如：

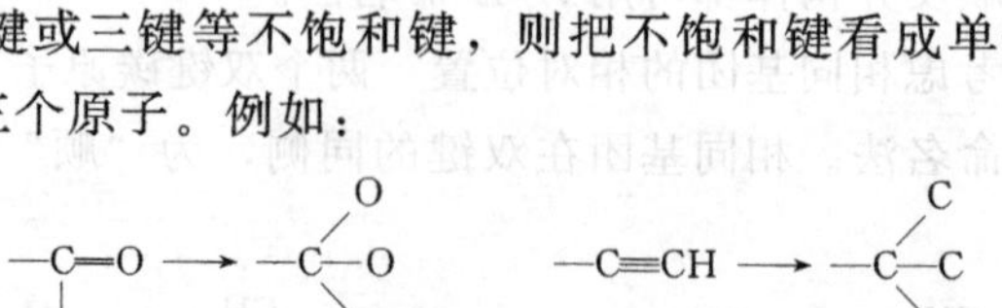

根据该条次序规则，下列烃基排列次序为：

$-C\equiv CH$ ＞ $-C(CH_3)_3$ ＞ $-CH=CH_2$ ＞ $-CH(CH_3)_2$ ＞ $-CH_2CH_2CH_3$

练习

3-3 用系统命名法命名下列烯烃：

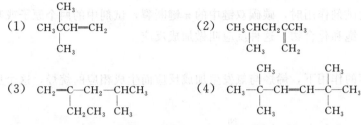

3-4 用 Z/E 命名法命名下列烯烃：

(1)
(2)
(3)
(4)

四、烯烃的物理性质

常温下，C_4 以下的烯烃为气体，$C_5\sim C_{18}$ 的烯烃是液体，C_{19} 以上的烯烃是固体。

随着分子中碳原子数目的增多沸点升高。直链烯烃比带有支链的同系物沸点稍高，在顺反异构体中，顺式异构体的沸点略高于反式异构体，原因是顺式异构体的分子极性较反式异构体大。

熔点的变化规律与沸点相似，也是随着分子中碳原子数目的增加而升高。但在顺反异构体中，由于反式异构体的对称性较高，分子在晶体中的排列比较紧密，所以反式异构体的熔点比顺式异构体高。

烯烃难溶于水，易溶于有机溶剂，相对密度小于 1。常见烯烃的物理常数见表 3-2。

表 3-2　常见烯烃的物理常数

名称	熔点/℃	沸点/℃	相对密度	名称	熔点/℃	沸点/℃	相对密度
乙烯	−169.4	−103.9	0.570	反-2-戊烯	−136.0	36	0.648
丙烯	−185.2	−47.7	0.610	3-甲基-1-丁烯	−168.5	25	0.648
1-丁烯	−130.0	−6.4	0.625	2-甲基-2-丁烯	−133.8	39	0.662
顺-2-丁烯	−139.3	3.5	0.621	2-甲基-1-丁烯	−137.6	20.1	0.633
反-2-丁烯	−105.5	0.9	0.604	己烯	−139	63.5	0.673
1-戊烯	−166.2	30.1	0.641	庚烯	−119	93.6	0.697
顺-2-戊烯	−151.4	37	0.655	1-辛烯	−104	122.5	0.716

五、烯烃的化学性质

烯烃参与反应的主要部位如下：

$$R-\underset{(2)}{CH_2}-\underset{(1)}{CH=CH_2}$$

(1) 碳碳双键的反应：加成、氧化、聚合。
(2) α-H 原子的反应：取代、氧化等。

烯烃的官能团是碳碳双键，其中π键不牢固，容易断裂，因此碳碳双键能发生多种反应。与碳碳双键直接连接的碳上的氢原子称为α-氢原子，也显示出一定的活性。

（一）加成反应

烯烃等不饱和烃与某些试剂作用时，碳碳双键中的π键断裂，试剂中的两个原子或基团加到不饱和碳原子上，生成饱和化合物，这种反应叫做加成反应。

1. 催化加氢

在催化剂镍、钯、铂等的作用下，烯烃与氢发生加成反应而生成相应的烷烃，这个反应称为催化加氢。例如：

$$CH_3-CH=CH_2+H_2 \xrightarrow{Ni} CH_3-CH_2-CH_3$$

2. 加卤素

烯烃和卤素可以发生加成反应，得到邻二卤代烃。

$$CH_2=CH_2+Cl_2 \xrightarrow[40℃,2MPa]{FeCl_3} \underset{\underset{Cl}{|}}{CH_2}-\underset{\underset{Cl}{|}}{CH_2}$$
1,2-二氯乙烷

1,2-二氯乙烷主要用作脂肪、蜡、橡胶等的溶剂。大量用于制造氯乙烯，并用于谷物的气体消毒杀虫剂。

将乙烯或丙烯通入溴的四氯化碳溶液中，溴的红棕色立即消失，生成1,2-二溴烷烃，实验室中常用此法鉴别碳碳双键的存在。

$$CH_3-CH=CH_2+\underset{红棕色}{Br_2} \xrightarrow{CCl_4} CH_3-\underset{\underset{Br}{|}}{CH}-\underset{\underset{Br}{|}}{CH_2}$$
1,2-二溴丙烷

3. 加卤化氢

（1）与卤化氢的加成　烯烃能与卤化氢发生加成反应，生成卤代烷。

$$CH_2=CH_2+HCl \xrightarrow{AlCl_3} CH_3-CH_2-Cl$$
氯乙烷

乙烯与氯化氢加成反应是工业上制备氯乙烷的方法之一。氯乙烷在医药上用于外科手术的局部麻醉；农业上用作杀虫剂；也是有机合成的乙基化试剂。

乙烯为对称烯烃，与卤化氢加成时，无论卤原子或氢原子加到哪个碳原子上，产物都相同。当两个双键碳原子上所连接的原子或基团不完全相同时，称为不对称烯烃。例如丙烯是不对称烯烃，它与氯化氢加成可得到两种不同结构的一卤代烷产物：

$$CH_3-CH=CH_2+HCl \longrightarrow CH_3-\underset{\underset{Cl}{|}}{CH}-CH_3 + CH_3-CH_2-\underset{\underset{Cl}{|}}{CH_2}$$
2-氯丙烷　　　　1-氯丙烷

2-氯丙烷是丙烯与氯化氢加成的主要产物。其他不对称烯烃与卤化氢加成，与丙烯相似，主要得到一种产物。例如：

$$CH_3-CH=CH_2+HBr \longrightarrow CH_3-\underset{\underset{Br}{|}}{CH}-CH_3$$
主要产物

$$CH_3-C=CH_2 + HI \longrightarrow CH_3-\underset{CH_3}{\overset{I}{\underset{|}{\overset{|}{C}}}}-CH_3$$
$$\underset{CH_3}{|}$$
主要产物

俄国化学家马尔科夫尼科夫（Markovnikov）通过实验，总结出一条经验规则：不对称烯烃与卤化氢等不对称试剂加成时，氢原子或带正电的基团总是加到含氢较多的双键碳原子上，而卤原子或带负电的基团则加到含氢较少的双键碳原子上。此规则称为马尔科夫尼科夫规则，简称马氏规则，也称为不对称加成规则。利用该规则可以预测不对称烯烃的加成产物。

$$CH_3-CH=CH_2 + ICl \longrightarrow CH_3-\underset{Cl}{\overset{}{\underset{|}{CH}}}-\underset{I}{\overset{}{\underset{|}{CH_2}}}$$

若在过氧化物存在下，不对称烯烃与溴化氢反应，则与马氏加成产物相反，过氧化物的这种影响称为过氧化物效应，其他卤化氢没有这种反应。

$$CH_2=CH-CH_3 + HBr \begin{cases} \xrightarrow{\text{过氧化物}} CH_2-CH_2-CH_3 \\ \qquad\qquad\qquad\quad |\\ \qquad\qquad\qquad\; Br \\ \xrightarrow{\text{无过氧化物}} CH_3-CH-CH_3 \\ \qquad\qquad\qquad\quad |\\ \qquad\qquad\qquad\; Br \end{cases}$$

（2）诱导效应和马氏规则的理论解释　要理解马氏加成规则，必须先了解不对称烯烃与卤化氢加成反应的机理。以丙烯与氯化氢反应为例，加成反应的机理分两步，表示如下：

$$\overset{\delta^-}{\underset{1}{CH_2}}=\overset{\delta^+}{\underset{2}{CH}}-\underset{3}{CH_3} + H^+ \xrightarrow{\text{第一步}} \underset{1}{CH_3}-\overset{+}{\underset{2}{CH}}-\underset{3}{CH_3} \xrightarrow{\text{第二步}} CH_3-\underset{Cl}{\overset{}{\underset{|}{CH}}}-CH_3$$

① 从诱导效应角度解释。反应第一步，连接在丙烯双键上的甲基具有一种给电子的诱导效应，造成双键上的 π 键电子云极化偏移，使得 C1 带负电 δ^-，C2 带正电 δ^+。结果使得来自氯化氢的 H^+ 更容易与 C1 形成碳氢键，同时 π 键断裂后 C2 成为碳正离子。第二步，碳正离子与氯负离子结合生成碳氯键，得到符合马氏规则的加成产物。

在这里缺电子的 H^+ 具有亲电性，被称为亲电试剂。由亲电试剂进攻而引起的加成反应，称为亲电加成反应。烯烃的加成反应，除催化加氢外一般属于亲电加成反应机理。

诱导效应：由于分子中成键原子的电负性不同，引起分子中成键的电子云向着一个方向偏移，并能沿着分子链传递使分子发生极化的效应，叫做诱导效应。用符号 I 表示。

诱导效应包括吸电诱导和给电诱导，对烯烃中碳碳双键的影响表示如下：

$$\overset{\delta^+}{CH_2}=CH \rightarrow Y \quad -I$$
$$\overset{\delta^-}{CH_2}=CH \leftarrow X \quad +I$$

常见取代基的吸电诱导或给电诱导能力的强弱顺序为：

吸电诱导（$-I$）　$-NO_2 > -CN > -COOH > -F > -Cl > -Br > -I > -OR > -H$

给电诱导（$+I$）　$(CH_3)_3C- > (CH_3)_2CH- > CH_3CH_2- > CH_3- > H-$

② 从碳正离子稳定性角度解释。当丙烯与 HX 加成时，H^+ 首先和不同的双键碳原子加成形成两种碳正离子，然后碳正离子再和卤素结合，得到两种加成产物。

$$CH_3-CH=CH_2 + H^+ \begin{array}{c} \text{I} \\ \longrightarrow \\ \text{II} \\ \longrightarrow \end{array} \begin{array}{c} CH_3-\overset{+}{C}H-CH_3 \xrightarrow{X^-} CH_3-\underset{X}{\overset{|}{C}H}-CH_3 \\ CH_3-CH_2-\overset{+}{C}H_2 \xrightarrow{X^-} CH_3-CH_2-CH_2-X \end{array}$$

不同碳正离子的稳定性以如下次序减小：

$$CH_3-\underset{\underset{CH_3}{|}}{\overset{\overset{CH_3}{|}}{\overset{+}{C}}}-CH_3 > CH_3-\overset{+}{C}H-CH_3 > CH_3\overset{+}{C}H_2 > \overset{+}{C}H_3$$

叔碳正离子　　　仲碳正离子　　　伯碳正离子　甲基碳正离子

仲碳正离子比伯碳正离子更稳定、易生成，与卤素负离子结合，结果得到按照马氏规则的加成产物。

4. 加硫酸

烯烃与浓硫酸很容易发生加成反应生成硫酸氢烷基酯（酸性硫酸酯），也符合马氏规则。例如：

$$CH_2=CH_2 + HOSO_2OH \longrightarrow CH_3-CH_2-OSO_2OH$$
硫酸氢乙酯

$$CH_3CH=CH_2 + HOSO_2OH \longrightarrow CH_3-\underset{OSO_2OH}{\overset{|}{C}H}-CH_3$$
硫酸氢异丙酯

硫酸氢烷基酯很容易水解成相应的醇，并重新给出硫酸。这是工业上以烯烃为原料制取各种醇的方法，称为间接水合法。除乙烯得到伯醇外，其他烯烃得到的是仲醇或叔醇。

$$CH_3CH_2-OSO_2OH + H_2O \xrightarrow{\Delta} CH_3CH_2-OH + H_2SO_4$$
乙醇

$$CH_3-\underset{OSO_2OH}{\overset{|}{C}H}-CH_3 + H_2O \xrightarrow{\Delta} CH_3\underset{OH}{\overset{|}{C}H}CH_3 + H_2SO_4$$
异丙醇

烯烃与硫酸的加成也常用来分离烯烃和烷烃。从石油工业中得到的烷烃中常含有少量的烯烃，将它们通过硫酸，烯烃即生成可溶于硫酸的硫酸氢烷基酯，而烷烃不溶于硫酸，从而达到分离的目的。

5. 加水

在酸的催化下，烯烃和水加成生成醇。不对称烯烃与水加成符合马氏规则。例如：

$$CH_2=CH_2 + H\;OH \xrightarrow[300℃, 7MPa]{H_3PO_4/硅藻土} CH_3-CH_2-OH$$

$$CH_3CH=CH_2 + H\;OH \xrightarrow[300℃, 4MPa]{H_3PO_4/硅藻土} CH_3\underset{OH}{\overset{|}{C}H}CH_3$$

烯烃与水直接反应生成醇，称为烯烃直接水合法，是醇的制备方法之一。

尽管烯烃的直接水合与间接水合的最终产物都是醇，但直接水合可以在稀酸介质中进行，因此比间接水合更为方便和经济，是工业上由烯烃制造醇的主要方法。稀硫酸和磷酸是很有效的催化剂，这个反应也称为烯烃的直接水合法。

练习

3-5　己烷中含有少量1-己烯，试用化学方法将其除去。

(二) 氧化反应

1. 高锰酸钾氧化

在温和的条件下，双键中的π键断裂，生成邻二醇。例如，将丙烯通入稀、冷的高锰酸钾中性或碱性溶液中，紫色高锰酸钾的颜色逐渐消失，同时生成棕褐色的二氧化锰沉淀。

$$3CH_3CH=CH_2 + 2KMnO_4 + 4H_2O \longrightarrow 3CH_3CH-CH_2 + 2MnO_2\downarrow + 2KOH$$
$$\underset{OH\ \ OH}{|\ \ \ |}$$

1,2-丙二醇

1,2-丙二醇又称为 α-丙二醇，无色黏稠液体，有吸湿性。常作溶剂，也可用作抗冻剂、润滑剂、脱水剂等，上述反应前、后有明显的现象变化，常用于烯烃的鉴别。

在加热条件下用浓的或酸性高锰酸钾溶液氧化烯烃，碳碳双键断裂，生成相应的氧化物。例如：

$$CH_3-\underset{\underset{CH_3}{|}}{C}=CHCH_3 \xrightarrow{[O]} CH_3-\underset{\underset{O}{\|}}{C}-CH_3 + CH_3COOH$$

$$CH_3CH=CH-CH-CH_2 \xrightarrow{[O]} CH_3COOH + CH_3\underset{\underset{O}{\|}}{C}CH_2COOH + CO_2 + H_2O$$
$$\underset{CH_3}{|}$$

双键断裂时，由于双键碳原子上连接的烷基不同，氧化产物也不同，氧化规律如下：

$$CH_2 \xrightarrow{[O]} CO_2 + H_2O$$

$$RCH \xrightarrow{[O]} RCOOH$$

$$\underset{\underset{R}{|}}{R-C} \xrightarrow{[O]} R-\underset{\underset{O}{\|}}{C}-R$$

练习

3-6 某烯烃分子式为 C_5H_{10}，用酸性高锰酸钾氧化后，得到乙酸（CH_3COOH）和丙酮（CH_3COCH_3），试推断该烯烃的构造式。

2. 催化氧化

在催化剂作用下，烯烃可被氧化，相同的反应物随着反应条件的不同，产物也不同。例如，工业上采用银作为催化剂，用空气氧化乙烯，双键中的π键断裂，生成环氧乙烷。

$$CH_2=CH_2 + O_2 \xrightarrow[250℃]{Ag} \underset{\underset{O}{\diagdown\ \diagup}}{CH_2-CH_2}$$

环氧乙烷

环氧乙烷又称氧化乙烯，沸点为 10.7℃，溶于水、乙醇和乙醚等，是重要的有机合成中间体，用于制备乙二醇、抗冻剂、合成洗涤剂、乳化剂和塑料等。

此反应是绿色化学中的原子经济反应。绿色化学是从源头上根治环境污染的化学，即采用原子经济反应，使原料中的每一个原子全部进入产品中，不再产生废物，从而实现废物零排放；不使用有毒有害的原料、催化剂、溶剂等，同时生产环境友好的产品。

(三) α-氢的反应

烯烃分子中与 C=C 官能团直接相连的碳原子称为 α-碳原子，α-碳原子上的氢原子称为 α-氢原子。由于 α-氢原子受 C=C 的直接影响，与一般烷烃的氢原子不同，具有较活泼的性质，α-氢原子容易发生取代和氧化反应。

1. 取代反应

在一定条件下，丙烯与氯气可发生双键的加成反应和 α-H 原子的取代反应，生成两种不同的产物。当温度低于 300℃，主要发生加成反应。当温度达 500℃，加成反应被抑制，可以得到较高产率的取代产物：

$$CH_3-CH=CH_2 + Cl_2 \begin{cases} \xrightarrow{<300℃,加成} CH_3-CHCl-CH_2Cl \\ \xrightarrow{500℃,取代} CH_2=CH-CH_2Cl \end{cases}$$
3-氯丙烯

工业上就是用干燥的丙烯在 500~530℃ 的条件下与氯气反应来生产 3-氯丙烯。3-氯丙烯是制备甘油、环氧氯丙烷的中间体，也是合成医药、农药及涂料等的原料。

2. 氧化反应

丙烯的 α-氢原子也容易被氧化。在不同的条件下，氧化产物也不同，产物包括丙烯醛、丙烯酸和丙烯腈等。

$$CH_3-CH=CH_2 + O_2 \xrightarrow[350℃]{Cu_2O} CH_2=CH-CHO$$
丙烯醛

$$CH_3-CH=CH_2 + O_2 \xrightarrow[350℃]{磷钼酸铋} CH_2=CH-COOH$$
丙烯酸

$$CH_3-CH=CH_2 + O_2 + NH_3 \xrightarrow[470℃]{磷钼酸铋} CH_2=CH-CN$$
丙烯腈

丙烯醛有特别辛辣刺激的气味，可作消毒剂及合成医药和树脂的原料；丙烯酸的酸性较强，有刺激性气味，有腐蚀性，用于制备丙烯酸树脂；丙烯腈是合成腈纶的单体，也用于制备丁腈橡胶和其他合成树脂。

（四）聚合反应

在引发剂作用下，烯烃双键中的 π 键断裂，分子之间互相进行加成，生成分子量较大的化合物，这种反应称为聚合反应。能进行聚合的小分子化合物，称为单体。聚合后的产物称为聚合物或高聚物。乙烯、丙烯、苯乙烯等烯烃均可聚合反应，例如乙烯的聚合：

$$n CH_2=CH_2 \xrightarrow[温度,压力]{引发剂} {-\!\!\!-}[CH_2-CH_2]_n{-\!\!\!-}$$
聚乙烯

上式中，—CH$_2$—CH$_2$— 称为链节，下标 n 称为聚合度。

聚合条件不同，得到不同的聚乙烯，用途也不尽相同。低压聚乙烯密度较大，主要用于制造瓶、罐、槽、管及壳体结构等工业制品和生活用品；高压聚乙烯密度较低，广泛用于生产薄膜、编织袋、吹塑容器等，也可用作电缆包皮等绝缘材料。

练习

3-7 写出丁烯与下列试剂反应的主要产物。

(1) Br_2/Cl_4 (2) HI   (3) H_2O/H^+ (4) $Cl_2/$常温   (5) $Cl_2/500℃$

(6) 稀、冷 $KMnO_4$ 水溶液   (7) $KMnO_4/H^+$

第二节 二烯烃

分子中含有两个碳碳双键的脂肪烃称为二烯烃,它的通式为 C_nH_{2n-2}。

一、二烯烃的分类

按分子中双键相对位置的不同,二烯烃可分为以下 3 类。

1. 累积二烯烃

两个双键连在同一个碳原子上的二烯烃叫做累积二烯烃,例如:

$$CH_2=C=CH_2 \quad \text{丙二烯}$$

2. 共轭二烯烃

两个双键被一个单键隔开的二烯烃叫做共轭二烯烃。例如:

$$CH_2=CH-CH=CH_2 \quad 1,3\text{-丁二烯}$$

3. 隔离二烯烃

两个双键被两个或多个单键隔开的二烯烃叫做隔离二烯烃。例如:

$$CH_2=CH-CH_2-CH=CH_2 \quad 1,4\text{-戊二烯}$$

上述 3 种类型的二烯烃中,累积二烯烃较少见。隔离二烯烃的性质与单烯烃相似。共轭二烯烃的结构和性质都很特殊,且在实际应用上有比较重要的价值。

二、二烯烃的命名

二烯烃的命名与烯烃相似,不同的是分子中含有两个双键,所以选择的主链是含有两个双键的最长碳链,写名称时两个双键的位置均需标出,称为"某二烯"。例如:

$$\overset{1}{C}H_2=\overset{2}{C}-\overset{3}{C}H=\overset{4}{C}H_2 \qquad \overset{5}{C}H_3-\overset{4}{C}=\overset{3}{C}H-\overset{2}{C}=\overset{1}{C}H_2$$
$$\quad\ \ |\qquad\qquad\qquad\qquad\quad |\quad\quad\ \ |$$
$$\quad\ CH_3\qquad\qquad\qquad\qquad CH_3\ \ CH_2CH_3$$

2-甲基-1,3-丁二烯(异戊二烯)　　4-甲基-2-乙基-1,3-戊二烯

练习

3-8 命名下列二烯烃,并指出哪个是共轭二烯烃:

(1) $CH_2=CHCH=CHCH_3$ 　　(2) $CH_3-\underset{|}{C}=CH-\underset{|}{C}=CH_2$
$\qquad\qquad\qquad\qquad\qquad\qquad\qquad\quad\ CH_2CH_3\quad CH_3$

三、共轭二烯烃的结构和共轭体系

1. 1,3-丁二烯的结构

1,3-丁二烯(简称丁二烯)是最简单的共轭二烯烃,它的结构体现了所有共轭二烯烃的结构特征。实验测得,丁二烯分子是一个平面分子,键长和键角的数据如图 3-4 所示。

丁二烯分子中的 4 个碳原子都是 sp^2 杂化的。它们各以 sp^2 杂化轨道沿键轴方向相互重叠形成 3 个 C—C σ 键,其余的 sp^2 杂化轨道分别与氢原子的 1s 轨道沿键轴方向相互

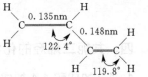

图 3-4　1,3-丁二烯平面结构

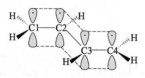

图 3-5　1,3-丁二烯分子中的大 π 键

重叠形成 6 个 C—H σ 键，这 9 个 σ 键都在同一平面上，它们之间的夹角都接近 120°。每个碳原子上还剩下一个未参加杂化的 2p 轨道，这 4 个 2p 轨道的对称轴都与 σ 键所在的平面相垂直，彼此平行，并从侧面重叠，形成 π 键。这样，2p 轨道就不仅是在 C1 与 C2、C3 与 C4 之间平行重叠，而且在 C2 与 C3 之间也有一定程度的重叠，从而造成 4 个 p 电子的运动范围扩展到 4 个原子的周围，这种现象叫做 π 电子的离域。形成的 π 键包括了 4 个碳原子，这种包括多个（至少 3 个）原子的 π 键叫做大 π 键，也叫做共轭 π 键或离域 π 键。1,3-丁二烯分子中的大 π 键如图 3-5 所示。

2. 共轭体系

具有共轭 π 键的体系叫做共轭体系。它是指分子中发生原子轨道重叠的部分，可以是整个分子，也可以是分子的一部分。它主要包括以下两类。

（1）π-π 共轭体系　凡双键和单键交替排列的结构叫做 π-π 共轭体系。1,3-丁二烯以及其他的共轭二烯烃都属于 π-π 共轭体系。共轭体系也可以是环状，例如：

（2）p-π 共轭体系　具有 p 轨道且与双键碳原子直接相连的原子，其 p 轨道与双键 π 轨道平行并且侧面重叠形成共轭，这种共轭体系叫做 p-π 共轭体系。

例如氯乙烯分子中存在的 p-π 共轭体系，见图 3-6。

3. 共轭体系的特点

在共轭体系中，形成共轭 π 键的所有原子是一个整体，它们之间的互相影响叫做共轭效应。共轭体系的特点是由于其本身的共轭效应所造成的：

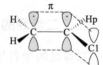

图 3-6　氯乙烯分子中存在的 p-π 共轭体系

（1）键长趋于平均化　例如，乙烷 C—C 的键长为 0.154nm，而丁二烯中 C—C 的键长缩短为 0.148nm。乙烯 C=C 的键长为 0.133nm，丁二烯中 C=C 的键长却增长为 0.134nm。

（2）体系能量降低　由于 p 电子的离域导致共轭体系内能降低，体系更加稳定。

（3）极性交替沿共轭链传递　当共轭体系受到外界试剂进攻或分子中其他基团的影响时，形成共轭键的原子上的电荷会发生正负极性交替现象，这种现象可沿共轭链传递而不减弱。

例如，1,3-丁二烯分子受到试剂（如 H^+）进攻时，发生极化：

$$\overset{\delta+}{CH_2}=\overset{\delta-}{CH}-\overset{\delta+}{CH}=\overset{\delta-}{CH_2} \longleftarrow H^+$$

1,3-戊二烯受分子内甲基的给电子的影响，发生极化：

$$CH_3 \longrightarrow \overset{\delta+}{CH}=\overset{\delta-}{CH}-\overset{\delta+}{CH}=\overset{\delta-}{CH_2}$$

四、共轭二烯烃的化学性质

1. 1,2-加成和 1,4-加成

共轭二烯烃含有大 π 键，由于分子中的极性交替现象，与 1mol 卤素或卤化氢进行亲电

加成反应时，得到1,2-和1,4-两种加成产物。

$$\overset{\delta^+}{\underset{4}{CH_2}}-\overset{\delta^-}{\underset{3}{CH}}-\overset{\delta^+}{\underset{2}{CH}}-\overset{\delta^-}{\underset{1}{CH_2}} + Br_2 \begin{array}{c}\text{1,2-加成}\\\longrightarrow\\ \\ \text{1,4-加成}\\\longrightarrow\end{array} \begin{array}{l}CH_2-CH-CH=CH_2\\ \quad| \quad\quad |\\ \;Br \quad\;\; Br\\ \text{3,4-二溴-1-丁烯}\\ CH_2-CH=CH-CH_2\\ \; |\quad\quad\quad\quad\quad\; |\\ Br\quad\quad\quad\quad\; Br\\ \text{1,4-二溴-2-丁烯}\end{array}$$

一般在低温下有利于1,2-加成产物的生成，在高温下则有利于1,4-加成产物的生成。例如：

$$CH_2=CH-CH=CH_2 + HBr \begin{array}{c}-80℃\\\longrightarrow\\ \\ 40℃\\\longrightarrow\end{array} \begin{array}{l}CH_2-CH-CH=CH_3 + CH_2-CH=CH-CH_3\\ \quad|\qquad\qquad\qquad\qquad\qquad\qquad\qquad\;|\\ \;Br\;(80\%)\qquad\qquad\quad\;\; Br\;(20\%)\\ CH_2-CH=CH-CH_3 + CH_2-CH-CH=CH_3\\ \quad|\qquad\qquad\qquad\qquad\qquad\qquad\qquad\;|\\ \;Br\;(80\%)\qquad\qquad\quad\;\; Br\;(20\%)\end{array}$$

2. 双烯合成

共轭二烯烃与含 C=C 或 C≡C 的不饱和化合物发生1,4-加成，生成环状化合物的反应称为双烯合成反应，也称为狄尔斯-阿德尔（Diels-Alder）反应。

丁二烯　　乙烯　　　环己烯
双烯体　　亲双烯体

在反应中，共轭二烯烃叫做双烯体，与双烯体反应的含 C=C 或 C≡C 的不饱和化合物叫做亲双烯体。当亲双烯体中连有—COOH、—CHO、—CN 等吸电子基时，有利于反应的进行。例如：

顺丁烯二酸酐　　$\xrightarrow[\text{苯}]{100℃}$　　↓白色固体

3. 聚合反应

在催化剂的作用下，共轭二烯烃容易发生聚合，反应生成高分子聚合物，工业上利用此反应来合成橡胶。常见的有顺丁橡胶、异戊橡胶、丁苯橡胶、氯丁橡胶等。

$$n \begin{array}{c}CH_2\quad\quad CH_2\\ \;\backslash\quad\quad\;/\\ C=C\\ /\quad\quad\backslash\\ H\quad\quad\;\; H\end{array} \xrightarrow{\text{聚合}} \left[\begin{array}{c}CH_2\quad\quad CH_2\\ \;\backslash\quad\quad\;/\\ C=C\\ /\quad\quad\backslash\\ H\quad\quad\;\; H\end{array}\right]_n$$

顺-1,4-聚丁二烯（顺丁橡胶）

$$n \begin{array}{c}CH_2\quad\quad CH_2\\ \;\backslash\quad\quad\;/\\ C=C\\ /\quad\quad\backslash\\ CH_3\quad\quad H\end{array} \xrightarrow{\text{聚合}} \left[\begin{array}{c}CH_2\quad\quad CH_2\\ \;\backslash\quad\quad\;/\\ C=C\\ /\quad\quad\backslash\\ CH_3\quad\quad H\end{array}\right]_n$$

顺-1,4-聚异戊二烯（异戊橡胶）

1,3-丁二烯和异戊二烯在齐格勒-纳塔催化剂 [$(CH_3CH_2)_3Al + TiCl_4$] 作用下，主要以1,4-加成方式进行顺式加成聚合，分别生成顺丁橡胶和异戊橡胶。它们在结构和性质上与天然橡胶相似。

顺丁橡胶具有耐磨、耐高温、耐老化、弹性好的特点，主要用于制造轮胎、胶管等橡胶制品。异戊橡胶结构相当于天然橡胶，又称为合成天然橡胶，可替代天然橡胶使用。

拓展窗

高分子材料——塑料、橡胶和合成纤维

高分子材料，包括塑料、橡胶和合成纤维，被称为三大合成材料。此外，还可用作胶黏剂、涂料以及各种功能材料。塑料、橡胶和合成纤维所含物质的分子量可达几千、几万甚至是几百万。因此被称为高分子化合物或高聚物。

塑料除以合成树脂为主要成分外，通常还或多或少含有某些添加剂，用以改进其物理性能和化学性能。塑料按其性能可分为热塑性和热固性两种。热塑性塑料受热后软化或熔化，冷却后定型，这一过程可以反复。热固性塑料加工成型后，再受热也不软化。

橡胶是具有可逆形变的高弹性聚合物材料。合成橡胶按其用途可分为两类，一类是通用合成橡胶，其性能与天然橡胶相近，主要用于制造各种轮胎、工业制品（如运输带、胶管、电线、电缆等）、日常生活用品（如胶鞋、热水袋等）和医疗卫生用品。另一类是具有耐寒、耐热、耐油、耐腐蚀、耐辐射、耐臭氧等某些特殊性能的特种合成橡胶，用于制造在特定条件下使用的橡胶制品。

合成纤维具有强度高、弹性大的特点，优于天然纤维。合成纤维的主要品种是涤纶、锦纶、腈纶、维纶、丙纶和氯纶，最主要的是前三种，它们的产量占世界合成纤维总产量的90%以上，其中涤纶尤居首位。

高分子材料之所以能够迅速发展，原因之一是原料丰富，经济效益高，且不受地域、气候的限制，也不受自然灾害的影响。如生产1万吨天然橡胶，需要热带或亚热带的土地10万亩（1亩=666.7m^2），栽种3000万株橡胶树，需要劳动力5万个，而且从栽树苗至可割胶需6~8年时间。但每年生产等量的合成橡胶，却只需一个拥有150人规模的合成橡胶厂，而且回收投资的时间短、见效快。原因之二是高分子材料具有许多优良性能，如密度小、强度大、弹性高、电绝缘性能好、耐寒、耐热、耐油、耐腐蚀、耐辐射、透明以及其他一些特殊功能。

目前，高分子材料正在部分取代金属和无机非金属材料，有的已经成为工农业生产和某些科学技术领域中不可缺少的重要材料。塑料轴承、塑料齿轮可用于机械工业。各种绝缘零部件已广泛用于电子、电气工业。化学工业普遍采用塑料管道和塑料衬里的储槽。建筑业中，内外墙涂料、排水管道、隔音隔热材料及门窗正在逐步采用高分子材料。在农业上，高分子材料除可制造农机具外，还大量用于制造农用薄膜。在国防和科学技术现代化方面，高分子材料可用于制造火箭、导弹、飞机、原子能设备、大规模集成电路以及轻型军事装备所需要的各种零部件。如宇宙飞船和人造卫星在重返地球时，飞行速度极快，与空气剧烈摩擦，其外壳温度高达5000℃以上。在此温度下，任何金

属都会熔化,若将高分子材料覆盖在飞行器的外壳上,一旦遇到高温,它就能气化而吸收大量的热能,从而有效地保护飞行器完好无损地返回地面。

总之,高分子材料的原料丰富,制造方便,加工成型简单,性能变化万千,所以在工农业生产和尖端科学上是不可缺少的材料。高分子材料的应用已遍及国民经济的各个部门,成为现代工农业生产中不可缺少的材料。

技能项目三
蒸馏法提纯工业乙醇

背景:
周某某是杭州鼎启钟华化工科技有限公司技术员,应实验要求,需要少量不含有杂质的工业乙醇。公司原料仓库已有一批带有染料杂质的工业乙醇,请你为他设计除去杂质的实验方案,准备好实验仪器,操作提纯得到透明的工业乙醇,并计算原料的回收率。

一、工作任务
任务(一):了解蒸馏的基本原理和蒸馏的意义。
任务(二):学习普通蒸馏操作仪器的选择、安装和拆除。
任务(三):用普通蒸馏方法提纯含有色杂质的工业乙醇。

二、主要工作原理

1. 蒸馏的原理

蒸馏是指在常压下,将液态物质加热至沸腾,使之成为蒸气状态,然后再将其冷凝为液体的过程,也称为普通蒸馏。

若被蒸馏的液体是纯物质,当该物质蒸气压与液体表面的大气压相等时,液体呈沸腾状,此时的温度即为该液体的沸点。所以通过蒸馏操作可以测定纯液体物质的沸点。

当对含有杂质液体的混合物加热时,低沸点易挥发的物质首先蒸发,在蒸气中含有较多的易挥发组分,在剩余液中含有较多的高沸点难挥发组分。显然,通过蒸馏可以使混合物中各组分得到部分或完全分离。所以蒸馏是分离和提纯液态有机化合物常用的一种方法。

工业乙醇通常含乙醇95.5%,含水4.5%,为一共沸混合物,而非纯粹物质。为了防止工业合成乙醇被误用来配制酒类,常在其中加入少量有毒、有臭味或有色物质(如甲醇、吡啶、染料等)。虽然不能借普通蒸馏法分离出工业乙醇中的水分,但可以通过蒸馏除去其中的有色杂质。

2. 仪器的选择与安装要求

蒸馏装置主要由蒸馏烧瓶、冷凝管和接收器三部分组成,参见图1-7普通蒸馏装置。

首先选择蒸馏瓶的大小。一般是被蒸馏物的体积数占烧瓶容积的1/3~2/3为宜。用铁夹夹住瓶颈上端,根据烧瓶下面热源的高度,确定烧瓶的高度,并将其固定在铁架台上。在蒸馏烧瓶上安装蒸馏头,其竖口插入温度计(量程应适合被蒸馏物的沸点范围)。温度计水银球上端与蒸馏瓶支管的下沿保持水平[图1-10(b)]。蒸馏头的支管依次连接直形冷凝管

（注意冷凝管的进水口应在下方，出水口应在上方，铁夹应夹在冷凝管的中央）、接收管，接收瓶（还应再准备1～2个已称重的干燥、清洁的接收瓶，以收集不同的馏分）。用橡胶管连接水龙头与冷凝管的进水口，再用另一根橡胶管连接冷凝管的出水口，另一端插入水槽内。

在安装时，其程序一般是由下而上，由左向右，依次连接。有时还要根据最后的接收瓶的位置，反过来调整蒸馏烧瓶与加热源的高度。在安装时，可使用升降台或小方木块作为垫高用具，以调节热源或接收瓶的高度。

在蒸馏装置安装完毕后，应从以下3个方面检查：第一，从正面看，温度计、蒸馏烧瓶、热源的中心轴线在同一条直线上，可简称为"上下一条线"，不要出现装置的歪斜现象。第二，从侧面看，接收瓶、冷凝管、蒸馏烧瓶的中心轴线在同一平面上，可简称为"左右在同一面"。不要出现装置的扭曲等现象。在安装中，使夹蒸馏烧瓶、冷凝管的铁夹伸出的长度大致一样，可使装置符合规范。第三是装置要稳定、牢固，各磨口接头相互连接要严密，铁夹要夹牢，装置不要出现松散或稍一碰就晃动。

蒸馏结束后，需要计算产品的回收率（回收率＝实际产量/原料质量×100％）。

例如：将40.0mL工业乙醇（密度0.8g/mL）蒸馏，收集得到75～79℃的馏分25.0g，实验结果记录和回收率计算如下：

$$实际产量=123.1(容器含产品)-98.1(空容器)=25.0(g)$$
$$原料质量=40.0\times 0.8=32.0(g)$$
$$回收率=25.0/32.0=78.1\%$$

产品性状：无色透明液体。

三、所需仪器、试剂

含有色杂质的工业乙醇40mL、沸石（磁环）一粒、蒸馏烧瓶100mL一支、温度计100℃一支、量筒100mL一支、温度计套管一支、蒸馏头一支、直形冷凝管一支、橡胶管（1m）两根、接收管一支、锥形瓶150mL三支、加热套一只、铁夹子两个、长颈漏斗一支。

公用：乳胶管、剪刀、气流干燥器等。

四、工作过程

(1) 学习蒸馏的原理和了解蒸馏操作仪器的选择与安装要求。

(2) 根据工作任务（三）进行实验方案设计，小组讨论进行方案修订及可行性论证。

(3) 根据实验方案列出仪器、药品清单并准备所需仪器、药品。

(4) 学习用普通蒸馏方法提纯含有色杂质的工业乙醇。

五、问题讨论

(1) 蒸馏时加入沸石的作用是什么？如果蒸馏前忘加沸石，能否立即将沸石加至将近沸腾的液体中？当重新进行蒸馏时，用过的沸石能否继续使用？

(2) 为什么蒸馏时最好控制馏出液的速度为1～2滴/s为宜？

六、方案参考

参照图1-7，按下列程序进行蒸馏操作。

(1) 加入物料　将40mL工业乙醇通过长颈玻璃漏斗由蒸馏头上口倒入干燥的100mL蒸馏瓶中（注意漏斗颈应超过蒸馏头侧管的下沿，以防液体由侧管流入冷凝器中），投入一粒沸石[1]，再装好温度计。

(2) 通冷却水　仔细检查各连接处是否紧密，缓慢打开水龙头开关，通入适当流量的冷却水，下进上出，不可过大[2]。

(3) 加热蒸馏　打开电加热套电源，先用小火加热，逐渐增大加热强度。当烧瓶内液体开始沸腾，其蒸气环到达温度计汞球部位时，温度计的读数就会急剧上升，这时应适当调小加热强度，使蒸气环包围汞球、汞球下部始终挂有液珠，保持气液两相平衡。此时温度计所显示的温度即为该液体的沸点。然后可适当调节加热强度，控制蒸馏速度，以每秒馏出1~2滴为宜。

(4) 观测沸点范围、收集馏出液　当温度计读数上升至75℃时，换一个（第二个）已称量过的干燥的接收瓶。收集75~79℃的馏分。记录所需要的馏分开始馏出的温度和到最后一滴时的温度，这是该馏分的沸程（也叫沸点范围），纯液体的沸程一般在1~2℃之内。

(5) 停止蒸馏　当瓶内只剩下少量（2~3mL）液体时，若维持原来的加热速度，不再有馏液蒸出时，温度计的读数会突然下降，即可停止蒸馏。注意即使杂质含量很少也不应将瓶内液体完全蒸干，以免烧瓶炸裂，发生危险。蒸馏结束时，应先停止加热，待稍冷后再停止通冷却水。

(6) 仪器的拆除与归位　然后按照与装配时相反的顺序拆除蒸馏装置，并进行仪器的清洗、干燥和归位。

(7) 称量和计算回收率　称量所收集馏分的质量，并计算回收率。

七、注释

[1] 沸石是一种多孔性的物质。当液体受热时，沸石内的小气孔就成为汽化中心，使液体保持平稳沸腾。如果蒸馏已经开始，但忘了投沸石，此时千万不要直接投放沸石，以免引发暴沸。正确的做法是，先停止加热，待液体稍冷片刻后再补加沸石。如果蒸馏因故中途停止，再重新加热，先前的沸石已经失效，必须补加沸石。

[2] 冷却水的流速以能保证蒸气充分冷凝为宜。通常只需保持缓缓的水流即可。

本章小结

1. 烯烃的结构

烯烃的碳碳双键包括一个σ键和一个π键，双键的碳原子由一个2s轨道和两个2p轨道进行sp^2杂化。π键是两个2p轨道从侧面重叠形成。π键不能自由旋转，容易断裂，是顺反异构的产生以及烯烃发生加成和氧化等反应的原因。共轭二烯烃是π-π共轭体系具有1,4-加成反应的特点。

2. 烯烃的异构

碳链异构、官能团位置异构、顺反异构。

3. 烯烃的命名

(1) 系统命名法　选主链——含双键的最长碳链；编号——离双键最近的一端；写名称——注意双键位置的表示。

(2) 顺反异构体命名

顺反法：双键碳原子上相同基团在双键同侧为顺式，反之为反式。

Z/E法：双键碳原子上优先基团在双键同侧为Z式，反之为E式。

4. 化学性质

烯烃的官能团是碳碳双键，其中π键，容易断裂，易发生加成、氧化、聚合反应。受碳碳双键影响的α-H，可被取代、氧化。

（1）加成　不对称烯烃与不对称试剂的加成遵循马氏规则。

$$CH_3-CH=CH_2 + HBr \longrightarrow CH_3-\underset{Br}{C}H-CH_3 \text{（主要产物）}$$

烯烃的加成反应，除催化加氢外一般属于亲电加成反应机理。

（2）氧化

高锰酸钾氧化：

$$CH_2= \xrightarrow{[O]} CO_2 + H_2O$$

$$RCH= \xrightarrow{[O]} RCOOH$$

$$\underset{R}{R}C= \xrightarrow{[O]} R-\underset{O}{C}-R$$

催化氧化：

$$CH_2=CH_2 + O_2 \xrightarrow[250℃]{Ag} \underset{O}{CH_2-CH_2} \text{（环氧乙烷）}$$

（3）α-H 的反应

$$\text{烯烃} \begin{cases} \xrightarrow[\text{高温}]{Cl_2} \text{氯代烯烃} \\ \xrightarrow[\text{催化剂}]{[O]} \text{烯醛、烯酸} \end{cases}$$

共轭二烯烃有其特殊性：1,4-加成和双烯合成

$$\underset{4}{C}H_2=\underset{3}{C}H-\underset{2}{C}H=\underset{1}{C}H_2 + Br_2 \xrightarrow{1,4-\text{加成}} CH_2-CH=CH-CH_2 \\ || \\ BrBr$$

习题

1. 用系统命名法命名下列化合物

(1) $CH_3-\underset{\underset{CH_2CH_3}{|}}{\overset{\overset{CH_3}{|}}{C}}-CH=CH_2$

(2) $CH_3\underset{\underset{CH_3}{|}}{C}HCH_2\underset{\underset{CH_2}{\|}}{C}CH_3$

(3) $\underset{\underset{CH_3}{|}}{\overset{\overset{CH_2CH_3}{|}}{C}}=CHCH_3$

(4) $CH_3-\overset{\overset{CH_3}{|}}{C}H-CH=CH-\underset{\underset{CH_2CH_3}{|}}{\overset{\overset{CH_3}{|}}{C}}H-CH_3$

2. 用 Z/E 法命名下列烯烃：

(1) $\begin{matrix} CH_3 & CH_2CH_3 \\ \diagdown & \diagup \\ C=C \\ \diagup & \diagdown \\ H & CH_3 \end{matrix}$

(2) $\begin{matrix} CH_3 & CH(CH_3)_2 \\ \diagdown & \diagup \\ C=C \\ \diagup & \diagdown \\ CH_3CH_2 & CH_3 \end{matrix}$

(3) $\begin{matrix} H & CH_3 \\ \diagdown & \diagup \\ C=C \\ \diagup & \diagdown \\ CH_3 & Cl \end{matrix}$

(4) $\begin{matrix} Cl & Br \\ \diagdown & \diagup \\ C=C \\ \diagup & \diagdown \\ CH_3 & I \end{matrix}$

3. 完成下列反应：

(1) $CH_3C = CHCH_3 + HCl \longrightarrow$
      $\quad |$
      $\quad CH_3$

(2) $(CH_3)_2C = CHCH_3 + Br_2 \xrightarrow{CCl_4}$

(3) $(CH_3)_2C = CHCH_3 + H_2O \xrightarrow{磷酸}$

(4) $(CH_3)_2C = CH_2 + H_2SO_4 \longrightarrow ? \xrightarrow{H_2O}$

(5) $CH_3CH_2CH = CH_2 + ICl \longrightarrow$

(6) $CH_3 - C = CH - CH_3 + KMnO_4 \xrightarrow{H_2SO_4}$
      $\qquad\quad |$
      $\qquad\quad CH_3$

(7) $CH_2 = C - C = CH_2 + HBr \longrightarrow$
      $\qquad |\quad\;\, |$
      $\qquad CH_3\; CH_3$

(8) $\diagup\!\!\diagdown\!\!\diagup + \begin{matrix} COOH \\ | \\ \\ | \\ COOH \end{matrix} \longrightarrow$

4. 写出化合物的构造式，判断其有无顺反异构体？若有，写出其构型式并以 Z/E 命名法命名。

(1) 2-戊烯 (2) 3,4-二甲基-2-戊烯
(3) 3-甲基-2-戊烯 (4) 2-甲基-1,3-丁二烯

5. 以 1-丁烯为原料制备下列化合物：
(1) 2-丁醇 (2) 1,2,3-三氯丁烷

6. 推测下各烯烃的构造式：
(1) 某烯烃经过高锰酸钾溶液氧化，只得到乙酸。
(2) 某烯烃经过高锰酸钾溶液氧化，得到丙酮和丙酸。
(3) 某烯烃经过高锰酸钾溶液氧化，得到丁酸和二氧化碳。
(4) 某烯烃的分子式为 C_6H_{12}，经过高锰酸钾酸性溶液氧化后，得到的产物只有一种酮。

7. 某化合物的分子式为 C_7H_{14}，能使溴水褪色；能溶于浓硫酸中；催化加氢得 3-甲基己烷；用过量的酸性高锰酸钾溶液氧化，得到两种不同的有机酸。试写出该化合物的构造式。

8. 某二烯烃和一分子溴加成后，生成 2,5-二溴-3-己烯。该烯烃经高锰酸钾溶液氧化生成两分子乙酸和一分子乙二酸（HOOC—COOH）。写出该二烯烃的构造式。

9. 判断题
(1) 1-丁烯与 2-丁烯是官能团位置异构关系。　　　　　　　　　　　　　　（　　）

(2) 2-戊烯有顺反异构体，一个是顺式，另一个是反式。 (　　)
(3) 碳原子 sp^2 杂化过程是一个 s 轨道与两个 p 轨道混合形成 4 个新的 sp^2 杂化轨道。
(　　)
(4) 3 个 sp^2 杂化轨道所在平面和 $2p_z$ 轨道对称轴垂直。 (　　)
(5) 碳碳双键的两个碳原子的 $2p_z$ 轨道侧面重叠形成 π 键。 (　　)
(6) π 键不能旋转是烯烃产生顺反异构的原因。 (　　)
(7) 烯烃产生顺反异构的条件是双键中两个碳原子均连接不同基团。 (　　)
(8) 用 Z/E 命名法命名"反-2-氯-2-丁烯"的名称是 (E)-2-氯-2-丁烯。 (　　)
(9) 2-甲基-2-丁烯是对称烯烃。 (　　)
(10) 根据马氏规则丙烯加溴化氢得到的主要产物是 1-溴丙烷。 (　　)
(11) 由于分子中成键原子的电负性不同，引起分子中成键的电子云向着一个方向偏移，并能沿着分子链传递使分子发生极化的效应，叫做诱导效应。 (　　)
(12) 诱导效应包括吸电诱导效应（$-I$）和供电诱导效应（$+I$）。 (　　)
(13) 诱导效应随分子中碳链变长迅速减弱。 (　　)
(14) 反应或蒸馏完毕，先停止冷却水，然后停止加热。 (　　)
(15) 如果蒸馏前忘加沸石而且液体将近沸腾，可立刻补加沸石至液体中。 (　　)

10. 单项选择

(1) 烯烃 C_5H_{10} 的构造异构体有（　　）个。
A. 3　　　　　　B. 4　　　　　　C. 5　　　　　　D. 6

(2) 下列化合物中，属于 π-π 共轭的是（　　）。
A. $CH_2=CHCH=CHCH_3$　　　　B. $H_2C=CHCH_2CH=CH_2$
C. $CH_2=CH_2$　　　　　　　　　D. $CH_2=CHCH_2CH_3$

(3) 1,3-己二烯属于（　　）
A. 共轭二烯烃　　B. 累积二烯烃　　C. 孤立二烯烃　　D. 都不是

(4) 丙烯分子中，碳原子的杂化方式是（　　）。
A. sp^3　　　　　B. sp^2　　　　　C. sp　　　　　D. sp^2 和 sp^3

(5) 下列化合物中，具有顺反异构体的是（　　）。
A. $CH_3CH=CH_2$　　　　　　　B. $CH_3CH=C(CH_3)_2$
C. $(C_2H_5)_2C=C(CH_3)_2$　　　D. $CH_3CH=CHCH_3$

(6) sp^2 杂化轨道之间的键角是（　　）。
A. 180°　　　　　B. 120°　　　　　C. 109.5°　　　　D. 109°

(7) 在与烯烃的加成反应中，卤素的反应活性顺序为（　　）。
A. $Cl_2 > F_2 > Br_2 > I_2$　　　　B. $F_2 > Cl_2 > Br_2 > I_2$
C. $I_2 > Br_2 > Cl_2 > F_2$　　　　D. $Br_2 > I_2 > F_2 > Cl_2$

(8) 下列取代基中，属于斥电子基团的是（　　）。
A. $-Cl$　　　　　B. $-OH$　　　　C. $-CH_2CH_3$　　D. $-COOH$

(9) 下列取代基中，属于吸电子基团的是（　　）。
A. $-CH_3$　　　　B. $-NO_2$　　　　C. $-C(CH_3)_3$　　D. $-H$

(10) 下列化合物结构中，属于隔离二烯烃的是（　　）。

A. 1,3-丁二烯　　B. 1,4-戊二烯　　C. 1,3-戊二烯　　D. 丙二烯

(11) 下列化合物中无顺反异构的是（　　）。

A. 2-甲基-2-丁烯　　　　　　B. 4-甲基-3-庚烯

C. 2,3-二氯-2-丁烯　　　　　D. 1,3-戊二烯

(12) 下列碳正离子中，最稳定的是（　　）。

A. $CH_3\overset{+}{C}H_2$　　B. $CH_3CH_2\overset{+}{C}H_2$　　C. $CH_3\overset{+}{C}HCH_2CH_3$　　D. $(CH_3)_3\overset{+}{C}$

第四章
炔烃
Alkyne

> **学习目标** (Learning Objectives)
>
> 1. 掌握炔烃的命名方法；
> 2. 掌握 sp 杂化，π 键的特征以及对炔烃结构性质的影响；
> 3. 熟练掌握炔烃的化学性质；
> 4. 掌握烷烃、烯烃和炔烃的鉴别方法。

炔烃，为分子中含有碳碳三键的开链碳氢化合物的总称，是一种不饱和的脂肪烃，碳碳三键（C≡C）是炔烃的官能团。

在炔烃中，乙炔是最重要的一种炔烃，在工业中可用以照明、焊接及切断金属（氧炔焰），也是制造乙醛、乙酸、苯、合成橡胶、合成纤维等的基本原料。

第一节 炔烃的通式、异构现象、结构及命名

一、炔烃的通式、异构现象

炔烃分子中含有碳碳三键，因此与碳原子数相同的烯烃相比较分子中少了两个氢原子，所以炔烃的通式是 C_nH_{2n-2}，如最简单的炔烃——乙炔的分子式为 C_2H_2。炔烃与二烯烃和环烯烃互为同分异构体。例如，丁炔和 1,3-丁二烯，它们的分子式都是 C_4H_6，但由于结构不同、性质各异。

炔烃的异构体比相同碳原子数的烯烃少，只有碳链异构和官能团位置异构现象。比如，丁烯有三个构造异构体，而丁炔只有两个：

$$CH_3-CH_2-C\equiv CH \qquad CH_3-C\equiv C-CH_3$$
$$\text{1-丁炔} \qquad\qquad\qquad \text{2-丁炔}$$

戊烯有五个构造异构体,而戊炔只有三个:

$$CH_3CH_2CH_2C\equiv CH \qquad CH_3CH_2C\equiv CCH_3 \qquad CH_3-\underset{\underset{CH_3}{|}}{CH}-C\equiv CH$$

  1-戊炔   2-戊炔   3-甲基-1-丁炔

二、炔烃的结构

以乙炔来讨论三键的结构。现代物理方法证明,乙炔分子是一个线型分子,分子中4个原子排在一条直线上。

杂化轨道理论认为:为了形成乙炔分子,碳原子的一个2s电子激发并跃迁到2p轨道上,然后两个碳原子都只用一个2s轨道和一个2p轨道杂化,形成两个相同的sp杂化轨道,对称分布在碳原子的两侧,见图4-1、图4-2。

由于两个sp杂化轨道的对称轴在同一条直线上,而每个碳原子都用一个sp杂化轨道和一个氢原子的1s轨道形成碳氢σ键,再各用一个sp杂化轨道相互重叠形成碳碳σ键,因此乙炔分子中的4个原子都处于同一条直线上,见图4-3。

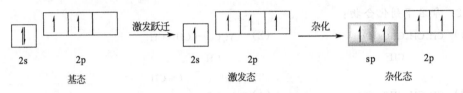

图4-1 sp杂化轨道的形成

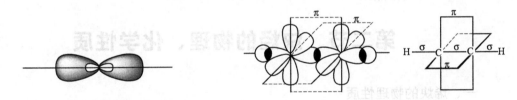

图4-2 两个sp杂化轨道的空间分布   图4-3 乙炔分子的成键情况

未杂化的两个p轨道与另一个碳的两个p轨道相互平行,"肩并肩"地重叠,形成两个相互垂直的π键。乙炔分子中的碳碳三键由一个σ键和两个π键构成。

乙炔碳原子一个sp杂化轨道同氢原子的1s轨道形成碳氢σ键,另一个sp杂化轨道与相连的碳原子的sp杂化轨道形成碳碳σ键,组成直线结构的乙炔分子。未杂化的两个p轨道与另一个碳的两个p轨道相互平行,"肩并肩"地重叠,形成两个相互垂直的π键。

比较碳碳单键、碳碳双键和碳碳三键的键长可以发现,由于π键的出现,使碳碳键的距离缩短,而且三键比双键更短,即随着杂化轨道中s成分的增大,碳碳键的键长缩短。乙烷、乙烯和乙炔中的碳原子的s成分分别为25%、33%、50%,从sp^3到sp碳原子的s成分增大了一倍,碳碳键的电负性增强,键长也缩短,键能增强。正是由于碳碳三键sp碳原子的电负性比碳碳双键sp^2碳原子的电负性强,使电子与sp碳原子的结合更为紧密,因此炔烃的亲电加成反应与烯烃相比要慢。

三、炔烃的命名

炔烃的系统命名法和烯烃相似,只是将"烯"字改为"炔"字。即编号从距离三键最近的一端开始。

$$H_3C-\underset{\underset{CH_3}{|}}{CH}-C\equiv C-CH_3 \qquad H_3C-\underset{\underset{CH_3}{|}}{\overset{\overset{CH_3}{|}}{C}}-C\equiv C-\underset{\underset{CH_3}{|}}{CH}-CH_3$$

4-甲基-2-戊炔　　　　　　　　2,2,5-三甲基-3-己炔

烯炔（同时含有三键和双键的分子）的命名：①选择含有三键和双键的最长碳链为主链。②主链的编号遵循链中双、三键位次最低系列原则。③通常使双键具有最小的位次。

$$CH_3-CH=CH-C\equiv CH \qquad CH_3-C\equiv C-CH=CH_2$$

3-戊烯-1-炔　　　　　　　　　1-戊烯-3-炔

$$CH\equiv C-CH=CH_2 \qquad CH\equiv C-CH_2-CH=CH_2$$

1-丁烯-3-炔　　　　　　　　　1-戊烯-4-炔
3-丁烯-1-炔（错误）　　　　　　　4-戊烯-1-炔（错误）

练习

4-1　写出分子式 C_4H_9 的所有可能的构造式。

4-2　命名下列化合物：

(1) $CH_3CH_2\underset{\underset{CH_3}{|}}{CH}-C\equiv CH$ (2) $CH_2=C\underset{\underset{CH_3}{|}}{-}C\equiv CH-CH_2$

(3) $CH_3CH_2-C\equiv C-\underset{\underset{CH(CH_3)_2}{|}}{}$

(4) $\underset{H_3C}{\overset{H}{}}C=C\underset{CH_3}{\overset{C\equiv CH}{}}$

第二节　炔烃的物理、化学性质

一、烯炔的物理性质

炔烃的物理性质和烷烃、烯烃基本相似，但简单炔烃的沸点、熔点以及密度，一般比相同碳原子数的烷烃和烯烃高一些。三键位于碳链末端的炔烃（又称末端炔烃）和三键位于碳链中间的异构体相比较，前者具有更低的沸点。炔烃不易溶于水，但易溶于极性小的有机溶剂，如石油醚、乙醚、苯和四氯化碳，一些常见炔烃的物理性质见表4-1。

表4-1　一些常见炔烃的物理性质

名　称	构造式	熔点/℃	沸点/℃	相对密度
乙炔	$HC\equiv CH$	−82（在压力下）	−82（升华）	
丙炔	$HC\equiv CCH_3$	−102.5	−23	
1-丁炔	$HC\equiv CCH_2CH_3$	−122	8	
1-戊炔	$HC\equiv C(CH_2)_2CH_3$	−98	40	0.695
1-己炔	$HC\equiv C(CH_2)_3CH_3$	−124	71	0.719
1-庚炔	$HC\equiv C(CH_2)_4CH_3$	−80	100	0.733
1-辛炔	$HC\equiv C(CH_2)_5CH_3$	−70	126	0.747
2-丁炔	$CH_3C\equiv CCH_3$	−24	27	0.694
2-戊炔	$CH_3C\equiv CCH_2CH_3$	−101	56	0.714
2-己炔	$CH_3C\equiv C(CH_2)_2CH_3$	−88	84	0.730
3-己炔	$CH_2CH_3C\equiv CCH_2CH_3$	−105	81	0.725

二、炔烃的化学性质

炔烃也含有不饱和键,具有与烯烃相似的化学性质,都能发生加成、氧化、聚合等反应。但由于炔烃碳原子是 sp 杂化,碳原子的电负性比 sp^2 杂化的烯烃要大,所以炔烃虽然不饱和度高,但其亲电加成反应的活性比烯烃低。另外,由于 sp 杂化的电负性强,所以末端炔烃的碳氢键中的电子更靠近碳原子,从而导致末端炔烃中碳氢键更易于断裂,具有酸性,氢容易被金属取代而生成金属炔化物。

$$R-CH_2-C\equiv C-H$$

↑活泼氢的反应
↑加成、氧化、聚合反应

(一) 酸性

炔烃中的 C≡C 的碳是 sp 杂化,使得 C—H 键的电子云更靠近碳原子,从而增强了 C—H 键极性,使氢原子的活泼性增强,容易解离,显示酸性。由于碳原子的电负性是 $sp > sp^2 > sp^3$,因此乙烷、乙烯和乙炔的酸性大小顺序:乙炔>乙烯>乙烷。

连接在 C≡C 碳原子上的氢原子相当活泼,易被碱金属(如钠和钾)或强碱(如氨基钠)取代,生成炔烃金属衍生物,并放出氢气,生成的金属衍生物叫做炔化物。

$$HC\equiv CH + Na \text{ 或 } NaNH_2 \xrightarrow{\text{液氨}} HC\equiv CNa + H_2\uparrow$$
乙炔钠

$$R-C\equiv CH + Na \text{ 或 } NaNH_2 \xrightarrow{\text{液氨}} R-C\equiv CNa + H_2\uparrow$$
炔化钠

反应的产物炔化钠是有机合成的中间体,可与卤代烃反应合成炔烃的衍生物。例如:

$$CH_3CH_2C\equiv CNa + CH_3CH_2Br \xrightarrow{\text{液氨}} CH_3CH_2C\equiv CCH_2CH_3$$

乙炔和三键在端位的炔烃(—C≡CH),也可以和 Ag^+ 和 Cu^+ 发生反应,分别生成炔银和炔亚铜。例如将乙炔通入银氨溶液或氯化亚铜氨溶液中,则分别析出白色和红棕色炔化物沉淀。

$$HC\equiv CH + 2Ag(NH_3)_2NO_3 \longrightarrow AgC\equiv CAg\downarrow + 2NH_4NO_3 + 2NH_3\uparrow$$
乙炔银,白色

$$HC\equiv CH + 2Cu(NH_3)_2Cl \longrightarrow CuC\equiv CCu\downarrow + 2NH_4Cl + 2NH_3\uparrow$$
乙炔亚铜,红棕色

$$R-C\equiv CH + [Ag(NH_3)_2]^+ \text{ 或 } [Cu(NH_3)_2]^+ \longrightarrow R-C\equiv CAg\downarrow \text{ 或 } R-C\equiv CCu\downarrow$$

这些反应十分灵敏,现象也非常明显,因此常用作乙炔和端基炔的鉴别。

值得注意的是,上述的炔银和炔亚铜干燥后,经撞击会发生强烈爆炸,生产金属和碳。因此在反应完毕后,应加入稀硝酸或烯盐酸使这些金属炔化物分解。

$$AgC\equiv CAg + 2HNO_3 \longrightarrow HC\equiv CH + 2AgNO_3$$
$$CuC\equiv CCu + 2HCl \longrightarrow HC\equiv CH + 2CuCl$$

利用金属炔化物遇酸容易分解为原来的炔烃这一性质，可以用来分离和提纯末端炔烃。

（二）加成反应

1. 催化加氢

由于炔烃分子中还有两个π键，所以炔烃既可以加一分子的氢生产烯烃，也可以加两分子的氢生产烷烃。

$$R-C\equiv CH + H_2 \xrightarrow{催化剂} R-CH=CH_2 \xrightarrow[催化剂]{H_2} R-CH_2-CH_3$$

催化加氢常用的催化剂为钯、铂或镍（Pt，Pd 或 Ni），但一般难控制反应在烯烃阶段。若用 Lindlar（林德拉）催化剂（钯吸附于载体碳酸钙或硫酸钡上并加入少量抑制剂乙酸铅或喹啉毒化而生产）进行炔烃的催化氢化反应，则炔烃只加成分子氢，得到烯烃。

$$CH_3-C\equiv CH + H_2 \xrightarrow{Pd-BaSO_4/喹啉} CH_3-CH_2-CH_3$$

$$CH_2=CH-CH_2-C\equiv CH + H_2 \xrightarrow{Pb-BaSO_4/喹啉} CH_2=CH-CH_2-CH=CH_2$$

2. 与卤素的加成

炔烃与卤素（氯或溴）进行加成时，先加成一分子卤素，生产邻二卤代物，在过量的卤素存在下，可再继续进行加成反应，生产四卤代物。

$$HC\equiv CH \xrightarrow{Cl_2} Cl-CH=CH-Cl \xrightarrow{Cl_2} Cl-\underset{\underset{Cl}{|}}{\overset{\overset{Cl}{|}}{C}}-\underset{\underset{Cl}{|}}{\overset{\overset{Cl}{|}}{C}}-Cl$$

由于 1,2-二氯乙烯在双键上连接了两个吸电子的氯原子，使双键活性降低，所以控制条件可使加成停留在 1,2-二氯乙烯阶段。

卤素和炔烃的加成反应，反应机理与卤素和烯烃的加成相似，但反应一般较烯烃难。例如，烯烃可使溴的四氯化碳溶液立刻褪色，炔烃却需要几分钟才能使之褪色。因此可以通过溴的四氯化碳溶液颜色的褪色来鉴别炔烃。

分子中同时存在非共轭的双键和三键，在它与溴反应时，首先进行的是双键的加成。例如：

$$CH_2=CH-CH_2-CH_2-C\equiv CH + Br_2 \longrightarrow CH_2-CH-CH_2-CH_2-C\equiv CH$$
$$\qquad\qquad\qquad\qquad\qquad\qquad\qquad\qquad\quad |\quad\ \ |$$
$$\qquad\qquad\qquad\qquad\qquad\qquad\qquad\qquad\ \ Br\ \ Br$$

3. 与卤化氢的加成

炔烃与卤化氢加成也比烯烃困难，例如氯化氢的加成要在催化剂 $HgCl_2$ 或 $HgSO_4$ 的作用下，才能顺利进行。

$$CH\equiv CH + HCl \xrightarrow[150\sim 160℃]{HgCl_2} CH_2=\underset{\underset{Cl}{|}}{CH}$$

这是早期工业上生产氯乙烯的方法。氯乙烯是一种应用于高分子化工的重要的单体。在塑料工业中，主要用于生产聚氯乙烯树脂，与乙酸乙烯、偏氯乙烯、丁二烯、丙烯腈、丙烯酸酯类及其他单体共聚生成共聚物，也可用作冷冻剂等。

氯乙烯可以进一步与氯化氢反应，生产 1,1-二氯乙烷。

一元取代乙炔与氢卤酸的加成反应遵循马氏规则。有过氧化物存在时，炔烃和溴化氢发生自由基加成反应，得反马氏规则的产物。

$$C_4H_9C\equiv CH \xrightarrow{HBr} \begin{cases} C_4H_9C=CH_2 + C_4H_9CBr_2CH_3 \\ \quad\quad |\\ \quad\quad Br \\ \xrightarrow{过氧化物} C_4H_9CH=CH + C_4H_9CH_2CHBr_2 \\ \quad\quad\quad\quad\quad\quad | \\ \quad\quad\quad\quad\quad\quad Br \end{cases}$$

4. 与水的加成

炔烃和水的加成常用汞盐作催化剂。例如，乙炔和水的加成是在10%硫酸和5%硫酸亚汞水溶液中发生的。水先与三键加成，生成一个很不稳定的加成物——乙烯醇（羟基直接和双键碳原子相连的化合物称为烯醇）。乙烯醇很快发生异构化，形成稳定的羰基化合物。

$$CH\equiv CH + H_2O \xrightarrow[稀 H_2SO_4]{HgSO_4} \left[\begin{matrix} OH \\ | \\ CH_2=CH \end{matrix}\right] \xrightarrow{重排} CH_3CHO \text{ 乙醛}$$
（烯醇式）

炔烃与水的加成遵循马氏规则，因此除乙炔外，所有的取代乙炔和水的加成物都是酮。例如丙炔与水加成，产物为丙酮。

$$CH_3-C\equiv CH + H_2O \xrightarrow[稀 H_2SO_4]{HgSO_4} \left[\begin{matrix} CH_3-C=CH_2 \\ | \\ OH \end{matrix}\right] \xrightarrow{重排} CH_3-C-CH_3 \atop \| \atop O \text{ 丙酮}$$

练习

4-3 炔烃比烯烃的不饱和程度大，但炔烃却比烯烃的亲电加成反应困难，为什么？

4-4 写出下列炔的水合产物：

（1）1-戊炔　　　　　　　　　　　　（2）3-己炔

5. 炔烃的亲核加成

炔烃和烯烃的明显区别表现在炔烃能进行亲核加成，而烯烃不能。炔烃能与氢氰酸、醇和羧酸等试剂进行亲核加成反应。

氢氰酸可与乙炔发生亲核加成反应，生成丙烯腈。

$$CH\equiv CH + HCN \xrightarrow[70℃]{CuCl_2(水溶液)} CH_2=CH-CN$$

上法因乙炔成本较高，现世界上几乎都采用丙烯的氨氧化反应制备丙烯腈，反应过程是丙烯与氨的混合物在400～500℃，在催化剂的作用下用空气氧化。聚丙烯腈可用于合成纤维（腈纶）、塑料、丁腈橡胶。此外，丙烯腈电解加氢二聚，是一个新的成功合成己二腈的方法。己二腈加氢得己二胺，己二腈水解得己二酸，是制造尼龙-66的原料。

$$2CH_2=CH-CN + 2H^+ + 2e \longrightarrow NC(CH_2)_4CN$$
己二腈

在碱存在下，炔烃可以和醇发生加成反应。例如，乙炔可以与甲醇加成，在乙炔的一个碳上加上一个氢原子，另一个碳上加上甲氧基（CH₃O—），生成的产物叫做甲基乙烯基醚。甲基乙烯基醚主要用作聚合物的单体，其共聚物用于制取涂料、增塑剂等。

$$CH\equiv CH + CH_3OH \xrightarrow[160℃]{20\%\ NaOH} CH_2=CH-O-CH_3$$
甲基乙烯基醚

乙酸和乙炔在乙酸锌的催化下反应可生成乙酸乙烯酯。

$$CH\equiv CH + CH_3\overset{O}{\overset{\|}{C}}-OH \xrightarrow[170\sim210℃]{乙酸锌} CH_2=CH-O-\overset{O}{\overset{\|}{C}}CH_3$$
乙酸乙烯酯

这是工业上制备乙酸乙烯酯的方法之一，现在已用乙烯代替乙炔，与乙酸、氧在钯催化下制备。乙酸乙烯酯主要用于生产聚乙烯醇树脂和合成纤维。其单体能共聚可生产多种用途的黏合剂；还能与氯乙烯、丙烯腈、丁烯酸、丙烯酸、乙烯单体能共聚，制成不同性能的高分子合成材料。

（三）氧化反应

炔烃和氧化剂反应，往往可以使碳碳三键断裂，最后得到完全氧化的产物——羧酸或二氧化碳。炔烃的结构不同，其氧化产物也不同，与烷基相连的三键碳原子氧化成羧酸，与氢相连的三键碳原子氧化成二氧化碳。可以利用炔烃的氧化反应，检验分子中是否存在三键，以及确定三键在炔烃分子中的位置。例如：

$$CH_3-C\equiv CH \xrightarrow[H_2O]{KMnO_4} CH_3COOH + CO_2\uparrow$$
乙酸

$$CH_3-C\equiv C-CH_3 \xrightarrow[H_2O]{KMnO_4} 2CH_3COOH$$

$$CH_3-C\equiv C-CH_2CH_3 \xrightarrow[H_2O]{KMnO_4} CH_3COOH + CH_3CH_2COOH$$
丙酸

（四）聚合反应

乙炔在不同的催化剂作用下，可有选择地聚合成链形或环状化合物。例如在氯化亚铜或氯化铵的作用下，可以发生二聚作用，生成乙烯基乙炔。乙烯基乙炔，在工业上是重要的烯炔烃化合物，用于制备合成氯丁橡胶的单体 2-氯-1,3-丁二烯等。

$$HC\equiv CH + HC\equiv CH \xrightarrow[NH_4Cl]{CuCl} H_2C=CH-C\equiv CH$$
乙烯基乙炔

乙炔在高温下可以发生环形三聚作用，生成苯。但这个反应苯的产量很低，同时还产生许多其他的芳香族副产物，因而没有制备价值，但为苯的结构研究提供了有力的线索。

$$3\,\|\|\| \xrightarrow{500℃} \bigcirc$$

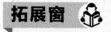

绿色化学

绿色化学又称清洁化学（Clean Chemistry）、环境友好型化学（Evironally Friendly

Chemistry)和环境无害化(Environmentally Benign Chemistry),与其相对应的技术称为绿色技术、环境友好技术。绿色化学即是用化学的技术和方法去减少或消灭那些对人类健康、社区安全、生态环境有害的原料、催化剂、溶剂和试剂、产物、副产物等的使用和产生。并且采用具有一定转化率的高选择性化学反应来生产目的产品,不生成或很少生成副产品或废物,实现或接近废物的"零排放"过程。绿色化学的目标在于不再使用有毒、有害的物质,不再产生废物,不再处理废物。

传统化学概念似乎总和环境污染密不可分,它更关注如何通过化学的方法得到更多的物质,而此过程中对环境的影响则考虑较少,即使考虑也着眼于事后的治理而不是事前的预防。传统的化学工业给环境带来的污染已十分严重,目前全世界每年产生的有害废物达3亿~4亿吨,给环境造成危害,并威胁着人类的生存。传统化学对环境的污染,以及资源的严重浪费,导致出现了环境危机、生存危机,因此提出一种可持续性,零污染或是环境友好型的新型指导化学十分重要以及十分必要。绿色化学就是新型的化学指导形式,绿色化学是对传统化学和化学工业的革命,是以生态环境意识为指导,研究对环境没有(或尽可能小的)副作用,在技术上和经济上可行的化学品和化学过程,它是化学未来发展的方向。绿色化学的研究以及发展关系着人类子孙后代的繁衍生息。

绿色化学具有以下的特点:①充分利用资源和能源,采用无毒、无害的原料;②在无毒、无害的条件下进行反应,以减少废物向环境排放;③提高原子的利用率,力图使所有作为原料的原子都被产品所消纳,实现零排放;④生产出有利于环境保护、社区安全和人体健康的环境友好的产品。

我国非常重视在绿色化学方面的进展。1996年,召开了"工业生产中绿色化学与技术"研讨会,并出版了《绿色化学与技术研讨会学术报告汇编》;1998年,在合肥举办了第一届国际绿色化学高级研讨会;《化学进展》杂志出版了"绿色化学与技术"专辑;2006年7月11日,由中国化学会主办、吉林大学承办的中国化学会第25届学术年会在吉林大学开幕,本届化学年会的主题是"化学与社会——化学在社会可持续发展中的地位与责任",大会由主会场和绿色化学等19个相对独立的分会场构成,大会就化学的发展趋势开展热烈的讨论和交流。2008年3月31日~4月2日,建设部、科技部、国家发展和改革委员会、国家环境保护总局、财政部在北京共同举办"第四届国际智能、绿色建筑与建筑节能大会暨新技术与产品博览会",会议就"智能、绿色建筑与建筑节能技术标准、政策措施、评价体系、节能检测,分享国际国内发展智能、绿色建筑与建筑节能工作新经验"为主要内容。

传统化学向绿色化学的转变可以看作是化学从"粗放型"向"集约型"的转变。绿色化学是知识经济时代化学工业发展的必然趋势,是当今国际化学研究的前沿。总之,大力发展绿色化学工业,从源头上防止污染,从根本上减少或消除污染,实现废物零排放,提高原子经济性,将是我国乃至世界环境保护的必由之路。

技能项目四
鉴别液体石蜡、松节油和苯乙炔

背景：
  实验室储藏柜现有三瓶无标签的试剂，确定是液体石蜡、松节油和苯乙炔各一瓶，由于外包装及化合物外观相近，不能确定每一个棕色瓶内具体是哪一种化合物。请你用化学方法鉴别并在瓶子上贴上标签。

一、工作任务
  任务（一）：了解液体石蜡、松节油、苯乙炔的化学组成和用途，进一步掌握烷烃、烯烃、炔烃的结构和化学性质。

  任务（二）：根据所学知识及本单元二维码视频设计鉴别液体石蜡、松节油和苯乙炔的实验方案。

  任务（三）：实验方案评价、对比、优化，明确所需药品、仪器，制定出具体的实验步骤。

  任务（四）：按照任务（三）内容规范进行物料量取、实验操作，鉴别出三种化合物并贴好标签。

  任务（五）：按要求书写实训报告、整理清扫实验室卫生。

二、主要工作原理
1. 炔烃

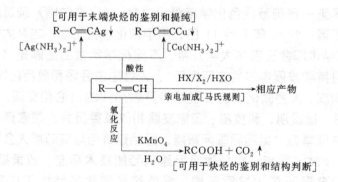

2. 烯烃

三、所需仪器、试剂
（1）仪器：试管 6 支、量筒（10mL）1 支、试管架 1 个、滴管 3 支。

(2) 试剂：待鉴别试剂、硝酸银氨溶液、高锰酸钾水溶液、溴水。

四、工作过程

(1) 根据工作任务（一）进行实验方案设计，小组讨论进行方案修订及可行性论证；

(2) 根据实验方案列出仪器、药品清单，准备所需仪器、药品；

(3) 鉴别液体石蜡、松节油和苯乙炔并贴好标签。

五、问题讨论

(1) 是否可用硝酸银水溶液代替硝酸银氨溶液进行反应？

(2) 在烯烃与炔烃、溴水的加成反应和高锰酸钾水溶液的氧化反应中，哪种化合物反应速度更快？试说明原因。

本章小结

1. 炔烃的通式和结构特点

通式：C_nH_{2n-2}，炔烃的官能团（C≡C）碳碳三键由 sp 杂化轨道所形成的一个碳碳 σ 键和两个碳碳 π 键所组成。组成三键的两个碳原子和与其相连的原子都在一条直线上。

由于碳骨架的不同而产生的碳链异构，因三键在碳链中的位置不同而产生的位置异构，没有顺反异构。

2. 命名原则

命名原子与烯烃相似。分子中同时含有双键和三键时，按碳原子数命名为烯炔，碳链的编号以双键和三键的位置和最小为原则。当双键和三键处于同一位次时，优先给双键以最小编号。

3. 炔烃的性质

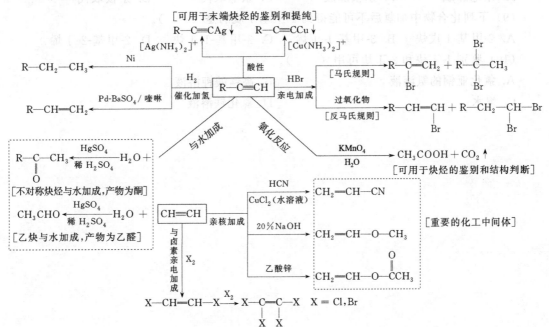

习题

选择题

(1) 室温下能与硝酸银的氨溶液作用生成白色沉淀的是（　　）。
A. $CH_3CH_2CH_3$　　　　　　　　B. $CH_3CH=CH_2$
C. $CH_3C\equiv CH$　　　　　　　　D. $CH_3C\equiv CCH_3$

(2) 2-戊炔被高锰酸钾溶液氧化的产物是（　　）。
A. 羧酸和二氧化碳　　　　　　　B. 两分子羧酸
C. 酮　　　　　　　　　　　　　D. 一分子羧酸

(3) 鉴定末端炔烃常用的试剂是（　　）。
A. Br_2 的 CCl_4 溶液　　　　　　B. $KMnO_4$ 溶液
C. $[Ag(NH_3)_2]^+$　　　　　　　　D. $NaNO_3$ 溶液

(4) 下列化合物不能使溴水褪色的是（　　）。
A. 1-丁炔　　B. 2-丁炔　　C. 丁烷　　D. 1-丁烯

(5) 下列化合物能跟银氨溶液反应，产生白色沉淀的是（　　）。
A. 1,3-丁二烯　B. 1-丁炔　　C. 乙烯　　D. 2-戊炔

(6) 下列化合物不能使高锰酸钾溶液紫红色褪色的是（　　）。
A. 4-甲基-2-戊炔　B. 3-甲基-2-己烷　C. 环己烯　D. 甲基环己烯

(7) 下列化合物中与溴反应最快的是（　　）。
A. 1-丁炔　　B. 1-戊炔　　C. 丙炔　　D. 丙烯

(8) 乙炔与卤素的反应是（　　）。
A. 亲电加成　　B. 亲核加成　　C. 亲电取代　　D. 亲核取代

(9) 下列化合物中加氢后不可能得到 2-甲基丁烷的是（　　）。
A. 2-甲基-1-戊烯　B. 3-甲基-1-丁烯　C. 3-甲基-1-丁炔　D. 2-甲基-2-丁烯

(10) 鉴别 1-丁炔和 2-丁炔可用（　　）。
A. 氯化亚铜的氨溶液　　　　　　B. 高锰酸钾溶液
C. 溴水　　　　　　　　　　　　D. 氯化铁溶液

第五章
脂环烃
Alicyclic Hydrocarbon

> **学习目标** (Learning Objectives)
>
> 1. 了解脂环烃的分类和结构；
> 2. 掌握脂环烃的命名方法；
> 3. 熟练掌握环烷烃的化学性质；
> 4. 掌握环烯烃的化学性质；
> 5. 能运用不同结构脂肪烃的性质差异鉴别不同的脂肪烃；
> 6. 培养学生实事求是、严谨科学的工作作风。

只有碳、氢两种元素组成，分子中含有碳环构造，性质与开链的脂肪族化合物非常相似的一类化合物，叫做脂环烃。

脂环烃分类方法通常有 3 种。

（1）按分子中含有的碳环数目不同，分为单环脂环烃、二环脂环烃、三环脂环烃等。例如：

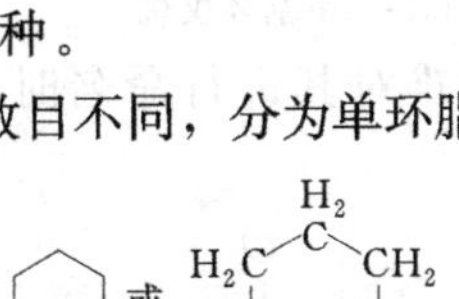

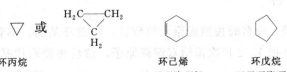

单环脂环烃 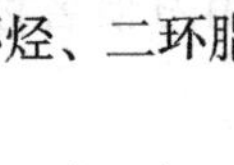　　　　二环脂环烃

（2）按分子中组成环的碳原子数目多少，分为三元环脂环烃、四元环脂环烃、五元环脂环烃等。例如：

环丙烷　　　　　　环己烯　　　　环戊烷
三元环脂环烃　　　六元环脂环烃　　五元环脂环烃

(3) 按分子中是否含有 C═C 双键和 C≡C 三键等不饱和键,脂环烃可以分为饱和脂环烃和不饱和脂环烃。饱和脂环烃分子中只含有 C—C 和 C—H 键,叫做环烷烃。碳环中含有 C═C 双键的不饱和脂环烃叫做环烯烃;含有 C≡C 三键的不饱和脂环烃叫做环炔烃。例如:

环丁烷	环戊烯	环辛炔
环烷烃	环烯烃	环炔烃
饱和脂环烃	不饱和脂环烃	

本章主要介绍单环环烷烃和单环环烯烃。

对于单环脂环烃化合物,当组成环的碳原子数是 3~4 个时,一般叫做小环化合物;5~7 个时,叫做普通环化合物;8~11 个时,叫做中环化合物;≥12 个时,叫做大环化合物。

第一节　脂环烃的命名法

一、环烷烃的命名

通常所说的环烷烃指的都是单环环烷烃。环烷烃的命名与烷烃相似,只是在相应烷烃名称的前面加上一个"环"字。

① 对于不含支链的环烷烃,命名时按照碳原子的数目,叫做环某烷。

② 对于带有支链的环烷烃,则把环上的支链看作是取代基。当取代基不止一个时,要把环上的碳原子编号,编号时要使取代基的位次尽可能得小,同时根据次序规则中优先基团排在后面的原则,把较小的位次给次序规则中不优先的取代基。例如:

环丁烷　　乙基环丙烷　　1,3-二甲基环戊烷　　1-甲基-3-异丙基环己烷

③ 若支链结构很复杂,用习惯名称很难对其进行命名时,则把环作为取代基,支链看作母体来命名。例如:

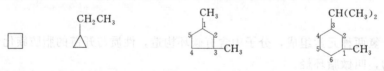

3-甲基-1-环戊基-5-氯己烷

二、环烯烃的命名

对于单环的环烯烃,命名时按照碳原子的数目,叫做环某烯。不管环上有没有取代基,环上碳原子编号,总是把 1,2 位次留给双键碳原子,然后再使取代基的位次尽可能小(取代基存在时)。例如:

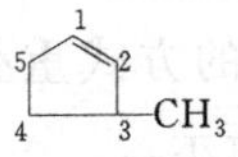

3-甲基(-1-)环戊烯 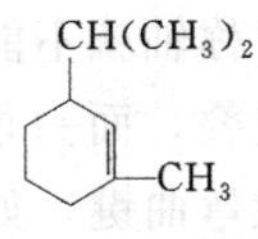   1-甲基-3-异丙基己烯

三、双环脂环烃的命名

分子中含有两个碳环的化合物称为双环化合物。其中两个环共用一个碳原子的叫做螺环化合物；两个环共用两个或更多碳原子的叫做桥环化合物，其中共用两个碳原子的称为双环化合物。例如：

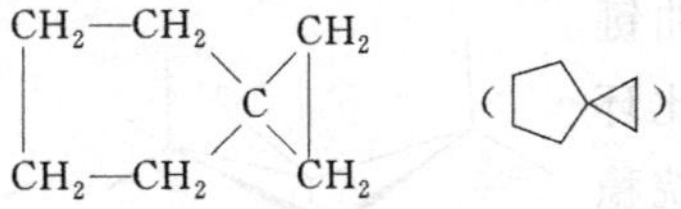

螺[2.4]庚烷
螺环化合物

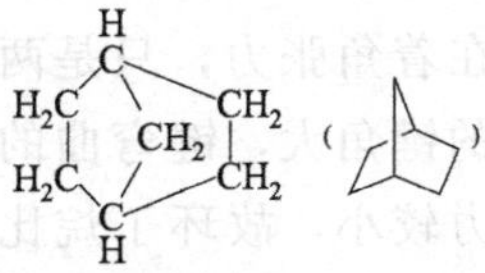

双环[2.2.1]庚烷
桥环化合物

(1) **螺环化合物** 两个环共用的碳原子叫做螺原子，命名时，根据组成环的碳原子总数，命名为"某烷"，加上词头"螺"，再把连接于螺原子的两个环的碳原子数目，按从小到大的次序写在"螺"和"某烷"之间的方括号里，数字用圆点分开。

(2) **桥环化合物** 该类化合物结构的共同点是，都有两个"桥头"碳原子（即两个环共用的碳原子）和三条连在两个"桥头"上的"桥"。命名时根据组成环的碳原子总数命名为"某烷"，加上词头"双环"，环字后加方括号，括号内用阿拉伯数字从大到小指出环上每一碳桥上碳原子的数目，该数字不包括桥头碳原子，数字之间用圆点分开。桥环化合物中，编号从桥头碳沿大环开始。例如：

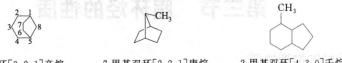

双环[3.2.1]辛烷   7-甲基双环[2.2.1]庚烷   2-甲基双环[4.3.0]壬烷

练习

5-1 写出分子式为 C_4H_8 烃的所有构造异构体，并命名。

第二节 环烷烃的结构与稳定性

对环烷烃化学性质研究后发现，构成环的碳原子数目和环的稳定性有着密切的关系，环的大小不同其化学稳定性也不同，环越小化学性质越活泼。为什么小环烃的化学稳定性不如大环烃，下面以环丙烷和环丁烷为例来解释。

甲烷分子中，碳原子的 sp^3 杂化轨道对称轴之间的夹角是 109.5°，碳氢原子之间的夹角也是 109.5°，两者完全一致。链状烷烃之所以稳定是由于成键碳原子的 sp^3 杂化轨道的对称轴在一条直线上，从而达到最大程度的正面重叠，C—C—C 的键角保持或基本保持 109.5°。而环丙烷分子中碳碳原子之间的夹角是 60°，而碳原子 sp^3 杂化轨道对称轴的夹角是 109.5°，两者不一致。这样，相邻两个碳原子以 sp^3 轨道重叠形成 C—C σ 键时，相互重叠的两个 sp^3

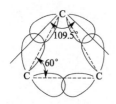

图 5-1 环丙烷分子中的 C—Cσ 键

轨道的对称轴就不能在一条直线上，不能以"头碰头"的方式达到最大程度的重叠，而只能以弯曲的方式重叠。这样形成的 C—C 键是弯曲的，叫做弯曲键，如图 5-1 所示。

由于以弯曲的方式重叠，sp^3 轨道重叠的程度显然较小，生成的弯曲键也就较弱，环丙烷分子的稳定性也就较小，因而较易发生开环反应。由于"偏离"正常的键角 109.5°，环烷烃分子中会产生一种力图恢复到正常键角的张力，叫做角张力，来迫使环烷烃开环，角张力越大，分子内能越高，环的稳定性越差。

环丁烷分子中的 4 个碳原子不在一个平面内，呈折叠式构象，又称蝶式（图 5-2），与环丙烷相似，也存在着角张力，只是两个弯曲键的键角比环丙烷的键角大，键弯曲的程度比环丙烷小，即角张力较小，故环丁烷比环丙烷稳定。相比之下，环戊烷的主要构象键角为 108°，接近于 109.5°，角张力很小，故化学性质比较稳定，不容易发生开环反应。环己烷所有的

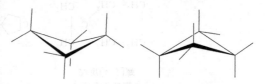

图 5-2 环丁烷分子中的蝶式构象

C—C 键角基本保持 109.5°，因此环己烷具有与烷烃相似的稳定性。

应当指出，从环丁烷及以上，环不是在一个平面，因为 sp^3 杂化轨道的方向性，不再使碳原子存在平面构型的可能，所以对于环戊烷以上的环烷烃，根本不存在或极少存在角张力，分子内能也极小，化学稳定性显著增加，因此很难发生开环反应。

由此可知，小环环烷烃不稳定，容易发生开环反应；普通环、中环、大环环烷烃化学性质稳定，很难或基本不发生开环反应，化学性质与烷烃类似，可以发生取代反应。

第三节　脂环烃的性质

一、环烷烃的物理性质

在常温常压下，环丙烷与环丁烷为气体，环戊烷与环己烷为液体。环烷烃的熔点、沸点均比碳原子数相同的烷烃高，相对密度也比相应的烷烃大，但仍比水轻。常见环烷烃的物理常数见表 5-1。

表 5-1　常见环烷烃的物理常数

化合物名称	沸点/℃	熔点/℃	相对密度
环丙烷	−33	−127	0.720
环丁烷	12	−80	0.703
环戊烷	49	−94	0.745
环己烷	81	6.5	0.779
环庚烷	118	−12	0.810
环辛烷	151	15	0.836

二、环烷烃的化学性质

1. 取代反应

环戊烷和环己烷的化学性质与烷烃相似，比较稳定，但在高温或紫外线的照射下，能与

卤素发生自由基取代反应，生成相应的卤代烷。在反应过程中，碳环保持不变。例如：

$$\bigcirc + Cl_2 \xrightarrow{光} \bigcirc\!\!-Cl + HCl$$
氯代环戊烷

$$\bigcirc + Br_2 \xrightarrow{光} \bigcirc\!\!-Br + HBr$$
溴代环己烷

$$\bigcirc\!\!-CH_3 + Cl_2 \xrightarrow{光} \bigcirc\!\!\stackrel{Cl}{\underset{CH_3}{|}}\!\! + HCl$$
1-甲基-1-氯环己烷

卤素优先取代环上含氢较少的碳上的氢原子。

2. 加成反应

三元环和四元环的环烷烃与烯烃的性质相似，它们表现出一种特殊的化学性质——较易开环，发生加成反应。

(1) 催化加氢　环丙烷和环丁烷在催化剂作用下加氢，发生开环反应，生成相应的烷烃。随环的大小不同，反应条件也不同，环越大，反应条件越高，例如：

$$\triangle + H_2 \xrightarrow[80℃]{Ni} CH_3CH_2CH_3$$

$$\square + H_2 \xrightarrow[200℃]{Ni} CH_3CH_2CH_2CH_3$$

上述条件下，环戊烷和环己烷不反应。

(2) 加卤素　环丙烷很像烯烃，在常温下即与卤素发生加成反应，生成相应的卤代烷。而环丁烷需要加热才能与卤素发生反应。例如：

$$\triangle + Br_2 \xrightarrow[室温]{CCl_4} BrCH_2CH_2CH_2Br$$

$$\square + Br_2 \xrightarrow[加热]{CCl_4} BrCH_2CH_2CH_2CH_2Br$$

环戊烷及更大环的环烷烃与卤素在上述条件下并不发生反应，随着反应温度的升高而发生自由基取代反应。利用这一反应可以区分小环环烷烃与其他环烷烃。

(3) 加卤化氢　环丙烷及其烷烃衍生物很容易与卤化氢发生加成反应而开环，而环丁烷需加热后才能反应。例如：

$$\triangle + HCl \xrightarrow[室温]{CCl_4} CH_3CH_2CH_2Cl$$
1-氯丙烷

$$\square + HBr \xrightarrow[加热]{} CH_3CH_2CH_2CH_2Br$$
1-溴丁烷

环丙烷的衍生物发生加成反应时，环的断裂发生在含氢最多和含氢最少的两个碳原子之间，符合马氏加成规则，即氢原子加在含氢较多的碳原子上。例如：

$$H_3C\!-\!\triangle + HCl \xrightarrow[室温]{CCl_4} CH_3CHCH_2CH_3$$
$$\phantom{H_3C\!-\!\triangle + HCl \xrightarrow[室温]{CCl_4} CH_3CH}\underset{Cl}{|}$$
2-氯丁烷

$$H_3C\!\!\stackrel{}{\underset{CH_3}{\triangle}}\!\!-CH_3 + HBr \xrightarrow[室温]{CCl_4} CH_3-\!\!\stackrel{Br}{\underset{\underset{CH_3}{|}}{\overset{CH_3}{|}}}\!\!-CH_3$$
2,3-二甲基-2-溴丁烷

3. 氧化反应

常温下，即使较活泼的环丙烷与一般的氧化剂（如高锰酸钾水溶液）也不起反应，这与不饱和烃的性质不同，故可用水溶液来鉴别环烷烃与不饱和烃。

在加热条件下与强氧化剂作用，或在催化剂作用下用空气直接氧化，环烷烃可生成各种氧化产物。例如：

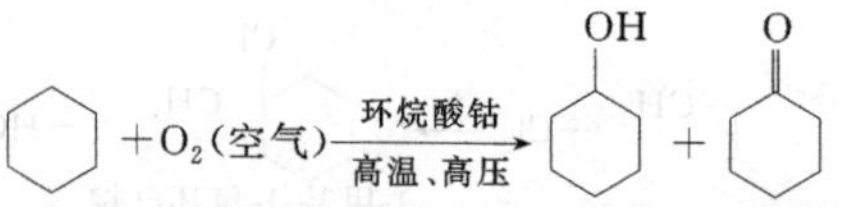

$$\text{环己烷} + O_2(\text{空气}) \xrightarrow[\text{高温、高压}]{\text{环烷酸钴}} \text{环己醇} + \text{环己酮}$$

从以上反应可知，环丙烷、环丁烷易发生加成反应，而环戊烷、环己烷以及高级环烷烃易发生取代反应。它们的性质可概括为："小环"似烯，"大环"似烷烃。

三、环烯烃的化学性质

环烯烃的化学性质与一般烯烃类似，能发生亲电加成反应，如加氢、加卤素、加卤化氢、加水等，也能被高锰酸钾等氧化剂氧化。例如：

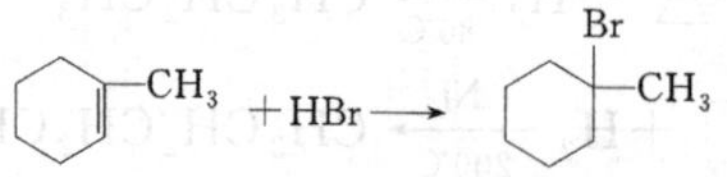

$$\text{1-甲基环己烯} + HBr \longrightarrow \text{1-甲基-1-溴环己烷}$$

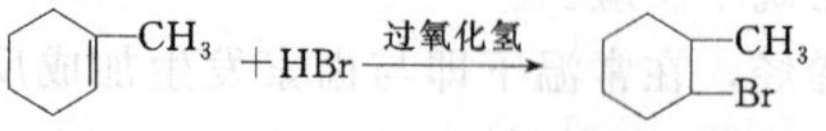

$$\text{1-甲基环己烯} + HBr \xrightarrow{\text{过氧化氢}} \text{1-甲基-2-溴环己烷}$$

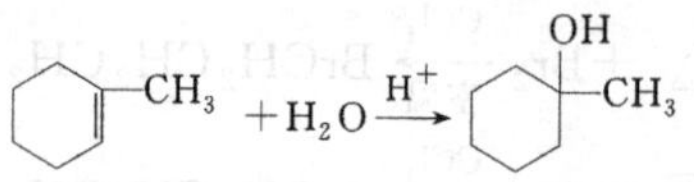

$$\text{1-甲基环己烯} + H_2O \xrightarrow{H^+} \text{1-甲基环己醇}$$

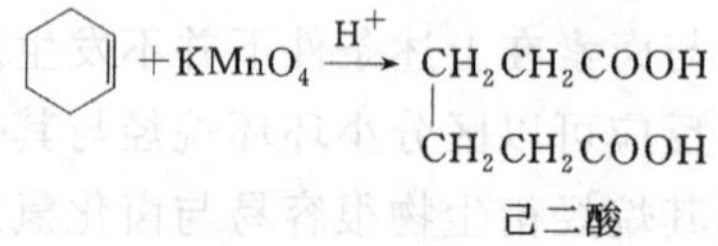

$$\text{环己烯} + KMnO_4 \xrightarrow{H^+} \text{己二酸}(CH_2CH_2COOH)_2$$

第四节 环烷烃的来源与制备

石油是环烷烃的主要工业来源，石油中主要含有五元环、六元环的环烷烃及其衍生物，即环戊烷和环己烷及其烷烃衍生物。例如：

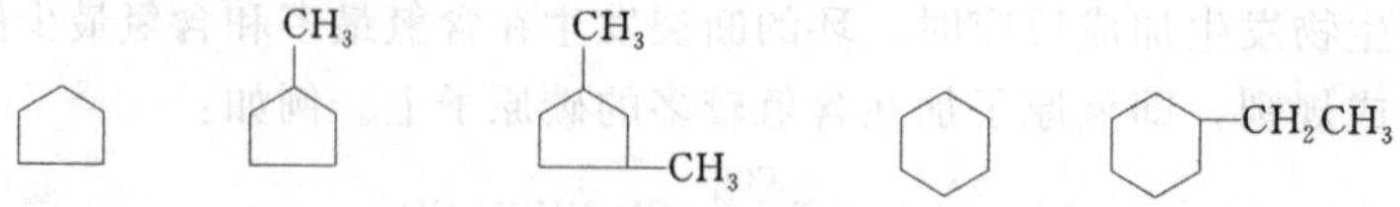

环戊烷　　甲基环戊烷　　1,3-二甲基环戊烷　　环己烷　　乙基环己烷

以上这些环烷烃中，最重要的是环己烷。工业上生产环己烷主要采用石油馏分异构化法和苯催化加氢法。

一、石油馏分异构化法

将甲基环戊烷在氯化铝作用下，进行异构化反应，转化为环己烷。

$$\text{methylcyclopentane} \xrightarrow[80℃]{AlCl_3} \text{cyclohexane}$$

异构化后的产物经分离提纯，可得到含量达 95% 以上的环己烷。

二、苯催化加氢法

由苯催化加氢制备环己烷是目前工业上采用的主要方法。

$$\text{C}_6\text{H}_6 + H_2 \xrightarrow[200\sim240℃, 3.9MPa]{Ni} \text{C}_6\text{H}_{12}$$

环己烷是无色液体，沸点为 80.8℃，不溶于水而溶于有机溶剂，主要用于制造合成纤维的原料，如己二酸、己二胺、己内酰胺等，也常作为有机溶剂，如可用作油漆脱漆剂、精油萃取剂等。

拓展窗

金刚烷

金刚烷的特殊笼状结构引起化学界的浓厚兴趣，滋生了笼状化合物化学的诞生。现在的化学界，围绕金刚烷的系统研究已经俨然形成了一门独立的学科：金刚烷化学。

起源发展：1932 年捷克人 Landa 等从南摩拉维亚油田的石油分馏物中发现了金刚烷。次年利用 X 射线技术证实了其结构。1941 年化学家普雷洛格（Vladimir Prelog）通过逐步合成法经历二十几步最早合成金刚烷，当时金刚烷是一个相当金贵的化合物。1957 年美国普林斯顿的化学家施莱尔（Paul Schleyer）在做其他实验时无意中发现产物中含有大约 10% 的金刚烷副产物，于是施莱尔抓住这个机会，通过优化条件提高了金刚烷的产率。从廉价的石化产品环戊二烯二聚体两步即可制得金刚烷，从此金刚烷的价格像雪崩一样掉了下来，成为一个十分便宜易得的化合物。

结构：金刚烷是一种三环脂肪烃，属于簇状化合物，天然存在于石油中，含量约为百万分之四。金刚烷是由二聚环戊二烯与氢在镍催化剂和氯化铝催化剂共同作用下反应得到的由 10 个碳原子、16 个氢原子构成的环状四面体，这是一种高对称性的笼状化合物。由于其碳原子的空间排布结构与金刚石点阵基本单元相同而得美名金刚烷。金刚烷的特点是热稳定性高，优良的润滑性，亲油能力极大，无味，反应活性比苯低。

用途：金刚烷可用来制造特种高分子，尤其是光学及光敏材料；还可用于汽油、助催化剂、润滑油及药品生产，也可用作农业化学品及日用化学品等，是一种良好的新型有机材料。主要用于抗癌、抗肿瘤等特效药物的合成等。也可用来制备高级润滑剂、照相感光材料表面活性剂、杀虫剂、催化剂等。例如金刚烷与过量溴作用，生成 1-溴金刚烷；与二氧化氮在 175℃ 下反应，生成 1-硝基金刚烷；用三氧化铬和乙酸氧化，生成 1-金刚醇。

案例：金刚烷胺是最早用于抑制流感病毒的抗病毒药，美国于亚洲感冒流行的 1966 年批准其作为预防药，并于 1976 年在预防药的基础上确认其为治疗药。在 1969 年，首次报道一位晚期帕金森病患者在预防流感过程中使用了 6 周的金刚烷胺。服药期间她的帕金森病症状震颤、强直和少动均得到缓解。目前,金刚烷胺除用于预防或治疗亚洲甲-Ⅱ型流感病毒所引起的呼吸道感染外,还用于帕金森病的治疗。

抗帕金森病——金刚烷胺进入脑组织后,能促进多巴胺神经元释放多巴胺物质,并抑制多巴胺的再摄取,且有直接激动多巴胺受体的作用,但其疗效不如左旋多巴。其特点是缓解震颤及僵直效果好、起效快,用药48h后出现作用,2周后达高峰。与左旋多巴合用,能相互补充不足,发挥协同作用。也适用于不能耐受左旋多巴的病人。

抗病毒作用——可阻止病毒穿入宿主细胞并有明显地抑制病毒脱壳的作用,主要用于预防亚洲甲型流感病毒的感染,对该型流感接触者保护率为70%,对已感染者,及时用药仍可减轻症状,且退热作用明显。在日本,金刚烷胺一直作为帕金森病的治疗药,直到1998年才被批准用于流感病毒A型感染性疾病的治疗。

技能项目五
重结晶法提纯粗品苯甲酸

背景:
　　学校有机化学实训室有一批混有不溶性杂质且被染色的苯甲酸粗品,试利用苯甲酸的物理化学性质设计实验(包括方法、步骤、仪器、药品)去除其杂质和色泽,提纯精制该苯甲酸,并尽可能保证收率。

一、工作任务

任务(一):认识重结晶提纯固态有机化合物的原理。

任务(二):学会加热、溶解、脱色、减压过滤、干燥等操作。

任务(三):学会用重结晶法提纯苯甲酸。

二、主要工作原理

1. 重结晶基本原理

利用被提纯物质与杂质在同一溶剂中溶解性能的显著差异而将它们分离的操作称为重结晶。重结晶是提纯固体有机化合物常用的一种方法,大多数有机物在溶剂中的溶解度随温度升高而增大,随温度降低而减小。重结晶就是利用这个原理,使有机物在热的溶剂中溶解,制成接近饱和的溶液,趁热过滤,除去不溶性杂质,再将溶液冷却,让有机物在冷的溶剂中重新结晶出来,并可与溶于溶剂的杂质分离。如果固体中含有有色杂质,一般可以用活性炭脱色。经过一次或多次重结晶,可以大大提高有机物的纯度。

2. 溶剂的选择

正确地选择溶剂,是重结晶的关键。根据"相似相溶"原理,极性物质应选择极性溶剂,非极性溶质应选择非极性溶剂。在此基础上,选择的溶剂还应符合下列条件。

(1) 不能与被提取的物质发生化学反应。

(2) 在高温时,被提取的物质在溶剂中的溶解度较大,而在低温时则很小(低温时溶解度越小，产品回收率越高）。

（3）杂质在溶剂中的溶解度很小（当被提纯物溶解时，可将其过滤除去）或很大（当被提纯物析出结晶时，杂质仍留在母液中）。

（4）容易与被提纯物质分离。

当几种溶剂都适用时，就要综合考虑其毒性大小、价格高低、操作难易及易燃性能等因素来决定取舍。

重结晶所用的溶剂，一般可从实验资料中直接查找。若无现成资料时，可通过试验的方法来决定。

当使用单独溶剂效果不理想时，还可使用混合溶剂。混合溶剂一般由两种能互溶的溶剂组成。其中一种易溶解被提纯物，而另一种则较难溶解被提纯物。常用的混合溶剂乙醇-水、丙酮-水、乙酸-苯、石油醚-丙酮等。使用时，可根据具体情况进行选用。

3. 重结晶的操作程序

（1）热溶解　用选择的溶剂将被提纯的物质溶解，制成热的饱和溶液。

（2）脱色　如果溶液中含有带色杂质，可待溶液稍冷，加入适量活性炭，再煮沸 5～10min，利用活性炭的吸附作用除去有色物质。

（3）趁热减压过滤，将布氏漏斗事先预热后，在布氏漏斗上趁热进行减压过滤，除去活性炭及其他不溶性杂质。

（4）结晶　将滤液充分冷却，使被提纯物呈结晶析出。

（5）抽滤（减压过滤）　用减压过滤装置将晶体与母液分离，除去可溶性杂质。用冷溶剂冲洗两次，再抽干。

（6）干燥，滤饼经自然晾干或烘干，脱除少量溶剂，即得到精制品。

4. 减压过滤

（1）减压过滤装置　减压过滤装置由布氏漏斗、吸滤瓶、缓冲瓶和减压泵 4 部分组成（图 5-3）。

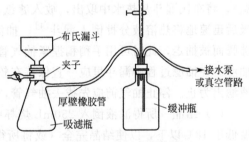

图 5-3　减压过滤装置

减压过滤又叫抽气过滤（简称抽滤）。采用抽气过滤，既可缩短过滤时间，又能使结晶与母液分离完全，易于干燥处理。

（2）减压过滤操作　减压过滤前，需检查整套装置的严密性，布氏漏斗下端的斜口要正对着吸滤瓶的侧管，放入布氏漏斗中的滤纸，应剪成比漏斗内径略小一些的圆形，以能全部覆盖漏斗滤孔为宜。不能剪得比内径大，那样滤纸周边会起皱褶，抽滤时，晶体就会从皱褶的缝隙抽入滤瓶，造成透滤。

抽滤时，先用同种溶剂将滤纸润湿，打开减压泵，将滤纸吸住，使其紧贴在布氏漏斗底面上，以防气体从滤纸边沿被吸入瓶内。然后倾入待分离的混合物，要使其均匀地分布在滤纸面上。

母液抽干后，暂时停止抽气。用玻璃棒将晶体轻轻搅动松散（注意玻璃棒不可触及滤纸），加入少量冷溶剂浸润后，再抽干（可同时用玻璃塞在滤饼上挤压）。

如此反复操作几次，可将滤饼洗涤干净。停止抽气前应先拔去抽气管，然后关闭真空泵。

5. 以水为溶剂提纯苯甲酸的工作原理

苯甲酸俗称安息香酸，白色晶体（粗苯甲酸因含杂质而呈微黄色），熔点122℃，是分子中含有极性基团的有机化合物。本实验利用它在水中的溶解度随温度变化差异较大的特点（如18℃时为0.27g，100℃时为5.7g），将粗苯甲酸溶于沸水中并加活性炭脱色，不溶性杂质与活性炭在热过滤时除去，可溶性杂质在冷却后，苯甲酸析出结晶时留在母液中，从而达到提纯目的。

三、所需仪器、试剂

（1）药品：苯甲酸（粗品）、活性炭。

（2）仪器：锥形瓶250mL一只、烧杯500mL一只、烧杯250mL一只、布氏漏斗7cm一只、布氏漏斗橡胶塞一只、滤纸7cm 3张、玻璃棒20cm一根、表面皿10cm一只、量筒100mL和10mL各一只、石棉网一块、电炉600W一台、抽滤瓶500mL一只、100℃温度计一支、玻璃塞一个。

（3）公用：电热烘箱一台、剪刀、橡胶管、电子台秤一台、循环水真空泵三台、塑料桶。

四、工作过程

（1）热溶解　在小台秤上称取1.5g苯甲酸粗品，放在250mL锥形瓶中，加入60mL蒸馏水。在石棉网上加热至微沸，并不断搅拌使苯甲酸完全溶解。如不能全溶可补加适量水[1]。

（2）脱色　将溶液离开热源，加入5mL冷水[2]，再加入0.1g活性炭[3]，稍加搅拌后，继续煮沸5min。

（3）热过滤　事先用热水给布氏漏斗加热（布氏漏斗和吸滤瓶也可用80℃左右烘箱加温），将布氏漏斗从热水中取出，放入滤纸，用热水润湿，抽吸，使滤纸紧贴漏斗，暂停抽吸后迅速地将热溶液分批倒入漏斗[4]，抽滤。开始压力不要过低，以免滤纸穿孔或使溶液沸腾而被抽走，此时可用手稍稍捏紧抽气管，使吸滤瓶中既保持一定的真空度又能继续迅速抽滤。在抽滤过程中漏斗里应一直保持有较多的溶液，不要抽干，直到过滤结束几乎没有溶液滤出为止。停止抽气前应先拔去抽气管，然后关闭真空泵。

（4）结晶　所得滤液倒入250mL烧杯中，用装有半杯冷水的500mL大烧杯冷却直到温度低于18℃以下，以使结晶完全（或将所得滤液在室温下静置、冷却10min后，再于冰-水浴中冷却15min，以使结晶完全）。

（5）冷过滤　待结晶析出完全后，减压过滤，用玻璃塞挤压晶体，尽量将母液抽干。暂时停止抽气，用10mL冷水分两次洗涤晶体，并重新压紧抽干。

（6）干燥　将晶体转移至表面皿上，摊开呈薄层，自然晾干或于100℃以下烘干。

（7）称量　干燥后，称量苯甲酸的质量并计算回收率，回收率＝$(W_{干重}/W_{原料})×100\%$（若没有干燥，可将湿重折算成干重计算，可假设含水量20%）。

五、注释

[1] 若未溶解的是不溶性杂质，可不必补加水。

[2] 此时加入冷水，可降低溶液温度，便于加入活性炭，又可补充煮沸时蒸发的溶剂，防止热过滤时结晶在滤纸上析出。

[3] 注意：不可向正在加热的溶液中加活性炭，以防引起暴沸！

[4] 热过滤时，不要将溶液一次全倒入漏斗中，可分几次加入。此时，锥形瓶中剩下的溶液应继续加热，以防降温后析出结晶。

六、问题讨论

1. 什么是重结晶？
2. 重结晶可除去哪些方面的杂质？
3. 减压过滤装置由哪四部分组成？
4. 什么是减压过滤？
5. 什么是透滤？分析产生的原因。
6. 刚分离出母液的晶体为什么要洗涤？如何洗涤？
7. 苯甲酸在冷水（18℃）和热水（100℃）中的溶解度分别为多少（g/100g 水）？
8. 100℃时，60mL 水中可溶解多少克苯甲酸，本次实验有没有在热溶解时得到饱和溶液？
9. 减压过滤时，若不停止抽气进行洗涤可以吗？为什么？
10. 重结晶时，为什么要加入稍过量的溶剂？
11. 热过滤时，若布氏漏斗没有预先加热，会有什么后果？

本章小结

1. 单环烷烃的通式 C_nH_{2n}，命名时在相应的烷烃名称前面加一个"环"字。编号时，按照次序规则给不优先基团以较小的编号，且使所有取代基的编号尽可能小。

2. 环烷烃的化学性质，"小环"似烯，"大环"似烷，易取代。

$$\text{环戊烷} + Cl_2 \xrightarrow{\text{光}} \text{氯代环戊烷} + HCl$$

$$\triangle + H_2 \xrightarrow[80℃]{Ni} CH_3CH_2CH_3$$

$$\triangle + Cl_2 \xrightarrow[\text{室温}]{CCl_4} ClCH_2CH_2CH_2Cl$$

$$\square + H_2 \xrightarrow[200℃]{Ni} CH_3CH_2CH_2CH_3$$

$$H_3C\text{-}\triangle + HCl \xrightarrow[\text{室温}]{CCl_4} CH_3CHCH_2CH_3 \atop \quad\quad\quad Cl$$

3. 环烯烃的化学性质，与烯烃化学性质相似，易加成，且符合马氏加成规律；易氧化。

$$\text{甲基环己烯} + HBr \longrightarrow \text{1-溴-1-甲基环己烷}$$

$$\text{环己烯} + KMnO_4 \xrightarrow{H^+} {CH_2CH_2COOH \atop CH_2CH_2COOH}$$

习题

1. 选择题

（1）在室温条件下，环丙烷与溴发生（　　）。

A. 加成   B. 取代   C. 氧化   D. 取代或加成

(2) 在室温条件下，甲基环丙烷与 HBr 反应的产物是（   ）。
A. 溴丙烷   B. 溴丁烷   C. 2-溴丁烷   D. 3-溴丁烷

(3) 鉴别环丁烷和环己烷，最佳的试剂是（   ）。
A. 冷稀 $KMnO_4$ 溶液   B. 热的 Br_2/CCl_4 溶液
C. 热稀 $KMnO_4$ 溶液   D. 冷的 Br_2/CCl_4 溶液

(4) 对于环烷烃，以下叙述错误的是（   ）。
A. 环烷烃与烯烃互为异构体   B. 环烷烃的通式为 C_nH_{2n}
C. 环状化合物之间可以形成碳链异构体   D. 环烷烃没有顺反异构体

(5) 下列化合物属于脂环烃的是（   ）。

A. (苯环)   B. (对甲基甲苯/萘结构)
C. $CH_3CHCH_2CH_3$ D. (萘)
        |
       CH_3

(6) 下列化合物中能使溴水褪色，但不能使 $KMnO_4$ 水溶液褪色的是（   ）。
A. (环丁烷)   B. (环己烷)   C. △—CH_3 D. $CH_2=CHCH_2CH_3$

(7) 有关小环烷烃比大环烷烃活泼的原因，下列解释不正确的是（   ）。
A. 小环烷烃与大环烷烃中碳原子的杂化状态不同
B. 小环烷烃分子中，碳原子之间形成弯曲键
C. 小环烷烃分子中，碳碳键已偏离碳碳键角，分子中产生了角张力
D. 大环烷烃分子中，碳原子可以在接近或维持正常键角的情况下形成碳碳 σ 键，因此无角张力或角张力很小，性质较稳定

(8) 甲烷分子空间构型为（   ），乙烯分子空间构型为（   ），乙炔则为分子（   ）。
A. 正四面体，平面结构，直线形   B. 锥体，平面结构，直线形
C. 平面结构，正四面体，直线形   D. 平面结构，锥体，直线形

(9) 具有分子式为 C_4H_8 的烃中，构造异构体数目为（   ）。
A. 2 种   B. 3 种   C. 4 种   D. 5 种

(10) 下列物质的化学活泼性顺序是（   ）。
A. 丙烯＞环丙烷＞环丁烷＞丁烷   B. 环丙烷＞丙烯＞环丁烷＞丁烷
C. 丙烯＞环丙烷＞丁烷＞环丁烷   D. 环烷＞环丁烷＞丁烷＞丙烯

2. 写出分子式为 C_5H_{10} 烃的所有构造异构体，并命名。

3. 命名下列化合物

(1) 环丁基—CH_2CH_3 (2) 环己基—$CH(CH_3)_2$，CH_3 (3) 环戊烯基—CH_3，CH_3

(4) 环丙基—$CH=CHCH_3$ (5) 环戊烯—CH_3，CH_2CH_3 (6) H_3C—环己烯—$CH(CH_3)_2$

(7) 苯—CH_2CH_3，CH_3

4. 写出下列化合物的构造式
(1) 1,1-二甲基环己烷
(2) 1-甲基-3-乙基环戊烯
(3) 3-甲基-1,4-环己二烯

5. 完成下列反应方程式

(1) 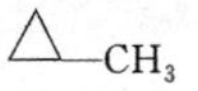 △—CH$_3$ + HCl ⟶

(2) ⬠—CH$_3$ + H$_2$ $\xrightarrow{Ni}$

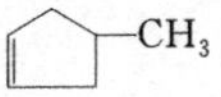

6. 用简单的化学方法，鉴别下列各组化合物
(1) 环丙烷、环戊烷、环戊烯
(2) 环丙烷、丙烯、丙炔

7. 化合物 A 分子式为 C_6H_{10}，与溴的四氯化碳溶液反应生成化合物 B（$C_6H_{10}Br_2$）。A 在酸性高锰酸钾的氧化下，生成 2-甲基戊二酸，试推测化合物 A 的构造式，并写出有关反应式。

8. 化合物 A 分子式为 C_4H_8，它能使溴水褪色，但不能使稀的高锰酸钾溶液褪色。A 与 HBr 反应生成 B，B 也可以从 A 的同分异构体 C 与 HBr 作用得到。C 能使溴的四氯化碳溶液褪色，也能使稀的高锰酸钾溶液褪色，推测 A、B、C 的构造式，并写出各步反应。

9. 化合物 A、B、C 分子式是 C_5H_8，在室温下都能与两分子溴起加成反应。三者均可以被高锰酸钾溶液氧化，除放出 CO_2 外，A 生成分子式为 $C_4H_6O_2$ 的一元羧酸；B 生成分子式为 $C_4H_8O_2$ 的一元羧酸；C 生成丙二酸（$HOOCCH_2COOH$）。A、B、C 经催化加氢后均生成正戊烷，试推测 A、B、C 的构造式，并写出各步反应式。

第六章
芳香烃
Arene

> **学习目标** (Learning Objectives)
>
> 1. 熟练掌握芳烃的命名方法；
> 2. 掌握苯的结构特征，理解芳香烃的概念；
> 3. 熟练掌握苯及其同系物的化学性质和苯环取代定位规律；
> 4. 了解萘及其他稠环芳烃的化学性质；
> 5. 能运用化学性质差异进行烷烃、环烷烃、烯烃、芳烃的鉴别；
> 6. 培养学生严谨、科学、安全、环保、节约的工作作风。

芳香烃简称芳烃，是芳香族化合物的母体。芳香烃与脂肪烃和脂环烃相比，组成上有高度的不饱和性。

第一节 芳烃的分类和命名

一、芳烃的分类

芳烃一般可分为苯系芳烃和非苯系芳烃。含有苯环的烃称为苯系芳烃，不含苯环，但具有苯环结构特征的平面碳环，有芳香性的烃称为非苯系芳烃。本书介绍的芳烃特指苯系芳烃，并重点介绍单环芳烃。

芳烃按苯环的数目和连接方式的不同可分为三类。

(1) 单环芳烃 分子中含有一个苯环的芳烃及其同系物，统称为单环芳烃。例如：

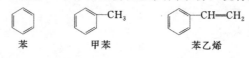

苯　　　　甲苯　　　　　　苯乙烯

(2) 多环芳烃 分子中含有两个或两个以上独立苯环的芳烃及其同系物，统称为多环芳烃。例如：

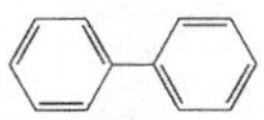

联苯 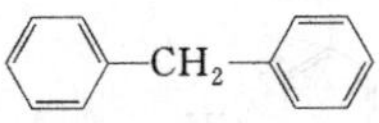　　二苯甲烷 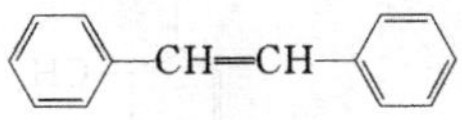　　二苯乙烯

(3) 稠环芳烃 分子中含有两个或多个苯环彼此间通过共用两个碳原子连接而成的芳烃，统称为稠环芳烃。例如：

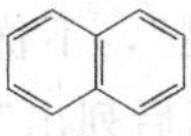

萘 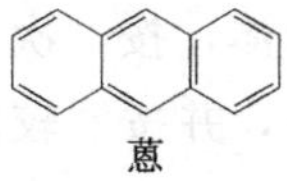　　蒽 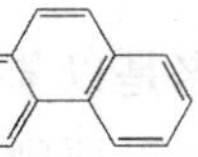　　菲

二、芳烃的命名

1. 苯的一元取代物系统命名法

(1) 取代基为简单烷基　该类芳烃取代基能够用所学烷基的习惯名称命名，命名时以苯环为母体，烷烃为取代基来命名（对于≤10个碳的烷基习惯上省略"基"字；对于≥10个碳的烷基，一般不省略"基"字），取代基的名称写在苯的前面。例如：

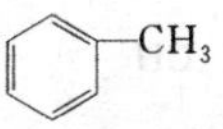

甲苯 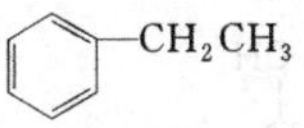　　乙苯 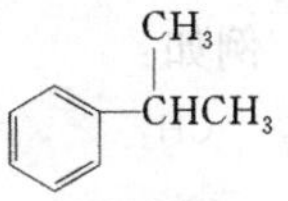　　异丙苯

(2) 取代基为不饱和烃基　命名时将苯作为取代基，不饱和烃为母体，按"次序规则"较优基团后列出，把取代基的位次、数量和名称写在主链名称的前面。例如：

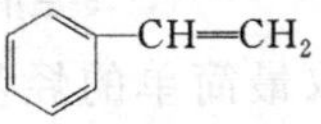

苯乙烯 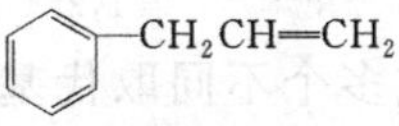　　3-苯基丙烯

(3) 若烃基较复杂或含一个以上的苯环　命名时可将烃作为母体，苯为取代基，按"次序规则"较优基团后列出，把取代基的位次、数量和名称写在主链名称的前面。例如：

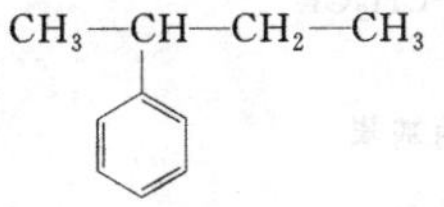

2-苯基丁烷 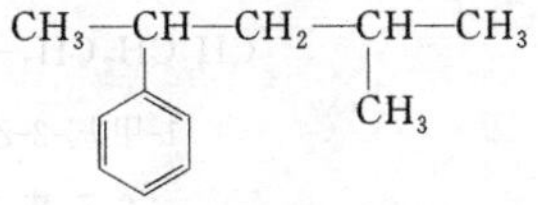　　2-甲基-4-苯基戊烷

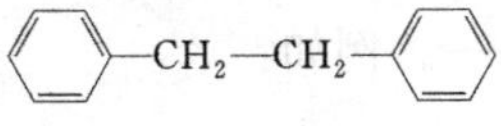

1,2-二苯乙烷 　　三苯甲烷

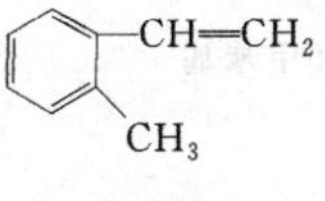

邻甲基苯乙烯 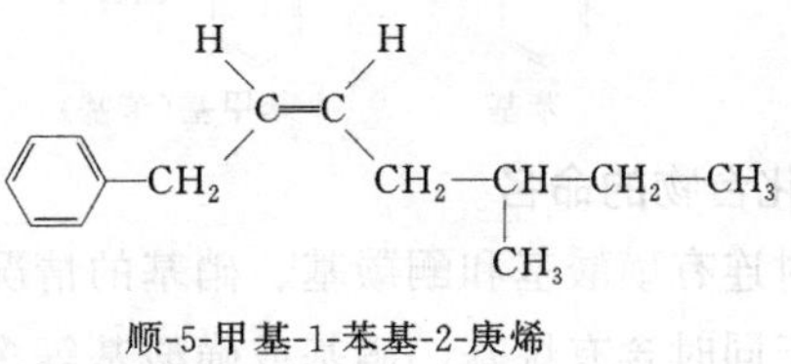　　顺-5-甲基-1-苯基-2-庚烯

2. 苯的多元取代物系统命名法

(1) 二元取代苯　由于取代基在苯环上的相对位置不同而有三个异构体，以邻、间、对

或用阿拉伯数字表明取代基的相对位次。例如：

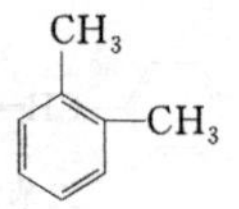

邻二甲苯　　　　　间二甲苯　　　　　对二甲苯
1,2-二甲苯　　　　1,3-二甲苯　　　　1,4-二甲苯

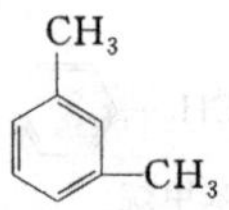

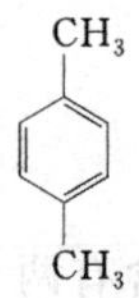

不同二元取代苯的命名是以苯为母体，按"次序规则"，不优先的基团所在碳原子位号为1位，然后按"最低系列"原则编号，并按"较优基团后列出"把取代基的位次、数量和名称写在苯的前面。例如：

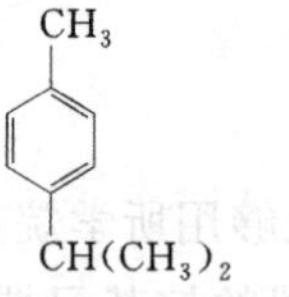

1-甲基-4-异丙苯 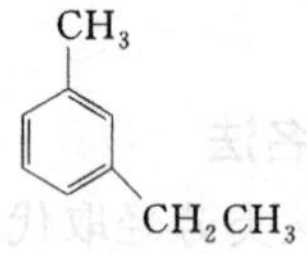　　　　1-甲基-3-乙苯

（2）三元相同取代苯　若苯环上有三个相同取代基时，以连、偏、均或用阿拉伯数字表明取代基的相对位次。例如：

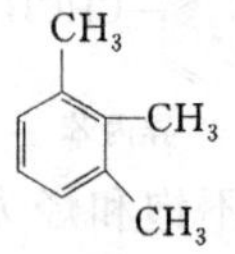

连三甲苯　　　　　偏三甲苯　　　　　均三甲苯
1,2,3-三甲苯　　　1,2,4-三甲苯　　　1,3,5-三甲苯

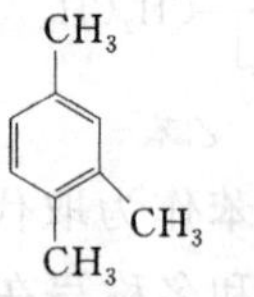

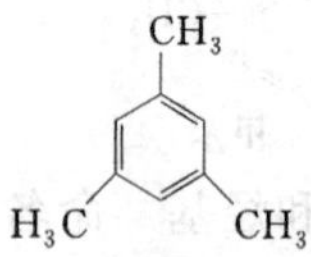

（3）苯环上连有三个或多个不同取代基　选取最简单的烃基为1位，然后按"最低系列"原则编号，并按"较优基团后列出"把取代基的位次、数量和名称写在苯的前面。

注：若有甲基，一般以甲苯为母体（包括二元取代苯）。如：

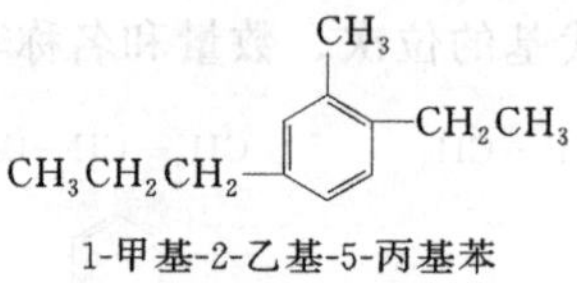

1-甲基-2-乙基-5-丙基苯
2-乙基-5-丙基甲苯

3. 芳基的命名

芳烃分子中芳环上失去一个氢原子后形成的基团统称为芳基，简写为 Ar—。苯失去一个氢原子后形成的基团称为苯基，简写为 Ph—。例如：

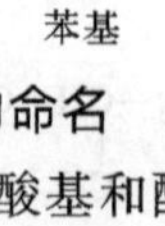

苯基 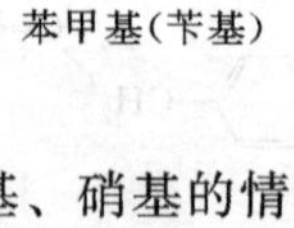　　　　苯甲基(苄基) 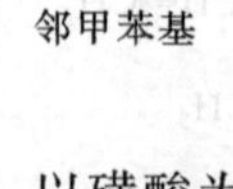　　　　邻甲苯基

4. 多官能团化合物的命名

苯环上若同时连有磺酸基和酮羰基、硝基的情况下，以磺酸为母体，酮羰基和硝基为取代基来命名。对于同时含有烷基、硝基或磺酸基等多个官能团的化合物，命名时究竟以哪个官能团做母体，哪个做取代基呢？通常按照表6-1所列举的常见官能团的优先次序来确定母体和取代基。处于最前面的官能团作为母体，后面的官能团作为取代基。

表 6-1　常见官能团的优先次序

类别	官能团名称	官能团结构	类别	官能团名称	官能团结构
羧酸	羧基	—COOH	酚	酚羟基	—OH
磺酸	磺基	—SO$_3$H	硫醇	巯基	—SH
酯	酯基	—COOR	胺	氨基	—NH$_2$
酰卤	酰卤基	—COX	炔烃	三键	—C≡C—
酰胺	酰氨基	—CONH$_2$	烯烃	双键	C=C
腈	氰基	—C≡N	醚	烷氧基	—O—R
醛	醛基	—CHO	烷	烷基	—R
酮	酮基	C=O	卤代烃	卤原子	—X
醇	羟基	—OH	硝基化合物	硝基	—NO$_2$

例如：

5-甲基-2-氯苯磺酸

练习

6-1　写出分子式为 C_9H_{12} 的芳香烃所有的异构体并命名。

6-2　命名下列化合物

(1)　(2)　(3)　(4)

第二节　苯的结构

苯的分子式为 C_6H_6，近代物理方法证明，其 6 个碳原子和 6 个氢原子都在同一个平面内，6 个碳原子构成平面正六边形，碳碳键长都是 0.140nm，比碳碳单键短，比碳碳双键长，所有键角都是 120°。

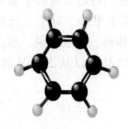
图 6-1　苯分子的形状

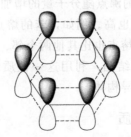
图 6-2　苯分子中的环状共轭 π 键

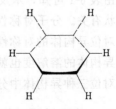
图 6-3　苯分子中的 π 电子云

从图 6-1 苯分子的形状可知，6 个碳原子都是以 sp^2 杂化轨道成键，互相以 sp^2 轨道形成 6 个 C—C σ键，以 sp^2 轨道分别与 6 个氢原子的 1s 轨道形成 6 个 C—H σ键，且所有的 σ键共平面。每个碳原子还有一个垂直于碳氢原子所在平面的 p_z 轨道，这 6 个 p_z 轨道互相平行，并且两侧同等程度的相互重叠，形成一个 6 个原子、6 个电子的环状共轭 π键（图 6-2）。由此，处于该 π 轨道中的 π 电子能够高度离域，使电子云密度完全平均化，从而能量降低，苯分子稳定。

综上所述，苯分子有 6 个等同的 C—C σ键、6 个等同的 C—H σ键和一个包括 6 个碳原子在内的环状共轭 π键。因此，苯分子中的 6 个碳碳键是完全等同的。从电子云观点来看，苯分子的 6 个碳原子 p_z 电子云互相重叠形成的环状共轭 π键，像两个"救生圈"分别处于苯环的上面和下面（图 6-3）。

苯的结构主要沿用凯库勒式（⬡），有时也采用正六边形中间加一个圆圈表示（⌬），圆圈代表苯分子中的环状共轭 π键。

第三节　苯及其同系物的物理、化学性质

一、苯及其同系物的物理性质

苯及其同系物一般为无色液体，相对密度小于 1，一般在 0.86~0.9。不溶于水，可溶于乙醚、四氯化碳、乙醇、石油醚等有机溶剂。甲苯、二甲苯等对某些涂料有较好的溶解性，可用作涂料的稀释剂。苯及其同系物有特殊气味，蒸气有毒，其中苯的毒性较大，使用时应注意。苯及其同系物的一些物理常数见表 6-2。

表 6-2　苯及其同系物的一些物理常数

名称	熔点/℃	沸点/℃	相对密度
苯	5.5	80.0	0.879
甲苯	−95.0	110.6	0.867
邻二甲苯	−25.2	144.4	0.880
间二甲苯	−47.9	139.1	0.864
对二甲苯	13.3	138.4	0.861
乙苯	−95.0	136.2	0.867
正丙苯	−99.5	159.2	0.862
异丙苯	−96.0	152.4	0.862

由表 6-1 可知，苯及其同系物的沸点随分子量的增加而升高。它们的熔点与分子量和分子形状有关。分子对称性高，熔点也高。例如，苯的熔点就大大高于甲苯。对于二元取代苯，对位异构体的对称性较高，其熔点也比其他两个邻、间位异构体高。一般来说，熔点越高，异构体的溶解度也就越小，易结晶，利用这一性质，通过重结晶可以从二甲苯的邻、间、对位三种异构体中分离出对位异构体。

二、苯及其同系物的化学性质

芳香烃具有"芳香性"，虽然大多数芳香烃有特殊的气味，但"芳香性"不是指"香气"，而是指芳环具有特殊的稳定性，不易发生氧化反应，也不易发生加成反应，却易发生

取代反应，这种特有的化学性质。

"芳香性"归根结底是由苯环的结构决定的。苯具有闭合的环状共轭 π 键，不存在一般的 C═C，因此苯没有烯烃的典型性质，不易加成和氧化；但由于苯环上 π 电子云暴露在苯环的上、下两方，因此易受到亲电试剂的进攻，使 C—H 键的 H 原子被取代——亲电取代，取代产物仍保持原有环状共轭 π 键。

（一）取代反应

1. 卤化

以铁或氯化铁为催化剂，苯环上的氢被卤原子取代，生成卤代苯。卤化中最重要的是氯化和溴化。

$$\text{C}_6\text{H}_6 + \text{Cl}_2 \xrightarrow{\text{Fe/FeCl}_3} \text{C}_6\text{H}_5\text{Cl} + \text{HCl}$$

氯苯继续氯化比苯困难，在比较强烈的条件下可以继续和氯或溴反应，产物主要是邻位和对位二氯苯或二氯溴。

$$\text{C}_6\text{H}_5\text{Cl} \xrightarrow[\text{Cl}_2]{\text{Fe/FeCl}_3} \text{邻-C}_6\text{H}_4\text{Cl}_2 + \text{对-C}_6\text{H}_4\text{Cl}_2$$

甲苯的氯化比苯容易，产物主要是邻氯甲苯和对氯甲苯。

$$\text{C}_6\text{H}_5\text{CH}_3 \xrightarrow[\text{Cl}_2]{\text{Fe/FeCl}_3} \text{邻-ClC}_6\text{H}_4\text{CH}_3 + \text{对-ClC}_6\text{H}_4\text{CH}_3$$

苯的溴化反应条件与氯化相似。在苯的氯化或溴化反应中，起催化作用的是氯化铁或溴化铁。当用铁做催化剂时，氯或溴先与铁反应生成氯化铁或溴化铁。以溴化为例，催化剂溴化铁的作用是极化溴分子，使其一端带有明显的正电荷（δ^+），以增强其亲电性，其以 δ^+ 的一端（亲电的一端）进攻苯环发生反应，反应机理如下：

$$\text{Br}_2 + \text{FeBr}_3 \longrightarrow \overset{\delta^+}{\text{Br}}\text{----}\overset{\delta^-}{\text{Br}}\text{----FeBr}_3$$

$$\text{C}_6\text{H}_6 + \overset{\delta^+}{\text{Br}}\text{----}\overset{\delta^-}{\text{Br}}\text{----FeBr}_3 \xrightarrow{\text{慢}} [\text{C}_6\text{H}_6\text{Br}]^+ \text{FeBr}_4^- \xrightarrow{\text{快}} \text{C}_6\text{H}_5\text{Br} + \text{HBr} + \text{FeBr}_3$$

苯环上的氯化和溴化是不可逆反应，氯化或溴化是制备芳香族氯化物或溴化物的一个重要方法。

2. 硝化

苯及其同系物与浓硫酸和浓硝酸的混合物（称为混酸）在一定温度下可发生硝化反应，苯环上的氢原子被硝基（—NO₂）取代，生成硝基化合物。例如，苯硝化生成硝基苯。

$$\text{C}_6\text{H}_6 + \text{HNO}_3 \xrightarrow[50\sim60\text{℃}]{\text{H}_2\text{SO}_4} \text{C}_6\text{H}_5\text{NO}_2 + \text{H}_2\text{O}$$

纯硝基苯是无色或淡黄色的液体，几乎不溶于水，与乙醇、乙醚、苯互溶。用途很广，如制备苯胺、偶氮苯、染料等。硝基苯继续硝化比较困难，生成的主要产物是间二硝基苯：

$$\underset{}{\text{C}_6\text{H}_5\text{NO}_2} \xrightarrow[\text{约 100℃}]{\text{HNO}_3(\text{发烟}),\text{H}_2\text{SO}_4} \text{间-二硝基苯} \quad (93\%) \quad + \quad \text{对-二硝基苯} + \text{邻-二硝基苯} \quad (7\%)$$

烷基苯比苯容易硝化，且主要生成邻位和对位二取代物。例如：

$$\text{C}_6\text{H}_5\text{CH}_3 \xrightarrow[30℃]{\text{HNO}_3,\text{H}_2\text{SO}_4} \text{邻硝基甲苯}(63\%) + \text{对硝基甲苯}(34\%) + \text{间硝基甲苯}(3\%)$$

硝化反应是不可逆反应。以浓硝酸-浓硫酸硝化芳烃时，真正的硝化剂是 NO_2^+，浓硫酸的作用是产生多的 NO_2^+，具体反应机理如下：

$$\text{HO—NO}_2 + \text{H}_2\text{SO}_4 \rightleftharpoons \overset{+}{\text{H}_2\text{O}}\text{—NO}_2 + \text{HSO}_4^-$$

$$\overset{+}{\text{H}_2\text{O}}\text{—NO}_2 \rightleftharpoons \text{H}_2\text{O} + \text{NO}_2^+$$

$$\text{H}_2\text{SO}_4 + \text{H}_2\text{O} \rightleftharpoons \text{H}_3\text{O}^+ + \text{HSO}_4^-$$

$$\overline{\text{HO—NO}_2 + 2\text{H}_2\text{SO}_4 \rightleftharpoons \text{NO}_2^+ + \text{H}_3\text{O}^+ + 2\text{HSO}_4^-}$$

$$\text{C}_6\text{H}_6 + \text{NO}_2^+ \xrightarrow{\text{慢}} [\sigma^+\text{络合物}] \xrightarrow{\text{快}} \text{C}_6\text{H}_5\text{NO}_2 + \text{H}^+$$

由上述反应过程可知，首先亲电试剂 NO_2^+（硝酰正离子）加到苯环上，生成活性中间体——σ^+ 络合物，这是慢的一步，也是起决定作用的一步；然后 σ^+ 络合物消去 H^+ 生成产物硝基苯，这是快的一步。苯环上的硝化是制备芳香族硝基化合物最重要的方法。

3. 磺化

苯及其同系物与浓硫酸发生磺化反应，在苯环上引入磺（酸）基（$-\text{SO}_3\text{H}$），生成芳磺酸。例如：

$$\text{C}_6\text{H}_6 + \text{H}_2\text{SO}_4 \xrightleftharpoons[70\sim 80℃]{} \text{C}_6\text{H}_5\text{SO}_3\text{H} + \text{H}_2\text{O}$$

如果用发烟硫酸（$\text{H}_2\text{SO}_4\text{-SO}_3$）并在较高温度下，苯磺酸能继续发生磺化反应，生成的产物主要是间苯二磺酸。

$$\text{C}_6\text{H}_5\text{SO}_3\text{H} \xrightarrow[200\sim 230℃]{\text{H}_2\text{SO}_4\text{-SO}_3} \text{间苯二磺酸}(72\%) + \text{对苯二磺酸} + \text{邻苯二磺酸} (28\%)$$

甲苯比苯容易磺化，主要生成邻、对位的产物。

$$\text{C}_6\text{H}_5\text{CH}_3 \xrightarrow[100℃]{\text{H}_2\text{SO}_4} \text{邻甲苯磺酸}(13\%) + \text{对甲苯磺酸}(79\%) + \text{间甲苯磺酸}(8\%)$$

以浓硫酸（H_2SO_4）或发烟硫酸（H_2SO_4-SO_3）进行磺化时，一般认为真正的磺化剂是 SO_3 或其共轭酸 SO_3H^+。与卤化和硝化不同，磺化反应是可逆反应。磺化的逆反应称为脱磺基反应或水解反应。利用磺化反应的可逆性，在有机合成中，可把磺基作为临时占位基团，以得到所需的产物。例如，由甲苯制取邻氯甲苯时，若用甲苯直接氯化，得到的是邻氯甲苯和对氯甲苯的混合物，分离困难。如果先用磺基占据甲基的对位，再进行氯化，就可以避免对位氯化物的生成。产物经水解后得到高产率的邻氯甲苯。

$$\text{甲苯} \xrightarrow{H_2SO_4} \text{对甲苯磺酸} \xrightarrow{Fe, Cl_2} \text{3-氯-4-甲基苯磺酸} \xrightarrow[\text{约 150℃}]{H^+, H_2O} \text{邻氯甲苯}$$

4. 傅列德尔-克拉夫茨反应

1877 年，法国化学家傅列德尔（C. Friedel）和美国化学家克拉夫茨（M. Crafts）发现了制备烷基苯和芳香酮的反应，称为傅列德尔-克拉夫茨反应，简称傅氏反应。制备烷基苯的反应称为傅氏烷基化反应，制备芳香酮的反应称为傅氏酰基化反应。

（1）傅氏烷基化反应　在路易斯酸无水氯化铝的催化下，芳烃与卤代烷发生反应，苯环上的氢原子被烷基所取代。例如：

$$\text{苯} + CH_3CH_2Cl \xrightarrow{AlCl_3} \text{乙苯} + HCl$$

在卤代烷 R—X 分子中，与卤原子相连接的碳原子带有部分正电荷，具有亲电性，但其亲电性又不够大，一般难以与苯环发生亲电反应，因此，苯环上的亲电取代反应需要有路易斯酸络合 R—X 分子中的 X 原子，以增强与卤原子相连接的碳原子的正电荷——亲电性，使之能与苯环发生亲电反应。除氯化铝外，常用的催化剂有 $FeCl_3$、$ZnCl_2$、BF_3、H_3PO_4、H_2SO_4 等。

常用的烷基化试剂除卤代烷外，还有烯烃和醇。

$$\text{苯} + CH_3CH_2OH \xrightarrow{H_2SO_4} \text{乙苯} + H_2O$$

应当指出的是，引入的烷基含有三个或者三个以上的碳原子时，产物常常发生重排。例如：

$$\text{苯} + CH_3CH_2CH_2Cl \xrightarrow{AlCl_3} \text{异丙苯 (65\%)} + \text{正丙苯 (35\%)}$$

$$\text{苯} + CH_3CHCH_2Cl \ (CH_3) \xrightarrow{H_2SO_4} \text{叔丁苯（唯一产物）}$$

$$\text{苯} + CH_3CH=CH_2 \xrightarrow{AlCl_3} \text{异丙苯} + H_2O$$

这是由于反应中产生的伯碳正离子不够稳定,易重排成较稳定的仲或叔碳正离子,再发生亲电取代反应。例如:

$$CH_3CHCH_2Cl \xrightarrow{AlCl_3} CH_3\overset{+}{C}HCH_2 \xrightarrow{重排} CH_3\overset{+}{C}CH_3$$
$$\quad\quad |\quad\quad\quad\quad\quad\quad\quad |\quad\quad\quad\quad\quad\quad |$$
$$\quad\quad CH_3\quad\quad\quad\quad\quad\quad CH_3\quad\quad\quad\quad\quad CH_3$$

由此可知,烷基化试剂含有三个或者三个以上的碳原子时,傅氏烷基化反应的主产物是与苯环成键的 α-C 上含有氢原子最少的构造。

生成的烷基苯比苯环活泼,因此烷基化反应不易停留在一元取代阶段,反应中常有多烷基苯生成。为了减少多取代物,常采用过量的苯,以减少多烷基苯的生成。

(2) 傅氏酰基化反应　无水氯化铝催化下,芳烃与酰卤或酸酐反应,苯环上的氢原子被酰基所取代,生成的混合物称为芳酮。例如:

$$C_6H_6 + H_3C-\overset{O}{\underset{\|}{C}}-Cl \xrightarrow{AlCl_3} C_6H_5-\overset{O}{\underset{\|}{C}}-CH_3 + HCl$$

$$C_6H_6 + H_3C-\overset{O}{\underset{\|}{C}}-O-\overset{O}{\underset{\|}{C}}-CH_3 \xrightarrow{AlCl_3} C_6H_5-\overset{O}{\underset{\|}{C}}-CH_3 + CH_3COOH$$

酰基化时羰基碳正离子比较稳定,引入的酰基不发生重排。生成的芳酮中的羰基为吸电子基团,使苯环活性降低,一般不发生多酰基化。这也是烷基化反应与酰基化反应的不同之处。

要获得长侧链的烷基苯,可以通过酰基化合成芳酮,再通过克莱门森还原(详细见醛酮)将羰基还原成亚甲基的办法来实现。这也是烷基化反应的一个途径。例如:

$$C_6H_6 + CH_3CH_2\overset{O}{\underset{\|}{C}}-Cl \xrightarrow{AlCl_3} C_6H_5-\overset{O}{\underset{\|}{C}}-CH_2CH_3 \xrightarrow[HCl]{Zn-Hg} C_6H_5-CH_2CH_2CH_3$$
$$\quad\quad\quad\quad\quad\quad 丙酰氯 \quad\quad\quad\quad\quad\quad 苯丙酮$$

卤原子直接与 C═C 或苯环相连的卤代烃,如氯乙烯、氯苯等由于活性较小,不能作为烷基化试剂。苯环上如有硝基、磺基等吸电子基时,则不能或很难发生傅氏反应。例如:

$$C_6H_5-NO_2 + CH_3CH_2Cl \xrightarrow{AlCl_3} 不反应$$

练习

6-3　完成下列反应式

(1) $C_6H_6 + CH_3-CH=CH_2 \xrightarrow{AlCl_3}$
$\quad\quad\quad\quad\quad\quad\quad\quad |$
$\quad\quad\quad\quad\quad\quad\quad\quad CH_3$

(2) $C_6H_6 + C_6H_5-CH_2Cl \xrightarrow{AlCl_3}$

(3) $C_6H_6 + C_6H_5-\overset{O}{\underset{\|}{C}}-Cl \xrightarrow{AlCl_3}$

(4) $C_6H_5-SO_3H + CH_3CH_2Cl \xrightarrow{AlCl_3}$

(二) 加成反应

苯环虽然稳定,但在一定条件下可以发生加成反应。例如,与氢和氯加成。

$$\text{C}_6\text{H}_6 + 3\text{H}_2 \xrightarrow[\text{高温高压}]{\text{兰尼 Ni}} \text{C}_6\text{H}_{12}$$

$$\text{C}_6\text{H}_6 + 3\text{Cl}_2 \xrightarrow[50\,^\circ\text{C}]{\text{日光或紫外光}} \text{C}_6\text{H}_6\text{Cl}_6$$

（三）氧化反应

苯环很稳定不易被氧化，但在催化剂存在、高温时苯环氧化开环，生成顺丁烯二酸酐。这也是顺丁烯二酸酐的工业制法。

$$2\,\text{C}_6\text{H}_6 + 9\text{O}_2 \xrightarrow[400\sim500\,^\circ\text{C}]{\text{V}_2\text{O}_5} 3\,\text{(顺丁烯二酸酐)}$$

（四）芳环侧链上的反应

1. 卤化

芳烃侧链上的卤化与烷烃的卤化一样，是自由基反应。在加热或日光照射下，反应主要发生在与苯环相连的 α-C 上。例如：

$$\text{C}_6\text{H}_5\text{CH}_3 + \text{Cl}_2 \xrightarrow[\text{或}\triangle]{h\nu} \text{C}_6\text{H}_5\text{CH}_2\text{Cl} + \text{HCl}$$

同样，甲苯与溴也可以发生侧链溴化。如果是乙苯、丙苯等长链烷基苯在光照下进行卤化，取代的也是与苯环相连的 α-碳上的氢原子，与烯烃的高温氯代反应相似（这是由于烷基苯的 α-H 受苯环的影响，比较活泼）。综上所述，芳烃与卤素的取代反应，卤素取代苯环上的氢原子还是取代芳烃侧链 α-碳上的氢原子，关键要看反应条件。加热或光照下 α-碳上的氢原子被取代，Fe 或 FeCl_3 作催化剂苯环上的氢原子被卤原子所取代。

2. 氧化

苯环侧链上有 α-H 时，苯环的侧链较易被高锰酸钾、重铬酸钾等强氧化剂氧化，不论碳链长短均被氧化成羧基。例如：

$$\begin{array}{c}\text{C}_6\text{H}_5-\text{CH}_3 \\ \text{C}_6\text{H}_5-\text{CH}_2\text{CH}_3 \\ \text{C}_6\text{H}_5-\text{CH(CH}_3)_2 \end{array} \xrightarrow[\text{H}^+]{\text{KMnO}_4} \text{C}_6\text{H}_5\text{COOH}$$

当苯环上有两个或多个烷基时，有 α-H 的侧链都被氧化成羧基。例如：

$$\text{对-CH}_3\text{-C}_6\text{H}_4\text{-CH}_3 \xrightarrow[\text{H}^+]{\text{KMnO}_4} \text{对-HOOC-C}_6\text{H}_4\text{-COOH}$$

若无 α-H，如叔丁苯，一般不能被氧化。

$$\text{(CH}_3)_3\text{C-C}_6\text{H}_5 \xrightarrow[\text{H}^+]{\text{KMnO}_4} X$$

第四节　苯环上亲电取代反应的规律

苯环进行亲电取代反应时，如果苯环上已有一个取代基，再引入取代基则进入取代基的邻、间、对位，生成 3 种同分异构体。由于间位和邻位各有两个，对位有一个，假设原有取代基对苯环上 α-H 无影响，那么邻位产物和间位产物应各 40%，对位异构体 20%。事实上，例如，甲苯硝化时，硝基主要进入甲基的邻位和对位，且反应比苯容易；硝基苯硝化时，硝基主要进入原有硝基的间位，且反应比苯困难。

$$\text{C}_6\text{H}_5\text{CH}_3 \xrightarrow[30℃]{\text{HNO}_3,\text{H}_2\text{SO}_4} \text{邻-NO}_2\text{-C}_6\text{H}_4\text{CH}_3 + \text{对-NO}_2\text{-C}_6\text{H}_4\text{CH}_3 + \text{间-NO}_2\text{-C}_6\text{H}_4\text{CH}_3$$

(63%)　　(34%)　　(3%)

由此可见，原有取代基不仅对新引入基团进入苯环的位置有决定作用，而且还影响着苯环的活性。取代基的这种作用称为定位效应。原有取代基称为定位基。

一、两类取代基——邻、对位取代基和间位取代基

实验证实，苯环上的取代基的定位效应分为两类（表 6-3）。

表 6-3　苯环亲电取代反应中的两类取代基

邻、对位定位基	间位定位基
强烈活化	强烈钝化
—O$^-$，—NR$_2$，—NHR，—NH$_2$，—OH	—$\overset{+}{\text{N}}$R$_3$，—NO$_2$，—CF$_3$，—CCl$_3$
中等活化	中等钝化
—OR，—NHCOR，—OCOCH$_3$	—CN，—SO$_3$H，—COOH，—CHO，—COR，—CONH$_2$，—COOCH$_3$，—$\overset{+}{\text{N}}$H$_3$
较弱活化	
—R，—Ph	
较弱钝化	
—F，—Cl，—Br，—I，—CH$_2$Cl	

1. 第一类定位基——邻、对位定位基

苯环上原有取代基使新引入的取代基主要进入邻位和对位（邻位和对位取代物之和 > 60%），称为邻、对位定位基，亦称第一类定位基。在邻、对位定位基中，除卤原子、氯甲基外，一般都是活化苯环，这些活化苯环的基团亦称为活化基团。这类定位基与苯环直接相连的原子上，一般只带有单键或负电荷。

2. 第二类定位基——间位定位基

苯环上原有取代基使新引入的取代基主要进入其间位（间位取代物 > 40%），称为间位

定位基，亦称第二类定位基。间位定位基都钝化苯环，因此这些基团亦称为钝化基团。这类定位基与苯环直接相连的原子上，一般有重键或正电荷。

定位基的定位效应，与苯相比的活性以及影响亲电取代的其他因素（如立体效应）等，总称为定位规律。

二、取代基的立体效应

苯环上有邻、对位定位基时，生成的邻位和对位异构体的比例与原有取代基和进入基团的体积有关系。这两种基团的体积越大，空间位阻越大，邻位产物越少（表6-4、表6-5）。这种影响称为取代基的立体效应或空间效应。

表 6-4　一些烷基苯一元硝化时异构体的分布

化合物	环上原有取代基	异构体分布/%		
		邻位	对位	间位
甲苯	—CH_3	63.0	3.0	34.0
乙苯	—CH_2CH_3	45.0	48.5	6.5
异丙苯	—$CH(CH_3)_2$	30.0	62.3	7.7
叔丁苯	—$C(CH_3)_3$	15.8	72.7	11.5

表 6-5　氯苯氯化、溴化和磺化时异构体的分布

进入基团	异构体分布/%		
	邻位	对位	间位
—Cl	39	55	6
—Br	11	87	2
—SO_3H	1	99	0

由此可见，苯环上原有取代基和进入基团的体积都很大时，产物中邻位异构体的量极少。叔丁苯、溴苯进行磺化时，几乎生成100%的对位产物。

苯环上已有一个取代基，第二个取代基进入苯环的活性和位置，温度、催化剂等因素会对其产生一定的影响，但主要取决于苯环上已有的取代基的定位效应和立体效应。

三、二元取代苯的定位规律

苯环上有两个取代基时，第三个取代基进入苯环的位置由原有的两个取代基决定。

(1) 两个取代基属于同一类定位基，第三个取代基进入的位置由强定位基决定。例如：

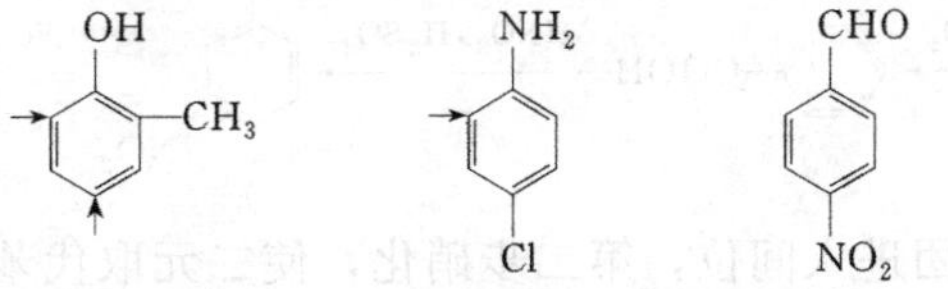

邻甲基苯酚　　对氯苯酚　　对硝基苯甲醛

(2) 两个取代基不是同一类定位基，则第三个取代基进入的位置由邻、对位定位基决定。例如：

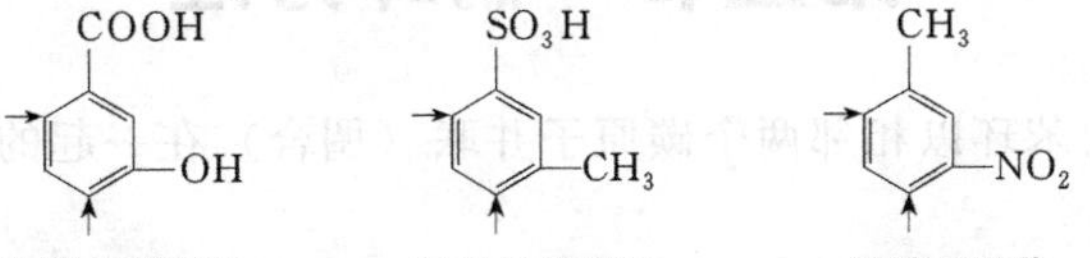

间羟基苯甲酸　　间甲基苯磺酸　　间硝基甲苯

练习

6-4 下列化合物一元硝化，主要生成哪些产物（写出主要产物的构造式，不必写出反应式）？

(1) 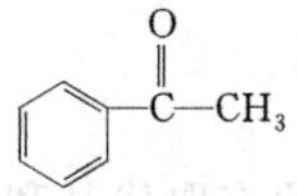 苯乙酮 C₆H₅COCH₃

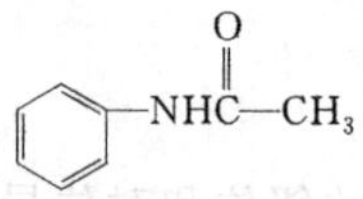

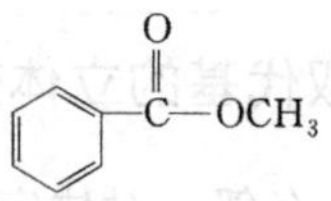

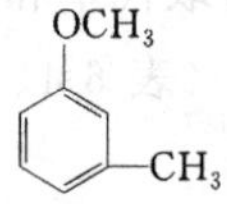

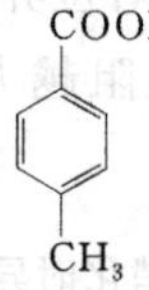

(2) 乙酰苯胺 C₆H₅NHCOCH₃

(3) 苯甲酸甲酯 C₆H₅COOCH₃

(4) 3-甲基苯甲醚（间甲基苯甲醚）

(5) 对甲基苯甲酸

(6) 邻甲基苯胺

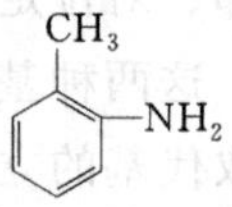

四、定位规律的应用

苯环上亲电取代反应的定位规律不仅可以解释苯及其衍生物的某些化学性质和现象，更重要的是可以通过它来指导多官能团取代苯的合成，包括选择正确的合成路线并预测反应产物。

【例 6-1】 由苯合成间硝基氯苯

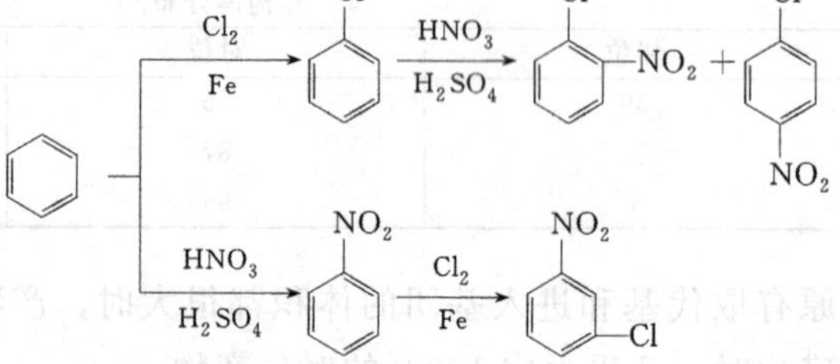

先硝化后氯化？还是先氯化后硝化？如果先氯化则得到氯苯，氯原子是邻、对位定位基，氯苯硝化得到主产物是邻硝基氯苯和对硝基氯苯，而不是间硝基氯苯；如果先进行硝化反应，得到硝基苯，硝基是间位定位基，再经氯化生成的主产物为间硝基氯苯。因此，该生产正确的合成路线应为先硝化后氯化。

【例 6-2】 由甲苯合成 3-硝基-5-溴苯甲酸

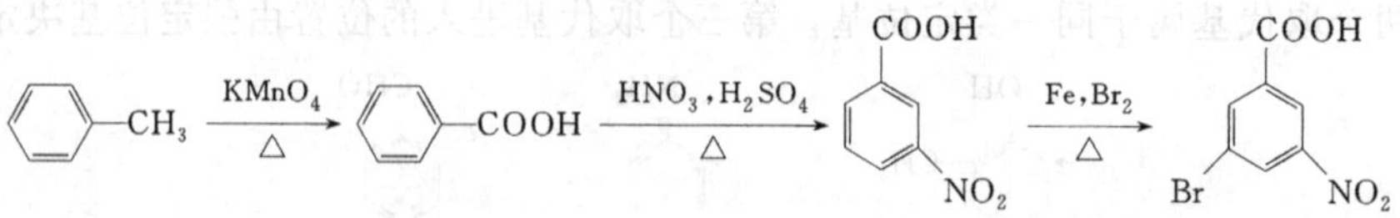

先氧化可以使两个基团进入间位，第二步硝化，使二元取代苯定位效应一致，第三个基团进入指定位置。

第五节 稠环芳烃

两个或两个以上的苯环以相邻两个碳原子并联（稠合）在一起的称为稠环芳烃。许多稠环芳烃有致癌作用。

一、萘

萘（$C_{10}H_8$）是由两个苯环共用两个邻位碳原子的稠环化合物，是最简单的稠环芳烃，也是重要的稠环芳烃之一。

萘的构造式为 ，其 10 个碳原子和 8 个氢原子均处于同一平面内。碳原子都是 sp^2 杂化，每个碳原子都有垂直于萘环平面的 p 轨道，其中都有一个 p 电子。萘环上的 10 个 p 轨道以"肩并肩"的形式相互重叠，形成两个封闭的环状共轭 π 键。萘分子中的共轭 π 键也分布在萘平面的上、下两方，如图 6-4 所示。

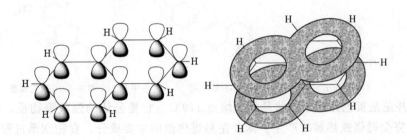

图 6-4 萘分子中的共轭 π 键及电子云

测定表明，萘分子中的碳碳键键长并不是完全等同的。萘环碳原子的编号如下：

其中的 1，4，5，8 位是等同的，称为 α 位；2，3，6，7 位也是等同的，称为 β 位。

萘是无色片状晶体，熔点 80℃，沸点 218℃，易升华。萘有特殊的气味，溶于乙醇、乙醚及苯中。萘是有机化工基础原料，它的很多衍生物是合成染料、农药和医药的重要中间体。

二、其他稠环芳烃

1. 蒽

蒽（$C_{14}H_{10}$）是由三个苯环稠合成的直线形稠环化合物。蒽环的编号如下：

蒽分子中的碳原子不完全等同。蒽环上的碳原子可分成 α，β，γ 三组，其中 1，4，5，8 位是 α 位；2，3，6，7 位是 β 位；9，10 位是 γ 位。

蒽是无色片状晶体，有弱的蓝色荧光。不溶于水，难溶于乙醇和乙醚，易溶于热苯。熔点 217℃，沸点 354℃。蒽可从煤焦油中提取，主要用于合成蒽醌。蒽醌的许多衍生物是染料中间体，用于制备蒽醌染料。

2. 菲

菲（$C_{14}H_{10}$）也是由三个苯环稠合成的稠环芳烃，但不是直线形的。菲与蒽是异构体，菲环的编号如下：

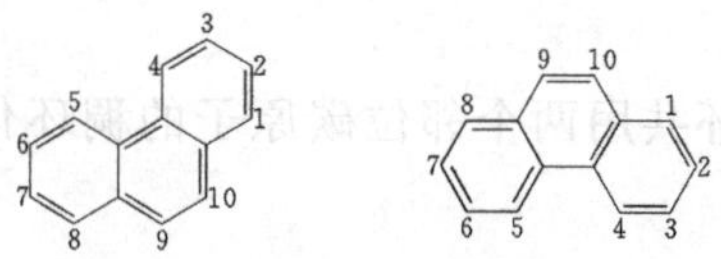

菲是有光泽的无色片状晶体，熔点101℃，沸点340℃，不溶于水，易溶于苯，溶液有蓝色荧光。菲也可以从煤焦油中提取。目前，菲还没有找到突破性的用途。

3. 致癌稠环芳烃

某些稠环芳烃有致癌作用。下面三种是典型的致癌稠环芳烃。

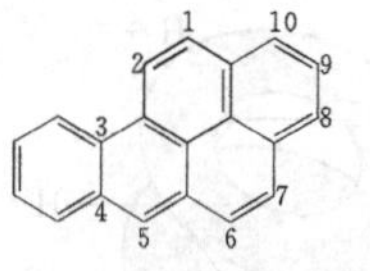

3,4-苯并芘 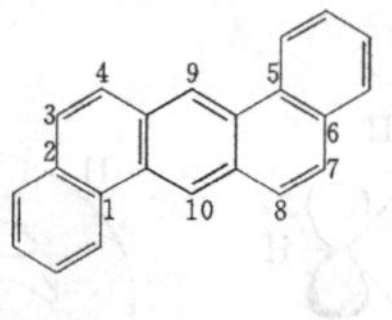　　　1,2,5,6-苯并芘 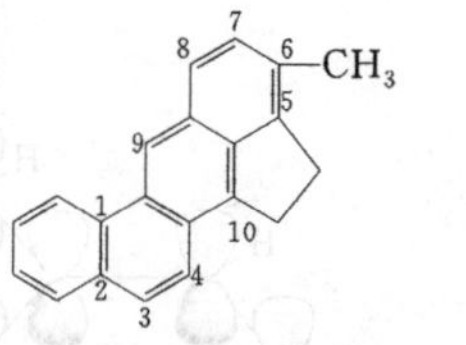　　　6-甲基-1,2-苯并-5,10-亚乙基蒽

3,4-苯并芘是黄色针状或片状晶体，熔点179℃。它是公认的强致癌物质，在一定含碳化合物中不完全燃烧或热解时产生。苯并芘是煤焦油的主要成分，食物烟熏过程中会遭受污染，1kg烟熏羊肉中的苯并芘约为250支卷烟。

第六节　芳烃的来源

芳烃是重要的有机化工原料，其中最重要的是苯、甲苯、二甲苯和萘，它们是有机化工的主要原料。芳烃主要来自石油加工和煤加工。随着石油化工的发展，目前以石油为主要来源。

一、从煤焦油中提取芳烃

煤在炼焦炉中隔绝空气加热到1000~1300℃，使煤分解为焦炉气、煤焦油和焦炭的过程，称为煤的干馏。将焦炉气经重油吸收后进行蒸馏，得到苯、甲苯、二甲苯等。煤焦油是黑色黏稠状的油状物，其中含有许多芳烃，如苯、甲苯、二甲苯、异丙苯、联苯等。

二、石油芳构化

以铂为催化剂，约500℃，约3MPa，处理石油的C_6~C_8馏分（主要是C_6~C_8烷烃，也可能含有C_6~C_8环烷烃），C_6~C_8馏分中的各组分发生一系列的反应，最后生成C_6~C_8芳烃——苯、甲苯、乙苯和邻二甲苯、间二甲苯、对二甲苯。这个过程在石油工业上叫做石油的铂重整。这个反应叫做芳构化。

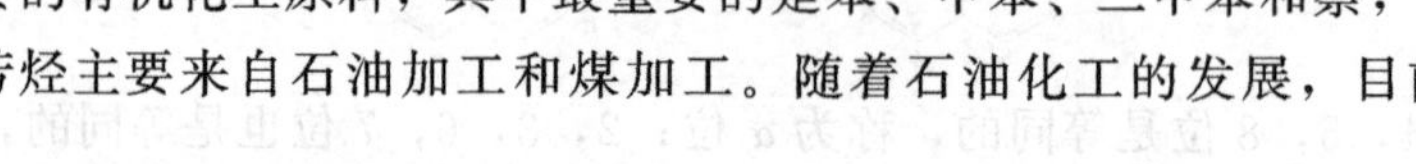

石油C_6~C_8馏分 $\xrightarrow{芳构化}$ 苯 + 甲苯 + 乙苯 + 二甲苯 + H_2

三、从石油裂解副产物中提取芳烃

乙烯、丙烯、丁二烯是石油化工最重要的原料，通常用馏分的热裂解来制备。在热裂解

的同时，能产生 $C_5 \sim C_9$ 的馏分，该馏分称为裂解汽油。例如，石脑油裂解可以得到约 20% 的裂解汽油。裂解汽油中含有芳烃，其中苯、甲苯、二甲苯的含量为 40%～80%，是芳烃的重要来源。

石油化工越发展，乙烯的产量越高，副产物裂解汽油的量也越多。有些石油化学工业发达的国家，大约一半的芳烃来源于裂解汽油。

拓展窗

化学新型绿色催化剂——分子筛催化剂

分子筛，是具有均一微孔结构而能将不同大小分子分离或选择性反应的固体吸附剂或催化剂。是一种结晶型的硅铝酸盐，有天然和合成两种，其组成 SiO_2 与 Al_2O_3 之比不同，商品有不同的型号。分子筛中含有大量的结晶水，加热时可汽化除去，故又称沸石。自然界存在的常称沸石，人工合成的称为分子筛。

分子筛催化剂，又称沸石分子筛催化剂，系指以分子筛为催化剂活性组分或主要活性组分之一的催化剂。分子筛具有离子交换性能、均一的分子大小的孔道、酸催化活性，并有良好的热稳定性和水热稳定性，可制成对许多反应有高活性、高选择性的催化剂。

1. 分子筛催化剂的崛起

20 世纪 50 年代中期，美国联合碳化物公司首先生产出分子筛，它们是具有均一孔径的结晶型硅铝酸盐，其孔径为分子尺寸数量级，可以筛分分子。1960 年用离子交换法制得的分子筛，增强了结构稳定性。1962 年石油裂化用的小球分子筛催化剂在移动床中投入使用，1964 年 XZ-15 微球分子筛在流化床中使用，将石油炼制工业提高到一个新的水平。自分子筛出现后，1964 年联合石油公司与埃索标准油公司推出载金属分子筛裂化催化剂。利用分子筛的形状选择性，继 20 世纪 60 年代在炼油工业中取得的成就，70 年代以后在化学工业中开发了许多以分子筛催化剂为基础的重要催化过程。近 20 年来分子筛在工业上得到了广泛应用，尤其在炼油工业和石油化工中作为工业催化剂占有重要地位。

2. 分子筛的特点

分子筛吸湿能力极强，用于气体的纯化处理，保存时应避免直接暴露在空气中。存放时间较长并已经吸湿的分子筛使用前应进行再生。分子筛忌油和液态水。使用时应尽量避免与油及液态水接触。

分子筛又称泡沸石或沸石，是一种结晶型的铝硅酸盐，其晶体结构中有规整而均匀的孔道，孔径为分子大小的数量级，它只允许直径比孔径小的分子进入，因此能将混合物中的分子按大小加以筛分。分子筛在化学工业中作为固体吸附剂，被其吸附的物质可以解吸，分子筛用后可以再生。还用于气体和液体的干燥、纯化、分离和回收。现在已开发多种适用于不同催化过程的分子筛催化剂。

而分子筛催化剂引起化学工作者的研究热情的原因之一，在于和老式催化剂（如 $AlCl_3$ 催化剂）相比，分子筛催化剂本身无毒、无害，反应产物容易分离，选择性好，催化活性高,而且大大提高生产效率,降低设备投资成本,降低原材料消耗,从而提高产量和质量,而且废催化剂对环境是友好的,不会产生污染。

3. 异丙苯生产的 $AlCl_3$ 催化工艺与分子筛催化工艺的"三废"排放情况举例。

两种不同催化剂催化生产异丙苯,"三废"排放情况对比见表 6-6。

表 6-6 氯化铝和分子筛催化工艺生产异丙苯"三废"排放对比

"三废"排放量和产量	$AlCl_3$ 工艺	分子筛工艺
异丙苯产量/(10^4 t/a)	6.7	8.5
污水量/(t/h)	9.6	0
稀盐酸/(kg/h)	9.0	0
废气/(kg/h)	211	4
废渣/(kg/h)	126[$Al(OH)_3$]	4.6(废催化剂)

4. 分子筛的结构特征

分子筛的结构特征可以分为四个方面、三种不同的结构层次。第一个结构层次也就是最基本的结构单元硅氧四面体(SiO_4)和铝氧四面体(AlO_4),它们构成分子筛的骨架。相邻的四面体由氧桥连接成环。环是分子筛结构的第二个层次,按成环的氧原子数划分,有四元氧环、五元氧环、六元氧环、八元氧环、十元氧环和十二元氧环等。环是分子筛的通道孔口,对通过分子起着筛分作用。氧环通过氧桥相互连接,形成具有三维空间的多面体。各种各样的多面体是分子筛结构的第三个层次。多面体有中空的笼,笼是分子筛结构的重要特征。笼分为 α 笼、八面沸石笼、β 笼和 γ 笼等。不同结构的笼再通过氧桥互相连接形成各种不同结构的分子筛,主要有 A 型、X4 型和 Y 型。

分子筛催化剂,尤其是复合分子筛催化剂的研究历程来看,它是一种 20 世纪兴起的前沿新型催化剂。除了具有热稳定性好、高选择性、高活性等特点,分子筛催化剂的品牌是它的"绿色化"。在当今科研水平日臻成熟的条件下,分子筛催化剂终究会取代老式催化剂,引领"绿色化学"理念,在催化方向,开拓一片新天地。

技能项目六
环己烯、液体石蜡和甲苯的鉴别

背景:

学校有机化学实训室做熔点的测定用液体石蜡做热浴,由于气候潮湿及标签粘贴不牢,实训室老师在准备该实验时发现液体石蜡放置区储物架上试剂标签模糊,有的甚至脱落。确定该货架上放置的有环己烯、液体石蜡和甲苯。现在需要把标签模糊的试剂、缺失标签的试剂进行鉴别后重新标注以备用。

一、工作任务

任务（一）：请根据所学知识设计实验方案让样品与标签准确配对。

任务（二）：掌握各种烃化学性质的差异与不同，进一步巩固烃的化学性质。

任务（三）：根据实验规范进行物料量取、实验操作，并根据实验结果贴好标签。

任务（四）：按要求书写实训报告，培养实事求是、严谨科学的实验作风。

任务（五）：仪器清洗及实验室整理，树立安全、环保、节约的职业素养。

二、主要工作原理

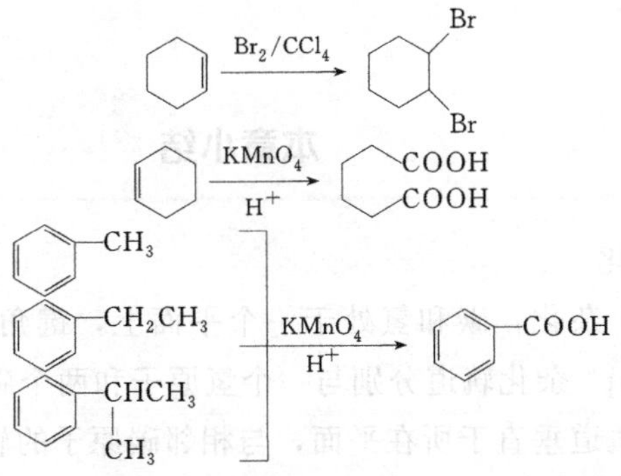

烯烃作为烃的重要组成部分，双键是烯烃的官能团，由于双键的活泼性烯烃不仅可以发生加成反应，还可以被氧化剂所氧化。烯烃与溴的四氯化碳溶液发生加成反应后溴的红棕色褪去，与酸性高锰酸钾发生氧化反应后高锰酸钾的紫红色消失，同时有二氧化锰沉淀生成；烷烃化学性质较稳定，不能够发生加成反应，也不与一般的氧化剂发生氧化反应；芳烃具有芳香性，易取代，难加成，难氧化，但有 α-H 的烷基苯可以在高锰酸钾等强氧化剂作用下，被氧化成苯甲酸，同时，高锰酸钾的紫红色消失，并有沉淀生成。利用反应过程中不同的现象，区分环己烯、液体石蜡和甲苯。

三、所需仪器、试剂

(1) 仪器：试管 6 支、量筒（10mL）1 支、试管夹、滴管、电热套、烧杯。

(2) 试剂：溴的四氯化碳溶液、高锰酸钾、硫酸、四氯化碳。

四、工作过程

(1) 根据工作任务（一）进行实验方案设计，小组讨论进行方案修订及可行性论证；

(2) 根据实验方案列出仪器、药品清单并准备所需仪器、药品；

(3) 根据实验过程中的实验现象鉴别出环己烯、液体石蜡、甲苯，并贴好标签。

五、问题讨论

(1) 具体到自己的实验方案，是否可用高锰酸钾水溶液代替酸性高锰酸钾溶液进行反应来做鉴别？

(2) 具体到自己的实验方案，如果有溴水的话，是否可以用溴水溶液代替溴的四氯化碳溶液来做鉴别？

六、方案参考

(1) 环己烯、液体石蜡、甲苯的鉴别　取 3 支干燥试管（编号），各放入 1mL 四氯化碳溶液，然后分别加入 2~3 滴 1$^\#$ 溶液、2$^\#$ 溶液、3$^\#$ 溶液（失去标签的环己烯、液体石蜡、甲苯），混合均匀。然后在 3 支试管中分别加入 2% 的溴的四氯化碳溶液，边加边振荡各试管，观察褪色情况，液溴棕红色消失或者褪去的是环己烯，无现象的是液体石蜡和甲苯；再另取 2 支试管，各放入 1mL 2% 的高锰酸钾溶液，各分别滴加 5 滴浓硫酸，边滴加边振荡，然后分别加入失去标签的液体石蜡和甲苯（编号第一步已有），振荡，观察现象，高锰酸钾紫红色褪去或有沉淀生成的是甲苯，另一个无明显变化的则是液体石蜡[1]。

(2) 2%高锰酸钾溶液的配制　称取 2g 高锰酸钾溶解于 98mL 蒸馏水中。

七、注释

[1] 失去标签的试剂和所用的试管均要编号并贴于试剂瓶和试管上，实验时要同时记录试剂编号和对应的试管编号，以防弄错。

本章小结

1. 苯环上的碳原子杂化

苯环上的碳原子是 sp^2 杂化，碳和氢处于一个平面上，键角为 120°，形成一个正六边形。每个碳原子都以三个 sp^2 杂化轨道分别与一个氢原子和两个碳原子形成三个 σ 键。每个碳原子中未参与杂化的 p 轨道垂直于所在平面，与相邻碳原子的轨道相互平行侧面重叠，形成一个封闭的环状共轭体系。

2. 芳烃的命名

当苯环上连有简单烷基时，以苯为母体；若烃基为不饱和基，则将苯作为取代基，不饱和烃为母体；若芳基较复杂或含一个以上的苯环也将烃为母体。苯环上连有不同的取代基时，将最不优先的取代基编号为 1 号，并以取代基位次的数字之和最小为原则来命名。对含有三个及以上取代基时，若有甲基，则以甲苯为母体来命名。

3. 芳烃有烷基的碳链异构及烷基在苯环上的位置异构

如苯的二元取代物有邻、间、对位的不同；苯的三元取代物有连、偏、均的不同；萘有 α、β 位的不同。

4. 芳烃的亲电取代反应

包括卤化、硝化、磺化、傅氏烷基化和傅氏酰基化五大取代反应以及侧链的氧化和 α-H 的氯化反应。

(1) 五大取代反应

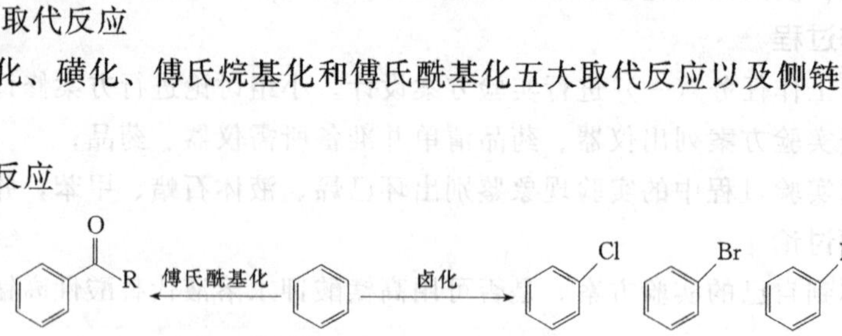

(2) 侧链的氧化

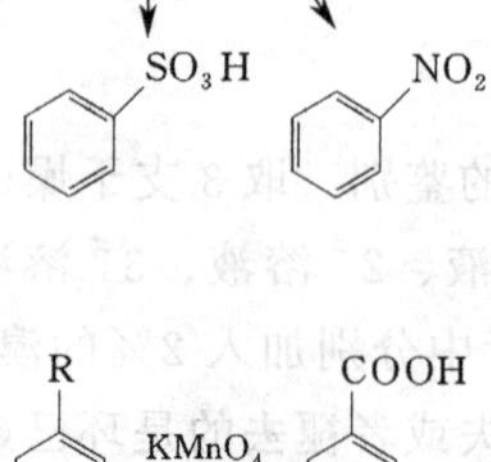

(3) α-H 的氯化

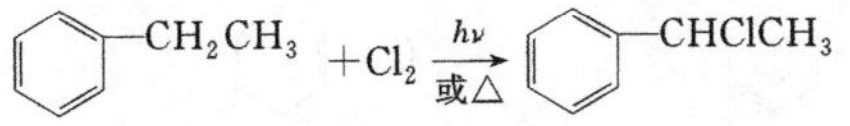

$$\text{C}_6\text{H}_5\text{CH}_2\text{CH}_3 + \text{Cl}_2 \xrightarrow[\text{或}\triangle]{h\nu} \text{C}_6\text{H}_5\text{CHClCH}_3$$

5. 亲电取代定位规律

邻、对位定位基大多数是斥电子基团，能使苯环活化，即第二个取代基的进入一般比苯容易，同时使新进入的取代基主要到苯环的邻位和对位。各种取代基定位能力顺序如下：

—O$^-$>—NH$_2$>—OH>—OR>—NHCOR>—OCOR>—R>—Ph>—X 等，这类定位基与苯环相连的原子上，一般只带有单键或带有负电荷。

间位定位基都是吸电子基团，使苯环钝化，即第二个取代基的进入一般比苯困难。同时使第二个取代基主要进入苯环的间位，各种取代基定位能力顺序如下：

—$\overset{+}{\text{N}}$R$_3$>—CF$_3$>—CN>—SO$_3$H>—COOH>—CHO>—COR>—COOCH$_3$>—CONH$_2$ 等，这类定位基与苯环相连的原子上，一般有重键或带有正电荷。

习题

1. 选择题

(1) 下列化合物硝化时，硝基进入的位置正确的是（　　）。

A. 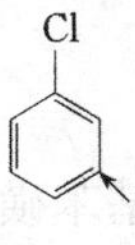 　　B. 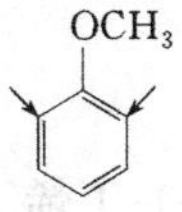 　　C. 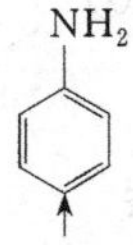 　　D. 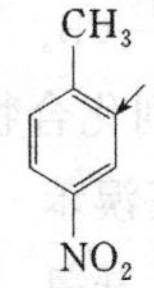

(2) 对于芳香烃的"芳香性"，以下叙述中正确的是（　　）。

A. 易发生加成反应　　　　　　B. 易发生氧化反应

C. 易发生取代反应　　　　　　D. 难发生取代反应

(3) 苯环中的 6 个碳原子都为（　　）杂化。

A. sp　　　　B. sp^2　　　　C. sp^3　　　　D. sp^2 和 sp^3

(4) 苯的二元取代物可以产生（　　）异构体。

A. 2 种　　　B. 5 种　　　C. 4 种　　　D. 3 种

(5) 对于苯及其同系物的性质，以下叙述错误的是（　　）。

A. 有特殊气味、易燃、不易溶于水

B. 苯蒸气有毒，主要损害造血器官

C. 分子中每增加一个 CH$_2$，沸点降低 20～30℃

D. 相对密度小于 1

(6) 苯与卤素的取代反应主要是指（　　）反应。

A. 氯代与溴代　　B. 只是氯代　　C. 氟代　　D. 碘代

(7) 乙苯与氯气在光照或加热的条件下，反应产物是（　　）。

A. 1-苯基-1-氯乙烷　B. 1-苯基-2-氯乙烷　C. 邻氯乙苯　D. 对氯乙苯

(8) 苯环上的下列反应不属于亲电取代反应的是（　　）。

A. 硝化　　　　B. 氧化　　　　C. 磺化　　　　D. 傅氏烷基化

(9) 下列物质最容易发生硝化的是（　　）。

A.  (benzene) B. 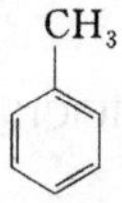 (toluene, —CH₃) C. 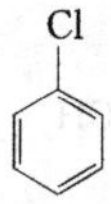 (chlorobenzene, —Cl) D. 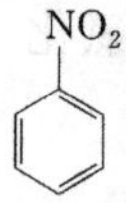 (nitrobenzene, —NO₂)

(10) 属于邻、对位定位基的是（　　）。
A. —CN   B. —OCH₃   C. —SO₃H   D. —CF₃

2. 命名下列化合物

(1) 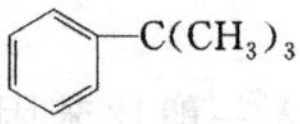 C₆H₅—C(CH₃)₃

(2) 1-甲基-3-异丙基苯结构

(3) 甲基-氯-硝基苯结构

(4) 对异丙基苯磺酸结构（SO₃H 与 CH(CH₃)₂ 对位）

(5) CH₃CH=CHCH₂CH₃ 对氯苯基取代结构

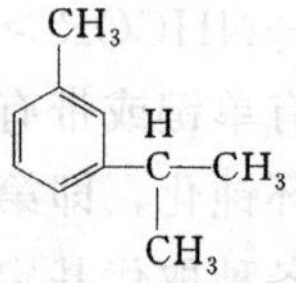

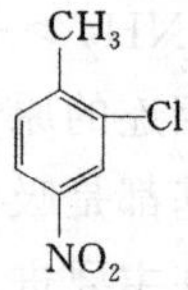

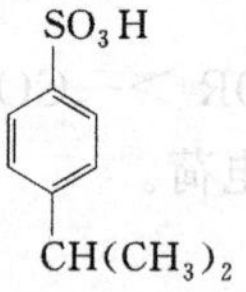

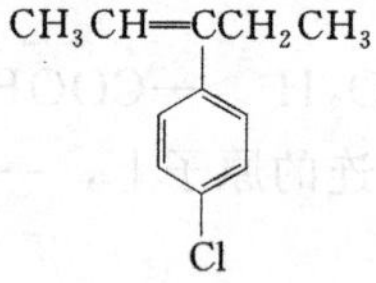

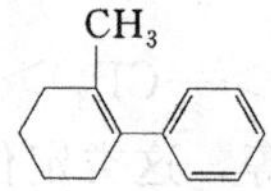

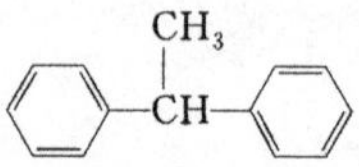

(6) 1-甲基-2-苯基环己烯

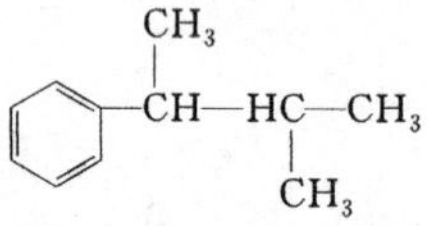

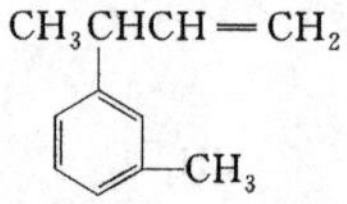

(7) C₆H₅—CH(CH₃)—C₆H₅

(8) C₆H₅—CH(CH₃)—CH(CH₃)—CH₃ 结构

(9) 间甲基-α-甲基苯乙烯 CH₃CH=CH₂ 取代结构

(10) 环己烯-CH₂Br, -Cl 结构

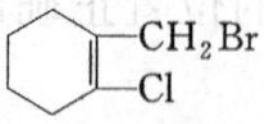

3. 写出下列化合物的构造式

(1) 间硝基溴苯   (2) β-甲基萘   (3) 3-苯基-1-丁烯   (4) 对甲基苯磺酸
(5) 对氯苄基氯   (6) 1,5-二溴萘   (7) 8-硝基-1-萘磺酸   (8) 3-对甲苯基-1-丁烯

4. 完成下列方程式

(1) 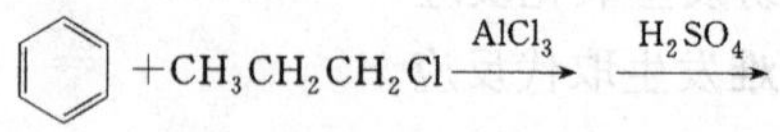 C₆H₆ + CH₃CH₂CH₂Cl $\xrightarrow{AlCl_3}$ $\xrightarrow{H_2SO_4}$

(2) C₆H₅—CH₃ $\xrightarrow{?}$ C₆H₅—CH₂Cl $\xrightarrow{?}$ C₆H₅—CH₂—C₆H₅

(3) 苯基环己烷 $\xrightarrow[H_2SO_4]{HNO_3}$

(4) 甲苯 $\xrightarrow[Cl_2]{Fe}$ $\xrightarrow{KMnO_4 / H^+}$

(5) C₆H₆ + 环己烯 $\xrightarrow{H_2SO_4}$

(6) 1-烯丙基-4-乙基苯 $\xrightarrow{KMnO_4 / H^+}$

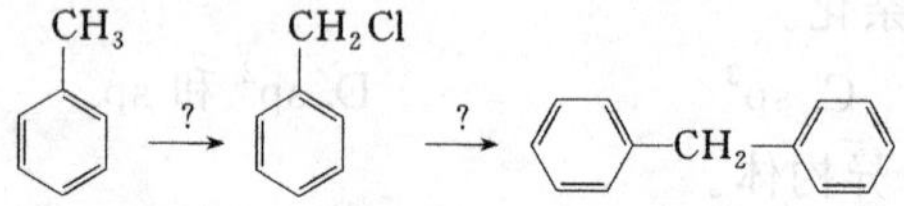

(7) C₆H₆ + 丁二酸酐 $\xrightarrow{AlCl_3}$

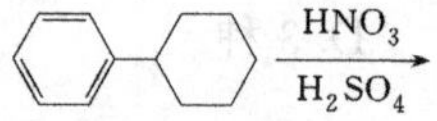

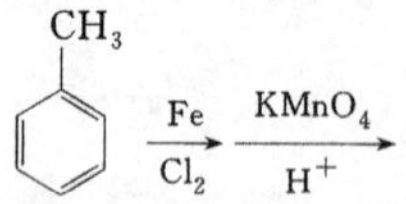

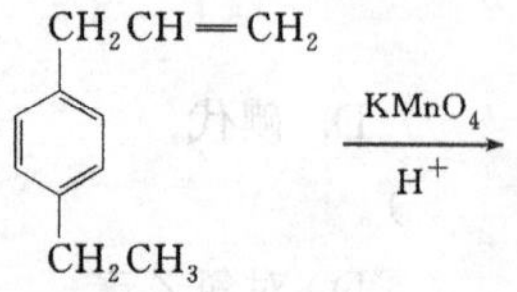

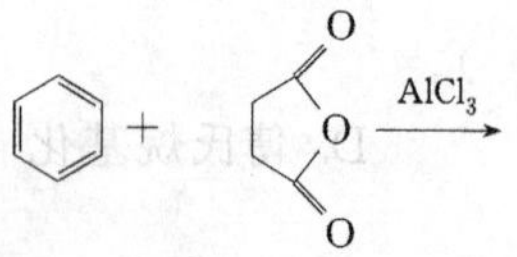

(8) C₆H₅—C₆H₁₁(环己基) $\xrightarrow{HBr}$

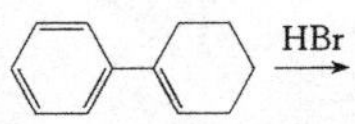

5. 指出下列反应中的错误（每一步反应独立地观察）

(1) 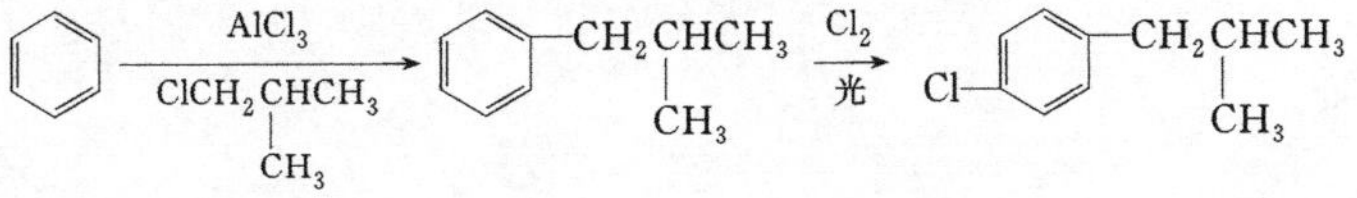 苯 $\xrightarrow[ClCH_2CHCH_3 \; (CH_3)]{AlCl_3}$ C₆H₅—CH₂CH(CH₃)— $\xrightarrow[\text{光}]{Cl_2}$ 对-Cl-C₆H₄—CH₂CH(CH₃)—

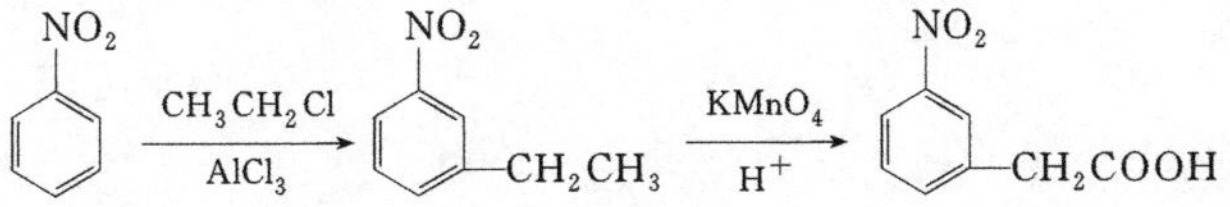

(2) 硝基苯 $\xrightarrow[AlCl_3]{CH_3CH_2Cl}$ 间-NO₂-C₆H₄—CH₂CH₃ $\xrightarrow[H^+]{KMnO_4}$ 间-NO₂-C₆H₄—CH₂COOH

(3) 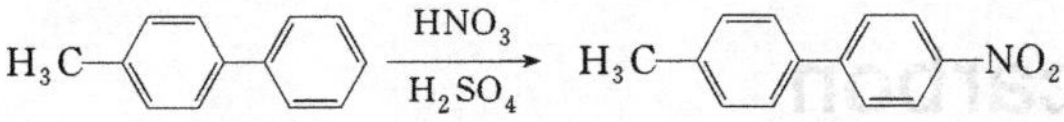 H₃C—C₆H₄—C₆H₅ $\xrightarrow[H_2SO_4]{HNO_3}$ H₃C—C₆H₄—C₆H₄—NO₂ (对位)

(4) H₃C—C₆H₄—C(O)—NH—C₆H₅ $\xrightarrow[H_2SO_4]{HNO_3}$ H₃C—(邻-NO₂)C₆H₃—C(O)—NH—C₆H₅

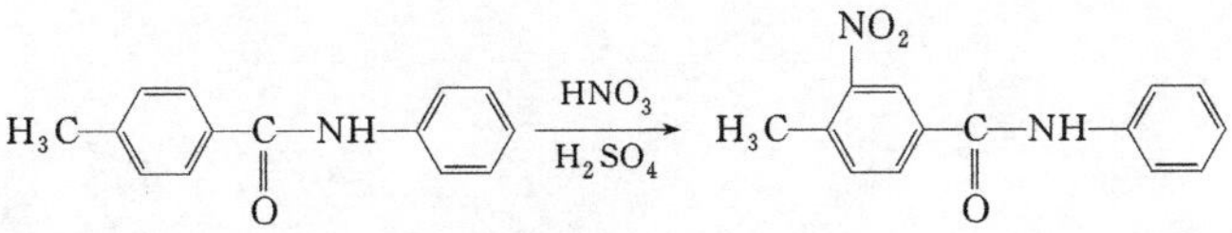

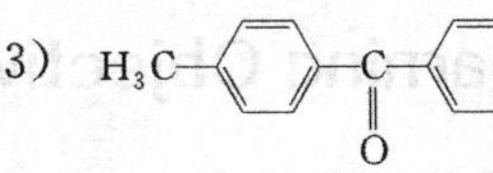

6. 比较下列化合物硝化反应的活性
(1) 苯、甲苯、氯苯、苯酚和硝基苯   (2) 甲苯、间二甲苯、对二甲苯

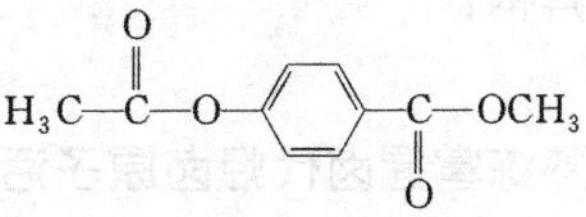

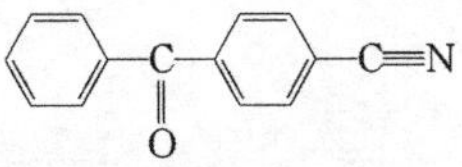

7. 写出下列化合物一元硝化时生成的主要产物

(1) 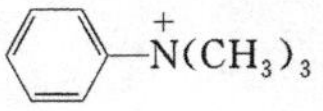 C₆H₅—N⁺(CH₃)₃   (2) 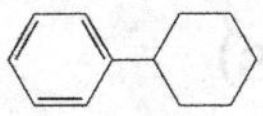 C₆H₅—C₆H₁₁   (3) H₃C—C₆H₄—C(O)—C₆H₅

(4) 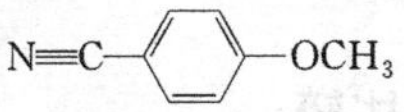 N≡C—C₆H₄—OCH₃   (5) H₃C—C(O)—O—C₆H₄—C(O)—OCH₃

(6) C₆H₅—C(O)—C₆H₄—C≡N   (7) 苯并二氢吡喃（色满）

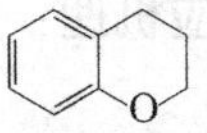

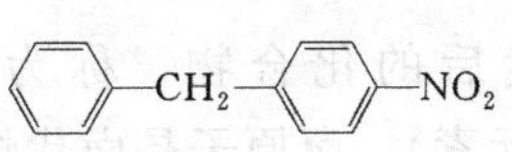

8. 用化学方法鉴别下列各组有机化合物
(1) 乙苯和苯乙烯   (2) 环己烯、环己烷和苯

9. 以苯、甲苯为原料，合成下列化合物

(1) 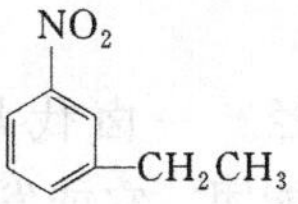 间-NO₂-C₆H₄—CH₂CH₃   (2) C₆H₅—CH₂—C₆H₄—NO₂ (对位)   (3) 4-COOH-3-NO₂-C₆H₃—Br (对COOH, 间NO₂, Br)

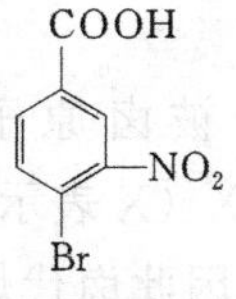

10. 化合物 A(C₉H₁₀)在室温下能迅速使 Br₂-CCl₄ 溶液和稀 KMnO₄ 溶液褪色，催化氢化可吸收 4mol H₂，强烈氧化可生成邻苯二甲酸（邻-C₆H₄(COOH)₂），推测化合物 A 的构造式，并写出有关的反应式。

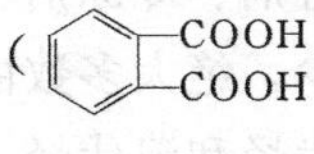

第七章
卤代烃
Halogenated Hydrocarbon

> **学习目标** (Learning Objectives)
>
> 1. 了解卤代烃的分类和构造异构；
> 2. 掌握卤代烃的命名方法；
> 3. 掌握卤代烃的化学性质，熟练掌握卤代烃卤原子活泼性的比较；
> 4. 掌握札伊采夫规则；了解卤代烃消除反应机理；
> 5. 掌握卤代烃的制备方法；
> 6. 了解卤代烃亲核取代反应机理；
> 7. 能运用不同烃基结构中的卤素的活性不同鉴别卤代烃；
> 8. 培养学生实事求是、严谨科学的工作作风。

烃分子中的氢原子被卤原子取代后的化合物，称为卤代烃。一卤代烃的通式 $C_nH_{2n+1}X$，或简写为 RX（X 表示卤族元素）。卤原子是卤代烃的官能团，它能发生多种反应而转化成其他化合物，因此卤代烃在有机合成中有着重要的作用。卤代烃在工农业及日常生活中也非常重要。常用作溶剂、冷冻剂、灭火剂和防腐剂等。

卤代烃在自然界存在很少，绝大多数由人工合成。由于氟代烃的性质特殊，碘代烃又太贵，因此卤代烃一般是指氯代烃和溴代烃。

第一节 卤代烃的分类和命名

一、卤代烃的分类

（1）按分子中烃基结构的不同 分为饱和卤代烃、不饱和卤代烃（卤代烯烃与卤代炔烃）和卤代芳烃。例如：

$$RCH_2X \qquad RCH=CHX \qquad C_6H_5X$$
　　　　　饱和卤代烃　　　　不饱和卤代烃　　　　　卤代芳烃

（2）按分子中所含卤原子的数目不同 分为一卤代烃和多卤代烃。例如：

一卤代烃　　RCH_2X　　　　C_6H_5X

多卤代烃　　XCH_2CH_2X　　$RCHX_2$　　CHX_3

（3）按与卤原子生成共价键的碳原子的不同类型 分为伯卤代烃、仲卤代烃、叔卤代烃。例如：

$$RCH_2X \qquad R_2CHX \qquad R_3CX$$
　　　伯卤代烃　　　　仲卤代烃　　　　叔卤代烃

二、卤代烃的命名

1. 习惯命名法

习惯命名法是由烃基的名称加上卤素的名称而命名的，称为某烃基卤。这种命名方法适用于简单的卤代烃。例如：

$$CH_3CH_2CH_2Br \qquad CH_3-\underset{CH_3}{\underset{|}{CH}}-Cl \qquad CH_3-\underset{Cl}{\underset{|}{\overset{CH_3}{\overset{|}{C}}}}-CH_3$$

　　正丙基溴　　　　　异丙基氯　　　　　　叔丁基氯

$$C_6H_5CH_2Br \qquad\qquad CH_2=CHCH_2-Cl$$

　　　苄基溴　　　　　　　　烯丙基氯

2. 系统命名法

结构复杂的卤代烃要用系统命名法，命名原则与烃类相似。

（1）饱和卤代烃　以烷烃作为母体，卤原子作为取代基。选择连有卤原子的最长碳链作为主链，根据主链的碳原子数，称为"某烷"。从靠近支链或取代基的一端按"最低系列原则"将主链编号，然后将支链或取代基的位次、数目和名称按照次序规则（即较优基团后列出）写在某烷的前面。例如：

$$CH_3-\underset{Cl}{\underset{|}{\overset{CH_3}{\overset{|}{C}}}}-CH_2CH_3 \qquad CH_3\underset{Cl}{\underset{|}{CH}}\underset{CH_3}{\underset{|}{CH}}CH_2CH_3$$

　2-甲基-2-氯丁烷　　　　3-甲基-2-氯戊烷

$$CH_3\underset{CH_3}{\underset{|}{CH}}CH_2\underset{Br}{\underset{|}{CH}}CH_3 \qquad CH_3CH_2\underset{CH_2Br}{\underset{|}{CH}}\underset{Cl}{\underset{|}{CH}}CH_3$$

　2-甲基-4-溴戊烷　　　2-乙基-4-氯-1-溴戊烷

（2）不饱和卤代烃　卤代烯烃和卤代炔烃命名时，选择含有不饱和键和卤原子的最长碳链作为主链，从靠近不饱和键一端开始对主链进行编号，以烯或炔为母体来命名。例如：

$$CH_2=CH-\underset{CH_3}{\underset{|}{CH}}-CH_2-Br \qquad CH_3-C\equiv C-\underset{Br}{\underset{|}{CH}}-\underset{CH_3}{\underset{|}{CH}}-CH_3$$

　3-甲基-4-溴-1-丁烯　　　　5-甲基-4-溴-2-己炔

(3) 卤代脂环烃及卤代芳烃　卤代脂环烃及卤代芳烃的命名，一般以脂环烃或芳烃为母体，卤原子为取代基来命名。例如：

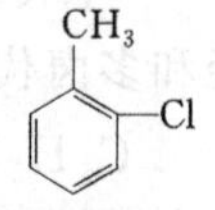

邻氯甲苯 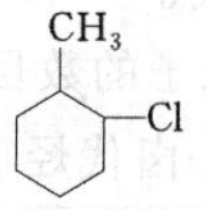　　　　　　1-甲基-3-氯环己烷

若芳烃的侧链较复杂，则以烃基为母体，将芳环和卤原子作为取代基来命名。例如：

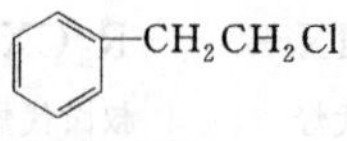

1-苯基-2-氯乙烷 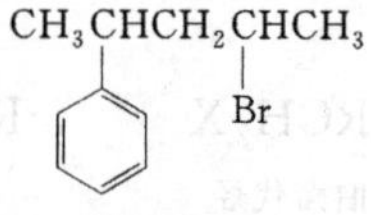　　　　2-苯基-4-溴戊烷

有些多卤代烷烃常用俗名，如 $CHCl_3$ 称氯仿，CHI_3 称碘仿。

练习

7-1　命名下列化合物

(1) 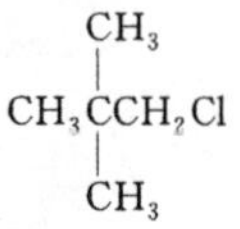 CH_3CHCH_2Cl 带 CH_3 支链

(2) $CH_3-\underset{CH_3}{\overset{CH_3}{C}}-Br$

(3) $CH_3-\!\!\!\!\bigcirc\!\!\!\!-CH_2Cl$

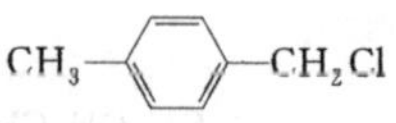

(4) 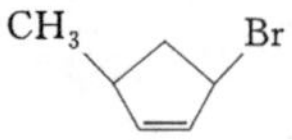 甲基环戊烯溴代物

(5) 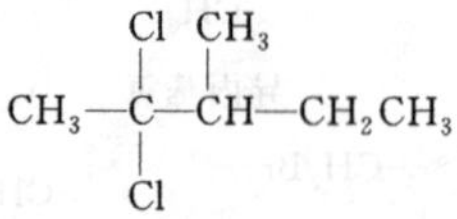 $CH_3-\underset{Cl}{\overset{Cl}{C}}-\underset{}{\overset{CH_3}{CH}}-CH_2CH_3$

(6) 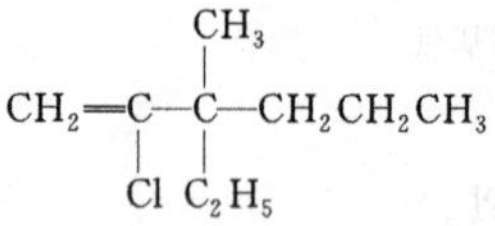 $CH_2=\underset{Cl}{C}-\underset{C_2H_5}{\overset{CH_3}{C}}-CH_2CH_2CH_3$

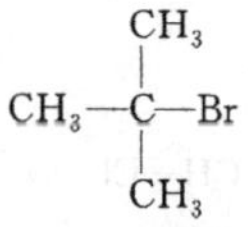

(7) 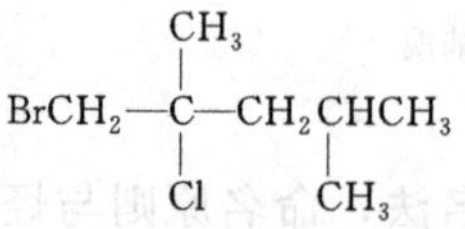 $BrCH_2-\underset{Cl}{\overset{CH_3}{C}}-\underset{}{\overset{}{CH_2}}CHCH_3$

第二节　卤代烃的制法

一、烷烃卤代

在光或加热下，常得到一元或多元卤代烃的混合物。因此，应用价值不大。

$$CH_4 + Cl_2 \xrightarrow{光照} CH_3Cl + HCl$$

二、由烯烃制备

烯烃与卤化氢或卤素加成，可得到一卤代烃和多卤代烃。例如：

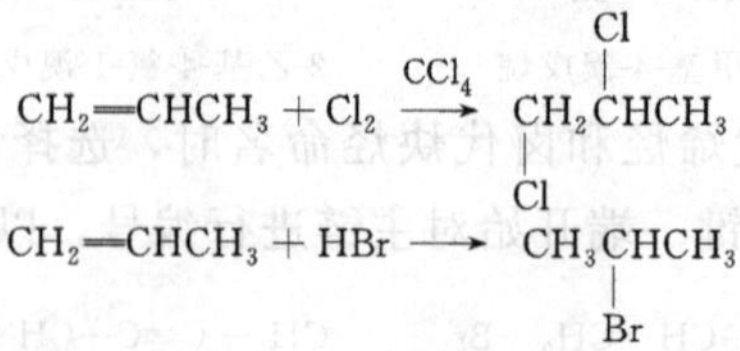

$$CH_2=CHCH_3 + Cl_2 \xrightarrow{CCl_4} \underset{Cl}{\overset{Cl}{CH_2CHCH_3}}$$

$$CH_2=CHCH_3 + HBr \longrightarrow CH_3\underset{Br}{CH}CH_3$$

烯丙基型的化合物，在高温下可发生 α-H 的卤代反应，是制备不饱和卤代烃的重要方法。例如：

$$CH_2=CHCH_3 + Cl_2 \xrightarrow{500℃} H_2C=CHCH_2Cl$$

$$\underset{}{\bigcirc} + Cl_2 \xrightarrow{高温} \underset{}{\bigcirc}-Cl + HCl$$

三、由芳烃制备

芳烃在不同条件下与卤素（Cl_2 或 Br_2）作用，可发生芳环或侧链的取代反应。例如：

$$2\:\underset{}{\bigcirc}-CH_3 + 2Cl_2 \xrightarrow{FeCl_3} \underset{Cl}{\underset{|}{\bigcirc}}-CH_3 + \underset{}{\underset{Cl}{\bigcirc}}-CH_3 + 2HCl$$

$$\underset{}{\bigcirc}-CH_2CH_3 + Cl_2 \xrightarrow{光} \underset{}{\bigcirc}-CH_3CHCl + HCl$$

四、由醇制备

醇与氢卤酸、三卤化磷、亚硫酰氯（二氯亚砜）反应生成卤代烃。由于醇易得，且廉价，由醇制备卤代烃是最常用的方法。

1. 醇与氢卤酸反应

$$CH_3CH_2CH_2CH_2OH + HCl \xrightarrow{无水\:ZnCl_2} CH_3CH_2CH_2CH_2Cl + H_2O$$
$$\text{正丁基醇} \qquad\qquad\qquad\qquad\qquad \text{正丁基氯}$$

该反应的缺点是有些会发生重排，得到混合物。

2. 醇与三卤化磷反应

三溴化磷或三碘化磷不需事先制备，只需将溴或碘和赤磷共热即可生成。醇与卤化磷反应是制备溴代烷和碘代烷的一种方法，优点是不发生重排反应，但有副产物亚磷酸酯 $[P(OR)_3]$ 生成，使氯代烷产率较低。

$$3CH_3CH_2CH_2OH + PBr_3 \longrightarrow 3CH_3CH_2CH_2Br + H_3PO_3$$

3. 醇与二氯亚砜反应

$$CH_3CH_2CH_2OH + SOCl_2 \xrightarrow{\triangle} CH_3CH_2CH_2Cl + SO_2 + HCl$$

此法用于氯代烷的制备，不仅反应速率快、产率高（一般在90%左右），且副产物二氧化硫和氯化氢均为气体，易与卤代烷分离。

第三节　卤代烃的物理、化学性质

一、卤代烃的物理性质

（1）熔、沸点　在常温下，除氟甲烷、氟乙烷、氟丙烷等氟代烷以及氯甲烷、氯乙烷、溴甲烷是气体外，其他低级一卤代烷均为液体，高级卤代烷为固体。卤原子相同的卤代烷，其沸点随着碳原子数的增加而升高。烃基相同的卤代烷，沸点的规律是：$RI > RBr > RCl$。在卤代烷异构体中，支链越多，沸点越低。

（2）相对密度　一氟代烷和一氯代烷的相对密度小于1，其余卤代烷相对密度都大于1。在卤代烷的同系列中，相对密度随着碳原子序数的增加反而降低，这是由于卤素在分子中所占比例逐渐减少的缘故。

（3）溶解性　卤代烷不溶于水，易溶于醇、醚等大多数有机溶剂，因此常用氯仿、四氯化碳从水层中提取有机物。

（4）色泽　纯的一卤代烷无色，但碘代烷易分解产生游离碘，故长期放置的碘代烷常带有红色或棕色。

常见卤代烃的物理常数见表7-1。

表7-1　常见卤代烃的物理常数

名称	构造式	熔点/℃	沸点/℃	密度
氯甲烷	CH_3Cl	−97	−24	0.920
溴甲烷	CH_3Br	−93	3.5	1.732
碘甲烷	CH_3I	−66	42	2.279
二氯甲烷	CH_2Cl_2	−96	40	1.326
三氯甲烷	$CHCl_3$	−64	62	1.489
四氯化碳	CCl_4	−23	77	1.594
氯乙烷	CH_3CH_2Cl	−139	12	0.898
溴乙烷	CH_3CH_2Br	−119	38.4	1.430
碘乙烷	CH_3CH_2I	−111	72	1.936
1-氯丙烷	$CH_3CH_2CH_2Cl$	−123	47	0.890
2-氯丙烷	$CH_3CHClCH_3$	−117	36	0.860
氯乙烯	$CH_2=CHCl$	−154	−14	0.911

二、卤代烃的化学性质

卤代烃中由于卤原子的电负性较大，所以C—X为极性共价键，电子云偏向卤原子，即 $C^{\delta+}-X^{\delta-}$。碳卤键（C—X）的极性大小顺序为：

$$C-Cl > C-Br > C-I$$

但在化学反应中，卤代烃受进攻试剂电场的影响，C—X的电子云密度会重新分配，这种影响称为共价键的可极化度。电负性较大的氯原子，其原子半径比碘原子小，对周围电子云束缚力较强，因此极化度较小。碳卤键的极化度大小次序为：

$$C-I > C-Br > C-Cl$$

极化度大的共价键，易通过电子云变形而发生键的断裂，因此各种卤代烃的化学反应活性次序为：

$$C-I > C-Br > C-Cl$$

（一）取代反应

在一定条件下，卤代烷分子中的卤原子可以被其他原子或原子团（如—OH、—OR、—CN、—NH$_2$、—ONO$_2$等）取代，生成一系列化合物。由于都是由负离子或带有未共用电子对的分子（如NH$_3$）进攻C—X中带有部分正电荷的碳原子所引起的取代反应，因此称为亲核取代反应。

1. 水解反应

卤代烷不溶或微溶于水，水解很慢。为了加速反应，通常加入强碱性水溶液与卤代烷共热，则卤原子被羟基（—OH）取代而生成醇。例如：

$$CH_3CH_2CH_2Cl + H_2O \xrightarrow[\triangle]{NaOH} CH_3CH_2CH_2OH + NaCl$$

正丙醇

由于卤代烷通常是由醇转化得来，所以醇一般不用此法制备。

2. 与醇钠作用

卤代烷与醇钠在相应的醇中反应，卤原子被烷氧基（—OR）取代而生成醚，此反应也称为醇解。例如：

$$CH_3CH_2ONa + CH_3CH_2CH_2Br \xrightarrow[\triangle]{CH_3CH_2OH} CH_3CH_2OCH_2CH_2CH_3$$
乙丙醚

这是制备混醚（两个烃基不同的醚）的常用方法，称为威廉森（Williamson）合成法。但此方法对所使用的卤代烷有限制，一般用伯卤代烷，使用仲卤代烷得到的产率较低，而叔卤代烷得到的主产物将不是醚而是烯烃（见卤代烷的消除反应）。

3. 与氨作用

卤代烷与过量的氨反应生成胺，此反应称为氨解。例如：

$$CH_3CH_2CH_2CH_2Br + 2NH_3 \xrightarrow{\triangle} CH_3CH_2CH_2CH_2NH_2 + NH_4Br$$
丁胺

4. 与氰化钠的作用

卤代烷与氰化钠（或氰化钾）在醇溶液中反应生成腈。例如：

$$CH_3CH_2CH_2Br + NaCN \xrightarrow[\triangle]{醇} CH_3CH_2CH_2CN + NaBr$$
丁腈

反应产物比原料卤代烷增加了一个碳原子，由于产物中的氰基可以转变为氨甲基（—CH$_2$NH$_2$）、羧基（—COOH），因此这是有机合成反应增长碳链的方法之一。但因氰化钠（钾）有剧毒，应用受到很大限制。

5. 与硝酸银作用

卤代烷与硝酸银的乙醇溶液作用，生成硝酸酯和卤化银沉淀：

$$R-X + AgONO_2 \xrightarrow{乙醇} R-ONO_2 + AgX\downarrow$$

这是鉴别卤代烷的简便方法，可以根据生成 AgX 沉淀的速度和颜色来对卤代烷进行判断。卤代烷与硝酸银反应的活性次序为：

叔卤代烷 ＞ 仲卤代烷 ＞ 伯卤代烷
RI＞RBr＞RCl

叔卤代烷最活泼，室温下与硝酸银的醇溶液立即反应有沉淀生成，仲卤代烷与硝酸银的醇溶液反应较慢，5min 内有沉淀出现，而伯卤代烷最不活泼，常温下不与硝酸银的醇溶液反应，需加热才能反应生成卤化银沉淀。

卤代烷中的卤原子不同，生成的卤化银沉淀颜色不同，氯化银为白色，溴化银淡黄色，碘化银黄色，由此可以判断卤代烷中卤原子的种类。

练习

7-2 完成下列反应式

$$\text{C}_6\text{H}_5-\text{CH}_3 \xrightarrow{?} \text{C}_6\text{H}_5-\text{CH}_2\text{Cl} \xrightarrow{?} \text{C}_6\text{H}_5-\text{CH}_2\text{OH}$$

（二）消除反应

卤代烷与氢氧化钠（或氢氧化钾）的醇溶液反应，脱去一分子卤化氢生成烯烃，这种反应称为消除反应。例如：

$$CH_3CH_2CH_2Br \xrightarrow[乙醇]{NaOH} CH_3CH=CH_2 + NaBr + H_2O$$

仲卤代烷和叔卤代烷在发生消除反应脱去卤化氢时，可生成两种不同的产物。例如：

$$\underset{H\ \ Br\ \ H}{CH_3-CH-CH-CH_2}\ \ \ \xrightarrow[乙醇]{KOH}\ \ CH_3CH=CHCH_3 + CH_3CH_2CH=CH_2$$

$$\hspace{5cm}(81\%) \hspace{1.5cm} (19\%)$$

$$CH_3-CH_2-\underset{\underset{Br}{|}}{\overset{\overset{CH_3}{|}}{C}}-CH_3 \xrightarrow[乙醇]{KOH} CH_3CH=\underset{\underset{CH_3}{|}}{C}CH_3 + CH_3CH_2-\underset{\underset{CH_3}{|}}{C}=CH_2$$

$$\hspace{5cm}(71\%) \hspace{1.5cm} (29\%)$$

实验证明：卤代烷脱卤化氢时，主要脱去含氢较少的 β-碳原子上的氢原子。这是一条实验规律，称为札伊采夫规则。札伊采夫规则也可表述为：卤代烷脱卤化氢时，主要生成双键碳原子上连有较多烷基，即较为稳定的烯烃。根据这个规则，可以判断各种卤代烷脱去卤化氢的难易程度：

叔卤代烷＞仲卤代烷＞伯卤代烷

卤代烷的水解和消除反应都是在碱性条件下进行的，当卤代烷水解时不可避免地会有消除产物生成，而当卤代烷消除时不可避免地会有水解产物生成，取代和水解两种反应相互竞争。实验证明，强极性溶剂有利于取代反应，弱极性溶剂有利于消除反应，所以卤代烷在碱性水溶液中主要是水解反应，在碱性醇溶液中主要是消除反应。

练习

7-3 完成下列方程式

(1) [结构式] $\xrightarrow[C_2H_5OH]{KOH}$

(2) $Cl\text{—}\bigcirc\text{—}CH_2Cl \xrightarrow[H_2O]{KOH}$

(3) $CH_3\underset{\underset{CH_3}{|}}{\overset{\overset{Cl}{|}}{C}}HCH_2CH_3 \xrightarrow[C_2H_5OH]{KOH}$

(4) $CH_3CH_2CH_2Br \xrightarrow[乙醇]{CH_3CH_2ONa}$

(5) $CH_3CH_2CH=CH_2 \xrightarrow{HCl} \xrightarrow[乙醇]{NaOH}$

7-4 写出下列卤代烷脱卤化氢由难到易的顺序

$$CH_3\underset{\underset{CH_3}{|}}{\overset{\overset{Br}{|}}{C}}HCH_3 \hspace{1cm} CH_3\overset{\overset{Br}{|}}{C}H_2CH_3 \hspace{1cm} CH_3\overset{\overset{CH_3}{|}}{C}HCH_2Br$$

（三）与金属镁作用

卤代烷在无水乙醇中与金属镁作用，生成烷基卤化镁，又称为格利雅试剂（Grignard），简称格氏试剂，一般用 RMgX 表示。

$$R-X + Mg \xrightarrow{无水乙醚} \underset{烷基卤化镁}{RMgX}$$

制备格氏试剂时，烃基相同的各种卤代烷的反应活性次序为：

$$RI > RBr > RCl$$

由于碘代烷很贵，氯代烷的反应速率慢，而溴代烷生成的格氏试剂溶于乙醚，不需要分离即可用于各种合成反应，因此实验室中常使用溴代烷制备格氏试剂。除乙醚外，四氢呋喃、其他醚类和苯也可以作为溶剂，但乙醚和四氢呋喃为最佳。

烷基卤化镁分子中，碳的电负性（2.5）比镁的电负性（1.2）大得多，C—Mg 键是很强的极性键，性质非常活泼，能与水、酸、胺、卤代烷等含活泼氢的化合物作用生成相应的烷烃。

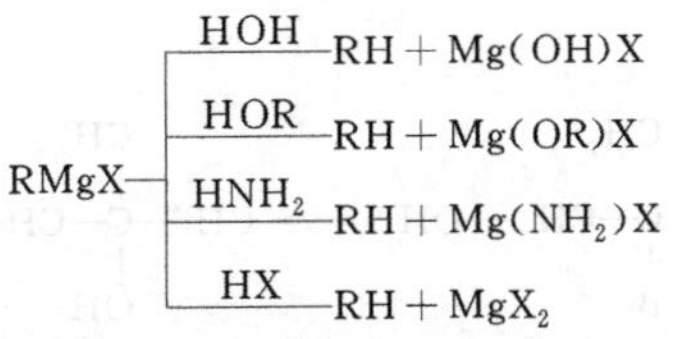

$$RMgX \begin{cases} HOH \longrightarrow RH + Mg(OH)X \\ HOR \longrightarrow RH + Mg(OR)X \\ HNH_2 \longrightarrow RH + Mg(NH_2)X \\ HX \longrightarrow RH + MgX_2 \end{cases}$$

格氏试剂还能与二氧化碳、醛、酮、酯等多种化合物反应，生成羧酸、醇等一系列重要的化合物，在有机合成上非常重要，这些反应将在以后的章节中介绍。

由于格氏试剂遇水就分解，所以在制备格氏试剂时必须用无水乙醚溶剂和干燥的反应器，操作时也要采取隔绝空气中湿气的措施。含活泼氢的化合物在制备和使用格氏试剂过程中都须注意避免水的进入。卤代烃的烃基上也不能连有各种带活泼氢的基团，因为生成的格氏试剂会与未反应的原料及产物中的上述基团反应。

第四节　亲核取代反应机理

在亲核取代反应中，研究最多的是卤代烷的水解。研究中发现，它们是按照两种不同的历程进行的。

一、双分子亲核取代反应机理（S_N2）

实验证明，溴甲烷的碱性水解速率，不仅与卤代烷的浓度成正比，也与碱的浓度成正比。

$$CH_3Br + OH^- \longrightarrow CH_3OH + Br^-$$

反应的速率与卤代烷及碱两种物质分子的浓度有关，所以称为双分子亲核取代反应机理，常用 S_N2 表示。见图 7-1。

经研究发现，上述反应是一步进行的：

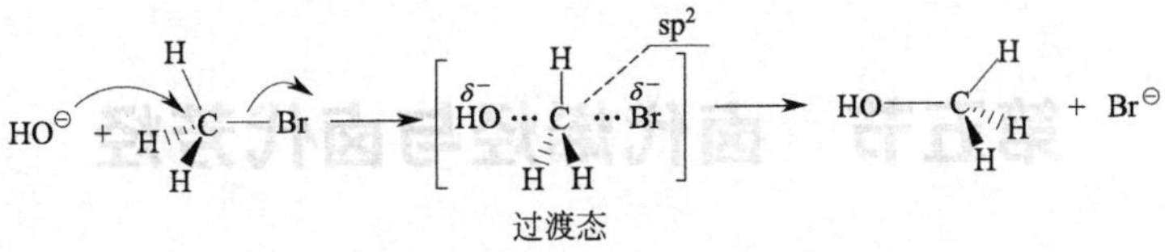

$$HO^- + \underset{H}{\overset{H}{\underset{|}{C}}}-Br \longrightarrow \left[HO \cdots \underset{H}{\overset{H}{\underset{|}{C}}} \cdots Br \right]^{\text{sp}^2} \longrightarrow HO-\underset{H}{\overset{H}{\underset{|}{C}}}-H + Br^{\ominus}$$

过渡态

图 7-1　S_N2 机理（背面进攻，构型反转）

进攻试剂 OH^- 带负电荷，与溴甲烷中电子云密度大的溴因"同性相斥"，只能从溴的背面沿 C—Br 键轴线接近碳原子，开始部分地成键。与此同时，C—Br 键逐渐伸长变弱，新键尚未形成、旧键尚未完全断裂的过程，用虚线表示，称为过渡态。当 OH^- 与碳原子进一步接近,最后形成稳定的 C—O 键时,C—Br 键也就同时断裂,溴原子带着一对电子离去,生成醇和 Br^-。从过渡态转化为产物时,甲基上的三个氢原子也同时翻转到溴原子这边,最后翻转成与溴甲烷构型相反的醇,就像伞被大风吹翻转一样,这种转化过程称为瓦尔登转化。

二、单分子亲核取代反应机理（S_N1）

实验证明,叔丁基溴碱性水解时,其水解速率仅与叔卤代烷浓度成正比,而与亲核试剂（OH^-）的浓度无关。

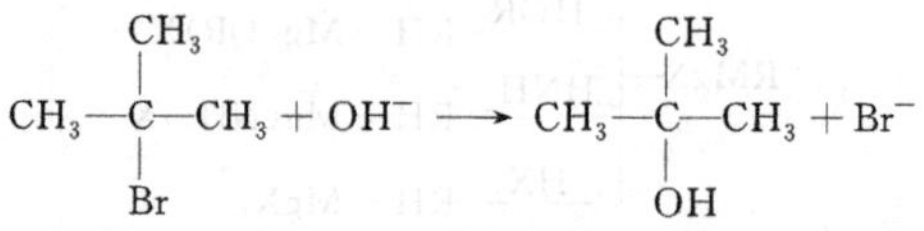

$$CH_3-\underset{Br}{\underset{|}{\overset{CH_3}{\overset{|}{C}}}}-CH_3 + OH^- \longrightarrow CH_3-\underset{OH}{\underset{|}{\overset{CH_3}{\overset{|}{C}}}}-CH_3 + Br^-$$

上述反应,实际上是分两步进行的。第一步,是叔丁基溴离解为叔丁基碳正离子和溴负离子。

$$(CH_3)_3C-Br \xrightarrow{慢} (CH_3)_3C^+ + Br^-$$
叔丁基碳正离子

碳正离子性质活泼,称为活性中间体。第二步,碳正离子一旦形成,立即与亲核试剂 OH^- 结合生成醇。

$$(CH_3)_3C^+ + OH^- \xrightarrow{快} (CH_3)_3C-OH$$

第一步是决定整个反应速率的一步。由于整个反应仅与叔卤代烷一种物质分子的浓度有关,与亲核试剂（碱）的浓度无关,因此称为单分子亲核取代反应,常用 S_N1 表示。

S_N1 反应机理的特点是反应分两步进行,并有活性中间体——碳正离子生成,反应速率只与卤代烷的浓度有关,与亲核试剂的浓度无关,是单分子反应。

S_N2 反应机理的特点是旧键断裂与新键形成同时进行,反应一步完成。实验证明,按 S_N2 机理进行亲核取代反应时,反应速率是:

伯卤代烷＞仲卤代烷＞叔卤代烷

按 S_N1 机理进行亲核取代反应时,反应速率完全相反:

叔卤代烷＞仲卤代烷＞伯卤代烷

在通常情况下,这两种机理总是同时并存且相互竞争,只是伯卤代烷主要按 S_N2 机理进行,叔卤代烷主要按 S_N1 机理进行,仲卤代烷则既按 S_N1 又按 S_N2 机理进行,但以 S_N2 为主。

第五节　卤代烯烃与卤代芳烃

一、卤代烯烃与卤代芳烃的分类

根据卤原子和双键（或芳环）的相对位置,可把卤代烯烃和卤代芳烃分为下列三类。

1. 乙烯型和苯型卤代烃

卤原子与双键或芳环上的碳原子直接相连的,称为乙烯型或苯型卤代烃。例如:

$CH_2=CHCl$　　　$CH_3CH-CCH_3$　　　[3-氯甲苯结构式]
　　　　　　　　　　　　　　$|$
　　　　　　　　　　　　　Br

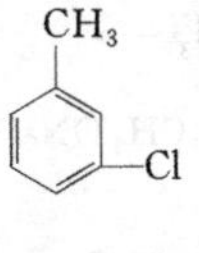

氯乙烯　　　　　2-溴-2-丁烯　　　　　3-氯甲苯

2. 烯丙基型和苄基型卤代烃

卤原子与双键或芳环相隔一个碳原子，称为烯丙基型或苄基型卤代烃。例如：

$H_2C=CHCH_2Cl$　　　$CH_3CH=CHCH_2$　　　[苄基溴结构式]
　　　　　　　　　　　　　　　　　$|$
　　　　　　　　　　　　　　　　　Br

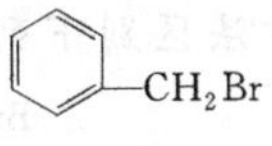

3-氯丙烯　　　　　4-溴-2-戊烯　　　　　苄基溴

3. 孤立型卤代烯烃

卤原子与双键（或芳环）上的碳相隔两个或两个以上的碳原子，称为孤立型卤代烯烃。例如：

$H_2C=CHCH_2CH_2Cl$　　　　[β-氯乙苯结构式 $C_6H_5CH_2CH_2Cl$]

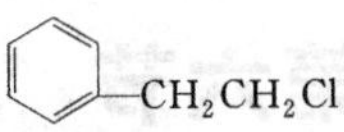

4-氯-1-丁烯　　　　　　　　　β-氯乙苯

常温下，卤代烯烃中，氯乙烯、溴乙烯为气体，其余多为液体，高级的为固体。卤代芳烃大多为有香味的液体，苄基卤有催泪性。卤代芳烃相对密度都大于1，不溶于水，易溶于有机溶剂。

二、卤代烯烃或卤代芳烃中卤原子的活泼性

各类卤代烃中卤原子的反应活性差别很大。烯丙基型和苄基型卤代烃最活泼，在室温下，它们与硝酸银的醇溶液迅速生成卤化银沉淀；孤立型卤代烃与卤代烷反应活性相似；而乙烯型和苯基型卤代烃最不活泼，与硝酸银的醇溶液作用时，即使加热也不能生成卤化银沉淀。

因此，各类卤代烃卤原子与硝酸银的醇溶液反应的活性如下：

$\begin{Bmatrix}烯丙基型\\苄基型\end{Bmatrix} > \begin{Bmatrix}卤代烷\\孤立型\end{Bmatrix} > \begin{Bmatrix}乙烯型\\苯基型\end{Bmatrix}$

综上所述，各种卤代烃与 $AgNO_3$ 醇溶液的反应活性可以用图7-2表示。

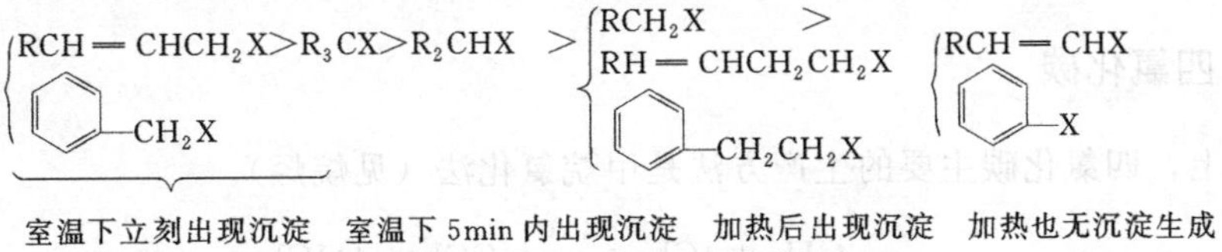

$\begin{Bmatrix}RCH=CHCH_2X>R_3CX>R_2CHX\\ArCH_2X\end{Bmatrix} > \begin{Bmatrix}RCH_2X\\RH=CHCH_2CH_2X\\ArCH_2CH_2X\end{Bmatrix} > \begin{Bmatrix}RCH=CHX\\ArX\end{Bmatrix}$

室温下立刻出现沉淀　　室温下5min内出现沉淀　加热后出现沉淀　加热也无沉淀生成

图7-2　卤代烃与 $AgNO_3$ 醇溶液反应活性比较

练习

7-5 完成下列反应方程式

(1) $H_2C=CHCH_2Br + NaCN \longrightarrow$

(2) $H_2C=CCH_2Br \xrightarrow[H_2O]{KOH}$
　　　$\ \ \ |$
　　　$\ \ Br$

(3) $H_2C=CHCH_2I + NH_3 \longrightarrow$

(4) ⌬-$CH_2Cl + CH_3CH_2ONa \xrightarrow{\triangle}$

(5) ⌬-$CH_2Cl + NH_3 \longrightarrow$

(6) $CH_3\underset{\underset{Br}{|}}{C}HCH_3 + Mg \xrightarrow{干醚} \xrightarrow{HBr}$

7-6 试用化学方法区别下列各组化合物

(1) $H_2C=\underset{\underset{CH_3}{|}}{C}HCH_2Br$ $CH_3\underset{\underset{Br}{|}}{C}HCH_3$ $H_2C=\underset{\underset{Br}{|}}{C}CH_3$

(2) ⌬-Cl   ⌬-CH_2Cl ⌬-CH_2CH_2Cl

第六节 重要的卤代烃

一、三氯甲烷

三氯甲烷又称氯仿。工业上，它可从甲烷氯化得到，也可以从四氯化碳还原制得。

$$CCl_4 + 2[H] \xrightarrow{Fe+H_2O} CHCl_3 + HCl$$

三氯甲烷是一种无色味甜的液体，沸点 $61.2℃$，密度 $1.482g/cm^3$，不溶于水，易溶于醇、醚等有机溶剂。它也能溶解脂肪、蜡、有机玻璃和橡胶等多种有机物，是一种不燃性的优良溶剂。三氯甲烷曾作为手术麻醉剂，但它对肝脏有毒，且有其他副作用，现已不再使用。此外，氯仿还广泛用作有机合成的原料。

氯仿中由于三个氯原子强的吸电子效应，使它的 C—H 键变得活泼，容易在光的作用下被空气中的氧所氧化，生成剧毒的光气。

$$2CHCl_3 + O_2 \xrightarrow{光} 2\:\underset{\underset{Cl}{|}}{\overset{\overset{Cl}{|}}{C}}=O + 2HCl$$

因此，氯仿要密封保存在棕色瓶中，并加入1％的乙醇以破坏可能产生的光气。

二、四氯化碳

工业上，四氯化碳主要的生产方法是甲烷氯化法（见烷烃）。

$$CH_4 + 4Cl_2 \xrightarrow{440℃} CCl_4 + 4HCl$$

四氯化碳是无色液体，沸点较低（$77℃$），密度（$20℃$）较大（$1.594g/cm^3$），遇热易挥发，蒸气比空气重，不能燃烧，不导电。因此，四氯化碳是常用的灭火剂，受热蒸发时，其蒸气可把燃烧物覆盖，隔绝空气而灭火，但高温时它会水解成光气。

$$CCl_4 + H_2O \xrightarrow{500℃} \underset{\underset{Cl}{|}}{\overset{\overset{Cl}{|}}{C}}=O + 2HCl$$

光气

因此，用四氯化碳灭火时，要注意通风，以免中毒。

四氯化碳主要用作溶剂、灭火剂、有机物氯化剂、香料浸出剂、纤维脱脂剂、谷物熏蒸消毒剂、药物萃取剂等，并用于制造氟里昂和织物干洗剂，医药上用作杀钩虫剂。

三、氯苯

工业上氯苯可由苯直接氯代，也可将苯蒸气、空气和氯化氢通过氯化亚铜（浮石为载体）来制备。

$$\text{C}_6\text{H}_6 + \text{Cl}_2 \xrightarrow[50\sim60℃]{\text{Fe 或 FeCl}_3} \text{C}_6\text{H}_5\text{Cl} + \text{HCl}$$

$$4\text{C}_6\text{H}_6 + 4\text{HCl} + \text{O}_2 \xrightarrow[200℃]{\text{FeCl}_3\text{-CuCl}} 4\text{C}_6\text{H}_5\text{Cl} + 2\text{H}_2\text{O}$$

氯苯为无色透明的液体，沸点为 132℃，有苯的气味，不溶于水，比水重，能溶于醇、醚、氯仿和苯等有机溶剂。

氯苯可作为有机溶剂和有机合成原料，也是某些农药、药物和染料中间体的原料。

四、氯乙烯

工业上生产氯乙烯主要有乙炔法及乙烯法。

1. 乙炔法

乙炔与氯化氢在氯化汞催化下，进行加成反应，即得到氯乙烯。

$$\text{HC} \equiv \text{CH} + \text{HCl} \xrightarrow[150\sim160℃]{\text{HgCl}_2} \text{H}_2\text{C}=\text{CHCl}$$

此法技术成熟、流程简单、转化率高，但电石法制乙炔耗电量大、成本较高，且催化剂汞盐有毒，因此采用非汞催化剂（如铜盐）代替汞盐，以引起人们的重视。

2. 乙烯法

乙烯与氯气加成，得到1,2-二氯乙烷，后者脱去一分子氯化氢，即得到氯乙烯。

$$\text{H}_2\text{C}=\text{CH}_2 + \text{Cl}_2 \xrightarrow[40℃]{\text{FeCl}_3} \text{H}_2\text{C(Cl)}-\text{CH}_2\text{Cl} \xrightarrow{\text{高温电压}} \text{H}_2\text{C}=\text{CHCl} + \text{HCl}$$

氯乙烯是无色气体，沸点为 -13.4℃，难溶于水，易溶于乙醇、乙醚和丙酮，氯乙烯有毒，当空气中浓度达 5% 时，即可使人中毒。近年来发现氯乙烯是一种致癌物，使用时要注意防护。

氯乙烯的化学性质不活泼，分子中的氯原子不易发生取代反应，它发生亲电加成反应时，仍遵守马氏加成规则。例如：

$$\text{H}_2\text{C}=\text{CHCl} + \text{HBr} \longrightarrow \text{CH}_3\text{CHClBr}$$

1-氯-1-溴乙烷

氯乙烯在过氧化物（如过氧化苯甲酰）引发剂存在下，能聚合生成白色粉状的固体高聚物——聚氯乙烯，简称 PVC。

聚氯乙烯性质稳定，具有耐酸、耐碱、耐化学腐蚀，不易燃烧，不受空气氧化，不溶于一般溶剂等优良性质，常用来制造塑料制品、合成纤维、薄膜管材等，其溶液可做喷漆，在工业及日常生活中有广泛的应用。

五、氯化苄

氯化苄也称苄基氯或苯氯甲烷。工业上是在日光或较高温度下通氯气于沸腾的甲苯中合成，也可由苯经氯甲基化反应来制取。

$$C_6H_5CH_3 + Cl_2 \xrightarrow{光} C_6H_5CH_2Cl + HCl$$

$$3\,C_6H_6 + (HCHO)_3 + 3HCl \xrightarrow{ZnCl_2} 3\,C_6H_5CH_2Cl + 3H_2O$$

氯化苄是一种催泪性液体，沸点为179℃，不溶于水。它是制备苯甲醇、苯甲胺、苯乙腈等的原料，在有机合成上常作苯甲基化试剂。

六、二氟二氯甲烷

二氟二氯甲烷（CCl_2F_2）可由四氯化碳和三氟化锑在五氯化锑催化下，相互反应制取。

$$3CCl_4 + 2SbF_3 \xrightarrow{SbCl_5} 3CCl_2F_2 + 2SbCl_3$$

生成的副产物 $SbCl_3$ 可与 HF 作用，重新生成 SbF_3，可供连续使用。

$$SbCl_3 + 3HF \longrightarrow SbF_3 + 3HCl$$

二氟二氯甲烷是无色无臭气体，沸点为 $-29.8℃$，易压缩成液体，解除压力后，立即汽化，同时吸收大量的热，因此可作制冷剂。它具有无毒、无臭、无腐蚀性、不燃烧、化学性质稳定等优良性能，比过去常用的液氨制冷剂优越，长期以来在电冰箱及冷冻器中大量使用，商品名称为"氟里昂"。

实际上，氟里昂是氟氯代烷的总称，它们都是良好的制冷剂，常用 $F_{×××}$ 表示它们的组成。其中 F 表示是氟里昂，F 右下角的数字，个位数代表分子中氟的原子个数，十位数代表分子中氢原子的个数加1，百位数代表分子中碳原子个数减1（百位数为0时，可省略），氯原子个数不用表示出来。例如：

CCl_2F_2	$CHClF_2$	$CClF_2-CClF_2$
氟里昂-12	氟里昂-22	氟里昂-114
简写：F_{12}	简写：F_{22}	简写：F_{114}

20世纪80年代，科学家们普遍认为氟里昂会破坏地球上的臭氧层，造成太阳紫外线对地球的辐射量增强，破坏生态环境，有害于人类健康。因此，世界各国已禁止或逐渐减少生产、使用氟里昂。

七、四氟乙烯

四氟乙烯（$CF_2 = CF_2$）在工业上是用氯仿和氟化氢作用，先制得二氟一氯甲烷（F_{22}），然后经高温裂解生成四氟乙烯。

$$CHCl_3 + 2HF \xrightarrow[20\sim30℃]{SbCl_3} CHClF_2 + 2HCl$$

$$2CHClF_2 \xrightarrow[600\sim800℃]{Ni-Cr} F_2C = CF_2 + 2HCl$$

四氟乙烯是无色液体，沸点为-76.3℃，不溶于水，溶于有机溶剂，它在过硫酸铵的引发下，可聚合成聚四氟乙烯。

聚四氟乙烯有优良的耐热、耐寒性能，可在-100～300℃的范围内使用，化学稳定性超过一切塑料，与浓 H_2SO_4、浓碱、氟和"王水"等都不起反应，而且机械强度高，在塑料中有"塑料王"之称。

拓展窗

氟里昂

氟里昂在当今社会的生产生活中具有极其重要的作用，是常见的制冷剂。既然如此，国际社会为什么要动用巨大的精力用"无氟"化合物来代替氟里昂呢？关键是氟里昂破坏了臭氧层。

专家认为，臭氧层存在于地球上方 11～48km 的大气平流层中，平流层中的气体 90% 由臭氧 O_3 组成，它可以有效地吸收对生物有害的太阳紫外线。如果没有臭氧层这把地球的"保护伞"，强烈的紫外线辐射不仅会使人死亡，而且会消灭地球上绝大多数物种。因此，臭氧层是人类及地表生态系统的一道不可或缺的天然屏障，犹如给地球戴上一副无形的"太阳防护镜"，而氟里昂却是臭氧层的"罪恶杀手"。

随着近代工业的迅猛发展，人们广泛推广使用了性质稳定、不易燃烧、易储存、价格低廉的氟里昂，分别用于制冷剂、喷雾剂、发泡剂、清洗剂。氟里昂在大气中可以存在 60～130 年，虽然氟里昂的使用大多在密闭系统，释放量相对较少，但一个氯原子可破坏 10 万余个臭氧分子，从而导致平流层臭氧受到破坏，并逐渐减少。

臭氧层被破坏以后，将会产生巨大的社会危害：对人类免疫系统造成损害，使得免疫机制减退；导致白内障眼疾和皮肤癌发病率上升；破坏生态系统，减慢农作物的生长速度，降低农作物的质量和产量，甚至会造成绝收；减少海洋生物数量，大量鱼类死亡，同时可能导致生物物种变异；造成全球气候变暖与温室效应。同时，它还会引起新的环境问题，过量的紫外线能使塑料等高分子材料更加容易老化和分解，结果又带来光化学大气污染。

为保持臭氧层，使人类免受太阳紫外线的辐射及维护地球生态系统的平衡，联合国 1985 年制定了《保护臭氧层维也纳公约》，1987 年又制定了《关于消耗臭氧层物质的蒙特利尔议定书》，对破坏臭氧层的物质提出了禁止使用的时限和要求。

作为全球较大的氟里昂生产和消费大国，我国已加入了上述两个公约，1993 年，国务院正式批准了《中国逐步淘汰消耗臭氧层物质国家方案》。发达国家已于 1996 年 1 月 1 日，全部停止氟里昂的生产和使用，1999 年 7 月 1 日发展中国家开始进入履约期。

技能项目七
不同卤代烃的鉴别

> **背景：**
> 　　学校有机化学实训室做卤代烃内容实训时，由于气候潮湿及标签粘贴不牢，学生实训结束后发现该实验用到的三瓶试剂：1-氯丁烷、2-氯丁烷、2-甲基-2-氯丙烷的标签全部缺失，从外观很难区分。发现该情况后，实训教师对储存试剂进行排查，发现同一试剂柜中的1-溴丁烷、溴化苄、溴苯三瓶试剂与三个标签也完全剥离，很难准确配对。

一、工作任务

任务（一）：请根据所学知识设计实验方案让样品与标签准确配对。

任务（二）：掌握各种烃基对卤代烃反应活性的影响，进一步巩固卤代烃的化学性质。

任务（三）：根据实验规范进行物料量取、实验操作，根据要求鉴别出三种化合物并贴好标签。

任务（四）：按要求书写实训报告，实验数据真实可靠，培养实事求是、严谨科学的实验作风。

任务（五）：按实验室使用规范整理台面、清洗仪器等，树立安全、环保、节约的实训意识与职业素养。

二、主要工作原理

$$R-X + AgONO_2 \xrightarrow{乙醇} R-ONO_2 + AgX\downarrow$$

　　卤代烃是烃分子中的氢被卤素取代所生成的一类化合物。卤原子是卤代烃的官能团，大多数卤代烃分子中的卤素并不是呈离子状态的，且不溶于硝酸银水溶液，因此不易与硝酸银水溶液发生反应生成沉淀。卤代烃在醇溶液中的溶解性较强，醇又有一定的极性，可以使部分卤代烃分子中的卤素呈离子状态，因此，加入硝酸银醇溶液，即有卤化银沉淀生成。不同烃基结构的卤代烃，有不同的化学活泼性，故发生取代反应的难易程度有所不同。

三、所需仪器、试剂

（1）仪器：试管6支、量筒（10mL）1支、试管夹、滴管、电热套、烧杯。

（2）试剂：乙醇、硝酸银、硝酸。

四、工作过程

（1）根据工作任务（一）进行实验方案设计，小组讨论进行方案修订及可行性论证；

（2）根据实验方案列出仪器、药品清单并准备所需仪器、药品；

（3）鉴别1-氯丁烷、2-氯丁烷、2-甲基-2-氯丙烷；鉴别1-溴丁烷、溴化苄、溴苯。

五、问题讨论

（1）是否可用硝酸银水溶液代替硝酸银乙醇溶液进行反应？

（2）加入硝酸银乙醇溶液后，如生成沉淀，能否根据此现象即可判断原来试样含有卤原子？

六、方案参考

（1）1-氯丁烷、2-氯丁烷、2-甲基-2-氯丙烷的鉴别　取3支干燥试管，各放入1mL 5%

硝酸银-乙醇溶液，然后分别加入 2~3 滴 1# 溶液、2# 溶液、3# 溶液（失去标签的 1-氯丁烷、2-氯丁烷、2-甲基-2-氯丙烷），振荡各试管，观察沉淀析出的快慢，滴加溶液后快速出现沉淀且加入 1 滴 5％硝酸后沉淀不溶解的是 2-甲基-2-氯丙烷；10min 内有沉淀析出且加入 1 滴 5％硝酸后沉淀不溶解的是 2-氯丁烷；10min 后仍无沉淀析出，在水浴中加热煮沸后再观察有沉淀生成且加入 1 滴 5％硝酸后沉淀不溶解的是 1-氯丁烷。

（2）1-溴丁烷、溴化苄、溴苯的鉴别　取 3 支干燥试管，各放入 1mL 5％硝酸银-乙醇溶液，然后分别加入 2~3 滴 4# 溶液、5# 溶液、6# 溶液（失去标签的 1-溴丁烷、溴化苄、溴苯），振荡各试管，观察沉淀析出的快慢，滴加溶液后快速出现沉淀且加入 1 滴 5％硝酸后沉淀不溶解的是溴化苄；10min 后仍无沉淀析出，在水浴中加热煮沸后再观察有沉淀生成且加入 1 滴 5％硝酸后沉淀不溶解的是 1-溴丁烷；在水浴中加热煮沸后再观察也无沉淀生成的是溴苯。

（3）2％硝酸银-乙醇溶液的配制　称取 20g 硝酸银溶解于 150mL 蒸馏水中，用 95％乙醇稀释至 1000mL，保存于棕色试剂瓶[1]。

七、注释

[1]　硝酸盐溶液容易变质，不易长时间保存。

本章小结

1. 卤代烃的命名

普通命名法：根据烷基的名称加上卤素的名称而命名。

系统命名法：饱和卤代烃命名，选择含有卤原子的最长碳链作为主链，卤原子作为取代基；不饱和卤代烃命名时，选择同时含有不饱和键和卤原子在内的最长碳链作为主链，从靠近不饱和键的一侧开始对主链进行编号；卤代脂环烃及卤代芳烃的命名，一般以脂环烃或芳烃为母体，卤原子为取代基来命名，若芳烃的侧链较复杂，则以烃基为母体，将芳环和卤原子作为取代基来命名。

2. 卤代烃的制备

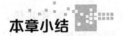

$$H_2C=CHCH_3 + Cl_2 \xrightarrow{500℃} H_2C=CHCH_2Cl$$

$$ROH + \begin{cases} HX \\ PX_3 \\ SOCl_2 \end{cases} \longrightarrow RX$$

3. 卤代烃的化学性质

$$RCH_2X + H_2O \xrightarrow{NaOH} RCH_2OH$$

$$RCH_2X + RONa \longrightarrow RCH_2OR$$

$$RCH_2X + NH_3 \longrightarrow RCH_2NH_2$$

$$RCH_2X + NaCN \longrightarrow RCH_2CN$$

$$R-X + AgONO_2 \xrightarrow{乙醇} R-ONO_2 + AgX\downarrow$$

$$RCH_2CHCH_3 \xrightarrow[\triangle]{KOH/醇} RHC=CHCH_3$$
$$|$$
$$X$$

$$RX + Mg \xrightarrow{干醚} RMgX$$

习题

1. 选择题

(1) 下列各组化合物互为同分异构体的是（   ）。
A. 氯乙烷与氯乙烯   B. 氯仿与碘仿
C. 烯丙基溴与丙烯基溴   D. 苯氯甲烷与氯化苄

(2) 下列物质中，可命名为烯丙基溴的是（   ）。
A. $CH_2=CHCH_2Br$ B. $CH_3CH=CHBr$
C. $CH_2=CCH_3$ D. $CHBr=CHCH_3$
$|$
Br

(3) 下列物质在反应中，不能作为亲核试剂的是（   ）。
A. Cl_2 B. CH_3CH_2ONa C. $AgNO_3$ D. H_2O

(4) 卤代烷与氢氧化钠（乙醇）溶液共热，脱去一分子卤化氢的反应，属于（   ）。
A. 取代反应   B. 缩合反应   C. 消除反应   D. 水解反应

(5) 下列化合物与 $AgNO_3$（乙醇）溶液反应，其活性排列顺序正确的是（   ）。
① $CH_2=CHCH_2CH_2Br$ ② $CH_3CH_2CH=CHBr$ ③ $CH_3CH=CHCH_2Br$
A. ②>③>①   B. ①>②>③   C. ③>②>①   D. ③>①>②

(6) 列各组化合物，不能用 $AgNO_3$（乙醇）溶液鉴别的是（   ）。
A. 氯乙烯和烯丙基氯   B. 氯乙烷和碘乙烷
C. 氯乙烯和乙烯   D. 氯乙烷和乙烷

(7) 仲卤烷、叔卤烷消除 HX 生成烯烃，遵循（   ）。
A. 马氏规则   B. 反马氏规则   C. 次序规则   D. 札伊采夫规则

(8) 烷基相同时，RX 与 NaOH（H_2O）反应速率最快的是（   ）。
A. RF   B. RCl   C. RBr   D. RI

(9) 下列活性中间体稳定性顺序排列正确的是（   ）。
① $(CH_3)_2\overset{+}{C}CH=CH_2$ ② $\overset{+}{C}H_2CH=CHCH_3$
③ $CH_3\overset{+}{C}=CHCH_3$ ④ $CH_3\overset{+}{C}HCH=CH_2$
A. ②>③>①>④   B. ①>④>②>③
C. ③>②>④>①   D. ③>④>①>②

(10) 有利于卤代烃发生消除反应的条件是（   ）。
A. 高温   B. 弱碱性试剂   C. 弱极性试剂   D. 低温

2. 命名下列化合物

(1) $CHBr_3$ (2) $CHClF_2$ (3) $CH_3-\underset{\underset{Cl}{|}}{CH}-CH-CH_2-CH_3$
$\overset{CH_3}{|}$

(4) CH₃-C(CH₃)(Br)-CH₂-CH=CH₂   (5) CH₂Br-CHBr-CH₃

(6) Cl-C₆H₄-CH₂CH₂Cl   (7) CH₃-C(CH₃)(Br)-C(CH₃)(I)-CH₃

(8) C₆H₄(Cl)-CH=CH₂   (9) C₆H₅-CH(Br)-CH₂Cl   (10) 环己烯-CH₂Br, Cl

3. 写出下列化合物的构造式

(1) 3-甲基-2-氯戊烷　　(2) 异丙基碘　　(3) 烯丙基溴

(4) 1,2-二溴乙苯　　(5) 氯化苄　　(6) 2,4-二硝基氯苯

4. 写出分子式为 C_4H_9Cl 的各种构造异构体，并命名。

5. 完成下列反应方程式

(1) $CH_3CH=CH_2 + HBr \xrightarrow{\text{过氧化物}} \xrightarrow{CH_3ONa}$

(2) $CH_3-CHBr-CH(CH_3)-CH_3 \xrightarrow{KOH/\text{醇}} \xrightarrow{KOH/H_2O}$

(3) 环己烯 $\xrightarrow{Br_2} \xrightarrow{KOH/H_2O}$

(4) $C_6H_5-CH_2Cl + C_6H_5-C(CH_3)_3 \xrightarrow{AlCl_3}$

(5) 环己基-Br $\xrightarrow{NaOH/C_2H_5OH}$

(6) 1-甲基环己烯 $\xrightarrow{HI} \xrightarrow{NaOH/H_2O}$

6. 由易到难顺序排列下列各组化合物与 $AgNO_3$ 醇溶液发生反应的活性顺序

(1) $CH_3-C(CH_3)(Br)-CH_3$　　$CH_3-CHBr-CH_2-CH_3$　　$(CH_3)_2CH-CH_2-CH_2Br$

(2) C_2H_5Cl　　C_2H_5Br　　C_2H_5I　　$CH_3CH(I)CH_3$

(3) $C_6H_5-CH_2Cl$　　$C_6H_5-CH_2CH_2Br$　　$C_6H_5-CH(Br)CH_3$

7. 用化学方法鉴别下列各组有机化合物

(1) 1-溴丙烷、2-溴丙烷、2-甲基-2-溴丙烷

(2) 对溴甲苯、苄基溴、2-溴苯乙烷

(3) 环己烯、溴代环己烷、3-溴环己烯

8. 由指定原料制备下列化合物

(1) $CH_2=CHCH_3 \longrightarrow CH_2=CHCH_2OH$

(2) $C_6H_5-CH_3 \longrightarrow H_3C-C_6H_4-CH_2-C_6H_4-Cl$

(3) 环己基-Cl $\longrightarrow$ 环己烯基-OH

9. 由乙烯或者丙烯为原料制备下列化合物
（1）1,1-二溴乙烷 （2）1,1-二氯乙烯 （3）2-氯-2-溴丙烷 （4）1-氯-2,3-二溴丙烷

10. 有 A、B 两种溴代烃，分别与 NaOH 的醇溶液反应，A 生成 1-丁烯，B 生成异丁烯，试写出 A、B 两种溴代烃可能的构造式。

11. 某溴代烃 A 与 KOH-醇溶液作用，脱去一分子 HBr 生成 B，B 经 $KMnO_4$ 氧化得到丙酮和 CO_2，B 与 HBr 作用得到 C，C 是 A 的异构体，试推测 A、B、C 的结构，并写出各步反应方程式。

12. 某化合物 A 分子式为 $C_6H_{13}I$，用 KOH-醇溶液处理后，所得产物经 $KMnO_4$ 氧化生成 $(CH_3)_2CHCOOH$ 和 CH_3COOH，写出 A 的构造式及所有反应方程式。

第八章
醇、酚、醚
Alcohol, Phenol, Ether

> **学习目标** (Learning Objectives)
>
> 1. 了解醇、酚、醚的分类、构造和命名；
> 2. 掌握醇、酚的主要化学性质；
> 3. 了解醚的化学性质；
> 4. 掌握醇、酚、醚的制备方法；
> 5. 知晓重要醇、酚、醚的用途；
> 6. 能运用学到的知识鉴别醇、酚、醚；
> 7. 培养学生实事求是、严谨科学的职业素养和工作作风。

烃分子中一个或几个氢原子被羟基（—OH）取代生成的产物称为醇或酚。两个烃基通过氧原子结合起来的混合物，称为醚。

第一节 醇

一、醇的结构、分类和命名

1. 醇的结构

醇分子中，羟基的氧原子及与羟基相连的碳原子都是 sp^3 杂化。氧原子以一个 sp^3 杂化轨道与氢原子的 1s 轨道相互重叠而成；C—O 键是碳原子的一个 sp^3 杂化轨道与氧原子的一个 sp^3 杂化轨道相互重叠而成的。此外，氧原子还有两对未共用电子对分别占据其他两个杂化轨道。甲醇的成键轨道如图 8-1 所示。

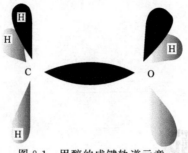

图 8-1 甲醇的成键轨道示意

由于氧的电负性比碳和氢都大，使得碳氧键和氢氧键都具有较大的极性，醇分子通常也具有极性。

2. 醇的分类

醇习惯上有以下三种分类方法。

(1) 按烃基的类型分　醇可分为饱和醇和不饱和醇、脂环醇和芳香醇。例如：

$$CH_3CH_2CH_2CH_2OH \quad CH_2=CHCH_2OH \quad \bigcirc\!\!-OH \quad \bigcirc\!\!-CH_2OH$$

(2) 按醇分子中所含羟基的数目分　分为一元醇、二元醇和三元醇。二元醇以上统称多元醇。例如：

$$CH_3OH \quad \underset{OH\ \ OH}{CH_2-CH_2} \quad \underset{OH\ OH\ OH}{CH_2-CH-CH_2}$$

(3) 按与羟基成键的碳原子来分　与一级碳原子相连接的称为一级醇（伯醇）；与二级碳原子相连接的称为二级醇（仲醇）；与三级碳原子相连接的称为三级醇（叔醇）。如：

$$RCH_2OH \quad R-\underset{OH}{\overset{}{C}H}-R' \quad R-\underset{OH}{\overset{R'}{\underset{|}{C}}}-R''$$

饱和一元醇的通式为 $C_nH_{2n+1}OH$。

3. 醇的命名

(1) 习惯命名法　结构简单的醇可以用习惯命名法命名，即在烃基后面加"醇"字。如：

$$CH_3CH_2OH \quad CH_3\underset{CH_3}{\overset{}{C}HOH} \quad CH_3\underset{OH}{\overset{CH_3}{\underset{|}{C}}}CH_3$$

乙醇　　　　异丙醇　　　　叔丁醇

(2) 系统命名法　系统命名法的命名原则如下所述。

① 选主链（母体），选择连有羟基的最长的碳链为主链，支链为取代基。

② 编号从靠近羟基的一端开始将主链的碳原子依次用阿拉伯数字编号，使羟基所连的碳原子位次最小。

③ 命名根据主链所含碳原子数称为"某醇"，将取代基的位次、名称及羟基位次写在"某醇"前面。如：

$$CH_3CH_2CH_2CH_2\underset{CH_3}{\overset{CH_3}{\underset{|}{C}}}\underset{OH}{\overset{}{}} \quad CH_3\underset{OH}{\overset{}{C}H}CH_2CH_2\underset{OH}{\overset{}{C}H}CH_3 \quad \bigcirc\!\!-CH_2OH$$

5,5-二甲基-2-己醇　　　　2,5-庚二醇　　　　环己甲醇

④ 不饱和醇的命名应选择包括羟基和不饱和键在内的最长碳链为主链,从靠近羟基的一端编号命名。如:

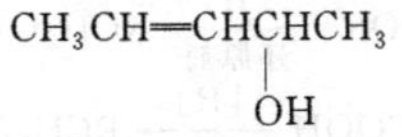

$$CH_3CH=CHCHCH_3$$
$$|$$
$$OH$$

3-戊烯-2-醇

⑤ 芳香醇命名时,可将芳基作为取代基。如:

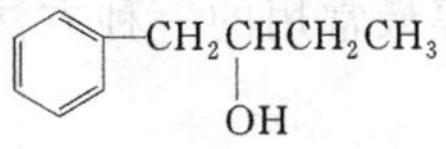

C₆H₅—CHCH₂CH₃
　　　　|
　　　　OH

1-苯基-2-丁醇

练习

8-1 命名下列化合物

(1) 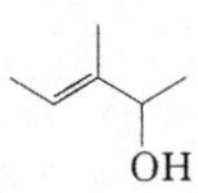 (结构式)　　(2) 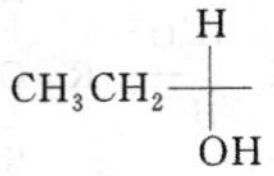 $CH_3CH_2\underset{OH}{\overset{H}{C}}$

二、醇的制法

1. 烯烃水合

烯烃与水加成生产低级醇。

$$CH_2=CH_2 + H_2O \xrightarrow[7MPa, 250\sim350℃]{\text{磷酸-硅藻土}} CH_3CH_2OH$$

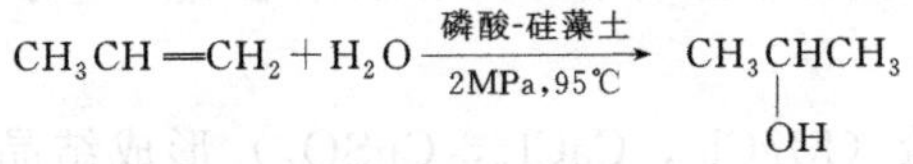

$$CH_3CH=CH_2 + H_2O \xrightarrow[2MPa, 95℃]{\text{磷酸-硅藻土}} CH_3\underset{OH}{\overset{|}{C}HCH_3}$$

2. 卤代烃水解

卤代烃在碱性溶液中水解可得醇。

$$R-X + NaOH \rightleftharpoons R-OH + NaX$$

由于本法为可逆反应,且反应随卤烃结构不同而水解难易不同,并伴有消除反应。因此,卤代烃水解制醇受到很大限制,只有当卤代烃易得时采用此方法。如:

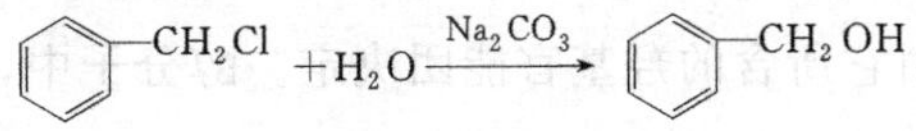

$$C_6H_5CH_2Cl + H_2O \xrightarrow{Na_2CO_3} C_6H_5CH_2OH$$

3. 羰基还原

醛、酮等分子中的羰基可催化加氢还原成相应的醇。醛还原得伯醇,酮还原得仲醇。常用的催化剂有:Ni、Pt 和 Pd 等,这类催化剂可将醛、酮中的不饱和碳碳键一起还原,生成饱和醇。

$$CH_3CH=CHCHO \xrightarrow[\text{加压,加热}]{H_2, Cu} CH_3CH_2CH_2CH_2OH$$
巴豆醛

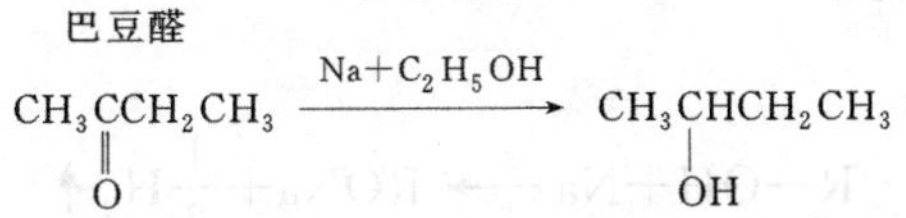

$$CH_3\underset{O}{\overset{\|}{C}}CH_2CH_3 \xrightarrow{Na+C_2H_5OH} CH_3\underset{OH}{\overset{|}{C}HCH_2CH_3}$$

若采用选择性好的催化剂如:硼氢化钠($NaBH_4$)、异丙醇铝 $\{Al[OCH(CH_3)_2]_3\}$、金属与供质子剂的组合等,可保护双键,只将羰基还原为醇。

$$CH_3CH=CHCHO \xrightarrow{LiAlH_4} CH_3CH=CHCH_2OH$$

同样，羧酸、酯分子中的羰基，在一定条件下也可以还原为醇。

$$R-\underset{\underset{O}{\|}}{C}-OR' \xrightarrow[\text{还原剂}]{[H]} RCH_2OH + R'OH$$

$$RCOOH \xrightarrow[\text{还原剂}]{[H]} RCH_2OH$$

4. 由格氏试剂制备

格氏试剂制备醇是实验室制备醇最常用的一种方法。其中，甲醛得伯醇；其他醛得仲醇；酮得叔醇。

$$HCHO + R'MgX \xrightarrow{\text{无水乙醚}} R'CH_2OMgX \xrightarrow[H^+]{H_2O} R'CH_2OH$$

$$RCHO + R'MgX \xrightarrow{\text{无水乙醚}} \underset{R'}{\underset{|}{RCHOMgX}} \xrightarrow[H^+]{H_2O} \underset{R'}{\underset{|}{RCHOH}}$$

$$R-\underset{\underset{O}{\|}}{C}-R + R'MgX \xrightarrow{\text{无水乙醚}} \underset{\underset{R'}{|}}{\overset{\overset{R}{|}}{C}}-OMgX \xrightarrow[H^+]{H_2O} \underset{\underset{R'}{|}}{\overset{\overset{R}{|}}{C}}-OH$$

三、醇的物理性质

低级的饱和一元醇中，C_4 以下是无色透明带酒味的流动液体。甲醇、乙醇和丙醇可与水以任何比例相溶；$C_5 \sim C_{11}$ 是具有不愉快气味的油状液体，仅部分溶于水；C_{12} 以上的醇是无臭无味的蜡状固体，不溶于水。

直链饱和一元醇的沸点随分子量的增加而有规律地增高，每增加一个 CH_2 系差，沸点升高 18~20℃。

低级醇可与一些无机盐（$MgCl_2$，$CaCl_2$，$CuSO_4$）形成结晶状的结晶醇，它们可溶于水，但不溶于有机溶剂。利用这一性质，可使醇与其他化合物分离，或从反应产物中除去少量醇。如工业用的乙醚中常含有少量乙醇，可利用乙醇与氯化钙生成结晶醇的性质，除去乙醚中少量的乙醇。但也正因如此不能用 $CaCl_2$ 干燥醇。

四、醇的化学性质及应用

醇的化学性质，主要由它所含的羟基官能团决定。醇分子中，氧原子的电负性较强，使与氧原子相连的键都有极性。

$$R-\overset{\overset{H}{|}}{\underset{\underset{H}{|}}{C}}\overset{\beta}{}-\overset{\overset{H}{|}}{\underset{\underset{H}{|}}{C}}\overset{\alpha}{}\overset{\delta^-}{O}-\overset{\delta^+}{H}$$

因此，H—O 键和 C—O 键都容易断裂发生反应。由于羟基的影响，α-碳上的氢原子和 β-碳上的氢原子也比较活泼。

1. 与活泼金属的反应

$$R-OH + Na \longrightarrow RONa + \frac{1}{2}H_2 \uparrow$$

醇钠遇水就分解成原来的醇和氢氧化钠。

$$RONa + HOH \rightleftharpoons NaOH + ROH$$

反应是可逆的，平衡偏向于生成醇的一边。实际生产中制备醇钠是从反应物中不断把水除去，使反应向生成醇钠的方向进行。

各种不同结构的醇与金属钠反应的活性是：

$$甲醇 > 伯醇 > 仲醇 > 叔醇$$

2. 醇羟基被卤素取代的反应

(1) 醇与氢卤酸反应　醇与氢卤酸反应，羟基被卤素取代，生成卤代烃和水。

$$ROH + HX \rightleftharpoons RX + H_2O$$

反应是可逆的，常运用增加一种反应物用量或移去某一生成物使平衡向正反应方向移动，以提高产量。

不同的卤烷与同一种醇反应的活性：$HI > HBr > HCl$。

不同的醇与同一种氢卤酸反应的活性：烯丙醇、苄醇 > 叔醇 > 仲醇 > 伯醇 > 甲醇。

卢卡斯（Lucas）试剂：无水氯化锌的浓盐酸溶液。

Lucas试剂与不同的醇反应，生成的小分子卤烷不溶于水，会出现浑浊或产生分层现象，但不同结构的醇反应快慢不同：

$$(CH_3)_3C-OH + HCl \xrightarrow[20℃]{ZnCl_2} (CH_3)_3C-Cl + H_2O \quad 立即出现浑浊$$

$$CH_3CHCH_2CH_3 + HCl \xrightarrow[20℃]{ZnCl_2} CH_3CHCH_2CH_3 + H_2O \quad 放置片刻出现浑浊$$
$$\ \ \ \ \ \ \ |\ |$$
$$\ \ \ \ \ \ OH\ Cl$$

$$CH_3CH_2CH_2CH_2-OH + HCl \xrightarrow[20℃]{ZnCl_2} CH_3CH_2CH_2CH_2Cl + H_2O \quad 常温无变化,加热后反应$$

注意：此方法只适用于鉴别含6个碳以下的伯、仲、叔醇异构体，因高级一元醇本身不溶于 Lucas 试剂。

某些醇与氢卤酸反应，也会发生重排，生成与反应物结构不一样的卤代烃。如：

$$(CH_3)_3C-CH_2OH \xrightarrow{HBr} (CH_3)_2C-CH_2CH_3$$
$$\ |$$
$$\ Br$$

$$(CH_3)_3C-CH_2OH \xrightleftharpoons{H^+} (CH_3)_3C-CH_2\overset{+}{O}H_2 \xrightarrow{-H_2O} (CH_3)_3C-\overset{+}{C}H_2$$

$$\xrightarrow{重排} (CH_3)_2\overset{+}{C}-CH_2CH_3 \xrightleftharpoons{Br^-} (CH_3)_2C-CH_2CH_3$$
$$\ |$$
$$\ Br$$

这主要是由于反应过程中生成的伯正碳离子不稳定，重排为较稳定的叔正碳离子，再与卤离子作用得产物。

(2) 醇与其他卤化物反应　三卤化磷或亚硫酰氯（$SOCl_2$）也可与醇反应制卤代烃，且不发生重排，因此是实验室制卤代烃的一种重要方法。

$$CH_3CH_2CH_2OH \xrightarrow[80\sim90℃]{P+I_2(PI_3)} CH_3CH_2CH_2I$$

$$CH_3CH_2CH_2CH_2OH + SOCl_2 \xrightarrow{\triangle} CH_3CH_2CH_2CH_2Cl + SO_2\uparrow + HCl\uparrow$$

此法用于氯代烷的制备，反应速率快、产率高，且副产物均为气体，易与氯代烷分离。

3. 酯的生成

醇与含氧无机酸如硝酸、硫酸、磷酸等作用，脱去水分子生成无机酸酯。例如：

$$CH_3-OH + H-OSO_3H \rightleftharpoons CH_3OSO_3H + H_2O$$

硫酸氢甲酯为酸性，在减压下蒸馏可得中性的硫酸二甲酯。

$$2CH_3OSO_3H \xrightarrow{减压蒸馏} (CH_3O)_2SO_2 + H_2SO_4$$

工业上以月桂醇（十二醇）为原料，与硫酸酯化后，由碱中和得十二烷基硫酸钠（月桂醇硫酸钠）。

$$C_{12}H_{25}OH + H_2SO_4 \xrightarrow{45\sim55℃} C_{12}H_{25}OSO_3H + H_2O$$

$$C_{12}H_{25}OSO_3H + NaOH \longrightarrow C_{12}H_{25}OSO_3Na + H_2O$$

醇与硝酸反应生成硝酸酯。如：

$$\begin{array}{c} CH_2-OH \\ | \\ CH-OH \\ | \\ CH_2-OH \end{array} + 3HONO_2 \xrightarrow[10\sim20℃]{H_2SO_4(浓)} \begin{array}{c} CH_2-ONO_2 \\ | \\ CH-ONO_2 \\ | \\ CH_2-ONO_2 \end{array} + 3H_2O$$

4. 脱水反应

醇脱水反应根据条件的不同而不同：低温下发生分子间脱水生成醚；高温下发生分子内脱水生成烯烃。常用的脱水剂有硫酸、氧化铝等。如：

$$\begin{array}{c} CH_2-CH_2 \\ | \quad\;\; | \\ H \quad\; OH \end{array} \xrightarrow[或Al_2O_3,360℃]{浓H_2SO_4,170℃} CH_2=CH_2 + H_2O \quad 分子内脱水$$

$$CH_3CH_2-OH + H-OCH_2CH_3 \xrightarrow[或Al_2O_3,240℃]{浓H_2SO_4,140℃} CH_3CH_2OCH_2CH_3 + H_2O \quad 分子间脱水$$

札伊采夫（Zaitsev）规则：脱去羟基及含氢少的β-碳原子上的氢，生成含烷基较多的烯烃。不同的醇脱水的活性也不同：叔醇＞仲醇＞伯醇。

$$CH_3CH_2CH_2CH_2CH_2OH \xrightarrow[140℃]{75\%H_2SO_4} CH_3CH_2CH_2CH=CH_2$$

$$CH_3CH_2CHCH_3 \xrightarrow[100℃]{60\%H_2SO_4} CH_3CH=CHCH_3$$
$$\quad\quad\;\; |$$
$$\quad\quad\; OH$$

$$\begin{array}{c} CH_3 \\ | \\ CH_3-C-CH_3 \\ | \\ OH \end{array} \xrightarrow[80\sim90℃]{20\%H_2SO_4} \begin{array}{c} CH_3 \\ | \\ CH_3-C=CH_2 \end{array}$$

5. 氧化反应

伯醇先被氧化成醛，醛继续被氧化为羧酸。

$$RCH_2OH \xrightarrow{[O]} RCHO \xrightarrow{[O]} RCOOH$$

$$CH_3CH_2CH_2CH_2OH \xrightarrow[\Delta]{K_2Cr_2O_7+H_2SO_4} CH_3CH_2CH_2CHO$$

$$\begin{array}{c} R-CH-R' \\ | \\ OH \end{array} \xrightarrow{[O]} \begin{array}{c} R-C-R' \\ \|\\ O \end{array}$$

仲醇被氧化成含有相同数目碳原子的酮，由于酮较稳定，不易被氧化，可用此方法合成酮。

$$CH_3CH_2CHCH_2CH_3 \xrightarrow[90℃]{Na_2Cr_2O_7+H_2SO_4} CH_3CH_2CCH_2CH_3$$
$$\quad\quad\quad\; |\quad\quad\quad\quad\quad\quad\quad\quad\quad\quad\quad\quad\quad\quad\; \|$$
$$\quad\quad\quad OH\quad\quad\quad\quad\quad\quad\quad\quad\quad\quad\quad\quad\quad\quad O$$

叔醇分子中没有α-H，在通常情况下不被氧化。

$$3C_2H_5OH + 2K_2Cr_2O_7 + 8H_2SO_4 \longrightarrow 3CH_3COOH + 2Cr_2(SO_4)_3 + 2K_2SO_4 + H_2O$$
$$\quad\quad\quad\quad\quad\;\;\, 橙红 \quad\quad\quad\quad\quad\quad\quad\quad\quad\quad\quad\quad\quad\quad\quad\quad 绿色$$

在此反应中溶液由橙红色转变为绿色，以此鉴别醇。除此之外，检查司机酒后驾车的"呼吸分析仪"也是据此原理设计的。

伯醇或仲醇的蒸气在高温下通过活性铜或银、镍等催化剂发生脱氢反应，分别生成醛和酮。如：

$$CH_3CH_2OH \xrightleftharpoons[250\sim350℃]{Cu} CH_3CHO + H_2$$

$$CH_3\underset{OH}{\underset{|}{C}}HCH_3 \xrightleftharpoons[500℃,0\sim3MPa]{Cu} CH_3\underset{O}{\underset{\|}{C}}CH_3 + H_2$$

叔醇分子中没有 α-H，不发生脱氢反应。

练习

8-2 完成下列反应

(1) $CH_3CH_2\underset{OH}{\underset{|}{C}}HCH_3 \xrightarrow[100℃]{60\% H_2SO_4}$

(2) $CH_3CH_2CH_2OH \xrightarrow[85\sim90℃]{P+I_2(PI_3)}$

五、重要的醇

1. 甲醇

甲醇为无色透明有酒精味的液体，最初是由木材干馏得到，因此俗称木醇。甲醇能与水及许多有机溶剂混溶。甲醇有毒，内服10mL可致人失明，30mL可致死。

甲醇是优良的溶剂，也是重要的化工的原料，可用于合成甲醛、羧酸甲酯等其他化合物，也是合成有机玻璃和许多医药产品的原料。

2. 乙醇

乙醇为无色易燃液体，俗称酒精。95.57%（质量分数）乙醇与4.43%水组成一恒沸混合物，因此制备乙醇时，用直接蒸馏法不能将水完全去掉。

乙醇是重要的化工原料。70%～75%的乙醇杀菌效果最好，在医药上用作消毒剂。

3. 丙三醇

丙三醇为无色具有甜味的黏稠液体，俗称甘油。

丙三醇与水能以任意比混溶，具有很强的吸湿性，对皮肤有刺激性，作皮肤润滑剂时，应用水稀释。甘油在药剂上可作溶剂，制作碘甘油、酚甘油等。对便秘患者，常用50%的甘油溶液灌肠。

4. 苯甲醇

苯甲醇为具有芳香气味的无色液体，俗称苄醇，是最简单的芳香醇，存在于植物油中，微溶于水。苯甲醇具有微弱的麻醉作用和防腐性能，用于配制注射剂可减轻疼痛，10%的苯甲醇软膏或洗剂为局部止痒剂。

第二节 酚

一、酚的结构、分类和命名

1. 酚的结构

酚是羟基（—OH）直接取代苯环上氢的化合物，羟基是酚的官能团，也称酚羟基。酚

羟基中氧原子为 sp^2 杂化，氧上两对孤对电子，一对占据 sp^2 杂化轨道，另一对占据未杂化的 p 轨道，并与苯环的大 π 键形成 p-π 共轭，如图 8-2 所示。

p-π 共轭，使氧的 p 电子云向苯环移动，苯环电子云密度增加，受到活化而更易发生取代反应；另一方面，p 电子云的转移导致了氢氧之间电子云进一步向氧原子转移，使氢更易离去。

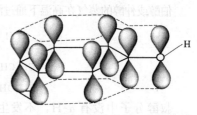

图 8-2 苯酚分子中的 p-π 共轭体系

2. 酚的分类和命名

据羟基的数目分：一元酚、二元酚、三元酚等。

酚的命名按照官能团优先规则。若苯环上没有比—OH 优先的基团，则—OH 与苯环一起为母体，环上其他基团为取代基，按位次和名称写在前面，称为"某酚"。如：

3-硝基酚（间硝基酚）　　　2,4-二甲酚

若苯环上有比—OH 优先的基团，则—OH 作取代基。如：

邻羟基苯甲酸　　　对羟基苯甲醛

练习

8-3　命名下列化合物

(1)　　　　　　(2)

二、酚的物理性质

大多数酚为结晶型固体，仅少数烷基酚为液体。纯的酚类化合物无色，氧化后呈红色或红褐色。酚类化合物在水中有一定的溶解度，且羟基越多，在水中溶解度越大。由于分子间氢键的形成，使酚类化合物的沸点较高。而熔点和分子的对称性有关，对称性大的酚，其熔点比对称性小的酚要高。

三、酚的化学性质及应用

1. 酚羟基的反应

$$\text{C}_6\text{H}_5\text{OH} + \text{NaOH} \longrightarrow \text{C}_6\text{H}_5\text{ONa} + \text{H}_2\text{O}$$

酚羟基的氢原子可离去，而使酚显弱酸性，因此可与氢氧化钠反应生成可溶性酚钠。例如：

第八章 醇、酚、醚

苯酚是比碳酸还弱的弱酸。在酚盐溶液中通入二氧化碳，苯酚可从反应液中游离出来。

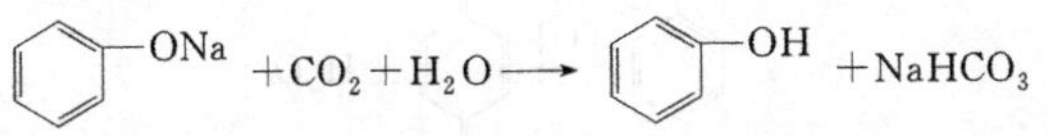

$$C_6H_5ONa + CO_2 + H_2O \longrightarrow C_6H_5OH + NaHCO_3$$

酚类化合物的酸性也与芳环上所连的取代基有关。当芳环上连有吸电子基时，会使酚的酸性增强，且吸电子能力越强，酸性也越强；当芳环上连有给电子基时，会使酚的酸性减弱，且给电子能力越强，酸性越弱。如：

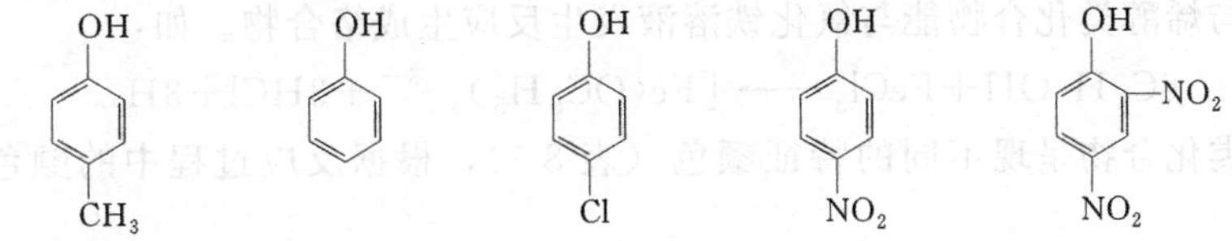

4-甲基苯酚	苯酚	4-氯苯酚	4-硝基苯酚	2,4-二硝基苯酚
pK_a: 10.14	9.98	9.38	7.15	4.09

酚钠与卤代烷或硫酸二甲酯等烷基化试剂作用可生成酚醚。如：

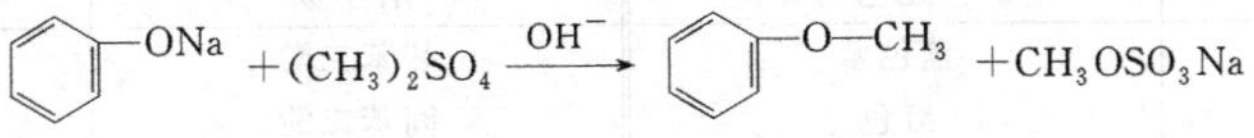

$$C_6H_5ONa + (CH_3)_2SO_4 \xrightarrow{OH^-} C_6H_5OCH_3 + CH_3OSO_3Na$$
（苯甲醚）

苯酚还可发生酯化反应，但直接酯化较困难，常用酸酐或酰氯为原料。如：

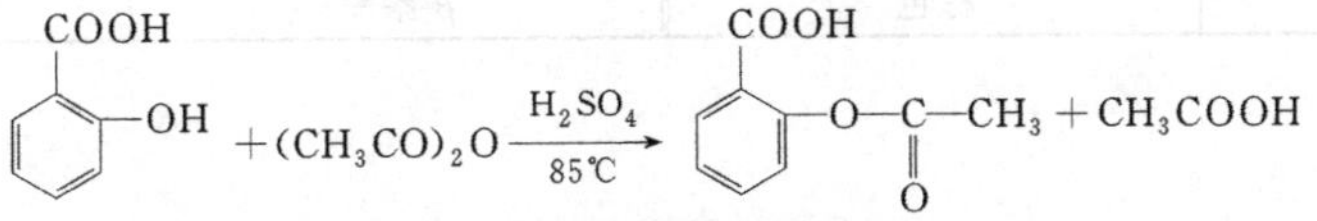

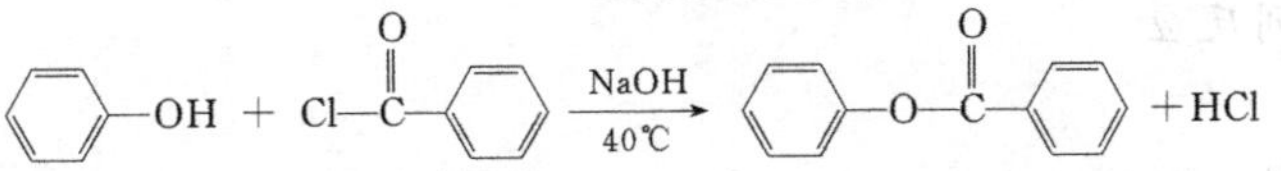

水杨酸 + (CH$_3$CO)$_2$O $\xrightarrow[85℃]{H_2SO_4}$ 乙酰水杨酸 + CH$_3$COOH
（乙酸酐）

苯酚 + 苯甲酰氯 $\xrightarrow[40℃]{NaOH}$ 苯甲酸苯酯 + HCl

2. 芳环上的亲电取代反应

（1）卤化反应 苯酚在室温下就能与溴水立即反应，生成 2，4，6-三溴苯酚白色沉淀。

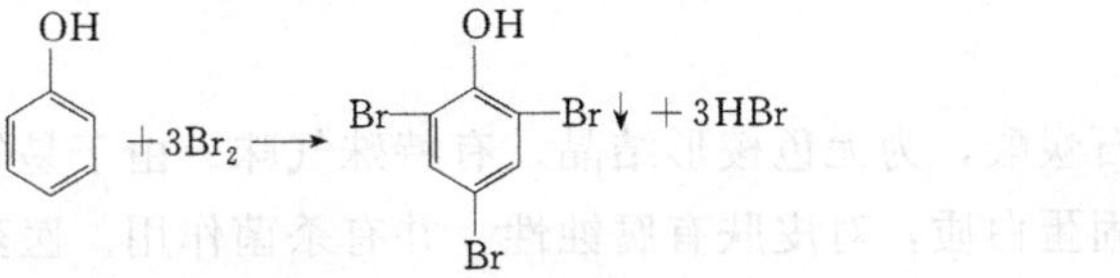

$$C_6H_5OH + 3Br_2 \longrightarrow 2,4,6\text{-三溴苯酚} \downarrow + 3HBr$$

反应很灵敏，用作酚类物质的定性检验和定量检测。

（2）硝化反应 苯酚在室温下就可被稀硝酸酸化，生成邻硝基苯酚和对硝基苯酚的混合物。

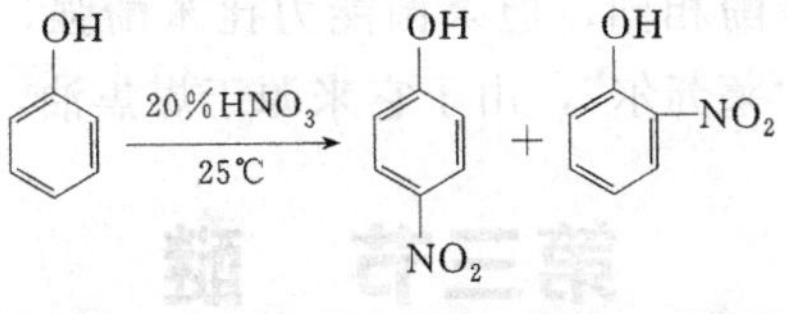

$$C_6H_5OH \xrightarrow[25℃]{20\% HNO_3} \text{对硝基苯酚} + \text{邻硝基苯酚}$$

邻硝基苯酚可形成分子内氢键，与对硝基苯酚相比，邻硝基苯酚沸点较低，挥发性强，水溶性小，因此可用水蒸气蒸馏法使之随水蒸气一起蒸出，将两种异构体分开。

3. 氧化反应

酚类化合物不仅可用氧化剂如重铬酸钾等氧化，就是较长时间与空气接触，也可被空气中的氧氧化，颜色逐渐变为粉红、红直至红褐色。苯被氧化时，不仅羟基被氧化，羟基对位的碳氢键也被氧化，结果生成对苯醌：

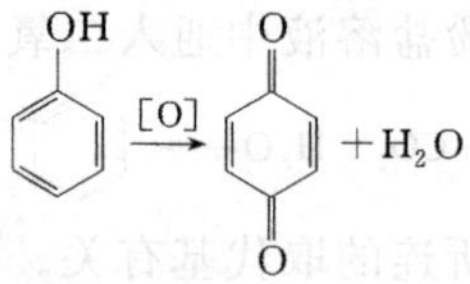

$$\underset{\text{OH}}{\bigcirc} \xrightarrow{[O]} \underset{\text{O}}{\overset{\text{O}}{\bigcirc}} + H_2O$$

利用酚的这一性质，可用作抗氧剂。

4. 与氯化铁的显色反应

大多数酚与烯醇类化合物能与氯化铁溶液发生反应生成络合物。如：

$$6C_6H_5OH + FeCl_3 \longrightarrow [Fe(OC_6H_5)_6]^{3-} + 3HCl + 3H^+$$

不同的酚类化合物呈现不同的特征颜色（表 8-1），根据反应过程中的颜色变化可以鉴别它们。

表 8-1 酚类化合物与氯化铁溶液的显色

化合物	显色	化合物	显色
苯酚	蓝色紫	邻苯二酚	绿色
邻甲苯酚	红色	间苯二酚	蓝色~紫色
对甲苯酚	紫色	对苯二酚	暗绿色
邻硝基苯酚	红色~棕色	α-萘酚	紫色
对硝基苯酚	棕色	β-萘酚	黄色~绿色

练习

8-4 完成下列反应

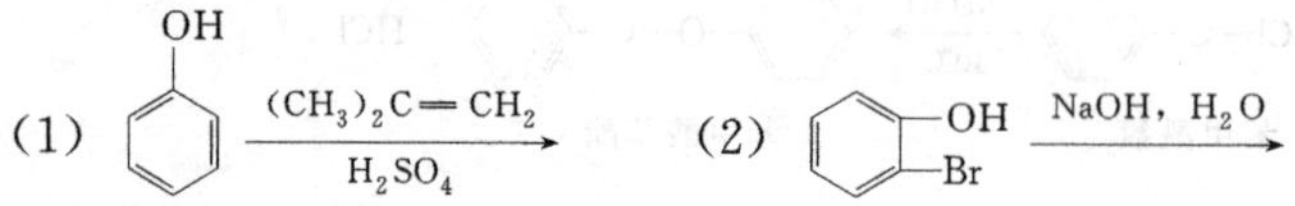

(1) $\underset{\text{OH}}{\bigcirc} \xrightarrow[H_2SO_4]{(CH_3)_2C=CH_2}$

(2) $\underset{\text{Br}}{\underset{|}{\bigcirc}}\text{OH} \xrightarrow{NaOH, H_2O}$

四、重要的酚

1. 苯酚

苯酚俗称石炭酸，为无色棱形结晶，有特殊气味。由于易氧化，应装于棕色瓶中避光保存。苯酚能凝固蛋白质，对皮肤有腐蚀性，并有杀菌作用。医药临床上，是使用最早的外科消毒剂，因为有毒，现已不再使用。

2. 甲苯酚

苯甲酚有邻、间、对三种异构体，它们的沸点相近，不易分离，在实际中常混合使用。苯甲酚有苯酚气味，毒性与苯酚相同，但杀菌能力比苯酚强，医药上用含 47%~53% 的肥皂水消毒，这种消毒液俗称"莱苏尔"，由于它来源于煤焦油，也称作"煤酚皂溶液"。

第三节 醚

一、醚的分类和命名

1. 醚的分类

醚是氧原子将两个烃基连接而成的化合物，烃基可以是烷基、烯基或芳基。C—O—C 叫醚键，是醚的官能团。

醚分子中两个烃基相同，称"单醚"；两个烃基不同，则称"混醚"。若氧所连接的两个烃基形成环状，则称"环醚"。

2. 醚的命名

单醚在命名时，称"二某醚"，对于分子较小的简单脂肪醚，"二"字也可以省略。如：

$$\text{C}_6\text{H}_5\text{—O—C}_6\text{H}_5 \qquad \text{CH}_3\text{CH}_2\text{—O—CH}_2\text{CH}_3$$

二苯醚　　　　　　二乙醚（乙醚）

混醚在命名时，将较小的烃基放在前面；若烃基中有一个是芳香基时，将芳香基放在前面。如：

$$\text{CH}_3\text{—O—CH(CH}_3)_2 \qquad \text{C}_6\text{H}_5\text{—O—CH}_2\text{CH}_3$$

甲基异丙基醚　　　　　　苯乙醚

环醚一般称为"环氧某烷"，或按杂环化合物命名。如：

1,4-环氧丁烷（四氢呋喃）　　1,2-环氧丙烷　　环氧乙烷

烃基结构复杂的醚，按系统命名法命名。以复杂烃基为母体，烷氧基作取代基。如：

$$\text{CH}_3\text{CH}_2\text{CH}_2\text{CHCH}_3 \qquad$$
$$\qquad\quad\;\;|$$
$$\qquad\quad\;\;\text{OC}_2\text{H}_5$$

2-乙氧基戊烷　　　　　　3-甲氧基苯酚

练习

8-5　命名下列化合物

（1） $\text{NO}_2\text{—C}_6\text{H}_4\text{—OCH}_3$　（2）

二、醚的制法

1. 醇脱水

在酸催化下，由醇受热分子间脱水可制得单醚。

$$2\text{ROH} \xrightarrow{\text{H}_2\text{SO}_4} \text{ROR} + \text{H}_2\text{O}$$

该法的原料主要是伯醇，叔醇则发生分子内脱水，生成烯烃。

2. 威廉森合成法

威廉森合成法是用醇钠或酚钠和卤代烃在无水条件下反应生成醚：

$$\text{RONa(ArONa)} + \text{R}'\text{X} \longrightarrow \text{ROR}' + \text{NaX}$$

这个方法既可合成单醚，也可合成混醚。但由于是卤代烃在强碱条件下的亲核取代反应，常会有消除反应发生，特别是叔卤代烷，主要发生脱卤化氢反应生成烯烃。因此，在合成醚时，需要采用伯卤代烷。如：

$$\text{CH}_3\text{CH}_2\text{CH}_2\text{Br} + (\text{CH}_3\text{CH}_2)_3\text{CONa} \longrightarrow \text{CH}_3\text{CH}_2\text{CH}_2\text{OC}(\text{CH}_3\text{CH}_2)_3 + \text{NaBr}$$

在合成芳醚时，因卤代芳烃不活泼，采用酚钠与卤代烷反应，而不用卤代芳烃和醇钠作

用。如：

$$\text{C}_6\text{H}_5\text{—ONa} + \text{CH}_3\text{CH}_2\text{CH}_2\text{Br} \longrightarrow \text{C}_6\text{H}_5\text{—OCH}_2\text{CH}_2\text{CH}_3 + \text{NaBr}$$

除卤代烷外，磺酸酯、硫酸酯也可用于合成醚：

$$\text{C}_6\text{H}_5\text{—OH} + \text{CH}_3\text{OSO}_2\text{OCH}_3 \xrightarrow{\text{NaOH},\text{H}_2\text{O}} \text{C}_6\text{H}_5\text{—OCH}_3$$

三、醚的物理性质

在常温下除了甲醚和甲乙醚为气体外，大多数醚为有香味的液体。醚分子中没有与强电负性原子相连的氢，因此分子间不能形成氢键。醚的沸点显著低于同分子量的醇，如甲醚和乙醇的沸点分别为 $-24.9\,^\circ\text{C}$ 和 $78.5\,^\circ\text{C}$。但醚分子能与水分子形成氢键，使它在水中的溶解度与同分子量的醇相近。

四、醚的化学性质

1. 氧鎓盐的形成

醚中的氧原子上具有孤电子对，能接受质子，但接受质子的能力较弱，只有与浓强酸（如浓硫酸和浓盐酸）中的质子，才能形成一种不稳定的盐，称氧鎓盐，也因此醚能溶于强酸。

$$\text{R}\overset{..}{\underset{..}{\text{—O—}}}\text{R} + \text{H}^+\text{Cl}^- \longrightarrow [\text{R}\overset{..}{\underset{\text{H}}{\text{—O}^+\text{—}}}\text{R}]\text{Cl}^-$$

氧鎓盐

由于氧鎓盐不稳定，遇水又可分解为原来的醚，利用这一性质，可从烷烃、卤代烃中鉴别和分离醚。

$$[\text{R}\overset{..}{\underset{\text{H}}{\text{—O}^+\text{—}}}\text{R}]\text{Cl}^- + \text{H}_2\text{O} \longrightarrow \text{ROR} + \text{H}_3\text{O}^+\text{Cl}^-$$

2. 醚键的断裂

$$\text{CH}_3\text{—O—CH}_2\text{CH}_3 + \text{HI} \xrightarrow{\triangle} \text{CH}_3\text{CH}_2\text{OH} + \text{CH}_3\text{I}$$

加热时，醚与浓的氢卤酸或 Lewis 酸作用可使醚键断裂，生成醇（酚）和碘代烷。其中，氢碘酸的效果最好，并且混醚中 α-氢多的烃基首先生成碘代烃。例如：

$$\text{C}_6\text{H}_5\text{—OCH}_3 + \text{HI} \xrightarrow{\triangle} \text{C}_6\text{H}_5\text{—OH} + \text{CH}_3\text{I}$$

反应中若氢碘酸过量，则生成的醇可进一步转化为另一分子碘代烃。若生成酚，则无此转化。

$$\text{CH}_3\text{CH}_3\text{OH} + \text{HI} \longrightarrow \text{CH}_3\text{CH}_2\text{I} + \text{H}_2\text{O}$$

3. 过氧化物的生成

低级醚与空气长时间接触，会逐渐生成过氧化物。过氧化物不稳定，受热易分解爆炸。因此，醚类化合物应在深色玻璃瓶中存放，或加入抗氧化剂防止过氧化物的生成。久置的醚在蒸馏时，低沸点的醚被蒸出后，还有高沸点的过氧化物留在瓶中，继续加热，便会爆炸，因此在蒸馏前必须检验是否有过氧化物存在。

检验的方法是用淀粉碘化钾试纸,若试纸变蓝,说明有过氧化物存在,应加入硫酸亚铁、亚硫酸钠等还原性物质处理后再用。

练习

8-6 完成下列反应

(1) 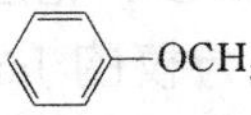 C₆H₅—OCH₃ $\xrightarrow{HI}$ (2) $CH_3OCH_2CH_2CH_3 \xrightarrow{HI}$

五、重要的醚

1. 乙醚

乙醚是最常用的醚,为无色具有香味的液体。沸点 34.5℃,极易挥发和着火,其蒸气与空气以一定比例混合,遇火就会猛烈爆炸,使用时要远离明火。乙醚的性质稳定,可溶解许多有机物,是优良的溶剂。另外,乙醚可溶于神经组织脂肪中引起生理变化,起到麻醉作用,早在 1850 年就被用于外科手术的全身麻醉,但大量吸入乙醚蒸气可使人失去知觉,甚至死亡。

2. 环氧乙烷

环氧乙烷是最简单的环醚,常温下为无色有毒气体。可与水互溶,也能溶于乙醇、乙醚等有机溶剂。沸点为 11℃,可与空气形成爆炸混合物,常储存于钢瓶中。环氧乙烷的性质非常活泼,是一种重要的化工原料。

拓展窗

生物能源的新星:长链醇

生物质是指利用大气、水、土地等通过光合作用而产生的各种有机体,即一切有生命的可以生长的有机物质,其是一种可再生的清洁资源。通过生物制造法,生物质可以被转化为可再生的代替能源。其中,乙醇被认为是目前最有可能代替汽油运输燃料的可再生能源。

在作为汽油代替燃料时,乙醇主要是以一定比例和汽油混合,形成混合燃料。乙醇的加入可以提高混合燃料的辛烷值,同时还能减少有毒污染物的排放。但是乙醇的加入也有很多弊端:乙醇的能量密度比汽油要低 30%,因此其燃烧效率要低很多;乙醇的吸水性很好,导致混合燃料容易吸收水分;乙醇的运输不能利用现有的石油管道,这会大大提高其运输成本。另外,乙醇的加入会提高混合燃料的蒸气压,使其超过安全操作和储存的上限。为解决这一问题,目前用于制造汽油乙醇混合燃料的汽油都是经过预处理的,汽油中的轻烃类组分需要被抽提掉,这进一步增加了操作成本。

基于乙醇燃料的这些缺陷,近年来科学家们提出制造下一代生物能源的概念。下一代生物能源主要包括长链醇类(higher-chain alcohols)、微柴油酯类和碳氢化合物类。其中长链醇类指的是含有四碳或五碳的直链醇或支链醇,如丁醇、异丁醇、异戊醇、活性戊醇等。

长链醇和乙醇相比更适合作为汽油运输燃料的替代品。它们的能量密度和汽油相似，不易吸水、挥发性低，对现有汽车引擎造成的损伤更小，能使用现有的石油管道运输，而且和汽油的混合物能很好地降低燃料的蒸气压。由于长链醇相对乙醇作为汽油代替物的优势，生物法制造丁醇是近几年来生物能源领域的一个研究热点。然而除了丁醇生物制造外，目前国外关于生物法制造其他长链醇的报道很少，相应的研究2008年年初才被报道，国内则还未见报道。美国加州大学洛杉矶分校的James Liao教授2008年首次提出了通过氨基酸合成的中间物2-酮基酸来生物合成长链醇的技术思路：2-酮基酸经过脱羧还原后能被转化为相应的长链醇。该研究小组构建并优化了异丁醇的合成途径，该技术思路也可用来合成其他长链醇，如异戊醇、丙醇、丁醇、活性戊醇和苯乙醇。Liao研究小组合成的异丁醇产物终浓度能达到22g/L，然而其他的长链醇产物浓度却很低，如异戊醇只有1.3g/L。从汽油代替燃料的角度出发，必然要能工业化大规模地生产长链醇，因此它们的生产速率和产率是决定其能否实际工业化应用的最重要的指标。现阶段，天然微生物很少带有完整的合成长链醇的代谢途径；酿酒酵母能自身合成多种长链醇，然而产量却非常低，远不能达到工业化的要求。

　　我国在纤维素乙醇的开发研究方面起步较晚，在代谢工程、工业发酵与生物炼制这方面的研究开发还比较薄弱，与国际上的差距比较明显。长链醇生物制造法技术的开发研究将使我国在下一代生物能源的研发方面和国际水平基本保持平行；同时还能弥补现有乙醇燃料的缺陷，丰富汽油代替燃料的多样性和可选择性。该领域的研究涉及代谢工程、工业发酵与生物炼制的许多核心技术，可以在很大程度上促使我国在工业发酵与生物炼制的发展与进步，同时还能促进工业生物制造行业的发展与进步并提供更多的就业机会。

技能项目八
环己烯的制备

背景：
　　有机实验用到的试剂较多，甚至有很多不易储存、易燃易爆的化学物质，因此有些试剂需要有机实训室随制备随使用。现实验室为了对比烷烃、烯烃、炔烃的化学性质，需要制备环己烯作为烯烃的代表。

一、工作任务

任务（一）：认识环己醇制备环己烯的原理和分馏的原理。

任务（二）：学会分馏、液体萃取、液体干燥等实验操作技能。

任务（三）：学会用环己醇制备环己烯。

二、主要工作原理

主反应

$$\text{C}_6\text{H}_{11}\text{OH} \underset{85\%\text{H}_3\text{PO}_4}{\rightleftharpoons} \text{C}_6\text{H}_{10} + \text{H}_2\text{O}$$

副反应

$$2\,\text{C}_6\text{H}_{11}\text{OH} \underset{85\%\text{H}_3\text{PO}_4}{\rightleftharpoons} (\text{C}_6\text{H}_{11})_2\text{O} + \text{H}_2\text{O}$$

主反应为可逆反应，本实验采用的措施是：边反应边蒸出反应生成的环己烯和水形成的二元共沸物（沸点70.8℃，含水10%）。但是原料环己醇也能和水形成二元共沸物（沸点97.8℃，含水80%）。为了使产物以共沸物的形式蒸出反应体系，而又不夹带原料环己醇，本实验采用分馏装置[1]，并控制柱顶温度不超过90℃。

本反应采用85%的磷酸为催化剂，而不用浓硫酸作催化剂，是因为磷酸氧化能力较硫酸弱得多，减少了氧化副反应。

三、主要试剂及产品的物理常数

药品名称	分子量	用量/mL	熔点/℃	沸点/℃	相对密度(d_4^{20})	水溶解度/(g/100mL)
环己醇	100.16	20	25.2	161	0.9624	稍溶于水
环己烯	82.14			83.19	0.8098	不溶于水
85%磷酸	98	10	42.35		1.834	易溶于水
其他药品	饱和食盐水、无水氯化钙					

四、工作过程

在100mL干燥的圆底烧瓶中，放入20mL（19.6g）环己醇、10mL 85%磷酸，充分振摇、混合均匀[2]。投入几粒沸石，按图8-3安装反应装置，用锥形瓶作接收器。

用小火慢慢加热，控制加热速度使分馏柱上端的温度不要超过90℃[3]，馏出液为带水的混合物。当烧瓶中只剩下很少量的残液并出现阵阵白雾时，即可停止蒸馏。全部蒸馏时间约需40min[4]。

将馏出液转移至分液漏斗[5]，自漏斗下端活塞放出水层，漏斗中再加入10mL饱和食盐水[6]，充分振摇后静止分层，将下层水溶液自漏斗下端活塞放出、上层粗产物自漏斗上口倒入干燥的小锥形瓶中，加入1~2g无水氯化钙[7]，用塞子塞好，间歇地加以振荡，液体变为澄清透明[8]，放置20min。

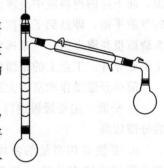

图8-3 分馏装置

将干燥后的产物滤入干燥的蒸馏瓶中，分馏装置见图8-3，加入几粒沸石，加热蒸馏。用干燥并事先称量其质量的锥形瓶收集80~85℃的馏分[9]。称量计算产率。

实验流程：

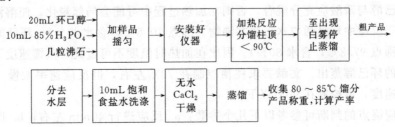

五、问题讨论

（1）在纯化环己烯时，用等体积的饱和食盐水洗涤，而不用水洗涤，目的何在？
（2）本实验用磷酸作催化剂比用硫酸作催化剂好在哪里？
（3）使用分液漏斗有哪些注意事项？
（4）查药品物理常数的途径有哪些？
（5）要很好地进行分馏，必须注意什么？

六、注释

[1] 分馏的原理简述如下：

如果将两种挥发性液体混合物进行蒸馏，在沸腾温度下，其气相与液相达成平衡，出来的蒸气中含有较多量易挥发物质的组分，将此蒸气冷凝成液体，其组成与气相组成等同（即含有较多的易挥发组分），而残留物中却含有较多量的高沸点组分（难挥发组分），这就是进行了一次简单的蒸馏。

如果将蒸气凝成的液体重新蒸馏，即又进行一次气液平衡，再度产生的蒸气中，所含的易挥发物质组分又有增高，同样，将此蒸气再经冷凝而得到的液体中，易挥发物质的组成当然更高，这样我们可以利用一连串的重复蒸馏，最后能得到接近纯组分的两种液体。

应用这样反复多次的简单蒸馏，虽然可以得到接近纯组分的两种液体，但是这样做既浪费时间，且在重复多次蒸馏操作中的损失又很大，设备复杂，所以，通常是利用分馏柱进行多次汽化和冷凝，这就是分馏。

在分馏柱内，当上升的蒸气与下降的冷凝液冷凝相接触时，上升的蒸气部分冷凝放出热量使下降的冷凝液部分汽化，两者之间发生了热量交换，其结果，上升蒸气中易挥发组分增加，而下降的冷凝液中高沸点组分（难挥发组分）增加，如果继续多次，就等于进行了多次的气液平衡，即达到了多次蒸馏的效果。这样靠近分馏柱顶部易挥发物质的组分比率高，而在烧瓶里高沸点组分（难挥发组分）的比率高。这样只要分馏柱足够高，就可将这种组分完全彻底分开。工业上的精馏塔就相当于分馏柱。

简单分馏操作和蒸馏大致相同，要很好地进行分馏，必须注意下列几点：

a. 分馏一定要缓慢进行，控制好恒定的蒸馏速度（1~2 滴/s），这样，可以得到比较好的分馏效果。

b. 要使有相当量的液体沿柱流回烧瓶中，即要选择合适的回流比，使上升的气流和下降的液体充分进行热交换，使易挥发组分量上升，难挥发组分尽量下降，分馏效果更好。

c. 必须尽量减少分馏柱的热量损失和波动。柱的外围可用石棉绳包住，这样可以减少柱内热量的散发，减少风和室温的影响，也减少了热量的损失和波动，使加热均匀，分馏操作平稳地进行。

[2] 环己醇与磷酸应充分混合，否则在加热过程中可能会局部炭化，使溶液变黑。

[3] 由于反应中环己烯与水形成共沸物（沸点 70.8℃，含水 10%）；环己醇也能与水形成共沸物（沸点 97.8℃，含水 80%）。因比在加热时温度不可过高，蒸馏速度不宜太快，以减少未作用的环己醇蒸出。文献要求柱顶控制在 73℃左右，但反应速率太慢。本实验为了加快蒸出的速度，可控制在 90℃以下。

[4] 反应终点的判断可参考以下几个参数：a. 反应进行 40min 左右；b. 反应烧瓶中出现白雾；c. 柱顶温度下降后又升到 85℃以上。

[5] 使用分液漏斗洗涤和萃取时，有以下注意事项：a. 分液漏斗在长期放置时，为防止盖子的旋塞粘接在一起，一般都衬有一层纸。使用前，要先去掉衬纸，检查盖子和旋塞是否漏水。如果漏水，应涂凡士林后，再检验，直到不漏才能用。涂凡士林时，应在旋塞上涂薄薄一层，插上旋转几周；但孔的周围不能涂，以免堵塞孔洞。b. 萃取时要充分振摇，注意正确的操作姿势和方法。c. 振摇时，往往会有气体产生，要及时放气。d. 分液时，下层液体应从旋塞放出，上层液体应从上口倒出。e. 分液时，先把顶上的盖子打开，或旋转盖子，使盖子上的凹缝或小孔对准漏斗上口颈部的小孔，以便与大气相通。f. 在萃取和分液时，上下两层液体都应该保留到实验完毕，以方便在操作失误时，能够补救。

[6] 在纯化有机物时，常用饱和食盐水洗涤，而不用水直接洗涤是利用其盐析效应，可降低有机物在水中的溶解度，并能加快水、油的分层。

[7] 洗涤分水时，水层应尽可能分离完全，否则将增加无水氯化钙的用量，使产物更多地被干燥剂吸附而招致损失。这里用无水氯化钙干燥较适合，因它还可除去少量环己醇。无水氯化钙的用量视粗产品中的含水量而定，一般干燥时间应在 30min 以上，最好干燥过夜。但由于时间关系，实际实验过程中，可能干燥时间不够，这样在最后蒸馏时，可能会有较多的前馏分（环己烯和水的共沸物）蒸出。

[8] 在蒸馏已干燥的产物时，蒸馏所用仪器都应充分干燥。接收产品的三角瓶应事先称重。

[9] 若液体仍浑浊不清，需适量补加干燥剂。

本章小结

1. 醇、酚、醚的制备

（1）醇的制法：$R-\underset{\underset{O}{\parallel}}{C}-H \xrightarrow[\text{还原剂}]{[H]} R-CH_2OH$

$R-\underset{\underset{O}{\parallel}}{C}-R' \xrightarrow[\text{还原剂}]{[H]} R-\underset{\underset{OH}{|}}{C}H-R'$

$R-\underset{\underset{O}{\parallel}}{C}-OR' \xrightarrow[\text{还原剂}]{[H]} R-CH_2OH + R'OH$

$R-\underset{\underset{O}{\parallel}}{C}-OH \xrightarrow[\text{还原剂}]{[H]} R-CH_2OH$

（2）酚的制法：

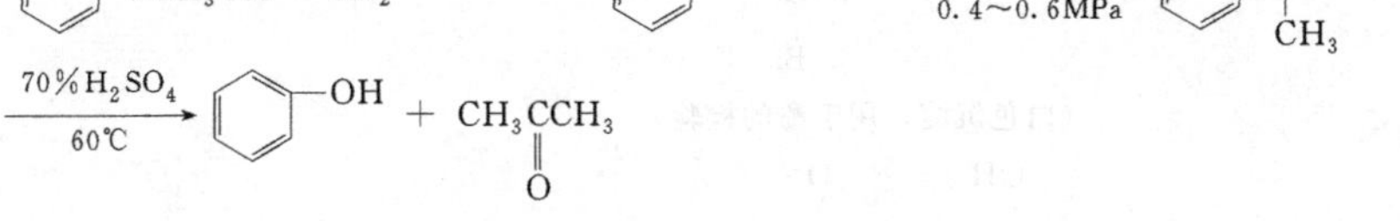

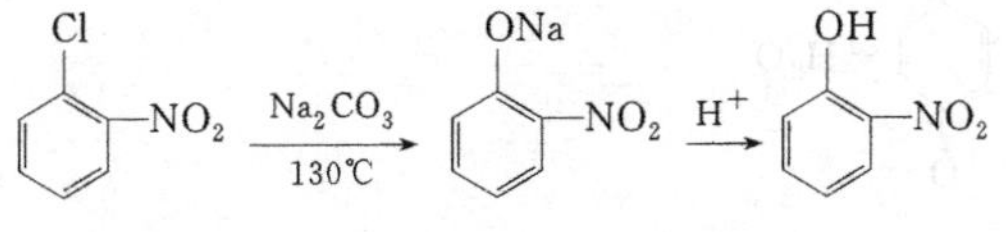

$\text{C}_6\text{H}_6 + CH_3CH=CH_2 \xrightarrow{\text{无水 AlCl}_3} \text{C}_6\text{H}_5CH(CH_3)_2 \xrightarrow[0.4\sim0.6\text{MPa}]{O_2, 90\sim120℃} \text{C}_6\text{H}_5C(CH_3)_2OOH$

$\xrightarrow[60℃]{70\%\text{H}_2\text{SO}_4}$ 苯酚-OH + CH_3COCH_3

邻氯硝基苯 $\xrightarrow[130℃]{Na_2CO_3}$ 邻硝基苯酚钠 $\xrightarrow{H^+}$ 邻硝基苯酚

$$\underset{\text{(苯磺酸钠)}}{C_6H_5SO_3Na} + 2NaOH \xrightarrow[\text{碱熔}]{300\sim350℃} C_6H_5OH + Na_2SO_3 + H_2O$$

$$C_6H_5ONa \xrightarrow{H^+} C_6H_5OH$$

(3) 醚的制法：

$$2ROH \xrightarrow{H_2SO_4} ROR + H_2O$$
$$RONa(ArONa) + R'X \longrightarrow ROR' + NaX$$

2. 醇、酚、醚的化学性质

(1) 醇的化学性质：

$$ROH + Na \longrightarrow RONa + \frac{1}{2}H_2\uparrow$$

$$\begin{array}{l}
\underset{\underset{R'}{|}}{\overset{\overset{R''}{|}}{R-C-OH}} + HX \longrightarrow RX \quad \text{立即出现浑浊} \\
\underset{\underset{R'}{|}}{RCHOH} + HX \longrightarrow RX \quad \text{放置片刻出现浑浊} \\
RCH_2OH + HX \longrightarrow RX \quad \text{常温无变化，加热变浑浊}
\end{array} \right\} \begin{array}{l}\text{用卢卡斯试剂}\\ \text{鉴别伯醇、}\\ \text{仲醇、叔醇}\end{array}$$

$$RCOOH + ROH \underset{}{\overset{H_2SO_4}{\rightleftharpoons}} RCOOR + H_2O$$

$$RCH_2CH_2OH \xrightarrow{H_2SO_4}{170℃} RCH=CH_2 + H_2O$$

$$2ROH \xrightarrow{H_2SO_4}{140℃} ROR + H_2O$$

$$RCH_2OH \xrightarrow[\text{或脱氢}]{[O]} RCHO \xrightarrow[\text{或脱氢}]{[O]} RCOOH$$

$$\underset{\underset{R'}{|}}{RCHOH} \xrightarrow[\text{或脱氢}]{[O]} R-\underset{\underset{O}{\|}}{C}-R'$$

(2) 酚的化学性质：

$$R-\overset{..}{\underset{..}{O}}-R + H^+Cl^- \longrightarrow [R-\overset{..}{\underset{H}{\overset{+}{O}}}-R]Cl^-$$

$$RONa(ArONa) + R'X \longrightarrow ROR' + NaX$$

$$\underset{\text{}}{\overset{COOH}{\underset{OH}{C_6H_4}}} + (CH_3CO)_2O \xrightarrow{H_2SO_4}{85℃} \underset{\text{}}{\overset{COOH}{\underset{O-C-CH_3}{\underset{\|}{\underset{O}{C_6H_4}}}}} + CH_3COOH$$

$$6C_6H_5OH + FeCl_3 \longrightarrow [Fe(OC_6H_5)_6]^{3-} + 3HCl + 3H^+$$
（显色反应，用于检验酚羟基）

$$C_6H_5OH + 3Br_2 \longrightarrow \underset{\text{(2,4,6-三溴苯酚)}}{C_6H_2Br_3OH}\downarrow + 3HBr$$
（白色沉淀，用于酚的检验）

$$C_6H_5OH \xrightarrow{[O]} \underset{\text{(对苯醌)}}{O=C_6H_4=O} + H_2O$$

醚的化学性质：

$$2ROH \xrightarrow{H_2SO_4} ROR + H_2O$$

$$CH_3-O-CH_2CH_3 + HI \xrightarrow{\triangle} CH_3CH_2OH + CH_3I$$

习题

1. 命名下列化合物

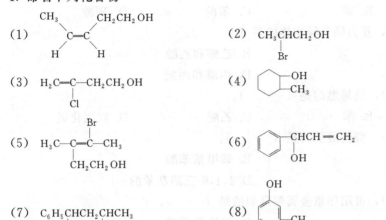

(9) $CH_3OCH_2CH_2OCH_3$

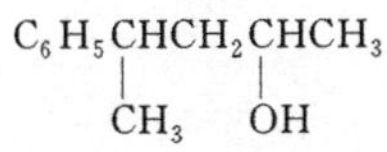

2. 选择题

(1) 若要检验酒精中是否含有少量水，可选用的试剂是（　　），制取无水酒精时，通常需向工业酒精中加入下列物质，并加热蒸馏，该物质是（　　）。

A. 生石灰　　　　B. 金属钠　　　　C. 浓硫酸　　　　D. 无水硫酸铜

(2) 有关苯酚的叙述，错误的是（　　）。

A. 纯净的苯酚是粉红色晶体，70℃以上时能与水互溶

B. 苯酚水溶液呈酸性，但比碳酸的酸性弱

C. 苯酚比苯容易在苯环上发生取代反应

D. 苯酚有毒，不能配成洗涤剂和软膏

(3) 分离苯和苯酚的混合物，通常采用的方法是（　　）。

A. 振荡混合物，用分液漏斗分离　　　　B. 加水振荡后，用分液漏斗分离

C. 加稀盐酸振荡后，用分液漏斗分离

D. 加入 NaOH 溶液后振荡，用分液漏斗分离，取下层液体通入 CO_2，待分层后分离

(4) 能够检验苯酚存在的特征反应是（　　）。

A. 苯酚与浓硝酸反应　　　　B. 苯酚与氢氧化钠溶液反应

C. 苯酚与溴水反应　　　　D. 苯酚与氯化铁溶液反应

(5) 在乙醇钠的水溶液中滴入一滴酚酞后，溶液将显（　　）。

A. 红色　　　　B. 无色　　　　C. 酚蓝色　　　　D. 黄色

(6) 下列叙述中错误的是（　　）。

A. 苯酚沾到皮肤上用酒精冲洗
B. 在纯碱溶液中加入苯酚晶体，晶体溶解并产生 CO_2 气体
C. 苯酚的水溶液不能使石蕊试液变红色
D. 苯酚久置于空气中，因发生氧化而显粉色

（7）相同质量的乙醇、乙二醇、丙三醇分别与足量的金属钠反应，放出氢气最多的是（　　）。

A. 乙醇　　　　B. 乙二醇　　　　C. 丙三醇　　　　D. 相等

（8）下列化合物中，酸性最强的是（　　）。

A. 水　　　　B. 醇　　　　C. 苯酚　　　　D. 碳酸

（9）下列各组物质，互为同分异构体的是（　　）。

A. 甲醚和甲醇　　　　　　　　B. 乙醇和乙醚
C. 甲醚和乙醇　　　　　　　　D. 丙醇和丙醚

（10）下列化合物中，最易燃的是（　　）。

A. 柴油　　　　B. 苯　　　　C. 乙醚　　　　D. 四氯化碳

（11）下列化合物中，酸性最强的是（　　）。

A. 苯酚　　　　　　　　　　　B. 邻甲基苯酚
C. 邻硝基苯酚　　　　　　　　D. 2,4,6-三硝基苯酚

（12）下列化合物中，可用作重金属解毒剂的是（　　）。

A. 丙三醇　　　　　　　　　　B. 二巯基丙醇
C. 乙二醇　　　　　　　　　　D. 丙醇

（13）2-丁醇发生分子内脱水反应时，主要产物是（　　）。

A. 1-丁烯　　　　B. 2-丁烯　　　　C. 1-丁炔　　　　D. 丁烷

（14）下列物质中，可用于鉴别苯酚和苯甲醇的是（　　）。

A. 硝酸银溶液　　B. 溴水　　　　C. 高锰酸钾溶液　　D. 卢卡斯试剂

（15）除去烷烃中的少量乙醚，可选用的试剂是（　　）。

A. 乙醇　　　　B. 浓硫酸　　　　C. 稀硫酸　　　　D. 氢氧化钠

（16）下列化合物中，在水中溶解度最大的是（　　）。

A. 乙醇　　　　B. 乙醚　　　　C. 乙烷　　　　D. 乙烯

（17）下列试剂中，不能与苯酚反应的是（　　）。

A. 氯化铁试剂　　B. 氢氧化钠　　C. 高锰酸钾溶液　　D. 碳酸氢钠

（18）下列化合物中，能与 $FeCl_3$ 显紫色的是（　　）。

A. 苯酚　　　　B. 甘油　　　　C. 苄醇　　　　D. 对苯二酚

（19）下列化合物中，不属于用作医疗器械消毒剂"来苏水"成分的是（　　）。

A. 苯甲醇　　　　B. 邻甲苯酚　　　　C. 间甲苯酚　　　　D. 对甲苯酚

3. 完成下列反应式

（1） $\underset{OH}{\text{CH}_3\text{CHCH}_2\text{CH}_3} \xrightarrow[\triangle]{H_2SO_4}$

（2） $\text{CH}_3\text{CH}_2\text{CH}_2\text{CH}_2\text{CH}_2\text{OH} \xrightarrow[\triangle]{NaBr+H_2SO_4}$

（3） $CH_3OCH_2CH_3 \xrightarrow[\triangle]{HI}$

（4） 邻苯二酚 $\xrightarrow[(2) ClCH_2CH_2Cl]{(1) NaOH}$

(5) 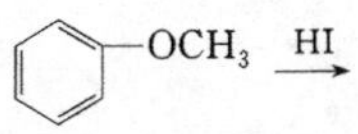 $\underset{}{C_6H_5-OCH_3} \xrightarrow{HI}$

4. 用化学方法鉴别下列各组化合物

(1) 叔丁醇　正丁醇　仲丁醇　　　　(2) 苯酚　苯甲醇　苄基溴

5. 推断题

(1) 某醇 $C_5H_{12}O$ 氧化后生成酮，脱水生成一种不饱和烃，此烃氧化生成酮和羧酸两种产物的混合物，试写出该醇的构造式。

(2) 某芳香族化合物 A，分子式为 C_7H_8O。A 与金属钠不反应，与浓氢碘酸共热生成 B 和 C。B 能溶于氢氧化钠水溶液，并与氯化铁作用呈紫色；C 与硝酸银水溶液作用生成黄色碘化银。写出 A、B、C、D 构造式和各步反应式。

(3) 某化合物 A 分子式 $C_6H_{14}O$，它不与钠作用，与氢碘酸反应生成一分子碘乙烷和一分子醇 B。B 与卢卡斯试剂立即发生反应，在加热并有浓硫酸存在下，脱水只生成一种烯烃 C。写出 A、B、C 的构造式和各步反应。

第九章
醛、酮
Aldehydes and Ketones

学习目标（Learning Objectives）

1. 了解醛、酮的分类和结构；
2. 掌握醛、酮及多官能团有机化合物的命名方法；
3. 熟悉常见醛、酮的物理性质；
4. 掌握醛、酮的主要制备方法；
5. 掌握醛、酮的化学性质；
6. 了解亲核加成反应机理；
7. 知晓重要醛、酮的用途；
8. 能运用银镜反应、斐林反应、碘仿反应、2,4-二硝基苯肼等特征反应鉴别、提纯、分离有机化合物；
9. 培养学生实事求是、严谨科学的工作作风。

醛和酮分子中都含有相同的羰基官能团（$\diagdown_{C=O}$），因此也统称为羰基化合物。羰基碳原子与两个氢原子或者一个氢原子和一个烃基相连接组成的化合物，称为醛，通式为：

$\overset{R(H)}{\underset{H}{\diagdown}}C=O$。$-\overset{O}{\overset{\|}{C}}-H$ 叫做醛基，是醛的官能团，甲醛 $H-\overset{O}{\overset{\|}{C}}-H$ 是最简单的醛。羰基碳原子

连有两个烃基的化合物，称为酮，可用通式 $R-\overset{O}{\overset{\|}{C}}-R'$ 表示，最简单的酮是丙酮，结构式为

$CH_3-\overset{O}{\overset{\|}{C}}-CH_3$，酮分子中的羰基也叫做酮基。

第一节 醛、酮的分类命名

一、醛、酮的分类

① 按羰基数目分类 $\begin{cases} 一元醛、酮（单酮、混酮）\\ 多元醛、酮 \end{cases}$

② 按烃基数目分类 $\begin{cases} 是否含有不饱和键 \begin{cases} 不饱和醛、酮 \\ 饱和醛、酮 \end{cases} \\ 芳香烃、脂肪烃 \begin{cases} 脂肪醛、酮 \\ 芳香醛、酮 \end{cases} \end{cases}$

二、醛、酮的命名

1. 一元饱和脂肪族醛、酮的命名

① 以含有羰基的最长碳链为主链，支链作为取代基，主链中碳原子的编号从靠近羰基的一端开始（醛基总是在碳链一端，不需注明位次；酮需要标明位次）。取代基的位次、写法同烃、卤代烃及醇等命名。例如：

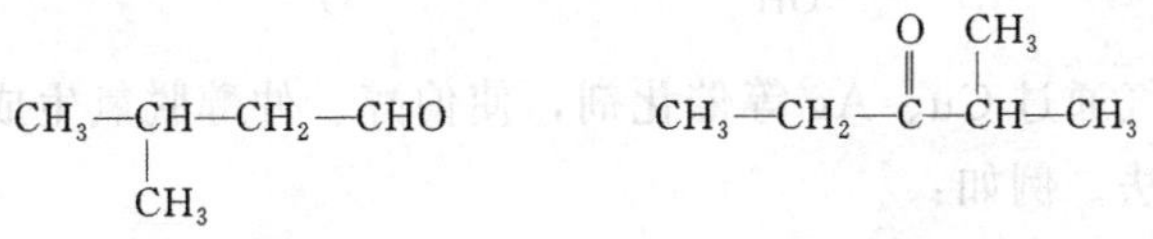

$$CH_3-CH-CH_2-CHO \qquad CH_3-CH_2-\overset{O}{\overset{\|}{C}}-\overset{CH_3}{\underset{}{CH}}-CH_3$$
$$\underset{CH_3}{|}$$

　　　3-甲基丁醛　　　　　　　　2-甲基-3-戊酮

② 取代基的位次也可用希腊字母 α、β、γ……。用希腊字母表示时，编号则是从与官能团相邻的碳原子开始。

注：与醇不同，醇的 α 位是与羟基直接相连的碳。例如：

$$CH_3CHCH_2CH_2CHO \qquad CH_3\underset{Br}{\overset{}{CH}}-\overset{O}{\overset{\|}{C}}-\underset{Br}{\overset{}{CH}}CH_3$$
$$\underset{CH_3}{|}$$

　4-甲基戊醛(γ-甲基戊醛)　　　2,4-二溴-3-戊酮（α,α'-二溴-3-戊酮）

2. 不饱和脂肪族醛、酮的命名

应选择含有羰基与不饱和键的最长碳链为主链，称为某烯醛或某烯酮，编号时羰基位次最小，并注明不饱和键的位次。

$$CH_3\overset{}{\underset{O}{\overset{\|}{C}}}CH_2CH=CH_2 \qquad CH_3\overset{}{\underset{O}{\overset{\|}{C}}}CH_2CH_2CHO$$

　　　4-戊烯-2-酮　　　　　　　　4-戊酮醛

3. 多元醛、酮的命名

将所有的羰基都选到主链里，编号时，使多个羰基的位次和最小。

4. 芳香醛、酮的命名

芳香醛、酮的命名常将脂肪链作为主链，芳环为取代基。例如：

$$\text{C}_6\text{H}_5\text{—CH=CH—CHO}$$
3-苯基丙烯醛(β-苯基丙烯醛)

练习

9-1 命名下列化合物

(1) $\text{CH}_3\text{CHCH}_2\text{CHCHO}$
    $\quad\;\;|\qquad\quad|$
    $\;\;\text{CH}_3\quad\;\;\text{C}_2\text{H}_5$

(2) $\text{CH}_3\overset{O}{\overset{\|}{\text{C}}}\overset{O}{\overset{\|}{\text{C}}}\text{CH}_3$

(3) $\text{CH}_3\text{C=CHCH}_2\text{CHO}$
    $\qquad\quad|$
    $\qquad\;\text{CH}_3$

第二节 醛、酮的制法

一、醇的氧化或脱氢

伯醇脱氢氧化为醛，仲醇氧化生成酮。由于醛比醇更易氧化，因此用伯醇氧化制备醛产率较低，会进一步氧化生成其他产物，而酮不会继续氧化，产率较高。例如：

$$\text{CH}_3\text{CH}_2\text{CH}_2\text{CHCH}_3 \xrightarrow[\text{H}_2\text{SO}_4,\Delta]{\text{K}_2\text{Cr}_2\text{O}_7} \text{CH}_3\overset{O}{\overset{\|}{\text{C}}}\text{CH}_2\text{CH}_2\text{CH}_3$$
$$\quad\quad\quad\quad\quad\quad|$$
$$\quad\quad\quad\quad\quad\text{OH}$$

工业上将醇的蒸气通过 Cu、Ag 等催化剂，使伯醇、仲醇脱氢生成相应的醛、酮，这是制备醛、酮的重要方法。例如：

$$\text{CH}_3\text{CH}_2\text{OH} \xrightarrow[\Delta]{\text{Cu}} \text{CH}_3\text{CHO}$$

$$\text{CH}_3\text{CHCH}_3 \xrightarrow[\Delta]{\text{Cu}} \text{CH}_3\overset{O}{\overset{\|}{\text{C}}}\text{CH}_3$$
$$\quad\;\;|$$
$$\;\text{OH}$$

二、烯烃的氧化

随着石油化工的迅速发展，乙烯、丙烯等直接氧化制备醛和酮，已成为重要的方法。例如：

$$\text{CH}_2\text{=CH}_2 + \text{O}_2 \xrightarrow[120\sim125℃,1\text{MPa}]{催化剂} \text{CH}_3\text{CHO}$$

三、芳烃的傅瑞德尔-克拉夫茨酰基化反应

芳烃的酰基化反应是制备芳酮的重要方法，常用的酰基化试剂是酰卤或酸酐。例如：

$$\text{ArH} + \text{R}\overset{O}{\overset{\|}{\text{C}}}\text{Cl} \xrightarrow{\text{AlCl}_3} \text{Ar}\overset{O}{\overset{\|}{\text{C}}}\text{R} + \text{HCl}$$
芳基烷基酮

四、羰基合成

在八羰基二钴 $[\text{Co(CO)}_4]_2$ 的催化下，α-烯烃与 CO 和 H_2 反应，生成比原料烯烃多

一个碳原子的醛。这个反应称为羰基合成,是工业上制取醛的重要方法。例如:

$$RCH=CH_2 + CO + H_2 \xrightarrow[110\sim150℃, 20MPa]{[Co(CO)_4]_2} RCH_2CH_2CHO + RCHCHO$$
$$\underset{CH_3}{|}$$

该反应又称为氢甲酰化反应,相当于氢原子与甲酰基(—CHO)加到 C=C 双键上。产物以生成直链醛为主,是有机合成中使碳链增加一个碳原子的方法之一。例如:

$$CH_3CH=CH_2 + CO + H_2 \xrightarrow{[Co(CO)_4]_2} CH_3CH_2CH_2CHO + CH_3CHCHO$$
$$\underset{CH_3}{|}$$
$$(75\%) \qquad (25\%)$$

第三节　醛、酮的物理、化学性质

一、醛、酮的物理性质

甲醛在室温下为气体,12个碳原子以下的醛酮为液体,高级醛酮为固体。

低级醛有刺鼻的气味,中级醛($C_8\sim C_{13}$)则有果香。酮和一些芳香醛一般都带有芳香味。一些常见醛、酮的物理常数见表 9-1。

表 9-1　一些常见醛、酮的物理常数

名　称	熔点/℃	沸点/℃	溶解度/(g/100g 水)	名　称	熔点/℃	沸点/℃	溶解度/(g/100g 水)
甲醛	−92	−21	易溶于水	丁酮	−86	80	26
乙醛	−121	20	∞	2-戊酮	−78	102	6.3
丙醛	−81	49	16	3-戊酮	−41	101	5
正丁醛	−99	76	7	2,4-戊二酮	−23	127	2.0
正戊醛	−91	103	微溶	环己酮	−45	138	溶
苯甲醛	−26	178	0.3	苯乙酮	21	202	微溶
丙酮	−94	56	∞	二苯甲酮	48	306	不溶

醛、酮分子之间不能形成氢键,因此低级醛酮的沸点比分子量相近的醇低。但醛、酮的羰基氧原子却能和水分子形成氢键,因此,分子量低的醛、酮可溶于水。例如,乙醛和丙酮能与水混溶。水溶性随分子量增大逐渐降低,乃至不溶。

二、醛、酮的化学性质

醛、酮的化学性质主要由其官能团羰基($\diagdown$C=O)决定。羰基具有平面三角形结构,碳和氧以双键相连(一个 σ 键和一个 π 键)。由于氧的电负性较大,羰基的电子云偏向氧原子而带有部分负电荷,碳原子带有部分正电荷,因此羰基是强极性基团。羰基的极性如图 9-1 表示,其中弯箭头表示 π 电子云移动方向。

由此可见,羰基碳原子易受亲核试剂的进攻而发生亲核加成反应,受羰基的影响 α-H 也有一定的活性。不仅如此,醛基氢也具有活性,易被氧化。因此,醛和酮可发生三种类型的反应:羰基亲核加成,C_α—H 键断裂,醛基 C—H 键断裂。羰基的反应部位如下所示:

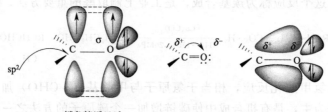

图 9-1 羰基 π 电子或 π 电子云分布示意

$$R-CH-C=O$$
$$\ \ \ \ \ |\ \ \ \ |$$
$$\ \ \ \ \ H\ \ H(R)$$
$$\ \ \ (3)\ (2)\ (1)$$

（一）亲核加成

C=O 也能发生加成反应，但与 C=C 亲电加成不同，其为亲核加成反应。一般由试剂带负电荷的部分首先向羰基碳原子进攻，然后带正电荷的部分加到羰基氧原子上，这种由亲核试剂进攻而引起的加成反应，称为亲核加成反应。

醛酮易与 HCN、$NaHSO_3$、ROH、$RMgX$ 等发生亲核加成反应。醛和酮进行亲核加成的难易程度不同，亲核加成反应活性次序大致如下：

$Cl_3CCHO > HCHO > RCHO > PhCHO > CH_3COCH_3 > RCOCH_3 > $ ⬠=O $> PhCOCH_3 > PhCOR > PhCOPh$

1. 加氰化氢

在碱催化下，醛、大多数甲基酮和少于 8 个碳原子的环酮都可以与氢氰酸发生加成生成氰醇，又称 α-羟基腈。例如：

$$CH_3CH_2\underset{H}{\overset{\ }{C}}=O + HCN \xrightleftharpoons{OH^-} CH_3CH_2\underset{CN}{\overset{\ }{C}H}-OH$$

2-羟基丁腈

$$CH_3-\underset{CH_3}{\overset{\ }{C}}=O + HCN \xrightleftharpoons{OH^-} CH_3-\underset{CN}{\overset{CH_3}{C}}-OH$$

2-甲基-2-羟基丙腈

由于氰化氢剧毒，易挥发。通常由氰化钠和无机酸与醛（酮）溶液反应。pH 值约为 8 有利于反应。在碱性溶液中反应加速，在酸性溶液中反应变慢，其原因是：

$$HCN \xrightleftharpoons[H^+]{OH^-} H^+ + CN^-$$

除此以外，羰基化合物与氢氰酸加成速率的快慢还与化合物的电子效应、空间效应有关。

2. 加亚硫酸氢钠

醛和脂肪族甲基酮（或八个碳以下的环酮），与饱和的亚硫酸氢钠（40%）溶液发生加成反应，产物 α-羟基磺酸钠能溶于水，但不溶于饱和亚硫酸氢钠溶液中，因此以无色晶体析出。

$$\underset{R-C=O}{\overset{H(CH_3)}{|}} + Na\overset{O}{\underset{\underset{..}{O}}{\overset{||}{S}}}OH \rightleftharpoons \underset{R-C-ONa}{\overset{H(CH_3)}{\underset{SO_3H}{|}}} \rightleftharpoons \underset{R-C-OH\downarrow}{\overset{H(CH_3)}{\underset{SO_3Na}{|}}}$$

α-羟基磺酸钠

α-羟基磺酸钠易溶于水，不溶于饱和亚硫酸氢钠。将醛、酮与过量的饱和亚硫酸氢钠水溶液混合在一起，醛和甲基酮很快会有结晶析出。加稀酸和稀碱可以还原为原来的醛、酮。可以此来鉴别、分离、提纯醛和酮。

3. 加醇

醛在干燥 HCl 或无水强酸的催化剂作用下，可与醇加成生成不稳定的半缩醛，半缩醛可继续与另一分子醇反应，失去一分子水，得到稳定的缩醛。

$$\underset{H}{\overset{R}{C=O}} + R'OH \underset{\mp HCl}{\rightleftharpoons} \underset{H}{\overset{R}{\underset{OR'}{\overset{OH}{C}}}} \underset{R'OH}{\overset{\mp HCl}{\rightleftharpoons}} \underset{H}{\overset{R}{\underset{OR'}{\overset{OR'}{C}}}} + H_2O$$

缩醛与醚相似，对碱稳定，但在酸性溶液中易水解为原来的醛。例如：

$$\underset{OC_2H_5}{\overset{}{RCH-OC_2H_5}} \xrightarrow{H_2SO_4, H^+} RCHO + 2C_2H_5OH$$

在有机合成中，常用生成缩醛的方法来"保护"较活泼的醛基，使醛基在反应中不受破坏，待反应完毕后，再用稀酸水解生成原来的醛基。例如：

$$CH_2=CH-CHO \xrightarrow[\mp HCl]{2ROH} \underset{OR}{\overset{}{CH_2=CH-CH-OR}} \xrightarrow[\triangle]{H_2, Ni}$$

$$\underset{OR}{\overset{}{CH_2-CH-CH-OR}} \xrightarrow[\triangle]{稀酸} CH_2=CH-CHO + 2ROH$$

某些酮与醇也可发生类似的反应，生成半缩酮及缩酮，但较缓慢，有的酮则难反应。

4. 加格氏试剂

格氏试剂 RMgX 的碳原子带有部分负电荷，具有强亲核性，能与醛、酮发生亲核加成反应。加成产物经水解，可以制得不同种类的醇，这是合成醇的一个好方法。

$$RMgX + \overset{\delta^+}{C}=\overset{\delta^-}{O} \xrightarrow{干醚} R-\overset{|}{\underset{|}{C}}-OMgX \xrightarrow{H_3O^+} R-\overset{|}{\underset{|}{C}}-OH$$

由此可知，格氏试剂与甲醛反应，可制得伯醇，与其他醛反应，可制得仲醇，与酮反应，可制叔醇。例如：

$$C_6H_5-MgX + CH_2=O \xrightarrow{干醚} C_6H_5-CH_2OMgBr \xrightarrow{H_3O^+} C_6H_5-CH_2OH$$

苯甲醇(90%)

$$CH_3CH_2MgBr + CH_3CHO \xrightarrow{干醚} \underset{}{\overset{CH_3}{CH_3CH_2CHOMgBr}} \xrightarrow{H_3O^+} \underset{}{\overset{OH}{CH_3CH_2CHCH_3}}$$

2-丁醇(80%)

$$\text{PhMgX} + CH_3\overset{O}{\underset{\|}{C}}CH_3 \xrightarrow{\text{干醚}} \underset{\underset{OMgBr}{|}}{\overset{\overset{CH_3}{|}}{Ph-C-CH_3}} \xrightarrow{H_3O^+} \underset{\underset{OH}{|}}{\overset{\overset{CH_3}{|}}{Ph-C-CH_3}}$$

因此，只要选择适当的原料，除甲醇外，几乎是任何醇都可通过格氏试剂来合成。根据所要合成醇的结构，可以推出所需的原料。例如，合成 3-甲基-3-己醇可以用以下 3 种方法：

$$\left.\begin{array}{l} CH_3MgBr + CH_3\overset{O}{\underset{\|}{C}}CH_2CH_2CH_3 \xrightarrow{\text{干醚}} \xrightarrow{H_3O^+} \\ CH_3CH_2MgBr + CH_3\overset{O}{\underset{\|}{C}}CH_2CH_3 \xrightarrow{\text{干醚}} \xrightarrow{H_3O^+} \\ CH_3CH_2CH_2MgBr + CH_3\overset{O}{\underset{\|}{C}}CH_2CH_3 \xrightarrow{\text{干醚}} \xrightarrow{H_3O^+} \end{array}\right\} CH_3CH_2\underset{\underset{OH}{|}}{\overset{\overset{CH_3}{|}}{C}}CH_2CH_3$$

练习

9-2 用简便方法除去正丁醇中含有的少量正丁醛。

9-3 完成下列反应。

(1) $CH_3CH(OH)CH_2CH_3 \xrightarrow{?} CH_3COCH_2CH_3 \xrightarrow{HCN} ?$

(2) $CH_3CHO + PhMgBr \xrightarrow{\text{干醚}} ? \xrightarrow{H_3O^+} ?$

(3) $CH_3\overset{O}{\underset{\|}{C}}CH_3 + NaHSO_3 \longrightarrow$

（二）与氨的衍生物缩合（加成-消除）反应

醛和酮可与一些氨的衍生物（Y—NH$_2$）发生缩合反应，生成醇胺，脱去一分子水，生成含 C═N 双键的化合物。如羟胺、苯肼、2,4-二硝基苯肼等可与醛、酮发生缩合反应。例如：

$$CH_3CHO + H_2N-R \longrightarrow [CH_3\underset{\underset{NH-R}{|}}{\overset{\overset{OH}{|}}{CH}}] \xrightarrow{-H_2O} CH_3CH=N-R$$

醛、酮与氨的衍生物反应的产物可以概括如下：

$$\underset{}{\overset{}{C}}=O + \begin{cases} H_2N-OH \\ H_2N-NH-\!\!\!\!\!\bigcirc \\ H_2N-NH-\underset{NO_2}{\underset{|}{\bigcirc}}\!\!-NO_2 \end{cases} \longrightarrow \begin{cases} \overset{}{C}=N-OH \quad \text{肟} \\ \overset{}{C}=N-NH-\!\!\!\!\!\bigcirc \quad \text{苯腙} \\ \overset{}{C}=N-NH-\underset{NO_2}{\underset{|}{\bigcirc}}\!\!-NO_2 \\ \qquad\qquad\qquad\qquad \text{2,4-二硝基苯腙} \end{cases}$$

上述反应产物通常都是不溶于水的晶体，尤其是当醛或酮滴加到 2,4-二硝基苯肼溶液中时，即可得到 2,4-二硝基苯腙黄色晶体，反应灵敏，常用于醛、酮的定性分析。

此外，上述反应产物在稀酸存在下能水解为原来的醛、酮，故又可以用来分离和提纯醛、酮。

练习

9-4 写出下列方程式。

(1) $\text{C}_6\text{H}_{10}=\text{O} + \text{HONH}_2 \longrightarrow ?$

(2) $\text{CH}_3\text{COCH}_3 + \text{O}_2\text{N}-\text{C}_6\text{H}_3(\text{NO}_2)-\text{NH}-\text{NH}_2 \longrightarrow ?$

(三) α-氢原子的反应

醛、酮分子中与羰基直接相连的碳原子上的氢原子称为 α-氢原子。α-氢原子受羰基吸电子效应的影响，化学性质比较活泼。

1. 卤代和卤仿反应

在酸或碱催化下，醛、酮的 α-氢原子可以被卤素取代，生成 α-卤代醛、酮。

在酸催化下，容易控制在一元卤代阶段。例如：

$$\text{CH}_3\text{COCH}_3 + \text{Br}_2 \xrightarrow{\text{H}^+} \text{CH}_2\text{BrCOCH}_3 + \text{HBr}$$

$$\text{CH}_3\text{CH}_2\text{CHO} + \text{Cl}_2 \xrightarrow{\text{H}^+} \text{CH}_3\text{CHClCHO} + \text{HCl}$$

在碱催化下，卤化反应很快，具有 $-\overset{\overset{\text{O}}{\|}}{\text{C}}-\text{CH}_3$ 构造的醛（乙醛）、酮（甲基酮），与卤素的碱溶液或次卤酸钠溶液作用，一般不易控制生成一元、二元卤代物，而是甲基的三个氢原子都能被卤原子取代，生成 α-三卤代物。例如：

$$\text{CH}_3-\overset{\overset{\text{O}}{\|}}{\text{C}}-\text{CH}_3 + 3\text{NaOX} \longrightarrow \text{CH}_3-\overset{\overset{\text{O}}{\|}}{\text{C}}-\text{CX}_3 + 3\text{NaOH}$$
$$(\text{X}_2+\text{NaOH})$$

三卤代物在碱溶液中不稳定，立即分解成三卤甲烷（卤仿）和羧酸盐。

$$\text{CH}_3-\overset{\overset{\text{O}}{\|}}{\text{C}}-\text{CX}_3 + \text{NaOH} \longrightarrow \text{CH}_3\text{COONa} + \text{CHX}_3$$
乙酸钠　　卤仿

该反应又称为卤仿反应。其通式表示如下：

$$\text{R}-\overset{\overset{\text{O}}{\|}}{\text{C}}-\text{CH}_3 + 3\text{NaOX} \longrightarrow \text{R}-\overset{\overset{\text{O}}{\|}}{\text{C}}-\text{ONa} + \text{CHX}_3 + 2\text{NaOH}$$
$$(\text{X}_2+\text{NaOH})$$

如果用次碘酸钠（NaOH+I$_2$）作试剂，产物则是碘仿，称为碘仿反应。碘仿是有特殊气味的不溶于水的黄色结晶，易于观察，常用于鉴别乙醛和具有甲基酮结构（CH$_3$C(=O)—）的醛、酮的存在。次氯酸钠和次溴酸钠也能发生类似的卤仿反应，但生成的氯仿、溴仿都是无色液体，不宜用于鉴别。

次碘酸钠是氧化剂，能将具有 CH$_3$CH(OH)— 结构的醇氧化成 CH$_3$C(=O)— 结构的相应的醛或酮，因此具有 CH$_3$CH(OH)— 结构的醇也能够发生碘仿反应。比如，乙醇和异丙醇等能发生碘仿反应，而正丁醇、正丙醇则不能。碘仿反应所得的产物比母体化合物少一个碳原子，这是一种减碳反应。例如：

$$CH_3CH_2OH \xrightarrow[NaOH]{I_2} CH_3CHO \xrightarrow[NaOH]{I_2} HCOONa + CHI_3 \downarrow$$

$$CH_3CH(OH)CH_3 \xrightarrow[NaOH]{I_2} CH_3COCH_3 \xrightarrow[NaOH]{I_2} CH_3COONa + CHI_3 \downarrow$$

2. 羟醛缩合反应

在稀碱催化下，具有 α-氢原子的醛可以相互加成。一个醛分子中的 α-氢原子加到另一个醛分子中的羰基氧原子上，其余部分加到羰基碳原子上，生成 β-羟基醛，这个反应称为羟醛缩合反应。

β-羟基醛的 α-氢原子受羟基和羰基的双重影响，非常活泼，温度较高时，容易发生分子内脱水生成更稳定的 α-不饱和醛、β-不饱和醛（π-π 共轭体系）例如：

$$CH_3CHO + CH_2(H)CHO \xrightarrow{稀碱} CH_3CH(OH)CH_2CHO \xrightarrow[\triangle]{-H_2O} CH_3CH=CHCHO$$

β-羟基丁醛　　　　　2-丁烯醛

应用羟醛缩合的方法可以得到比原来的醛、酮碳原子多一倍的醛、酮（经还原可以得到较高级的醇），这是一种增碳反应，在有机合成中具有重要用途。常用来制备 β-羟基醛（酮），也可用来制备饱和与不饱和醛、酮、醇等。具有 α-氢原子的酮在进行羟醛缩合时，因电子效应和空间效应，反应比醛困难。

含 α-氢原子的醛和不含 α-氢原子的醛（如甲醛、苯甲醛等）进行羟醛缩合时，控制好条件可用于制备相应产物，且产率较高。两种都含 α-氢原子的醛之间发生的羟醛缩合，称为交叉羟醛缩合。由于产物为四种 β-羟基醛的混合物，分离困难，实用价值不大。

练习

9-5 完成下列方程式。

(1) $CH_3CHO \xrightarrow{OH^-} \xrightarrow[\triangle]{-H_2O} \xrightarrow{H_2/Ni}$

(2) ⌬—CHO + CH$_3$CHO $\xrightarrow{稀 NaOH}$ $\xrightarrow[\triangle]{-H_2O}$

(3) $CH_3\overset{O}{\overset{\|}{C}}CH_2CH_3 \xrightarrow[\triangle]{NaOH+I_2}$

9-6 下列化合物中哪些可以发生卤仿反应？

(1) C₆H₅-CH₂CH₂OH (2) C₆H₅-CH(OH)CH₃ (3) CH_3CH_2CHO (4) $(CH_3)_3C\overset{O}{\overset{\|}{C}}CH_3$

（四）氧化反应

醛基上有一个氢原子，非常容易被氧化，除被 $KMnO_4$、$K_2Cr_2O_7$ 等强氧化剂氧化外，比较弱的氧化剂也可将醛氧化，而酮较难发生氧化。可以利用这一特点来区别醛、酮。常用来区别醛、酮的弱氧化剂是托伦试剂和斐林试剂。

1. 托伦试剂（银镜反应）

托伦试剂（Tollens）是氢氧化银的氨溶液，它能将醛氧化成羧酸，而银离子被还原成金属银，如附着在干净的玻璃壁上能形成明亮的银镜，故该反应又称为银镜反应。该反应式表示如下：

$$RCHO + 2Ag(NH_3)_2OH \xrightarrow{\triangle} RCOONH_4 + 2Ag\downarrow + H_2O + 3NH_3$$
无色   银镜

制备 α,β-不饱和酸可使用这些弱氧化剂（托伦试剂），例如：

$$R-\overset{\beta}{C}H=\overset{\alpha}{C}H-CHO \xrightarrow{Ag(NH_3)_2OH} R-\overset{\beta}{C}H=\overset{\alpha}{C}H-COOH$$
α,β-不饱和醛 α,β-不饱和酸

脂肪醛和芳香醛都能与托伦试剂作用。除 α-羟基酮外，其余酮均不发生此反应，因此常用来鉴别醛、酮。

2. 斐林试剂

斐林（Fehling）试剂是硫酸铜溶液和酒石酸钾钠的碱溶液的混合液，其中酒石酸钾钠的作用是和二价铜离子形成配离子，避免生成氢氧化铜沉淀。醛与斐林试剂作用被氧化成羧酸，铜离子则被还原成砖红色的氧化亚铜沉淀。反应式表示如下：

$$RCHO + 2Cu(OH)_2 + NaOH \xrightarrow{\triangle} RCOONa + Cu_2O\downarrow + 3H_2O$$
蓝绿色   红色

芳香醛和酮不能被斐林试剂氧化，因此用斐林试剂既可以区别脂肪醛和芳香醛，也可以区别脂肪醛和酮。

（五）还原反应

醛、酮还原可以分为两类，一是还原成醇，二是羰基还原成亚甲基。

1. 还原成醇

（1）催化加氢 醛、酮在镍、钯、铂等催化剂存在下，可以分别被还原成伯醇和仲醇。

例如：

$$CH_3COCH_2CH_3 \xrightarrow[\triangle]{H_2/Pt} CH_3CH(OH)CH_2CH_3$$

其产率一般很高（90%～100%）。但催化加氢的方法选择性不高，醛、酮分子中若含有 C=C、C≡C 、NO_2、 C≡N 等不饱和键时，则一起被还原。例如：

$$CH_3CH=CHCHO \xrightarrow{H_2/Ni} CH_3CH_2CH_2CH_2OH$$

（2）化学还原剂还原　氢化铝锂（$LiAlH_4$）、硼氢化钠（$NaBH_4$）、异丙醇铝（Al-[OCH(CH_3)$_2$]$_3$）等做还原剂时，选择性较高。例如：

$$CH_3CH=CHCHO \xrightarrow[H_2O]{NaBH_4} CH_3CH=CHCH_2OH$$

$LiAlH_4$ 极易水解，还原反应要在无水条件下进行，其还原能力较强，除了还原羰基外，—COOH、COOR、$CONH_2$、NO_2、 C≡N 等也可被还原，但对碳碳双键和三键没有还原作用。$NaBH_4$ 不易与水作用，使用比较方便，还原能力较弱，只能还原醛和酮，不能还原碳碳双键和三键、羧酸和酯。反应可在水或醇溶液中进行。异丙醇铝的选择性也非常好，只还原羰基，对其他基团没有影响。

2. 羰基还原成亚甲基

用锌汞齐和浓盐酸作还原剂，可以将醛、酮还原为烃（或羰基还原成亚甲基—CH_2—），该方法称为克莱门森（Clemmensen）还原法。例如：

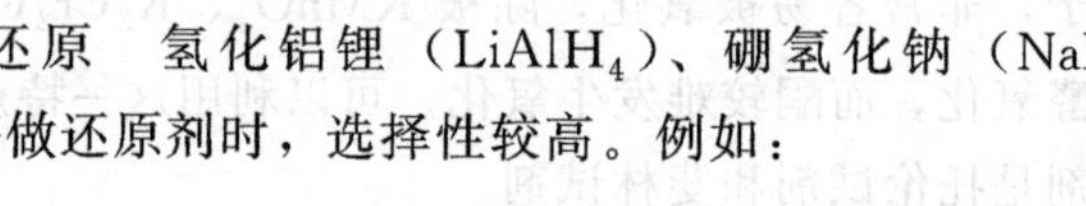

$$C_6H_5COCH_2CH_3 \xrightarrow[\triangle]{Zn-Hg, HCl} C_6H_5CH_2CH_2CH_3$$

该反应在酸性介质中进行，因此，羰基化合物中含有与酸发生反应的基团时，不能用此法还原。

醛、酮还可与氢氧化钠、肼的水溶液和高沸点的醇（如一缩二乙二醇）一起加热，使醛、酮生成腙后，将水和过量的腙蒸出，再升温回流，使腙分解放出氮气，使羰基还原成亚甲基。例如：

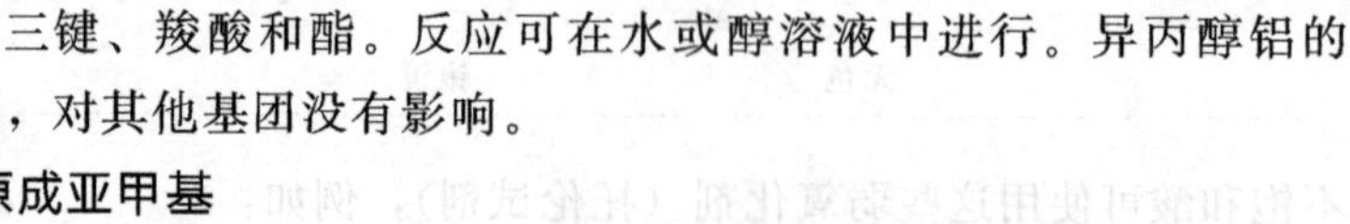

$$C_6H_5COCH_2CH_3 \xrightarrow[\text{一缩二乙二醇，}\triangle]{NH_2-NH_2, NaOH} C_6H_5CH_2CH_2CH_3 + N_2\uparrow + H_2O$$

这个反应称为沃尔夫-凯惜纳-黄鸣龙（Wolff-Kishner-Huangminglong）还原。

由于该反应在碱性介质中进行，因此羰基化合物中不能含与碱发生反应的基团（如卤原子等）。此法可与克莱门森还原法相互补充，是在苯环上间接引入直链烷基的最好方法。

我国有机化学家黄鸣龙对这个方法进行了改进。他把难以制备和价格昂贵的无水肼用高沸点的水溶剂及氢氧化钠（氢氧化钾）和水合肼替代，反应可以一步完成，且产率大幅度提高。例如：

$$\text{C}_6\text{H}_5\text{O}-\text{C}_6\text{H}_4-\text{COCH}_2\text{CH}_2\text{COOH} \xrightarrow[\text{三甘醇,195℃}]{85\%\text{水合肼, KOH}} \xrightarrow{\text{H}_3\text{O}^+} \text{C}_6\text{H}_5\text{O}-\text{C}_6\text{H}_4-\text{CH}_2\text{CH}_2\text{CH}_2\text{COOH}$$
(95%)

（六）歧化反应

不含 α-H 的醛（如 HCHO、ArCHO、R$_3$CCHO 等）与浓碱共热，发生自身的氧化还原反应，一分子醛被氧化生成酸，另一分子醛被还原成醇。这个反应称为歧化反应，也成为坎尼扎罗（Cannizzaro）反应。例如：

$$2\text{HCHO} \xrightarrow[\triangle]{\text{浓 NaOH}} \text{HCOONa} + \text{CH}_3\text{OH}$$

$$2\ \text{C}_6\text{H}_5\text{CHO} \xrightarrow[\triangle]{\text{浓 NaOH}} \text{C}_6\text{H}_5\text{COONa} + \text{C}_6\text{H}_5\text{CH}_2\text{OH}$$

若反应物中有两种不含 α-H 的醛，则产物较复杂，可利用程度不高。但若是甲醛与其他不含 α-H 的醛作用，因甲醛与其他醛相比具有更强的还原性，所以总是甲醛被氧化成甲酸，其他醛被还原成醇。

练习

9-7 用化学方法鉴别下列各组化合物。

(1) 甲醇　乙醛　丙酮　环己酮　　(2) 邻甲苯酚　环己醇　苯甲醛

9-8 完成下列反应式。

(1) $\text{C}_6\text{H}_6 + \text{CH}_3\text{CH}_2\overset{\text{O}}{\text{C}}\text{Cl} \xrightarrow[\triangle]{\text{AlCl}_3} \xrightarrow[\triangle]{\text{Zn-Hg, HCl}}$

(2) $\text{C}_6\text{H}_5\text{CH}_2\overset{\text{O}}{\text{C}}\text{CH}_3 \xrightarrow[\triangle]{\text{NaBH}_4}$

(3) $\text{CH}_2=\text{CHCH}_2\text{CHO} \xrightarrow[\text{H}^+]{\text{KMnO}_4}$

(4) $\text{CH}_3\text{CH}=\text{CHCHO} \xrightarrow[\triangle]{\text{托伦试剂}}$

第四节　重要的醛、酮

一、甲醛

甲醛（HCHO）俗称蚁醛，它是一种重要的化工原料，其衍生物已达上百种。由于其分子中具有碳氧双键，因此易进行聚合加成反应，形成各种高附加值的产品。

现有甲醛产量的 90% 均采用甲醇为原料，反应式如下：

$$\text{CH}_3\text{OH} + \frac{1}{2}\text{O}_2 \xrightarrow[250\sim 300℃]{\text{Ag}} \text{HCHO} + \text{H}_2\text{O}$$

甲醛的沸点为 −21℃。常温下为无色气体，具有强烈的刺激性气味，易溶于水。37%～

40%的甲醛水溶液（其中6%～12%的甲醇作稳定剂）俗称"福尔马林"，它是医药上常用的消毒剂和防腐剂。甲醛蒸气和空气混合物的爆炸极限为7%～73%。

甲醛极易聚合，条件不同生成的聚合物不同。气体甲醛在常温下，即能自行聚合，生成三聚甲醛。福尔马林即使在低温下，放置时间过久，也可以生成白色固体多聚甲醛。工业上是将60%～65%的甲醛水溶液在约2%的硫酸催化下煮沸，就可得到三聚甲醛。

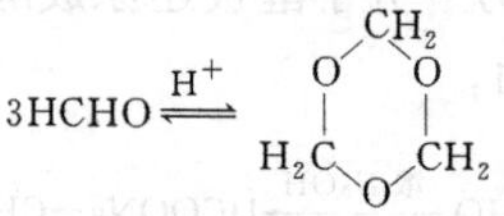

$$3HCHO \underset{}{\overset{H^+}{\rightleftharpoons}} \text{三聚甲醛（白色结晶）}$$

高纯度的甲醛（99.5%以上）在催化剂作用下，可生成分子量数万至十多万的高聚物，称为多聚甲醛。多聚甲醛是具有优良力学性能的工程塑料，它可代替某些金属制造轴承、齿轮、泵等多种机械配件。

甲醛的用途很广，它是当代化学工业中非常重要的化工原料，特别是合成高分子工业中合成酚醛树脂、脲醛树脂必不可缺少的原料，在医药上可作为消毒、防腐剂。

二、乙醛

乙醛是重要的有机合成原料。乙醛的沸点在常温下仅为20.2℃，是极易挥发、具有刺激性气味的液体，能溶于水、乙醇和乙醚。乙醛易燃烧，它的蒸气与空气混合物爆炸极限为4%～57%。

过去工业上生产乙醛主要由乙炔水合和乙醇氧化制得，随着石油工业的发展，乙烯氧化法成为合成乙醛的最主要路线。

乙烯氧化法制备乙醛的反应式如下：

$$CH_2=CH_2 + \frac{1}{2}O_2 \xrightarrow{PbCl_2\text{-}CuCl_2} CH_3CHO$$

乙醛也容易聚合，常温时乙醛在少量硫酸存在下可聚合生成三聚乙醛。

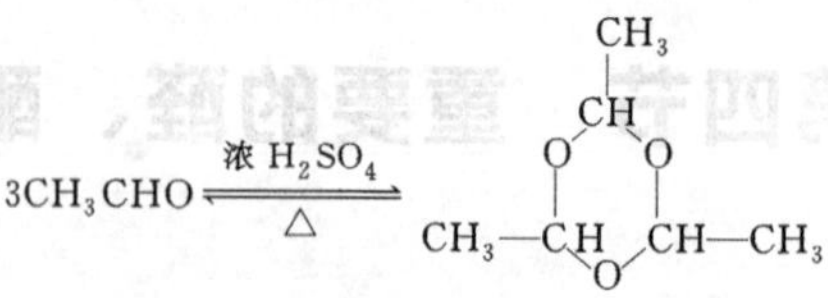

$$3CH_3CHO \underset{\triangle}{\overset{\text{浓}H_2SO_4}{\rightleftharpoons}} \text{三聚乙醛}$$

三聚乙醛沸点为124℃，便于储存和运输。若加稀酸蒸馏，则解聚为乙醛。

乙醛主要用途是合成乙酸、乙酐、乙醇、丁醇、丁醛等，是有机合成的重要原料。

三、苯甲醛

苯甲醛为有苦杏仁味的无色液体，沸点为179℃，稍溶于水，易溶于乙醇、乙醚等。苯甲醛的工业制法，有甲苯控制氧化法和苯二氯甲烷水解法两种。

1. 甲苯控制氧化法

甲苯控制氧化法分气相氧化法和液相氧化法两种。

$$\text{C}_6\text{H}_5\text{—CH}_3 \xrightarrow[\text{40℃，液相氧化}]{\text{MnO}_2, 65\%\text{H}_2\text{SO}_4} \text{C}_6\text{H}_5\text{—CHO} + \text{H}_2\text{O}$$

$$\text{C}_6\text{H}_5\text{—CH}_3 \xrightarrow[\text{400℃，气相氧化}]{\text{V}_2\text{O}_5, \text{空气}} \text{C}_6\text{H}_5\text{—CHO} + \text{H}_2\text{O}$$

2. 苯二氯甲烷水解法

甲苯在光催化下控制氯代，先生成苯二氯甲烷，然后在铁粉催化下加热水解，生成苯甲醛。

$$\text{C}_6\text{H}_5\text{—CH}_3 \xrightarrow{2\text{Cl}_2} \text{C}_6\text{H}_5\text{—CHCl}_2 \xrightarrow[\text{95～100℃}]{\text{H}_2\text{O, Fe}} \text{C}_6\text{H}_5\text{—CHO}$$

在生成苯二氯甲烷过程中，经常混有苯氯甲烷和苯三氯甲烷，因此在水解产物中除甲醛外，常含有苯甲醇和苯甲酸副产物。

苯甲醛在室温时能被空气氧化成苯甲酸，因此在保存苯甲醛时，常加入少量抗氧化剂如二对苯酚等，以阻止自动氧化，且用棕色瓶保存。苯甲醛在工业上是有机合成的一个重要原料，用于制备香料、染料和药物等，它本身也可用作香料。

四、丙酮

丙酮是无色、易挥发、易燃的液体，沸点 56.5℃，有微弱的香味，能与水、乙醇、乙醚、氯仿等混溶，并能溶解油脂、树脂、橡胶、蜡和赛璐珞等多种有机物，是一种很好的溶剂。丙酮蒸气与空气混合物的爆炸极限是 2.55%～12.80%（体积分数）。

丙酮是重要的有机化工原料之一。丙酮是生产甲基丙烯酸甲酯、高级酯和双酚A的原料，还用于制药、涂料等行业。

丙酮的工业制法很多，除异丙醇氧化及异丙苯氧化法可制得丙酮外，随着石油工业的发展，也可由丙烯直接氧化法制得。

$$\text{CH}_3\text{CH}=\text{CH}_2 + \frac{1}{2}\text{O}_2 \xrightarrow[\text{100℃, 1MPa}]{\text{PbCl}_2\text{-CuCl}_2} \text{CH}_3\overset{\text{O}}{\overset{\|}{\text{C}}}\text{CH}_3$$
$$(92\%)$$

异丙醇氧化用铜或银作催化剂，为放热反应，温度控制比较困难。而催化剂脱氢用氧化锌或铜作催化剂，为吸热反应，温度控制比较容易，故大部分采用脱氢法。

五、环己酮

环己酮为无色油状液体，有丙酮气味，沸点 155.7℃。它微溶于水，易溶于乙醇和乙醚，可以作高沸点溶剂。

环己酮在工业上是以苯酚为原料，经催化加氢生成环己醇，再经氧化或脱氢而制得。近年来开发了环己烷空气氧化制取环己酮的方法。此法是将苯在气相下氢化成环己烷，再用钴盐做催化剂，经空气氧化生成环己醇和环己酮的混合物。环己醇再脱氢也可得环己酮。

环己酮在工业上主要用于制备合成纤维的单体，如己内酰胺、己二酸、己二胺等。

> **拓展窗**
>
> ## 2015 感动中国人物——屠呦呦事迹
>
> 2015年10月5日，中国中医科学院研究员屠呦呦获得2015年诺贝尔生理学或医学奖。一时间，各大新闻网站、朋友圈被这位85岁的老太太刷屏。也因此，这位中国首位获诺贝尔科学奖的本土科学家获得中央电视台"感动中国"2015年度人物。
>
> 屠呦呦1930生人，女，药学家。1955年毕业于北京大学医学院药学系，现任中国中医研究院终身研究员兼首席研究员，博士生导师，多年从事中药和中西药结合研究，带领课题组人员发明和研制了新型抗疟病青蒿素和还原青蒿素。2011年9月，获得被誉为诺贝尔奖"风向标"的拉斯克临床医学研究奖，2015年10月屠呦呦获得诺贝尔生理学或医学奖，2016年2月14日，荣获2015年度感动中国人物，2016年4月21日，入选《时代周刊》公布的2016年度"全球最具影响力人物"，2017年1月2日被授予2016年度国家最高科学技术奖。这是国家最高科学技术奖首次授予女性科学家。2019年1月14日，屠呦呦入围BBC"20世纪最伟大科学家"。如此多的荣誉，当然不是一蹴而就，而是由于她兢兢业业、多年如一日的埋首于深爱的事业而得。
>
> 屠呦呦考入北大医学院后就和植物等天然药物的研发应用结下不解之缘。1955年进入中医研究院，正值中医研究院初创期，条件艰苦，设备奇缺，实验室连基本通风设施都没有，经常和各种化学溶液打交道的屠呦呦身体很快受到损害，一度患上中毒性肝炎。除了在实验室内"摇瓶子"外，她还常常"一头汗两腿泥"地去野外采集样本，先后解决了中药半边莲及银柴胡的品种混乱问题，为防治血吸虫病做出贡献；结合历代古籍和各省经验，完成《中药炮炙经验集成》的主要编著工作。
>
> 时间追溯到1967年5月23日，我国紧急启动"疟疾防治药物研究工作协作"项目，代号为"523"。项目背后是残酷的现实：由于恶性疟原虫对氯喹为代表的老一代抗疟药产生抗药性，如何发明新药成为世界性的棘手问题。
>
> 临危受命，屠呦呦被任命为"523"项目中医研究院科研组长。要在设施简陋和信息渠道不畅条件下，短时间内对几千种中草药进行筛选，其难度无异于大海捞针。但这些看似难以逾越的阻碍反而激发了她的斗志：通过翻阅历代本草医籍，四处走访老中医，甚至连群众来信都不放过，屠呦呦终于在2000多种方药中整理出一张含有640多种草药、包括青蒿在内的《抗疟单验方集》。可在最初的动物实验中，青蒿的效果并不出彩，屠呦呦的寻找也一度陷入僵局。
>
> 到底是哪个环节出了问题呢？屠呦呦再一次转向古老中国智慧，重新在经典医籍中细细翻找，突然，葛洪《肘后备急方》中的几句话牢牢抓住她的目光："青蒿一握，以水二升渍，绞取汁，尽服之。"一语惊醒梦中人，屠呦呦马上意识到问题可能出在常用的"水煎"法上，因为高温会破坏青蒿中的有效成分，她随即另辟蹊径采用低沸点溶剂

进行实验。

成功，在 190 次失败之后。1971 年，屠呦呦课题组在第 191 次低沸点实验中发现了抗疟效果为 100% 的青蒿提取物。1972 年，该成果得到重视，研究人员从这一提取物中提炼出抗疟有效成分青蒿素。这些成就并未让屠呦呦止步，1992 年，针对青蒿素成本高，对疟疾难以根治等缺点，她又发明出双氢青蒿素这一抗疟疗效为前者 10 倍的"升级版"。

屠呦呦的工作岗位可谓平凡，但她却做出了不平凡的成绩。或许从她的话中可以寻到答案："一个科技工作者，是不该满足于现状的，要对党、对人民不断有新的奉献。"同样，在获得诺贝尔奖后，外界热闹，她却出人意料地平静说道，"青蒿素的发现，是中药集体发掘的成功范例，由此获奖是中国科学事业、中医中药走向世界的一个荣誉。"

技能项目九
乙醛、丙酮、正丁醇和苯甲醛的鉴别

背景：

通过一段实用有机技术的学习，尤其是最近卤代烃、醇、酚、醛和酮的学习中学到了很多根据化学性质鉴别不同化合物以及定性检验的知识和技能。现在有乙醛水溶液、丙酮、正丁醇、苯甲醛四瓶有机溶剂，分别被老师撕去了标签，请你想办法确认四瓶有机物分别是什么，并贴回标签。

一、工作任务

任务（一）：请根据所学知识设计实验方案把四瓶有机化合物重新贴上标签。

任务（二）：掌握 2，4-二硝基苯肼定性实验，掌握银镜反应、碘仿反应和斐林试剂的反应，进一步巩固醛、酮的化学性质。

任务（三）：规范进行实训记录及实训报告的书写，培养实事求是、严谨科学的实验作风。

任务（四）：根据实验规范进行物料量取、实验操作、台面整理等，树立安全、环保、节约的实训意识。

二、主要工作原理

醛和酮都具有羰基，可与苯肼、2，4-二硝基苯肼、亚硫酸氢钠等试剂加成，可作为醛和酮的鉴别方法。Tollen 试剂、Fehling 试剂常用来区别醛和酮。碘仿试验常用以区别甲基酮和一般的酮。

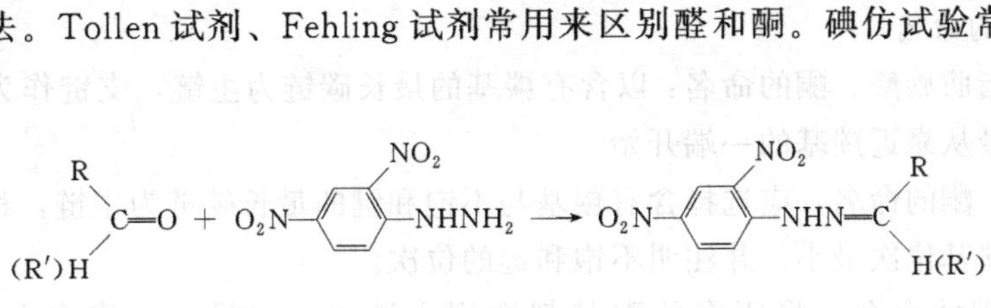

$$\underset{(R')H}{R}\!\!>\!\!C=O + O_2N-\!\!\!\left\langle\!\!\!\begin{array}{c}NO_2\\ \end{array}\!\!\!\right\rangle\!\!-NHNH_2 \longrightarrow O_2N-\!\!\!\left\langle\!\!\!\begin{array}{c}NO_2\\ \end{array}\!\!\!\right\rangle\!\!-NH-N=C\!\!<\!\!\underset{H(R')}{R}$$

$$R-\underset{\underset{O}{\|}}{C}-CH_3 + NaOI \xrightarrow{NaOH} RCOONa + CHI_3\downarrow$$

$$RCHO + 2Ag(NH_3)_2OH \longrightarrow RCOONH_4 + 2Ag + H_2O + 3NH_3$$

$$RCHO + 2Cu(OH)_2 + NaOH \longrightarrow RCOONa + Cu_2O + 3H_2O$$

三、所需仪器、试剂

（1）仪器：试管10支、量筒（10mL）1支、试管夹、滴管、电热套、烧杯、标签。

（2）试剂：2,4-二硝基苯肼，5%的硝酸银溶液，浓氨水，Fehling试剂，10%NaOH溶液，碘-碘化钾溶液。

四、工作过程

（1）根据工作任务（一）进行实验方案设计，小组讨论进行方案修订及可行性论证；

（2）根据实验方案列出仪器、药品清单并准备所需仪器、药品；

（3）鉴别出乙醛水溶液、丙酮、正丁醇、苯甲醛，并贴好标签。

五、问题讨论

（1）为了使碘仿尽快生成，有时碘仿反应需加热进行，试问能否用沸水浴加热？为什么？什么结构的醛或酮能发生碘仿反应？

（2）如何区别环己基甲醛、苯甲醛和苯乙酮？

六、方案参考

乙醛水溶液、丙酮、正丁醇、苯甲醛的鉴别[1]：取4支干燥试管（分别编号），各放入2,4-二硝基苯肼试剂2mL，然后分别加入2~3滴1#溶液、2#溶液、3#溶液、4#溶液（失去标签的乙醛水溶液、丙酮、正丁醇、苯甲醛），振荡各试管，静置片刻，若无沉淀析出，微热30s，再振荡，冷却后观察现象。无明显现象的是正丁醇，记下编号（贴回标签），做好记录；再取3支试管（编号），分别往试管中加入1mL蒸馏水和3~4滴样品，再加入1mL10%的氢氧化钠溶液，然后滴加碘-碘化钾溶液并摇动，观察现象。无现象出现的是苯甲醛，记下编号（贴回标签）；再取2支试管（编号），分别加入2mL 5%的硝酸银溶液，振荡下逐滴加入浓氨水至沉淀溶解为止，得到澄清透明的溶液。分别向其中加入2滴样品。振荡，若无变化，可于40℃的水浴中温热数分钟，观察现象。有银镜出现的是乙醛水溶液，无现象的是丙酮。

七、注释

[1] 失去标签的试剂和所用的试管均要编号并贴于试剂瓶和试管上，实验时要同时记录试剂编号和对应的试管编号，以防弄错。

本章小结

1. 醛、酮的命名

一元饱和脂肪族醛、酮的命名：以含有羰基的最长碳链为主链，支链作为取代基，主链中碳原子的编号从靠近羰基的一端开始。

不饱和醛、酮的命名：应选择含有羰基与不饱和键的最长碳链为主链，称为某烯醛或某烯酮，编号时羰基位次最小，并注明不饱和键的位次。

多元醛、酮的命名：将所有的羰基都选到主链里，编号时，使多个羰基的位次和最小。

芳香醛、酮的命名：芳香醛、酮的命名常将脂肪链作为主链，芳环为取代基。

多官能团化合物的命名：按照表 9-1 所列举的官能团的优先次序来确定母体和取代基。处于最前面的官能团作为母体，后面的官能团作为取代基。

2. 醛、酮的制备

$$CH_3CH_2OH \xrightarrow[\triangle]{Cu} CH_3CHO \quad （醇氧化脱氢）$$

$$CH_2=CH_2 + O_2 \xrightarrow[120\sim125℃,1MPa]{催化剂} CH_3CHO \quad （烯烃氧化）$$

$$HC\equiv CH + H_2O \xrightarrow[H_2SO_4]{HgSO_4} CH_3CHO \quad （炔烃水合）$$

$$ArH + RCCl \xrightarrow{AlCl_3} ArCR + HCl \quad （傅-克酰基化）$$
（其中 RCOCl 和 ArCOR 含 C=O）

$$RCH=CH_2 + CO + H_2 \xrightarrow[110\sim150℃,20MPa]{[Co(CO)_4]_2} RCH_2CH_2CHO + RCHCHO \quad （羰基合成）$$
$$\quad\quad\quad\quad\quad\quad\quad\quad\quad\quad\quad\quad\quad\quad\quad\quad\quad\quad\quad\quad\quad\quad\quad\quad\quad\quad\quad\quad\quad\quad |$$
$$\quad\quad\quad\quad\quad\quad\quad\quad\quad\quad\quad\quad\quad\quad\quad\quad\quad\quad\quad\quad\quad\quad\quad\quad\quad\quad\quad\quad\quad CH_3$$

3. 醛、酮的化学性质

(1) 加成反应

$$CH_3CH_2\overset{\displaystyle H}{\underset{\displaystyle }{C}}{=}O + HCN \xrightleftharpoons{OH^-} CH_3CH_2\overset{\displaystyle OH}{\underset{\displaystyle CN}{C}}H$$

$$R-\overset{O}{\underset{H(CH_3)}{C}}- + NaHSO_3 \longrightarrow R-\overset{OH}{\underset{H(CH_3)}{C}}-SO_3Na$$

$$\overset{R}{\underset{H}{C}}{=}O + R'OH \xrightleftharpoons{\mp HCl} \overset{R}{\underset{H}{\overset{|}{C}}}\overset{OH}{\underset{OR'}{|}} \xrightleftharpoons[R'OH]{\mp HCl} \overset{R}{\underset{H}{\overset{|}{C}}}\overset{OR'}{\underset{OR'}{|}} + H_2O$$

$$RMgX + \overset{\delta^+}{\underset{}{}}C\overset{\delta^-}{=}O \xrightarrow{干醚} R-\overset{|}{\underset{|}{C}}-OMgX \xrightarrow{H_3O^+} R-\overset{|}{\underset{|}{C}}-OH$$

(2) 与氨的衍生物缩合（加成-消除）反应

$$\overset{}{\underset{}{}}C=O + \begin{cases} H_2N-OH \\ H_2N-NH-C_6H_5 \\ H_2N-NH-C_6H_3(NO_2)_2 \end{cases} \longrightarrow \begin{cases} C=N-OH \quad \text{肟} \\ C=N-NH-C_6H_5 \quad \text{苯腙} \\ C=N-NH-C_6H_3(NO_2)_2 \quad \text{2,4-二硝基苯腙} \end{cases}$$

(3) α-氢原子的反应

$$R-\overset{O}{\underset{}{C}}-CH_3 + 3NaOX \longrightarrow R-\overset{O}{\underset{}{C}}-ONa + CHX_3 + 2NaOH \quad （卤仿反应）$$

$$CH_3\overset{O}{\overset{\|}{C}}-H + CH_2CHO \xrightarrow{\text{稀碱}} CH_3\overset{OH}{\overset{|}{CH}}CH_2CHO \xrightarrow[\triangle]{-H_2O} CH_3CH=CHCHO \quad \text{（羟醛缩合）}$$

4. 氧化反应

$$RCHO + 2Ag(NH_3)_2OH \xrightarrow{\triangle} RCOONH_4 + 2Ag\downarrow + H_2O + 3NH_3$$
无色　　　　　　　　　　　银镜　　　　　　　　　（银镜反应）

$$RCHO + 2Cu(OH)_2 + NaOH \xrightarrow{\triangle} RCOONa + Cu_2O\downarrow + 3H_2O$$
蓝绿色　　　　　　　　　　　红色　　　　　　　　（斐林试剂反应）

5. 还原反应

$$CH_3\overset{O}{\overset{\|}{C}}CH_2CH_3 \xrightarrow[\triangle]{H_2/Pt} CH_3\overset{OH}{\overset{|}{CH}}CH_2CH_3 \quad \text{（催化加氢）}$$

$$CH_3CH=CHCHO \xrightarrow[H_2O]{NaBH_4} CH_3CH=CHCH_2OH \quad \text{（选择性还原剂还原）}$$

$$\text{Ph}\overset{O}{\overset{\|}{C}}CH_2CH_3 \xrightarrow[\triangle]{Zn-Hg,\ HCl} \text{Ph}CH_2CH_2CH_3 \quad \text{（克莱门森还原）}$$

$$\text{Ph}\overset{O}{\overset{\|}{C}}CH_2CH_3 \xrightarrow[\text{一缩二乙二醇},\triangle]{NH_2-NH_2,\ NaOH} \text{Ph}CH_2CH_2CH_3 + N_2\uparrow + H_2O$$
（Wolff-Kishner-Huangminglong 还原）

6. 歧化反应

$$2\ \text{Ph}CHO \xrightarrow[\triangle]{\text{浓 NaOH}} \text{Ph}COONa + \text{Ph}CH_2OH$$

习题

1. 选择题

(1) 醛与 HCN 反应属于（　　）。
A. 亲电加成反应　　B. 亲核加成反应　　C. 亲电取代反应　　D. 亲核取代反应

(2) 醛与羟胺作用生成（　　）。
A. 肼　　　　　　　B. 腙　　　　　　　C. 苯腙　　　　　　D. 肟

(3) 甲醛与丙基溴化镁作用后，水解得到（　　）。
A. 正丙醇　　　　　B. 正丁醇　　　　　C. 异丁醇　　　　　D. 仲丁醇

(4) 在强碱存在下，不能发生碘仿反应的物质是（　　）。
A. C_6H_5CHO　　　B. CH_3COCH_3　　C. CH_3CHO　　　D. CH_3CH_2OH

(5) 下列说法错误的是（　　）。
A. 醛和酮都可以催化加氢反应

B. 在无水酸催化下，醛和酮均可发生缩醛反应
C. 醛和脂肪族甲酮都能与氢氰酸发生加成反应
D. 醛都可以发生碘仿反应

(6) 下列物质中，不属于醛或酮的是（　　）。
A. $C_2H_5OC_2H_5$ B. CH_3COCH_3
C. $CH_2=CHCHO$ D. CH_3CHO

(7) 下列化合物中，能发生银镜反应的是（　　）。
A. 丙酮 B. 苯甲醚 C. 苯酚 D. 苯甲醛

(8) 下列各组物质中，能用斐林试剂来鉴别的是（　　）。
A. 苯甲醛和苯乙醛 B. 乙醛和丙醛 C. 丙醛和苯乙醛 D. 甲醇和乙醇

(9) 常用作生物标本防腐剂的"福尔马林"是（　　）。
A. 40%甲醇溶液 B. 40%甲醛溶液 C. 40%丙酮溶液 D. 40%乙醇溶液

(10) 丁醛与丁酮的关系是（　　）。
A. 同位素 B. 同一种化合物 C. 同系物 D. 同分异构体

(11) 下列各组化合物，不能用碘和氢氧化钠溶液来鉴别的是（　　）。
A. 2-戊酮和3-戊酮 B. 甲醇和乙醇 C. 2-戊醇和3-戊醇 D. 乙醛和丙酮

(12) 下列各组化合物中，能用2,4-二硝基苯肼来鉴别的是（　　）。
A. 乙醚和乙醇 B. 丙醛和丙酮
C. 乙醇和乙醛 D. 苯甲醛和苯乙酮

(13) 下列化合物中，能与斐林试剂反应生成铜镜的是（　　）。
A. 环己酮 B. 乙醛 C. 苯甲醛 D. 丙酮

(14) 下列化合物中，能与斐林试剂反应生成砖红色沉淀是（　　）。
A. 乙烷 B. 乙醚 C. 乙醛 D. 丙酮

(15) $CH_3CH=CHCHO$ 的名称是（　　）。
A. 2-丁烯醛 B. 2-丁烯酮 C. 2-丁烯 D. 丁醛

(16) 下列有关醛、酮的叙述中，不正确的是（　　）。
A. 醛、酮都能被弱氧化剂氧化成相应的羧酸 B. 醛、酮分子中都含有羰基
C. 醛、酮都能与羰基试剂作用 D. 醛、酮的沸点比分子量相近的醇低

(17) 下列物质中，不能与氢氰酸反应的是（　　）。
A. 甲醛 B. 丙酮 C. 环己酮 D. 3-戊酮

(18) 托伦试剂的主要成分是（　　）。
A. 亚铜氨溶液 B. 银氨溶液 C. 氯化铁溶液 D. 高锰酸钾溶液

2. 命名下列化合物

(1) CH_3CHCH_2CHO
　　　　　　$|$
　　　　　　CH_2CH_3

(2) $(CH_3)_2CHCH_2\overset{O}{\overset{\|}{C}}CH_3$

(3) 间甲氧基苯甲醛结构

(4) $CH_3\overset{O}{\overset{\|}{C}}CH_2CH=CH_2$

(5) $CH_2=\underset{\underset{CH_3}{|}}{\overset{\overset{CH_2C_2H_5}{|}}{C}}CHO$ 结构

(6) 苯基-$CH=CHCH_2CHO$

(7) 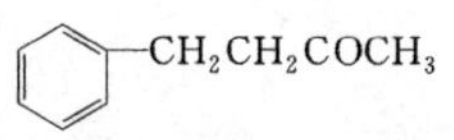 PhCH₂CH₂COCH₃ (8) 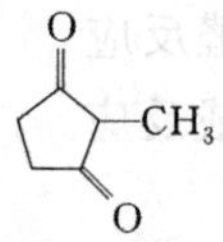 2-甲基-1,3-环戊二酮

3. 下列化合物中哪些能与饱和 NaHSO₃ 作用？哪些能发生碘仿反应？

(1) CH₃CHO (2) CH₃CH₂OH (3) CH₃CH₂CH₂CHO

(4) CH₃COCH₂CH₃ (5) 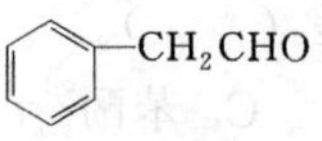 PhCH₂CHO (6) 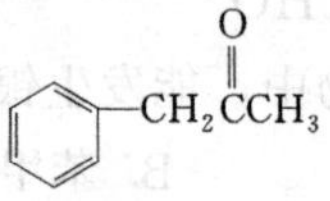 PhCOCH₃

(7) 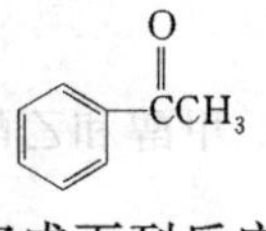 PhCOCH₃ (8) 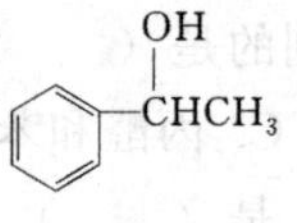 PhCH(OH)CH₃

4. 完成下列反应方程式

(1) CH₃CH₂CHO $\xrightarrow{10\% \text{ NaOH}, \Delta}$ $\xrightarrow{H_2, Ni, \Delta}$

(2) CH₃CH=CH₂ $\xrightarrow{H_2O/H^+}$ $\xrightarrow{NaIO}$

(3) CH₃CHCH₂CH₃ (OH) $\xrightarrow{KMnO_4/H^+}$ $\xrightarrow{①CH_3MgBr/干醚 \; ②H_2O/H^+}$

(4) 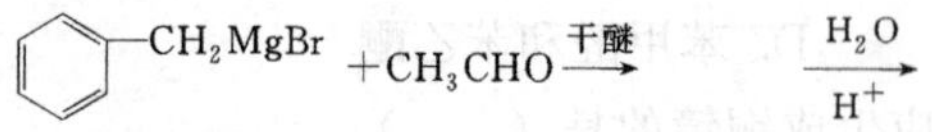 PhCH₂MgBr + CH₃CHO $\xrightarrow{干醚}$ $\xrightarrow{H_2O/H^+}$

(5) CH₃C≡CH $\xrightarrow{H_2O, H^+, HgSO_4}$ $\xrightarrow{HCN}$

(6) (CH₃)₂CHCHO + HCHO $\xrightarrow{浓 NaOH}$

(7) 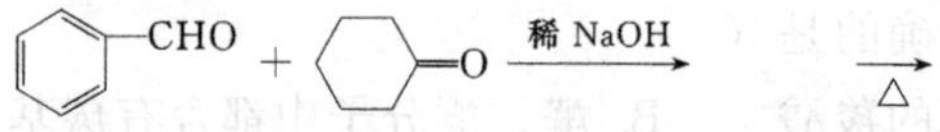 PhCHO + 环己酮 $\xrightarrow{稀 NaOH, \Delta}$

(8) 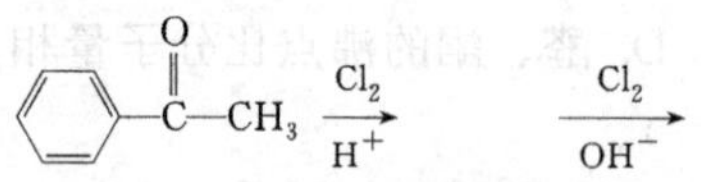 PhCOCH₃ $\xrightarrow{Cl_2/H^+}$ $\xrightarrow{Cl_2/OH^-}$

5. 用化学方法鉴别下列各组有机化合物。

(1) 甲醛、乙醛、丙酮、苯甲醛 (2) 乙醛、丙醛、2-戊酮、环戊酮

6. 由三碳及三碳以下的醇合成下列化合物。

(1) CH₃CH(CH₃)CH₂OH (2) CH₃CH₂CH₂CH₂Br (3) CH₃CH₂CH₂C(CH₃)₂OH

(4) CH₃COCH(CH₃)₂ (5) CH₃CH₂CH(CH₃)CH₂OH (6) CH₃CH₂CH(OH)CH₂CH₃

7. 由指定原料及其他无机试剂合成下列化合物。

(1) 由乙醇制备：丁酮、2-氯丁烷 (2) 由乙烯制备：正丁醇（两种方法）

(3) 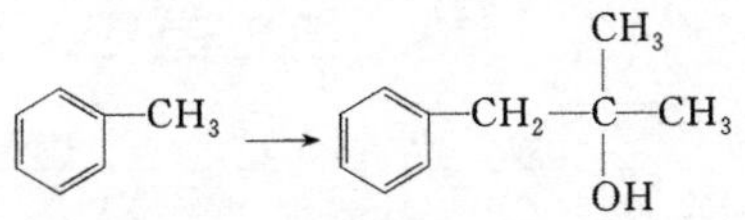 C$_6$H$_5$—CH$_3$ ⟶ C$_6$H$_5$—CH$_2$—C(CH$_3$)$_2$—OH

8. 某化合物的分子量为 86，含碳 69.8％，含氢 11.6％，它与 NaIO 溶液作用能发生碘仿反应，且能与 NaHSO$_3$ 作用，但不与托伦试剂作用。试推测此化合物可能的结构式，并写出相关的化学反应方程式。

9. 某化合物 A（C$_7$H$_{16}$O）被氧化后的产物能与苯肼作用生成苯腙，A 用浓硫酸加热脱水得 B。B 经酸性高锰酸钾氧化后生成两种有机产物：一种产物能发生碘仿反应；另一种产物为正丁酸。试写出 A、B 的构造式。

10. 化合物 A（C$_6$H$_{12}$O）能与羟胺反应，但不与托伦试剂和饱和 NaHSO$_3$ 作用；A 经催化加氢得到化合物 B（C$_6$H$_{14}$O）；B 与浓硫酸作用脱水生成 C（C$_6$H$_{12}$）；C 经酸性氧化生成两种化合物 D 和 E；D 能发生碘仿反应；E 有酸性。试推测 A、B、C、D、E 的可能结构式。

第十章
羧酸及其衍生物
Carboxylic Acids and Derivatives

> **学习目标**（Learning Objectives）
>
> 1. 了解羧酸及其衍生物的分类；
> 2. 掌握羧酸及其衍生物的命名；
> 3. 掌握羧酸及其衍生物的化学性质；
> 4. 掌握羧酸及其衍生物的制备方法；
> 5. 知晓重要羧酸及其衍生物的用途；
> 6. 培养学生实事求是、严谨科学的工作作风。

分子中含有羧基（—COOH）的有机化合物称为羧酸，可用通式 RCOOH 表示。羧基中的羟基被其他原子或基团取代后生成的化合物称为羧酸衍生物，例如酰卤、酸酐、酯、酰胺等。羧酸分子中的羰基和羟基与同一个碳原子成键，相互影响，使它们不同于醛、酮分子中的羰基和醇分子中的羟基，而表现出一些特殊的性质。

第一节　羧酸

一、羧酸的分类和命名

1. 羧酸的结构和分类

（1）根据分子中含羧基的个数分　一元、二元和多元羧酸。

$$H_2C=CHCOOH \qquad HOOC—COOH$$

（2）按照羧基所连烃基的种类分　脂肪族羧酸、脂环族羧酸和芳香族羧酸。

$$CH_3CH_2CH_2COOH$$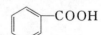

(3) 按烃基是否饱和分　饱和羧酸和不饱和羧酸。

$$CH_3CH_2CH_2COOH \qquad H_2C=CHCOOH$$

2. 羧酸的命名

(1) 俗名　某些羧酸最初是根据其来源命名，称为俗名。例如：甲酸来自蚂蚁，称为蚁酸；乙酸存在于食醋中，称为醋酸；丁酸存在于奶油中，称为酪酸；苯甲酸存在于安息香胶中，称为安息香酸。

(2) 系统命名法　羧酸系统命名法的原则是：选择含有羧基的最长碳链作主链，从羧基中的碳原子开始给主链上的碳原子编号。若分子中含有不饱和键，则选含有羧基和不饱和键的最长碳链为主链，根据主链上碳原子的数目称"某酸"或"某烯（炔）酸"。例如：

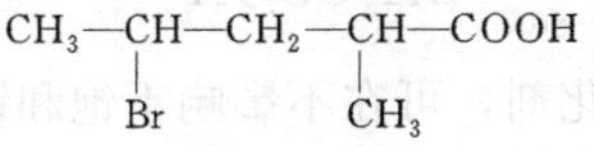

$$CH_3-\underset{Br}{CH}-CH_2-\underset{CH_3}{CH}-COOH \qquad CH_3-\underset{CH_3}{CH}-\underset{CH_3}{CH}-COOH$$

2-甲基-4-溴戊酸 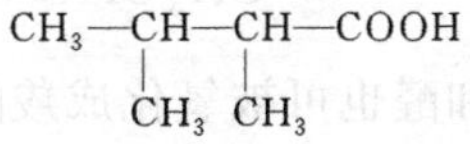　　　　　　　　　　2,3-二甲基丁酸

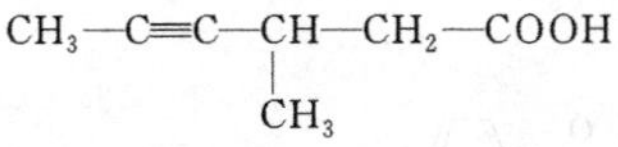

$$CH_3-C\equiv C-\underset{CH_3}{CH}-CH_2-COOH \qquad CH_3CH=CHCOOH$$

3-甲基-4-己炔酸　　　　　　　　　　2-丁烯酸

芳香族羧酸和脂环族羧酸，可把芳环和脂环作为取代基来命名。若芳环上连有取代基，则从羧基所连的碳原子开始编号，并使取代基的位次最小。

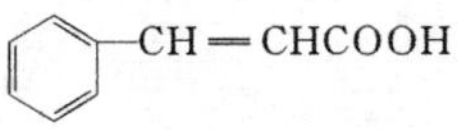

3-苯基丙烯酸（肉桂酸） 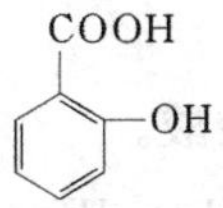　　邻羟基苯甲酸（水杨酸） 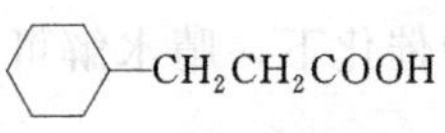　　3-环己基丙酸

二元羧酸命名时，选择包含两个羧基的最长碳链为主链，根据主链碳原子的数目称为"某二酸"。例如：

$$HOOC(CH_2)_4COOH \qquad \begin{matrix}CH-COOH\\ \parallel \\ CH-COOH\end{matrix}$$

己二酸　　　　　顺丁烯二酸 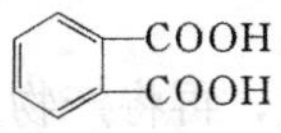　　　　邻苯二甲酸 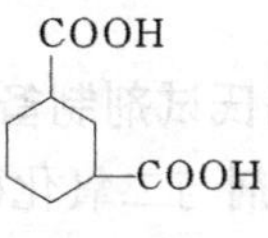　　　　1,3-环己基二甲酸

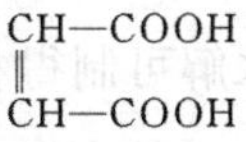

练习

10-1 命名下列化合物

(1) $CH_3CH(CH_3)CH(CH_3)CH_2COOH$　(2) $(CH_3)_2C=CHCOOH$　(3)  $OHC-\!\!\!\!\bigcirc\!\!\!\!-COOH$

二、羧酸的制法

1. 氧化法

(1) 烃的氧化　高级脂肪烃（如石蜡）加热到120℃，并有硬脂酸锰存在的条件下通入空气，可被氧化生成多种脂肪酸的混合物。

$$RCH_2CH_2R' + \frac{5}{2}O_2 \xrightarrow[120℃]{硬脂酸锰} RCOOH + R'COOH + H_2O$$

烯烃通过氧化，碳链在双键处断裂得到羧酸。例如：

$$RCH=CH_2 + KMnO_4 \xrightarrow{H^+} RCOOH + CO_2 + H_2O$$

含 α-H 的烷基苯用高锰酸钾、重铬酸钾氧化时，产物均为苯甲酸。例如：

$$\text{C}_6\text{H}_5\text{-R} \xrightarrow[H^+]{KMnO_4} \text{C}_6\text{H}_5\text{-COOH}$$

(2) 伯醇或醛的氧化　伯醇氧化成醛，醛易被氧化成羧酸。例如：

$$CH_3CH_2CH_2CH_2OH \xrightarrow[H_2SO_4]{KMnO_4} CH_3CH_2CH_2CHO \xrightarrow[H_2SO_4]{KMnO_4} CH_3CH_2CH_2COOH$$

$$CH_3CHO + O_2 \text{（空气）} \xrightarrow[60\sim80℃]{\text{乙酸锰}} CH_3COOH$$

不饱和醇和醛也可被氧化成羧酸，如选用弱氧化剂，可在不影响不饱和键的情况下，制取羧酸。例如：

$$\text{呋喃}-CH=CH-CHO \xrightarrow[34\sim36℃,\ 2.5h]{Ag_2O,\ NaOH,\ O_2} \text{呋喃}-CH=CH-COONa$$

呋喃丙烯醛　　　　　　　　　呋喃丙烯酸钠

2. 腈的水解

在酸或碱的催化下，腈水解可制得羧酸。

$$RCN \xrightarrow[\triangle]{H_2O,\ H^+} RCOOH$$

$$\text{C}_6\text{H}_5\text{-CH}_2\text{CN} \xrightarrow[130℃,\ 2h]{70\%\ H_2SO_4} \text{C}_6\text{H}_5\text{-CH}_2\text{COOH}$$

苯乙腈　　　　　　　　　　　苯乙酸

3. 由格氏试剂制备

格氏试剂与二氧化碳反应，再将产物用酸水解可制得相应的羧酸。例如：

$$RMgCl + CO_2 \xrightarrow{\text{无水乙醚}} RC(=O)-OMgCl \xrightarrow[H^+]{H_2O} RCOOH$$

此反应适合制备比原料多一个碳原子的羧酸。

三、羧酸的物理性质

常温时，$C_1\sim C_3$ 是有刺激性气味的无色透明液体，$C_4\sim C_9$ 是具有腐败气味的油状液体，C_{10} 以上的直链一元酸是无臭无味的白色蜡状固体。脂肪族二元酸和芳香族羧酸都是白色晶体。

羧酸的沸点比分子量相近的醇还高。例如，甲酸和乙醇的分子量相同，甲酸的沸点是 100.5℃，乙醇的沸点为 78.5℃。这是因为羧酸分子间可以形成两个氢键而缔合成较稳定的二聚体。

$$R-C{\overset{O\cdots H-O}{\underset{O-H\cdots O}{}}}C-R$$

饱和一元羧酸的熔点随碳原子数增加呈锯齿状上升，即含偶数碳原子的羧酸的熔点比相邻两个奇数碳原子的羧酸的熔点高。这是由于偶数羧酸具有较好的对称性，晶格排列的更密切，分子间作用力较大。

羧酸分子中羧基是亲水基，可与水形成氢键。所以 C_1~C_4 的羧酸与水以任意比例互溶；随着分子量的增大，非极性的烃基愈来愈大，使羧酸的溶解度逐渐减小，C_{10} 以上的羧酸已不溶于水，但都易溶于有机溶剂。芳香族羧酸一般难溶于水。

四、羧酸的化学性质及应用

羧基是羧酸的官能团，其化学反应主要发生在羧基和受羧基影响变得比较活泼的 α-H 上。

羧酸分子中易发生化学反应的主要部位如下所示。

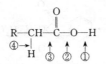

①羧基中氢原子的酸性
②羟基被取代的反应
③脱羧和羰基的还原反应
④α-H 的取代反应

1. 酸性

羧酸在水溶液中能够解离出氢离子呈现弱酸性。可与 $NaOH$、Na_2CO_3、$NaHCO_3$ 作用生成羧酸盐，羧酸盐与无机强酸作用又可游离出羧酸，用于羧酸的分离、回收和提纯。

$$RCOOH + NaOH \longrightarrow RCOONa + H_2O$$

$$RCOOH + NaHCO_3 \longrightarrow RCOONa + H_2O + CO_2\uparrow$$

2. 羧基中羟基的取代反应（羧酸衍生物的生成）

羧酸中的羟基可被卤素（Cl、Br、I）、酰氧基（$RCOO-$）、烷氧基（$RO-$）、氨基（$-NH_2$）取代，分别生成酰卤、酸酐、酯和酰胺，它们统称为羧酸衍生物。

（1）酰卤的生成　羧酸（除甲酸外）与三氯化磷、五氯化磷、亚硫酰氯（$SOCl_2$）等作用时，分子中的羟基被卤原子取代，生成酰卤。例如：

$$3R-\overset{O}{\underset{\|}{C}}-OH + PCl_3 \longrightarrow 3R-\overset{O}{\underset{\|}{C}}-Cl + H_3PO_3$$

$$R-\overset{O}{\underset{\|}{C}}-OH + PCl_5 \longrightarrow R-\overset{O}{\underset{\|}{C}}-Cl + POCl_3 + HCl$$

$$R-\overset{O}{\underset{\|}{C}}-OH + SOCl_2 \longrightarrow R-\overset{O}{\underset{\|}{C}}-Cl + SO_2\uparrow + HCl\uparrow$$

芳香族酰卤一般由五氯化磷或亚硫酰氯与芳酸作用。芳香族酰氯的稳定性较好，水解反应缓慢。苯甲酰氯是常用的苯甲酰化试剂。

$$\text{C}_6\text{H}_5-COOH + SOCl_2 \longrightarrow \text{C}_6\text{H}_5-COCl + SO_2 + HCl$$

（2）酸酐的生成　羧酸（除甲酸外）在脱水剂（如五氧化二磷、乙酐等）作用下，发生分子间脱水，生成酸酐。例如：

$$\text{C}_6\text{H}_5\text{-CO-[OH + HO]-CO-C}_6\text{H}_5 \xrightarrow{(\text{CH}_3\text{CO})_2\text{O}}{\Delta} \text{C}_6\text{H}_5\text{-CO-O-CO-C}_6\text{H}_5 + \text{H}_2\text{O}$$
苯甲酸酐

$$\text{RCOO-[H + HO]-C(=O)-R} \xrightarrow{\text{P}_2\text{O}_5}{\Delta} \text{RCOO-C(=O)-R} + \text{H}_2\text{O}$$

某些二元酸（如丁二酸、戊二酸、邻苯二甲酸等）不需要脱水剂，加热就可发生分子内脱水生成酸酐。例如：

$$\begin{array}{c}\text{CH}_2\text{-COOH}\\|\\ \text{CH}_2\text{-COOH}\end{array} \xrightarrow{300^\circ\text{C}} \begin{array}{c}\text{CH}_2\text{-C(=O)}\\|\quad\quad\text{O}\\ \text{CH}_2\text{-C(=O)}\end{array} + \text{H}_2\text{O}$$
丁二酸酐

$$\text{o-C}_6\text{H}_4(\text{COOH})_2 \xrightarrow{196\sim 199^\circ\text{C}} \text{邻苯二甲酸酐} + \text{H}_2\text{O}$$
邻苯二甲酸酐

（3）酯的生成　羧酸与醇在酸的催化作用下生成酯的反应，称为酯化反应。

$$\text{R-C(=O)-OH} + \text{HO-R}' \underset{}{\overset{\text{H}^+}{\rightleftharpoons}} \text{R-C(=O)-OR}' + \text{H}_2\text{O}$$

（4）酰胺的生成　羧酸与氨或胺反应，首先生成铵盐，羧酸铵受热脱水后生成酰胺。例如：

$$\text{R-C(=O)-OH} + \text{NH}_3 \longrightarrow \underset{\text{羧酸铵}}{\text{R-C(=O)-ONH}_4} \xrightarrow{\Delta} \underset{\text{酰胺}}{\text{R-C(=O)-NH}_2} + \text{H}_2\text{O}$$

对氨基苯酚与乙酸作用，加热后脱水的产物是对羟基乙酰苯胺（"扑热息痛"药物）。

$$\text{CH}_3\text{-C(=O)-OH} + \text{H}_2\text{N-C}_6\text{H}_4\text{-OH} \xrightarrow{-\text{H}_2\text{O}}{\Delta} \underset{\text{对羟基乙酰苯胺}}{\text{CH}_3\text{-C(=O)-NH-C}_6\text{H}_4\text{-OH}}$$

3. 羧基的还原反应

除甲酸外，羧酸对一般的氧化剂稳定，不再进一步氧化。羧酸也不易被还原。实验室常用氢化铝锂（LiAlH$_4$），将羧酸还原成醇，用于制备特殊结构的伯醇（此法不但产率高，且不影响不饱和键）。例如：

$$\text{C}_6\text{H}_5\text{-COOH} \xrightarrow[(2)\ \text{H}_3\text{O}^+]{(1)\ \text{LiAlH}_4,\ \text{Et}_2\text{O}} \text{C}_6\text{H}_5\text{-CH}_2\text{OH}$$

$$\text{CH}_2\text{=CHCH}_2\text{COOH} \xrightarrow[(2)\ \text{H}_3\text{O}^+]{(1)\ \text{LiAlH}_4,\ \text{Et}_2\text{O}} \text{CH}_2\text{=CHCH}_2\text{CH}_2\text{OH}$$

该还原方法的缺点是氢化铝锂价格昂贵，仅限于实验室使用。

通过催化加氢也可以将羧酸还原为醇，需要在高温（250℃）、高压（10MPa）下进行，比醛、酮所需的条件高得多，也因此在醛、酮还原条件下羧酸不受影响。例如：

$$CH_3COCH_2CH_2COOH \xrightarrow[25℃]{H_2, Ni} CH_3CH(OH)CH_2CH_2COOH$$

4. α-氢原子的卤代反应

羧基是一个吸电子基团，使 α-氢原子比分子中其他碳原子上的氢活泼，在少量红磷、碘或硫等作用下被氯或溴取代，生成 α-卤代酸。

$$CH_3COOH \xrightarrow[P]{Cl_2} CH_2ClCOOH \xrightarrow[P]{Cl_2} CHCl_2COOH \xrightarrow{Cl_2} CCl_3COOH$$

一氯乙酸　　　　　二氯乙酸　　　　　三氯乙酸

5. 脱羧反应

羧酸分子脱去羧基放出二氧化碳的反应叫脱羧反应。饱和一元酸一般比较稳定，难于脱羧，但羧酸的碱金属盐与碱石灰共热，则发生脱羧反应。

$$CH_3COONa + NaOH \xrightarrow[\triangle]{CaO} CH_4\uparrow + Na_2CO_3$$

此反应在实验室中用于少量甲烷的制备。

当羧酸分子中的 α-碳原子上连有吸电子基时，受热容易脱羧。例如：

$$Cl_3CCOOH \xrightarrow{\triangle} CHCl_3 + CO_2$$

$$CH_3COCH_2COOH \xrightarrow{\triangle} CH_3COCH_3 + CO_2$$

$$HOOCCH_2COOH \xrightarrow{\triangle} CH_3COOH + CO_2$$

练习

10-2 完成下列反应

(1) $CH_3CH_2COOH \xrightarrow{LiAlH_4}$　　　(2) $CH_3CH_2COOH \xrightarrow[P]{Br_2}$

五、重要的羧酸

1. 甲酸

甲酸俗称蚁酸，是具有刺激性的无色液体，沸点 100.7℃，有极强的腐蚀性，因此使用时要避免与皮肤接触。甲酸能与水和乙醇混溶。

在自然界中，甲酸存在于某些昆虫，如蜜蜂、蚂蚁和某些植物（如荨麻）中。人们被蜜蜂、蚂蚁蛰、刺会感到肿痛，就是由于这些昆虫分泌了甲酸所致。

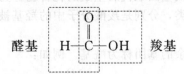

醛基　　H—C—OH　　羧基

甲酸分子结构比较特殊，它的羧基和氢原子直接相连，分子中既有羧基，也有醛基，是一个具有官能团的化合物。甲酸的特殊结构，决定了其与其他酸不同的特性。

甲酸的酸性在饱和一元羧酸中最强（$pK_a = 3.77$）；醛基的存在，使它具有还原性，不仅容易被强的氧化剂如高锰酸钾等氧化，还能被弱氧化剂如托伦试剂氧化而发生银镜反应，斐林试剂反应生成铜镜，这也是甲酸的鉴定反应。还容易被一般的氧化剂氧化生成 CO_2 和 H_2O。

$$HCOOH \xrightarrow{Ag(NH_3)_2OH} CO_2 \uparrow + H_2O + Ag \downarrow$$

甲酸也较易发生脱水、脱羧反应。例如，实验室制取 CO，就是用甲酸与浓硫酸共热制得。

$$HCOOH \xrightarrow[60\sim80℃]{浓 H_2SO_4} CO \uparrow + H_2O$$

若甲酸加热到 160℃ 以上，可脱羧生成 CO_2 和 H_2。

$$HCOOH \xrightarrow{160℃} CO_2 \uparrow + H_2O$$

甲酸在工业上用作还原剂，橡胶的凝固剂、缩合剂和甲酰化剂，也用于纺织品和纸张的着色和抛光，皮革的处理以及用作消毒剂和防腐剂等。

2. 乙酸

乙酸俗称醋酸，是食醋的主要成分，一般食醋中含乙酸 6%~8%。乙酸为无色具有刺激性气味的液体，沸点 118℃，熔点 16.6℃。当室温低于 16.6℃ 时，无水乙酸很容易凝结成冰状固体，故常把无水乙酸称为冰醋酸。乙酸可与水、乙醇、乙醚混溶。

3. 苯甲酸

苯甲酸存在于安息香胶及其他一些树脂中，故俗称安息香酸。是白色晶体，熔点 121.7℃，受热易升华，微溶于热水、乙醇和乙醚中。苯甲酸的工业制法主要是甲苯氧化法和甲苯氯代水解法。苯甲酸是重要的有机合成原料，可用于制备染料、香料、药物等。苯甲酸及其钠盐有杀菌防腐作用，所以常用作食品和药液的防腐剂。

4. 丁二酸

丁二酸存在于琥珀中，又称琥珀酸。它还广泛存在于多种植物及人和动物的组织中，例如未成熟的葡萄、甜菜、人的血液和肌肉。丁二酸是无色晶体，能溶于水，微溶于乙醇、乙醚和丙酮中。丁二酸在医药中有抗痉挛、祛痰和利尿作用。丁二酸受热失水生成的丁二酸酐，是制造药物、染料和醇酸树脂的原料。

第二节 羧酸衍生物

一、羧酸衍生物的分类和命名

1. 羧酸衍生物的分类

羧酸中的羟基被其他原子或基团取代后生成的化合物称为羧酸衍生物。重要的羧酸衍生物有酰卤、酸酐、酯和酰胺四类，分别是羧酸分子中的羟基被卤原子、酰氧基、烷氧基、氨基取代后生成的化合物。

羧酸分子中去掉羟基后剩余的基团称为酰基。例如：

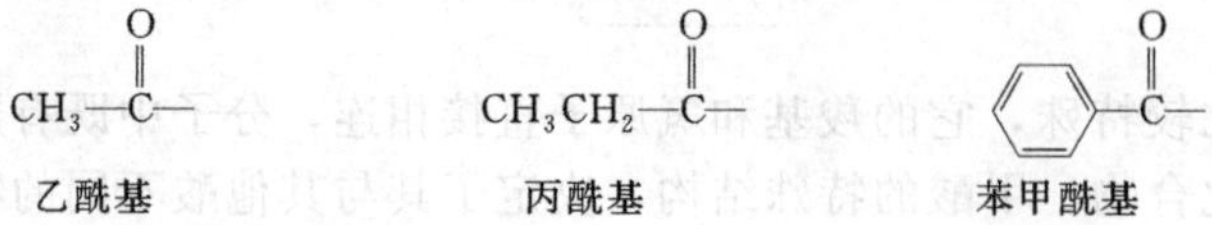

   $CH_3-\overset{O}{\overset{\|}{C}}-$ $CH_3CH_2-\overset{O}{\overset{\|}{C}}-$ $C_6H_5-\overset{O}{\overset{\|}{C}}-$

   乙酰基   丙酰基   苯甲酰基

2. 羧酸衍生物的命名

(1) 酰卤的命名　酰卤由酰基和卤原子组成，其通式为：R—CO—X（X＝F、Cl、Br、I）。酰卤的命名是以相应的酰基和卤素的名称，称为"某酰卤"。例如：

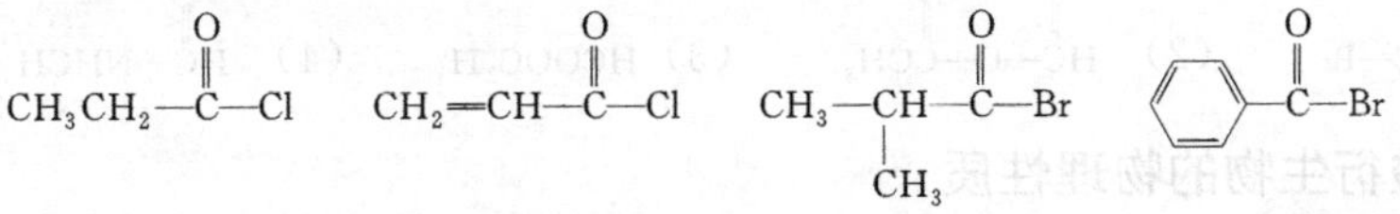

$$CH_3CH_2-\overset{O}{\underset{\|}{C}}-Cl \qquad CH_2=CH-\overset{O}{\underset{\|}{C}}-Cl \qquad CH_3-\overset{}{\underset{CH_3}{CH}}-\overset{O}{\underset{\|}{C}}-Br \qquad C_6H_5-\overset{O}{\underset{\|}{C}}-Br$$

　　丙酰氯　　　　　　丙烯酰氯　　　　　2-甲基丙酰溴　　　　苯甲酰溴

(2) 酸酐的命名　酸酐由酰基和酰氧基组成，其通式为：R—CO—O—CO—R′。酸酐的命名由相应的羧酸加"酐"字组成。若 R 和 R′ 相同，称为单酐，R 和 R′ 不同，称为混酐，二元羧酸分子内失水形成环状酐称为环酐或内酐。例如：

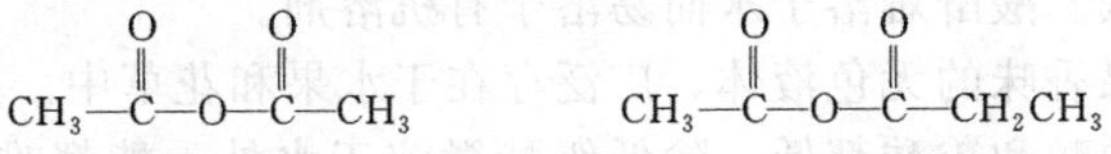

乙酸酐（单酐）　　　　　乙丙酐（混酐）

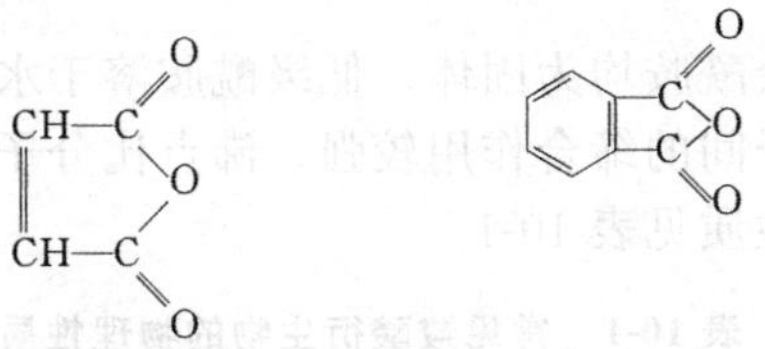

顺丁烯二酸酐（内酐）　　　邻苯二甲酸酐（内酐）

(3) 酯的命名　酯是由酰基和烷氧基（RO—）组成，其通式为：R—CO—OR′。酯的命名由相应的羧酸和烃基名称组合，称"某酸某酯"。例如：

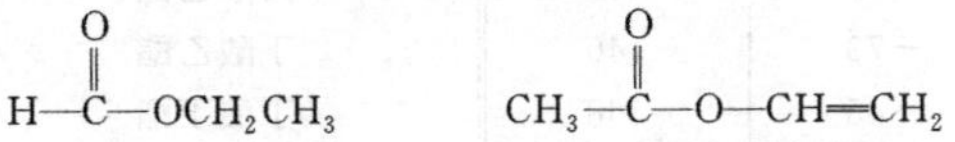

甲酸乙酯　　　　　　乙酸乙烯酯

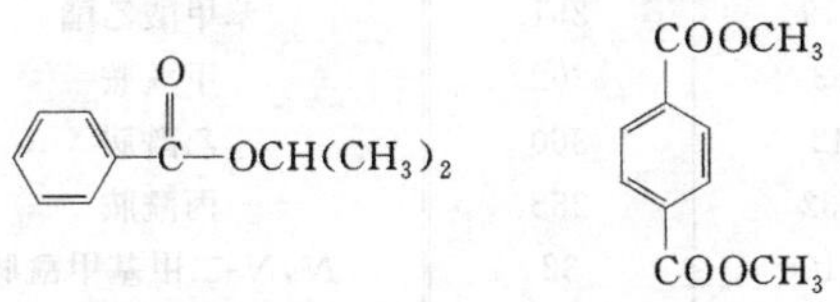

苯甲酸异丙酯　　　　对苯二甲酸二甲酯

(4) 酰胺的命名　酰胺是由酰基和氨基（包括取代氨基—NHR，—NR$_2$）组成，其通式为：R—CO—NH$_2$。酰胺的命名是根据酰基的名称，称为"某酰胺"。例如：

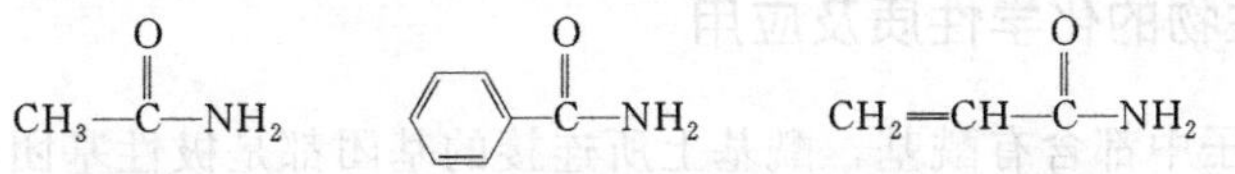

乙酰胺　　　　苯甲酰胺　　　　丙烯酰胺

酰胺分子中含有取代氨基，命名时，把氮原子上所连的烃基作为取代基，写名称时用"N"表示其位次。例如：

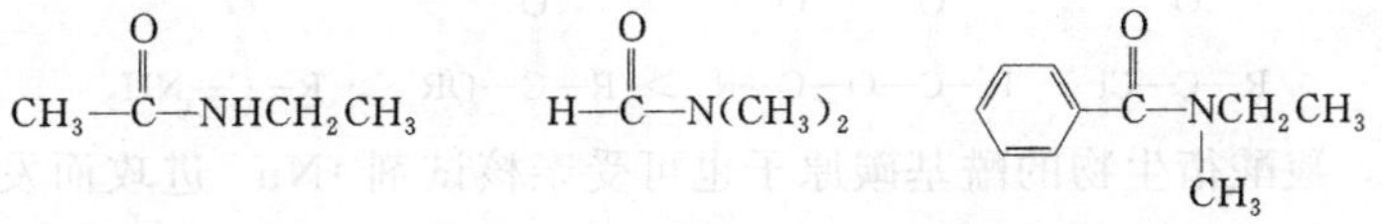

N-乙基乙酰胺　　　　N,N-二甲基甲酰胺　　　　N-甲基-N-乙基苯甲酰胺

练习

10-3 命名下列化合物

(1) $CH_3\overset{O}{\underset{\|}{C}}-Br$　　(2) $H\overset{O}{\underset{\|}{C}}-\overset{O}{\underset{\|}{C}}CH_3$　　(3) $HCOOC_2H_5$　　(4) $H\overset{O}{\underset{\|}{C}}-NHCH_3$

二、羧酸衍生物的物理性质

甲酰氯不存在。低级酰氯是具有刺激性气味的无色液体，高级酰氯为白色固体。酰氯的沸点比相应的羧酸低。酰氯不溶于水，易溶于有机溶剂，低级酰氯遇水易分解。酰氯对黏膜有刺激性。

甲酸酐不存在。低级酸酐是具有刺激性气味的无色液体，高级酸酐为固体。酸酐的沸点较分子量相近的羧酸低。酸酐难溶于水而易溶于有机溶剂。

低级酯是具有水果香味的无色液体，广泛存在于水果和花草中。高级酯为蜡状固体。酯的沸点比分子量相似的醇和羧酸都低。除低级酯微溶于水外，酯都难溶于水，易溶于乙醇、乙醚等有机溶剂。

除甲酰胺是液体外，其余酰胺均为固体。低级酰胺溶于水，随着分子量增大，在水中溶解度逐渐降低。酰胺由于分子间的缔合作用较强，沸点比分子量相近的羧酸、醇都高。

常见羧酸衍生物的物理性质见表 10-1。

表 10-1　常见羧酸衍生物的物理性质

化合物	熔点/℃	沸点/℃	化合物	熔点/℃	沸点/℃
乙酰氯	-112	51	丙酸甲酯	-83	80
丙酰氯	-94	80	甲酸丁酯	-92	107
丁酰氯	-89	102	乙酸丙酯	-93	102
苯甲酰氯	-1	197	丙酸乙酯	-74	99
乙酸酐	-73	140	丁酸乙酯	-98	102
丙酸酐	-45	168	丁酸丁酯	-92	167
丁酸酐	-75	198	乙酸苄酯	-52	215
丁二酸酐	119	261	苯甲酸乙酯	-34	213
顺丁烯二酸酐	53	202	甲酰胺	3	195
苯甲酸酐	42	360	乙酰胺	81	222
邻苯二甲酸酐	132	285	丙酰胺	79	213
甲酸甲酯	-100	32	N,N-二甲基甲酰胺	-61	153
甲酸乙酯	-81	54	苯甲酰胺	130	290
乙酸甲酯	-98	57	丁二酰亚胺	125	288
乙酸乙酯	-83	77	邻苯二甲酰亚胺	238	—

三、羧酸衍生物的化学性质及应用

羧酸衍生物分子中都含有酰基，酰基上所连接的基团都是极性基团，因此它们具有相似的化学性质。但羧酸衍生物中酰基所连接的原子和基团不同，所以它们的反应活性存在差异。反应活性强弱顺序是：

$$R-\overset{O}{\underset{\|}{C}}-Cl > R-\overset{O}{\underset{\|}{C}}-O-\overset{O}{\underset{\|}{C}}-R' > R-\overset{O}{\underset{\|}{C}}-OR' > R-\overset{O}{\underset{\|}{C}}-NH_2$$

像羧酸一样，羧酸衍生物的酰基碳原子也可受亲核试剂 :Nu⁻ 进攻而发生加成，生成一个正四面体的中间体（Ⅰ），中间体（Ⅰ）可通过消除 :L⁻ 重新形成共轭体系，生成含碳氧双键的较稳定的取代产物（Ⅱ）。反应过程如下：

$$R-\overset{\overset{\displaystyle O}{\|}}{\underset{\ddot{L}}{C}}-L + :Nu \rightleftharpoons R-\overset{\overset{\displaystyle \ddot{O}^-}{|}}{\underset{\ddot{L}:}{C}}-Nu \rightleftharpoons R-\overset{\overset{\displaystyle O}{\|}}{\underset{}{C}}-\ddot{N}u + :L^-$$

1. 羧酸衍生物的水解反应

羧酸衍生物都能发生水解反应生成羧酸。

$$\left. \begin{array}{l} R-\overset{O}{\overset{\|}{C}}-Cl \\ R-\overset{O}{\overset{\|}{C}}-O-\overset{O}{\overset{\|}{C}}-R' \\ R-\overset{O}{\overset{\|}{C}}-OR' \\ R-\overset{O}{\overset{\|}{C}}-NH_2 \end{array} \right\} + H-OH \longrightarrow \begin{array}{l} \longrightarrow RCOOH + HCl \\ \xrightarrow{\triangle} RCOOH + R'COOH \\ \xrightarrow[\triangle]{H^+ \text{或} OH^-} RCOOH + R'OH \\ \xrightarrow[\text{回流}]{H^+ \text{或} OH^-} RCOOH + NH_3 \end{array}$$

其中酰氯最容易水解。乙酰氯暴露在空气中，即吸湿分解。放出的氯化氢气体立即形成白雾。所以酰氯必须密封储存。

2. 羧酸衍生物的醇解反应

酰卤、酸酐和酯与醇作用生成酯的反应，称为醇解。

$$\left. \begin{array}{l} R-\overset{O}{\overset{\|}{C}}-Cl \\ R-\overset{O}{\overset{\|}{C}}-O-\overset{O}{\overset{\|}{C}}-R' \\ R-\overset{O}{\overset{\|}{C}}-OR' \\ R-\overset{O}{\overset{\|}{C}}-NH_2 \end{array} \right\} + R''-OH \longrightarrow \begin{array}{l} \longrightarrow RCOOR'' + HCl \\ \xrightarrow{\triangle} RCOOR'' + R'COOR'' \\ \xrightarrow[\triangle]{H^+ \text{或} OH^-} RCOOR'' + R'OH \\ \xrightarrow{H^+ \text{或} OH^-} RCOOR'' + NH_3 \end{array}$$

酰氯和酸酐容易与醇反应生成相应的酯，工业上常用此方法制取一些难以用羧酸酯化法得到的酯。例如：

$$CH_3-\overset{O}{\overset{\|}{C}}-Cl + HO-\text{C}_6\text{H}_5 \xrightarrow{NaOH} CH_3-\overset{O}{\overset{\|}{C}}-O-\text{C}_6\text{H}_5 + NaCl + H_2O$$
乙酸苯酯

酯与醇反应，生成另外的酯和醇，称为酯交换反应。酯交换反应广泛应用于有机合成中。例如，工业上合成涤纶树脂的单体——对苯二甲酸二乙二醇酯。

$$\underset{\text{对苯二甲酸二甲酯}}{\text{CH}_3\text{OOC}-\text{C}_6\text{H}_4-\text{COOCH}_3} + 2\underset{\text{乙二醇}}{\text{HOCH}_2\text{CH}_2\text{OH}} \xrightarrow[200\,^\circ\text{C}]{ZnAc_2} \underset{\text{对苯二甲酸二乙二醇酯}}{\text{HOCH}_2\text{CH}_2\text{OOC}-\text{C}_6\text{H}_4-\text{COOCH}_2\text{CH}_2\text{OH}} + 2\text{CH}_3\text{OH}$$

酰胺活性比酯低，醇解反应很难进行。

3. 羧酸衍生物的氨解

酰卤、酸酐和酯与氨或胺作用生成酰胺的反应，称为氨解。

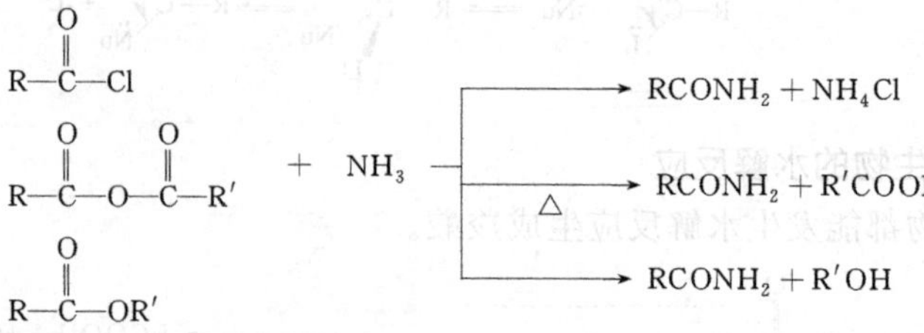

$$\begin{matrix} \text{R-COCl} \\ \text{R-CO-O-CO-R}' \\ \text{R-CO-OR}' \end{matrix} + NH_3 \longrightarrow \begin{matrix} RCONH_2 + NH_4Cl \\ \xrightarrow{\Delta} RCONH_2 + R'COONH_4 \\ RCONH_2 + R'OH \end{matrix}$$

酰胺与过量的胺作用可得到 N-取代酰胺。

$$RCONH_2 \xrightarrow{\text{过量 } R'NH_2} RCONHR' + NH_3\uparrow$$

羧酸衍生物的水解、醇解和氨解反应相当于在水、醇、氨分子中引入酰基。凡是向其他分子中引入酰基的反应都叫酰基化反应。提供酰基的试剂叫酰基化试剂。酰氯、酸酐是常用的酰基化试剂。

4. 酯的还原反应

羧酸衍生物均具有还原性，酰氯、酸酐、酯可被氢化铝锂还原生成相应的伯醇，酰胺还原生成胺，其中，酯的还原最容易，多种还原剂均可使用。

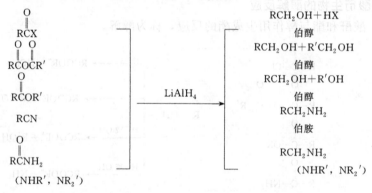

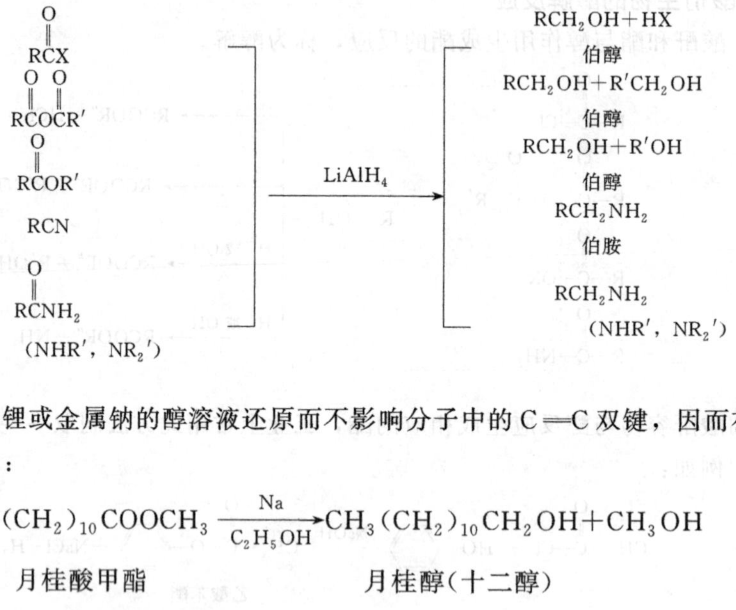

酯能被氢化铝锂或金属钠的醇溶液还原而不影响分子中的 C═C 双键，因而在有机合成中常被采用。例如：

$$CH_3(CH_2)_{10}COOCH_3 \xrightarrow[C_2H_5OH]{Na} CH_3(CH_2)_{10}CH_2OH + CH_3OH$$

　　　　月桂酸甲酯　　　　　　　月桂醇（十二醇）

$$CH_3(CH_2)_7CH\!=\!\!CH(CH_2)_7COOC_4H_9 \xrightarrow[C_2H_5OH]{Na}$$

　　　　　　油酸丁酯

$$CH_3(CH_2)_7CH\!=\!\!CH(CH_2)_7CH_2OH + C_4H_9OH$$
　　　　　　　　　　　　　　　　　油醇

月桂醇是合成洗涤剂和增塑剂的原料。

5. 克来森酯缩合反应

与羧酸相似，酯分子中的 α-氢较活泼。用强碱或醇钠处理时，两分子酯可脱去一分子

醇生成 β-酮酸酯，这个反应叫克来森（Claisen）酯缩合反应。

$$R-CH_2-\underset{\underset{O}{\|}}{C}-OR' \xrightarrow[-H^+]{C_2H_5OH} R-\overset{-}{C}H-\underset{\underset{O}{\|}}{C}-OR' \xrightarrow{R-CH_2-\underset{\underset{O}{\|}}{C}-OR'} RCH_2-\underset{\underset{O^-}{|}}{\overset{\overset{OR'}{|}}{C}}-\underset{\underset{O}{\|}}{C}-OR'$$

$$\xrightarrow{-R'O^-} RCH_2-\underset{\underset{R}{|}}{\overset{\overset{O}{\|}}{C}}-\underset{\underset{O}{\|}}{C}-OR' + R'OH$$

在强碱作用下生成负碳离子，负碳离子作为亲核试剂进攻另一酯分子中的羰基，然后加成-消除 $R'O^-$，得到 β-酮酸酯。

6. 酰胺的特性

酰胺除具有羧酸衍生物的通性外，还具有一些特殊性质。

（1）**弱碱性和弱酸性** 在酰胺分子中，由于氮原子上的孤对电子与羰基形成 p–π 共轭，使氮原子上的电子云密度降低，氮原子与质子结合能力下降，所以碱性比氨弱，只有在强酸作用下才显示弱碱性。例如：

$$CH_3-\underset{\underset{O}{\|}}{C}-NH_2 + HCl \xrightarrow{乙醚} CH_3-\underset{\underset{O}{\|}}{C}-NH_2 \cdot HCl$$

这种盐不稳定，遇水即分解为乙酰胺。

若氨分子中两个氢原子都被酰基取代，生成的酰亚胺化合物可与强碱成盐，表现出弱酸性。例如：

邻苯二甲酰亚胺 + KOH → 邻苯二甲酰亚胺钾 + H_2O

（2）**脱水反应** 酰胺在脱水剂[如 P_2O_5、PCl_5、$SOCl_2$、$(CH_3CO)_2O$]作用下，发生分子内脱水生成腈。例如：

$$(CH_3)_2CH-\underset{\underset{O}{\|}}{C}-NH_2 \xrightarrow[\Delta]{P_2O_5} (CH_3)_2CH-C\equiv N + H_2O$$

（3）**霍夫曼降级反应** 酰胺与次氯酸钠或次溴酸钠作用，失去羰基生成比原来少一个碳原子的伯胺，这个反应叫霍夫曼（Hofmann）降级反应。例如：

$$R-\underset{\underset{O}{\|}}{C}-NH_2 \xrightarrow{NaOH, Br_2} R-NH_2$$

$$C_6H_5-CH_2-\underset{\underset{CH_3}{|}}{CH}-\underset{\underset{O}{\|}}{C}-NH_2 \xrightarrow{NaOH, Br_2} C_6H_5-CH_2-\underset{\underset{CH_3}{|}}{CH}-NH_2$$

2-甲基-3-苯基丙酰胺   苯异丙胺

练习

10-4 完成下列反应

(1) 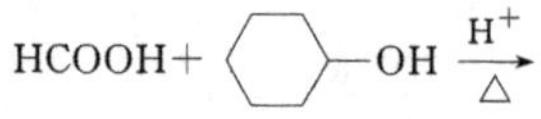 $HCOOH + $ ⌬$-OH \xrightarrow[\triangle]{H^+}$

(2) $\begin{array}{l} CH_2CH_2COOC_2H_5 \\ CH_2CH_2COOC_2H_5 \end{array} \xrightarrow[C_2H_5OH]{Na}$

拓展窗

说说合成纤维的故事

化学，通过其研究主题——分子和材料，显示了创造力，即产生新的、前所未有的分子和材料的能力。这些原创物质及其无限的变异形态，通过原子组合和结构的重新排列而被创造出来。化学家用构成物质的元素创造了原创分子、新材料和未知物质。

在化学家创造的衣着中，有个赫赫有名的合成纤维。合成纤维是由小分子有机单体通过聚合反应合成的纤维，它有七纶（锦纶、涤纶、腈纶、维尼纶、氯纶、丙纶和芳纶）。其中首屈一指的是"大姐"——锦纶（尼龙）。

那么，尼龙是怎么诞生的？它给人类衣着带来了什么影响？合成材料的发明又怎样彻底改变了人类的生活方式？

时髦"尼龙"诱惑无穷

1939 年 10 月 24 日，作为第二次世界大战的大后方，美国的杜邦（化学）公司，用 300ft（1ft＝0.3048m，下同）高的宣传尼龙丝袜玉足模型广告，吸引了无数眼球，据说，一天的销售量就达 400 万双之多。不仅备受女士们的青睐，而且男士们也发挥浑身"解数"去抢购，简直刮起尼龙袜的"龙卷风"。更有甚者，连许多士兵在返乡途中，也千方百计弄到尼龙丝袜放在口袋里，准备送给"女朋友"，当做甜蜜的信物。人们曾用"像蛛丝一样细，像钢丝一样强，像绢丝一样美"的词句来赞誉这种纤维。到 1940 年 5 月尼龙纤维织品的销售遍及美国各地。

尼龙是世界上最先研制出的一种合成纤维。故事发生在 1930 年夏天，杜邦公司有机化学部主任——青年化学家卡罗瑟斯在用乙二醇和癸二酸缩合制取聚酯的实验中，他的同事朱利安·希尔出于一种本能的好奇，将一支玻璃棒放入烧瓶中，轻轻搅拌瓶底的熔化物。当他从反应器中慢慢提起玻璃棒时，惊奇地发现了一种有趣的现象：这种熔融的聚合物能像棉花糖那样抽出丝来，而且更重要的是，这种纤维状的细丝即使冷却后还能继续拉伸，拉伸长度可以达到原来长度的好几倍，经过冷拉伸后纤维的强度和弹性也大大增加。这种从未有过的现象使卡罗瑟斯预感到这种特性可能具有重大的应用价值，有可能用熔融的聚合物来纺制纤维。

为了合成出高熔点、高性能的聚合物，经过 3 年的艰苦奋斗，卡罗瑟斯和他的同事们将注意力转到己二胺和己二酸进行缩聚反应，终于在 1935 年 2 月 28 日合成出聚酰胺高分子化合物。由于这两个组分中均含有 6 个碳原子，当时称为聚合物 66。他又将这一聚合物熔融后经注射针压出，在张力下拉伸称为纤维。1938 年 10 月 27 日，杜邦公司正式宣布世界上第一种合成纤维正式诞生，并将聚酰胺 66 这种合成纤维命名为"尼龙 66"，即锦纶。

锦纶是一种有广阔发展前途的合成纤维，结实耐磨，可用于生产弹力锦纶丝袜、手套、帽子等，还可与棉花和羊毛混纺或交织成质地柔软的各种产品，如锦缎被面、锦棉绸等。

纤纤"秀才""武功"显赫

在尼龙"姊妹"中排行老小的是芳纶，它是一种芳香族聚酰胺有机纤维。可别小看它"芊芊弱柳"之姿，却有着男儿般的外号，叫"合成的钢丝"。原来，芳纶在同样重量材料下得到的强度是钢丝的 5 倍，用手指粗的芳纶绳就可以吊起两辆大卡车！它有"真金不怕火炼"的本领，有的品种可以在 260℃高温下连续使用上百小时。芳纶既可制成千姿百态的女儿衫，又可与陶瓷搭配做成战斗中的装甲，普遍应用于坦克、装甲车和直升机，航天飞机再返大气层时的热防护等。

芳纶在军事上的一举盛名是在 2004 年 9 月份。那时，英国驻伊拉克部队的 12 名士兵在伊遭到反美武装袭击，在以少敌多的情况下，英军士兵以一人死亡的微小代价奇迹般地冲出了包围。死里逃生的英军士兵身上的防弹衣被密集的子弹打得像蜂窝，中弹最多的一名士兵身上中了 12 枪，但没有一件防弹衣被子弹击穿，死亡的那名士兵是因为被流弹击中了无防护的脑部。后来，"中国的防弹衣救下 11 名英国士兵性命！"的新闻就这样传开了，包括美国、英国在内的 30 多个国家都来购买中国的防弹衣。其实，这种制作防弹衣的材料就是芳纶，它最先就是美国杜邦公司研制成功的，他们给它取的名字叫"凯芙拉"。而美国的"凯芙拉"防弹衣也是世界上的"名牌"。

合成纤维来自煤石

尼龙的诞生，改变了人们过去靠植物生长、蚕吐丝等得到的天然纤维制衣的习惯，而采用以煤、石油、天然气、水、空气、食盐、石灰石等为原料，经化学处理制成的，所以叫合成纤维。在合成纤维中，尼龙和腈纶占整个合成纤维产量的 90%。它们都具有强度高、耐磨、相对密度小、弹性大、防蛀、防霉等优点。

尼龙的化学名称是聚酰胺纤维。尼龙 66 和尼龙 6 等耐磨性比棉制品高 10 倍，比羊毛高 20 倍，弹性好，大多用于制造丝袜、衬衣、渔网、缆绳、降落伞、宇航服、轮胎帘布等。

腈纶又称人造羊毛，它的学名为聚丙烯腈纤维，相对密度低于羊毛，强度是羊毛的 3 倍，手感柔软蓬松，耐洗耐晒，可以纯纺或同羊毛混纺，制作衣料、毛毯和工业毛毯。腈纶毛线是市场上最畅销的产品之一。近年来，复合材料需用的碳纤维数量日增，常常采用腈纶纤维作为原丝。

涤纶俗称"的确良"，它的学名叫聚对苯二甲酸乙二醇酯纤维，简称聚酯纤维。它兼有锦纶和腈纶的特点，强度高、耐磨，混纺后的棉涤纶和毛涤纶为最常用的衣着用料。在工业上，涤纶还可制作轮胎帘布、固定带及运输带等。

以上各种合成纤维产量大、用途广泛，到 20 世纪 80 年代合成棉絮的用量已和天然棉絮平分秋色了。据统计，目前世界合成纤维年产量大约为 1500 万吨，已超过天然纤维产量。形象地说，这相当于 30 万亩（1 亩 = 666.7m²）棉田或 250 万头绵羊的产量。

由此足见合成纤维的发展对于人类社会进步是多么重要。

生物拟态前程无量

石油是人类生存与发展不可缺少的主要能源，仅用于衣着，岂不可惜。有什么办法能使鱼与熊掌兼得吗？

科学家通过研究动植物纤维的形成得到启迪，利用天然材料经生物自然加工而获得纤维。这就是悄无声息地走近我们生活的生物拟态纤维。目前，世界上一些发达国家已开始利用高科技手段开发生物纺纱"工厂"。他们将按商业化规模生产出生物纤维品，纤维材料的发展以取代石油化纤。

技能项目十 乙酸异戊酯的制备

一、工作任务

任务（一）：认识酯化反应原理和特点。

任务（二）：安装带有分水器、回流管的反应装置。

任务（三）：计算原料用量，并正确加料，控制反应条件，完成合成反应。

任务（四）：分离提纯被制备产品，计算产率。

二、主要工作原理

酯类广泛地分布于自然界中。花果的芳香气味大多是由于酯的存在而引起的，许多昆虫信息素的主要成分也是低级酯类。乙酸异戊酯就存在于蜜蜂的体液内。蜜蜂在叮刺入侵者时，随毒汁分泌出乙酸异戊酯作为响应信息素，使其他同伴"闻信"而来，对入侵者群起攻之。

乙酸异戊酯也是一种香料，因具有令人愉快的香蕉气味，又称做香蕉油。为无色透明的液体，沸点142℃，不溶于水，易溶于醇、醚等有机溶剂。

酯类的制备方法有多种，如醇的酯化、醇的酰化及腈的醇解等。本实验采用冰醋酸和异戊醇在浓硫酸催化下发生酯化反应来制取乙酸异戊酯。反应式如下：

$$\underset{\text{乙酸}}{CH_3\overset{O}{\overset{\|}{C}}-OH} + \underset{\text{异戊醇}}{HOCH_2CH_2\overset{CH_3}{\overset{|}{C}H}CH_3} \underset{\triangle}{\overset{H_2SO_4}{\rightleftharpoons}} \underset{\text{乙酸异戊酯}}{CH_3\overset{O}{\overset{\|}{C}}-OCH_2CH_2\overset{CH_3}{\overset{|}{C}H}CH_3} + H_2O$$

由于酯化反应是可逆的，本实验中除了让反应物之一冰醋酸过量外，还采用了带有分水器的回流装置，使反应中生成的水被及时分出，以破坏平衡，使反应向正反应方向进行。

反应混合物中的硫酸、过量的乙酸及未反应完全的异戊醇，可用水进行洗涤；残余的酸用碳酸氢钠中和除去。

三、主要试剂、主副产物的物理性质

主要试剂、主副产物的物理性质见表10-2。

表 10-2 主要试剂、主副产物的物理性质

药品名称	分子量	用量	熔点/℃	沸点/℃	相对密度	水溶解度/(g/100mL)
冰醋酸	60	15mL(0.26mol)	16.6	118	1.05	∞
异戊醇	88	18mL(0.17mol)	−117	132	0.813	微溶于水
乙酸异戊酯	130	—	−78	143	0.88	不溶于水
其他药品	浓硫酸、碳酸氢钠溶液(饱和)、饱和食盐水、无水硫酸镁、氯化钠(固体)、沸石					

四、实验装置

带有分水器的回流装置见图 10-1，普通蒸馏装置见图 10-2。

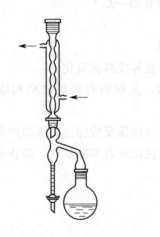

图 10-1 带有分水器的回流装置　　　　图 10-2 普通蒸馏装置

五、实验步骤

1. 酯化

在干燥的 100mL 圆底烧瓶中，加入 18mL 异戊醇、15mL 冰醋酸[1]，振摇下缓慢加入 10 滴浓硫酸[2]，再加入一粒沸石。参照图 10-1 安装带有分水器的回流装置。分水器中事先充水至略低于支管口[3]（放出 0.5～1mL 水，问：理论上生成多少毫升水？）。用电热套缓缓加热[4]。当液体开始沸腾，控制回流速度，使蒸气浸润面不超过回流冷凝管下端的第一个球，当分水器充满水（可再分出 1～2mL 水），反应基本完成，大约需要 1.5h。

2. 洗涤

撤去热源，冷却至室温后拆除回流装置。将分水器上层液及圆底烧瓶中反应液倒入分液漏斗中用 20mL 冷水淋洗烧瓶内壁，洗涤液并入分液漏斗。充分振摇，静置。待液层分界清晰后（如果分层困难可加少许氯化钠），移去顶塞，缓慢旋开旋塞，分去水层。有机层用 20mL 10％碳酸氢钠溶液分两次洗涤（注意放气）[5]。最后再用饱和氯化钠溶液 10mL 洗涤一次。从下面分去水层，有机层由分液漏斗上口倒入干燥的锥形瓶中。

3. 干燥

向盛有粗产物的锥形瓶中加入 2g 无水硫酸镁，振荡至液体澄清透明[6]，放置 20min。

4. 蒸馏

参照图 10-2 安装一套干燥的普通蒸馏装置。将干燥好的粗酯小心地滤入烧瓶中，放入一粒沸石，用电热套加热蒸馏，用干燥并事先称量其质量的锥形瓶收集 138～142℃ 馏分，称量质量，计算产率。

六、思考与讨论

（1）本实验采用什么方法提高酯的产率？
（2）洗涤步骤中碳酸氢钠和饱和氯化钠起到什么作用？
（3）制备乙酸异戊酯时，回流和蒸馏装置为什么必须使用干燥的仪器？
（4）碱洗时，为什么会有二氧化碳气体产生？
（5）在分液漏斗中进行洗涤操作时，粗产品始终在哪一层？

七、注释

［1］冰醋酸具有强烈刺激性，要在通风橱内取用。
［2］加浓硫酸时，注意在冷却下充分振摇，以防止异戊醇被氧化。
［3］分水器内充水是为了使回流液在此分层后，上面的有机层能顺利地返回反应容器中。
［4］回流酯化时，要缓慢均匀加热，以防止碳化并确保反应完全，提高产率。
［5］碱洗时放出大量热并有二氧化碳产生，因此洗涤时要不断放气，防止分液漏斗内的液体冲出来。
［6］若液体仍浑浊不清，需适量补加干燥剂。

本章小结

1. 羧酸的命名

一元羧酸命名原则是：选择含有羧基的最长碳链作主链，从羧基中的碳原子开始给主链上的碳原子编号。若分子中含有不饱和键，则选含有羧基和不饱和键的最长碳链为主链，根据主链上碳原子的数目称"某酸"或"某烯（炔）酸"。

芳香族羧酸和脂环族羧酸，可把芳环和脂环作为取代基来命名。若芳环上连有取代基，则从羧基所连的碳原子开始编号，并使取代基的位次最小。

二元羧酸命名时，选择包含两个羧基的最长碳链为主链，根据主链碳原子的数目称为"某二酸"。

2. 羧酸的制备

$$RCH_2CH_2R' + \frac{5}{2}O_2 \xrightarrow[120℃]{硬脂酸锰} RCOOH + R'COOH + H_2O$$

$$RCH=CH_2 + KMnO_4 \xrightarrow{H^+} RCOOH + CO_2 + H_2O$$

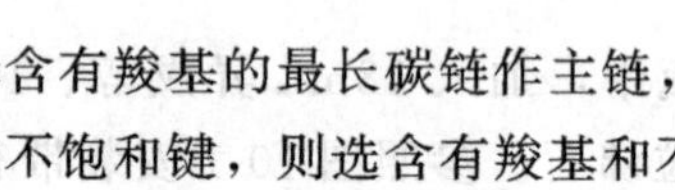

$$CH_3CH_2CH_2CH_2OH \xrightarrow[H_2SO_4]{KMnO_4} CH_3CH_2CH_2CHO \xrightarrow[H_2SO_4]{KMnO_4} CH_3CH_2CH_2COOH$$

$$RCN \xrightarrow[\triangle]{H_2O,H^+} RCOOH$$

$$R-\overset{O}{\underset{\|}{C}}-CH_3 + 3NaOX \longrightarrow R-\overset{O}{\underset{\|}{C}}-ONa + CHX_3 + 2NaOH \xrightarrow{H^+} RCOOH$$

$$RMgCl + CO_2 \xrightarrow{无水乙醚} R\overset{O}{\underset{\|}{C}}-OMgCl \xrightarrow[H^+]{H_2O} RCOOH$$

3. 羧酸的化学性质

$$R-\overset{O}{\underset{\|}{C}}-OH + SOCl_2 \longrightarrow R-\overset{O}{\underset{\|}{C}}-Cl + SO_2\uparrow + HCl\uparrow$$

$$RCOO{\vdash}H + HO{\vdash}\overset{O}{\underset{\|}{C}}-R \xrightarrow[\triangle]{P_2O_5} RCOO-\overset{O}{\underset{\|}{C}}-R + H_2O$$

$$R-\overset{O}{\underset{\|}{C}}-OH + HO-R' \xrightleftharpoons{H^+} R-\overset{O}{\underset{\|}{C}}-OR' + H_2O$$

$$R-\overset{O}{\underset{\|}{C}}-OH + NH_3 \longrightarrow R-\overset{O}{\underset{\|}{C}}-ONH_4 \xrightarrow{\triangle} R-\overset{O}{\underset{\|}{C}}-NH_2 + H_2O$$

$$\text{C}_6\text{H}_5\text{COOH} \xrightarrow[(2)H_3O^+]{(1)LiAlH_4,Et_2O} \text{C}_6\text{H}_5\text{CH}_2\text{OH}$$

$$CH_3COOH \xrightarrow[P]{Cl_2} CH_2COOH \xrightarrow[P]{Cl_2} \underset{Cl}{\underset{|}{C}}HCOOH \xrightarrow{Cl_2} Cl-\underset{Cl}{\underset{|}{\overset{Cl}{\overset{|}{C}}}}-COOH$$
(with Cl substituents)

4. 羧酸衍生物的化学性质

(1) 水解反应

$$\begin{matrix} R-\overset{O}{\underset{\|}{C}}-Cl \\ R-\overset{O}{\underset{\|}{C}}-O-\overset{O}{\underset{\|}{C}}-R' \\ R-\overset{O}{\underset{\|}{C}}-OR' \\ R-\overset{O}{\underset{\|}{C}}-NH_2 \end{matrix} + H-OH \begin{cases} \longrightarrow RCOOH + HCl \\ \xrightarrow{\triangle} RCOOH + R'COOH \\ \xrightarrow[\triangle]{H^+ 或 OH^-} RCOOH + R'OH \\ \xrightarrow[回流]{H^+ 或 OH^-} RCOOH + NH_3 \end{cases}$$

(2) 醇解反应

$$\begin{matrix} R-\overset{O}{\underset{\|}{C}}-Cl \\ R-\overset{O}{\underset{\|}{C}}-O-\overset{O}{\underset{\|}{C}}-R' \\ R-\overset{O}{\underset{\|}{C}}-OR' \\ R-\overset{O}{\underset{\|}{C}}-NH_2 \end{matrix} + R''-OH \begin{cases} \longrightarrow RCOOR'' + HCl \\ \xrightarrow{\triangle} RCOOR'' + R'COOR'' \\ \xrightarrow[\triangle]{H^+ 或 OH^-} RCOOR'' + R'OH \\ \xrightarrow{H^+ 或 OH^-} RCOOR'' + NH_3 \end{cases}$$

(3) 氨解反应

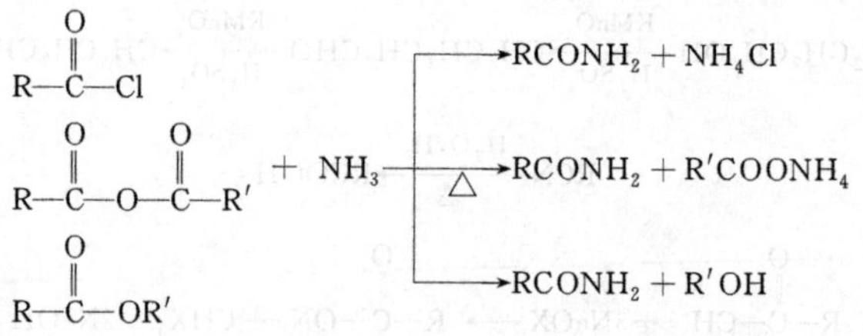

$$R-C-Cl$$
$$R-C-O-C-R'$$
$$R-C-OR'$$
$+ NH_3 \xrightarrow{\triangle}$
- $RCONH_2 + NH_4Cl$
- $RCONH_2 + R'COONH_4$
- $RCONH_2 + R'OH$

$$RCONH_2 \xrightarrow{\text{过量 } R'NH_2} RCONHR' + NH_3\uparrow$$

（4）还原反应

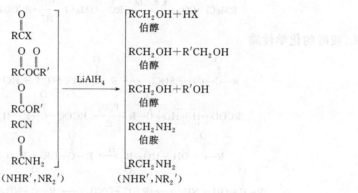

（5）克莱森酯缩合反应

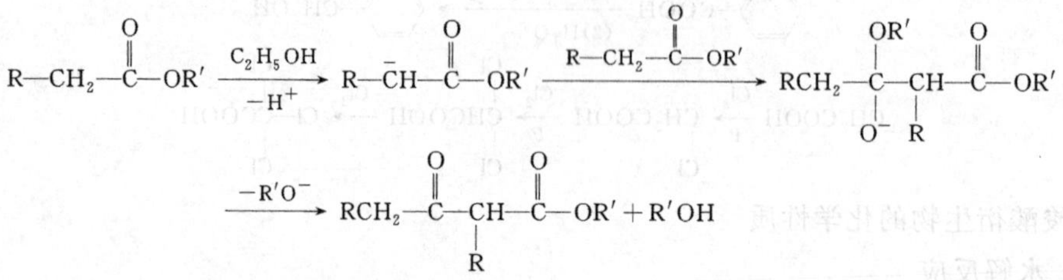

$$R-CH_2-C-OR' \xrightarrow[-H^+]{C_2H_5OH} R-\overset{-}{C}H-C-OR' \xrightarrow{R-CH_2-C-OR'} RCH_2-\overset{OR'}{\underset{O^-}{C}}-\overset{}{\underset{R}{C}}H-C-OR'$$

$$\xrightarrow{-R'O^-} RCH_2-C-\overset{}{\underset{R}{C}}H-C-OR' + R'OH$$

（6）

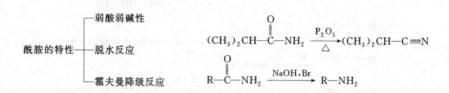

酰胺的特性 ─ 弱酸弱碱性
          ─ 脱水反应
          ─ 霍夫曼降级反应

$(CH_3)_2CH-C-NH_2 \xrightarrow[\triangle]{P_2O_5} (CH_3)_2CH-C\equiv N$

$R-C-NH_2 \xrightarrow{NaOH, Br} R-NH_2$

习题

1. 命名下列化合物

(1) 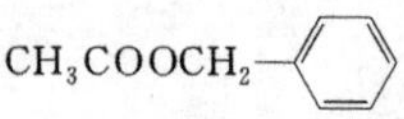 $CH_3COOCH_2\text{—}C_6H_5$

(2) $C_6H_5\text{—}COOC_2H_5$

(3) （马来酸酐结构）

(4) 萘-CH_2COOH

(5) $HO-CHCOOH$ 带 CH_2COOH

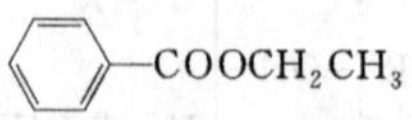

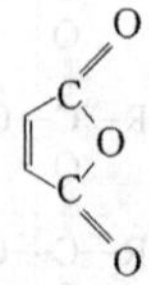

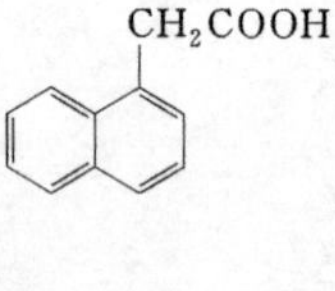

(6) $C_6H_5-C(=O)-NH_2$

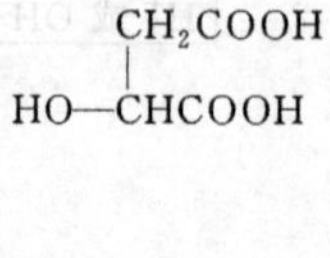

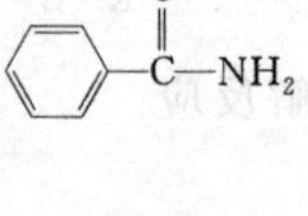

(7) 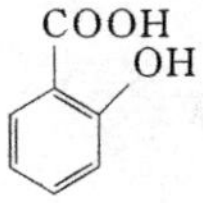 邻羟基苯甲酸(水杨酸，COOH / OH)

(8) $HOOC-C(CH_3)=C(CH_3)-COOH$

(9) $CH_3-CO-N(CH_3)_2$

(10) 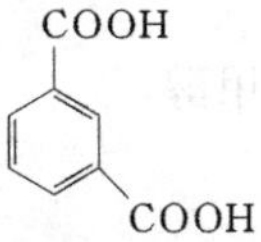 间苯二甲酸(COOH / COOH)

(11)  $CH_3-C_6H_4-COCl$

(12) $CH_2=CH-CO-Br$

2. 选择题

(1) 下列化合物酸性最强的是（　　）。
A. 乙醇　　　　B. 乙酸　　　　C. 碳酸　　　　D. 苯酚

(2) 能与托伦试剂反应的是（　　）。
A. 乙酸　　　　B. 甲酸　　　　C. 乙醇　　　　D. 丙酮

(3) 既能发生酯化反应，又能发生银镜反应的是（　　）。
A. 乙醇　　　　B. 乙醛　　　　C. 乙酸
D. 甲酸　　　　E. 丙酮

(4) 下列物质酸性排列正确的是（　　）。
A. 碳酸＞乙酸＞苯酚＞乙醇
B. 乙酸＞苯酚＞碳酸＞乙醇
C. 苯酚＞乙酸＞乙醇＞碳酸
D. 乙酸＞碳酸＞苯酚＞乙醇

(5) 下列物质酸性最强的是（　　）。
A. 碳酸　　　　B. 乙酸　　　　C. 乙醇
D. 苯酚　　　　E. 水

(6) 下列物质酸性最弱的是（　　）。
A. 苯甲酸　　　B. 乙酸　　　　C. 碳酸
D. 苯酚　　　　E. 盐酸

(7) 甲酸（HCOOH）分子中，含有的基团是（　　）。
A. 只有醛基　　　　B. 只有羧基　　　　C. 没有醛基
D. 有羰基　　　　　E. 既有羧基又有醛基

(8) 区别甲酸和乙酸可用（　　）。
A. Na　　　　　　B. $FeCl_3$　　　　C. $Cu(OH)_2$
D. NaOH　　　　　E. 银氨溶液

(9) 下列化合物属于羧酸的是（　　）。
A. CH_3-CH_2-OH　　B. $CH_3CH_2-O-CH_2CH_3$　　C. CH_3-CHO
D. CH_3-COOH　　　E. $CH_3-CO-CH_3$

(10) 不能发生银镜反应的是（　　）。
A. 甲酸　　　　B. 丙酮　　　　C. 丙醛
D. 葡萄糖　　　E. 苯甲醛

(11) 羧酸的官能团是（　　）。
A. 羟基　　　　B. 羰基　　　　C. 羧基
D. 醛基　　　　E. 酮基

(12) 下列不能与金属钠反应放出氢气的是（　　）。
A. 苯甲酸　　　　　　　　B. 苯酚　　　　　　　　C. 乙醇
D. 乙醚　　　　　　　　　E. 酒精

(13) 下列能与乙酸发生酯化反应的是（　　）。
A. 乙醛　　　　　　　　　B. 丁酮　　　　　　　　C. 甲醇
D. 苯甲酸　　　　　　　　E. 乙醚

(14) 关于羧酸下列说法错误的是（　　）。
A. 能与金属钠反应　　　　B. 能与碱反应　　　　　C. 能与碳酸钠反应
D. 能与酸反应生成酯　　　E. 能与醇反应生成酯

(15) 下列属于芳香羧酸的是（　　）。
A. C_6H_5COOH　　　B. CH_3COOH　　　C. $HOCH_2CH_2OH$　　　D. $HOOC-COOH$

(16) 下列结构式属于草酸的是（　　）。
A. $HOOC-COOH$　　　B. C_6H_5OH　　　C. C_6H_5COOH　　　D. $HOCH_2CH_2OH$

3. 完成下列反应式

(1) $\text{C}_6\text{H}_5\text{—CH}_2\text{CH}_2\text{COOH} \xrightarrow{Br_2/P} \xrightarrow{KOH/醇}$

(2) $CH_3\overset{O}{\underset{\|}{C}}CH_2CH_2COOH \xrightarrow{Zn-Hg/HCl}$

(3) $CH_3CH_2OH \xrightarrow{Cu/\Delta} \xrightarrow{KMnO_4, H^+/\Delta} \xrightarrow{CH_3CH_2OH/H^+}$

(4) $(CH_3)_2CHCOOH \xrightarrow{PCl_5} \xrightarrow{NH_3} \xrightarrow{NaIO/NaOH}$

4. 鉴别题
(1) 乙醇　乙醛　乙酸　甲酸　　　　　(2) 甲酸　乙酸　草酸
(3) 乙酸　草酸　丙二酸　3-丁酮酸

5. 合成题（无机试剂任选）
(1) 以乙烯为原料合成丙酸　　　　　　(2) 以乙醇为原料合成丙酸乙酯
(3) 以正丙醇为原料合成 2-甲基丙酸　　(4) 以乙醛为原料合成丙二酸二乙酯

6. 推断题

(1) 化合物 A 的分子式为 $C_4H_6O_4$，将 A 加热后得到 $B(C_4H_4O_3)$，将 A 与过量甲醇及少量硫酸一起加热得到 $C(C_6H_{10}O_4)$，B 与过量甲醇作用也得到 C。A 与 $LiAlH_4$ 作用得到 $D(C_4H_{10}O_2)$，写出 A、B、C、D 的构造式。

(2) 化合物 A 为 $C_4H_8O_3$，溶于水并显酸性。将 A 加热后脱水得到 B（$C_4H_6O_2$），B 溶于水也显酸性，B 比 A 更容易被高锰酸钾氧化，A 与酸性高锰酸钾作用后加热得到 C（C_3H_6O），C 不易被高锰酸钾氧化，但可发生碘仿反应。写出 A、B、C、D 的构造式。

(3) 化合物 A 和 B 的分子式都是 $C_4H_6O_2$，它们都不溶于碳酸钠和氢氧化钠的水溶液，都可使溴水褪色，且有香味。它们和氢氧化钠水溶液共热则发生反应；A 的反应产物为乙酸钠和乙醛，而 B 的反应产物为甲醇和一个羧酸的钠盐，将后者用酸中和后，所得的有机物可以使溴水褪色。写出 A、B 的构造式。

第十一章
含氮有机化合物
Organonitrogen Compound

学习目标（Learning Objectives）

1. 掌握含氮有机化合物的分类和命名；
2. 理解芳香族硝基化合物的性质，理解硝基对苯环上邻位、对位基团的影响；
3. 掌握胺的化学性质，了解氨基保护在有机合成中的应用；
4. 理解鉴别伯胺、仲胺、叔胺的原理；
5. 培养学生实事求是、严谨科学的职业素养。

分子中含有氮元素的有机化合物统称为含氮有机化合物，可看作烃类分子中的一或几个氢原子被各种含氮原子的官能团取代的生成物。

含氮化合物的类型很多，主要有如下类型的化合物：硝基化合物、胺、季铵盐和季铵碱、烯胺、重氮化合物和重氮盐、偶氮化合物、叠氮化合物、腈、肟、腙、缩氨脲和脒等。本章重点介绍硝基化合物、胺、重氮化合物和偶氮化合物、腈。

第一节 硝基化合物

一、硝基化合物的分类和命名

1. 硝基的结构与化合物的分类

烃分子中的一个或多个氢原子被硝基（—NO_2）取代的化合物，称为硝基化合物，硝基是它的官能团。硝基化合物和亚硝基化合物是同分异构体。由于氮原子与烃基连接的方式不同，而使它们的化学性质也不同。

$$R-NO_2 \qquad\qquad R-O-N=O$$
$$\text{硝基化合物} \qquad\qquad \text{亚硝酸酯}$$

根据现代物理实验证明，硝基具有对称的结构，而且两个氮氧键的键长都是 0.121nm。这是因为，硝基中的氮原子是 sp^2 杂化的，三个 sp^2 杂化轨道分别与两个氧原子和一个碳原子形成三个 σ 键，氮原子上的 p 轨道和两个氧原子的 p 轨道平行而相互重叠，形成三中心四电子的 p-π 共轭体系，这样负电荷平均分配在两个氧原子上，使得键能平均化。

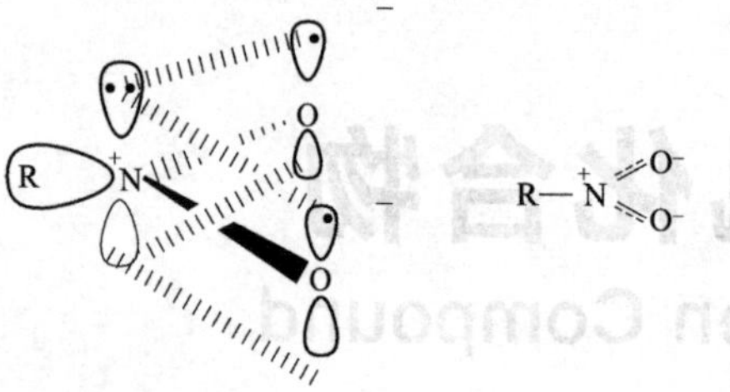

硝基化合物的构造式一般写成：

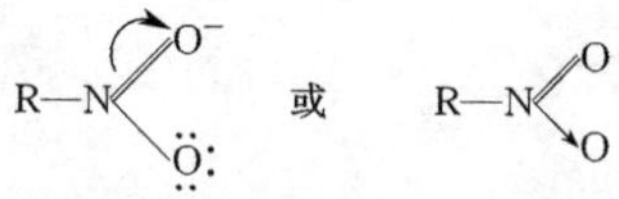

脂肪族硝基化合物按烃基的不同可分为：脂肪族硝基化合物和芳香族硝基化合物。脂肪族硝基化合物的分子式用 RNO_2 表示，例如：CH_3NO_2 硝基甲烷，$CH_3CH_2NO_2$ 硝基乙烷。

与脂肪族硝基化合物相比，芳香族硝基化合物更为重要，其通式用 $ArNO_2$ 表示，例如：

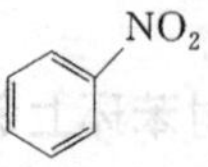

硝基苯 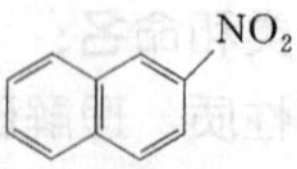　　　β-硝基萘

根据硝基所连的碳原子的不同，硝基化合物可分为：伯硝基化合物、仲硝基化合物和叔硝化化合物。例如：

$CH_3CH_2NO_2$　　　$CH_3CH(NO_2)CH_3$　　　$CH_3C(CH_3)_2NO_2$

硝基乙烷　　　2-硝基丙烷　　　2-甲基-2-硝基丙烷
（伯硝基化合物）　（仲硝基化合物）　（叔硝基化合物）

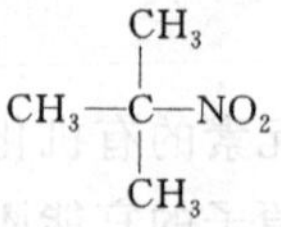

根据硝基的个数，硝基化合物可分为以下 2 种。一元硝基化合物，例如：$CH_3CH_2NO_2$ 硝基乙烷；多元硝基化合物，例如：$NO_2CH_2CH_2NO_2$ 1,2-二硝基乙烷。

2. 硝基化合物的命名

硝基化合物的命名与卤代烷相似，即以烃为母体，把硝基看成取代基。例如：

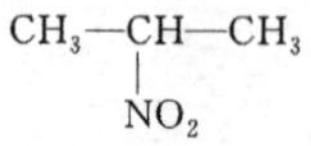

2-硝基丙烷 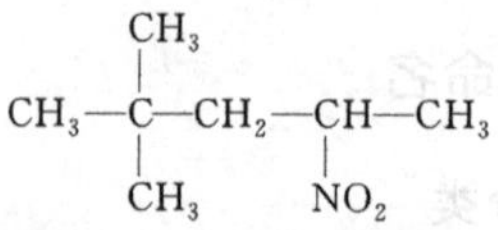　　　2,2-二甲基-4-硝基戊烷 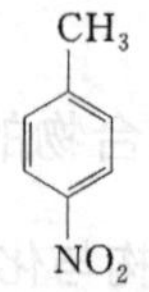　　　对硝基甲苯

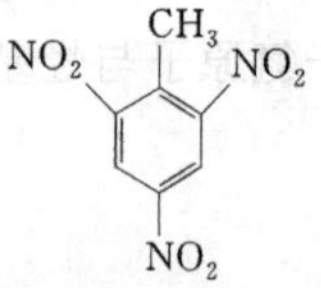

2,4,6-三硝基甲苯（TNT） 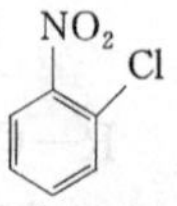　　　邻氯硝基苯 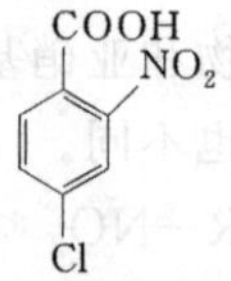　　　2-硝基-4-氯苯甲酸 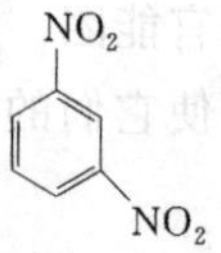　　　间二硝基苯

二、硝基化合物的物理性质

硝基具有强极性，所以硝基化合物是极性分子，有较高的沸点和密度。随着分子中硝基数目的增加，其熔点、沸点和密度增大、苦味增加，对热稳定性减少，受热易分解爆炸（如TNT是强烈的炸药），使用时应注意安全。脂肪族硝基化合物多数是油状液体，芳香族硝基化合物除了硝基苯是高沸点液体外，其余多是淡黄色固体，有苦仁气味，味苦。不溶于水，溶于有机溶剂和浓硫酸（形成盐）。多数硝基化合物有毒，它的蒸气能透过皮肤被机体吸收中毒。硝基化合物的物理常数见表11-1。

表 11-1　硝基化合物的物理常数

名称	熔点/℃	沸点/℃	相对密度(d_4^{20})	名称	熔点/℃	沸点/℃	相对密度(d_4^{20})
硝基苯	5.7	210.8	1.203	邻硝基甲苯	4	222	1.163
邻二硝基苯	118	319	1.565	间硝基甲苯	16	231	1.157
间二硝基苯	89.8	291	1.571	对硝基甲苯	52	238.5	1.286
对二硝基苯	174	299	1.625	2,4-二硝基苯	70	300	1.521
均三硝基苯	122	分解	1.688	1-硝基萘	61	304	1.322

三、硝基化合物的化学性质

本节主要介绍芳香族硝基化合物的化学性质，芳香族硝基化合物有两个重要的化学性质就是还原性和硝基对苯环的影响。

1. 硝基化合物的还原

芳香族硝基化合物最重要的性质是能发生各种各样的还原反应。在催化氢化或较强的化学还原剂的作用下，硝基可以直接被还原为氨基。在适当条件下用温和的还原剂还原，则生成各种中间的还原产物，如亚硝基苯、苯基羟胺、氧化偶氮苯、偶氮苯、氢化偶氮苯等，所有中间体再在强酸中还原，最终都得到苯胺。

$$Ar—NO_2 \xrightarrow{[H]} Ar—NH_2$$

亚硝基苯　　苯基羟胺　　氧化偶氮苯　　偶氮苯　　氢化偶氮苯

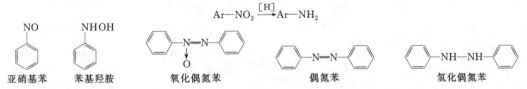

硝基还原为苯胺的常用方法有化学还原法和催化加氢法。化学还原法一般用铁、锌、锡等金属和盐酸作为还原剂。例如：

苯胺

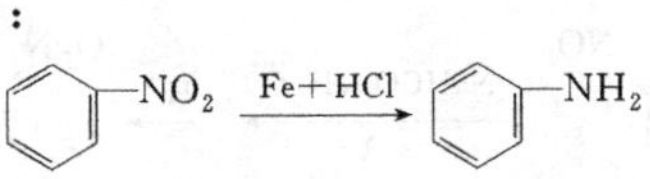

以上反应中用Fe+HCl作为还原剂，产物苯胺是有机合成的重要中间体。类似的Zn+HCl、Sn+HCl、$SnCl_2$+HCl都可以将硝基苯还原为苯胺。当苯环上有其他易被还原的取代基时，用氯化亚锡和盐酸还原较为适宜，因为它只还原硝基，而其他取代基不受影响。例如：

对硝基苯甲醛　　对氨基苯甲醛

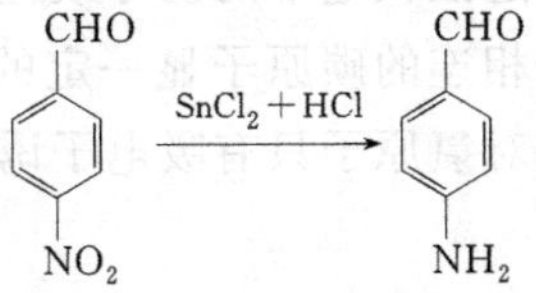

使用化学还原剂,尤其是铁盐和盐酸时,虽然工艺简单,但产生的铁泥难以处理,污染严重。而催化加氢法在中性条件下进行,因而工业上多用催化加氢的方法还原硝基。例如:

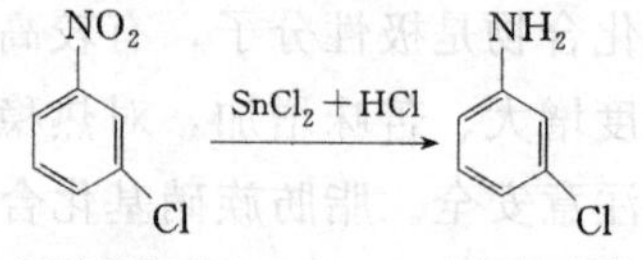

$$\text{间硝基氯苯} \xrightarrow{\text{SnCl}_2 + \text{HCl}} \text{间氯苯胺}$$

芳香族多硝基化合物用碱金属的硫化物或多硫化物、NH_4HS、$(NH_4)_2S$ 等还原剂还原时,可选择性地还原其中的一个—NO_2 成为—NH_2。例如:

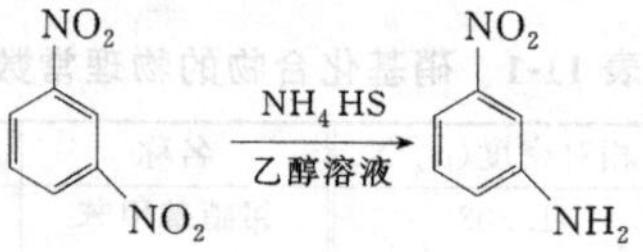

$$\xrightarrow[\text{乙醇溶液}]{NH_4HS}$$

2. 硝基对苯环的影响

由于硝基是强吸电子基团,使苯环上的电子云密度降低,且邻、对位降低得更多,致使硝基苯类化合物的卤化、硝化、磺化等亲电取代反应较难进行,且不能发生傅克反应。相关内容已经在第六章中进行了讨论,本节主要来介绍硝基对苯环亲核取代反应及对化合物酸性的影响。

(1) 对亲核取代反应的影响 芳环上一个基团被一个亲核试剂取代的反应称为芳香亲核取代反应。例如:

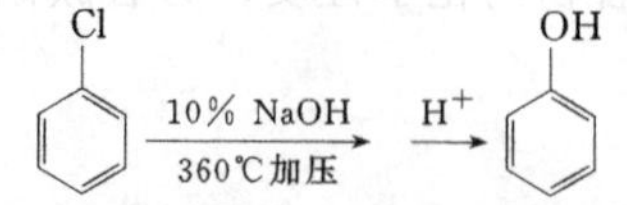

$$\xrightarrow[360℃加压]{10\% \text{ NaOH}} \xrightarrow{H^+}$$

以上反应中苯环上的氯原子,发生了水解反应被亲核试剂 OH^- 所取代生成了苯酚,但反应非常难进行,需要高温高压。但是当苯环上连有硝基时,反应就会变得容易进行。

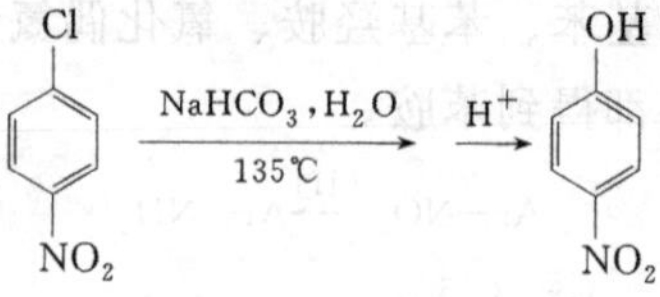

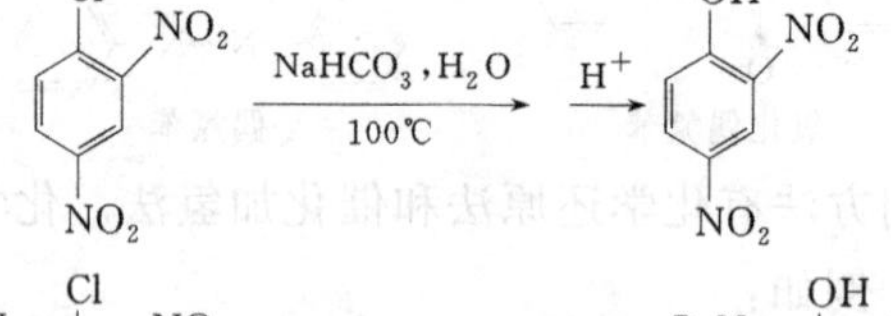

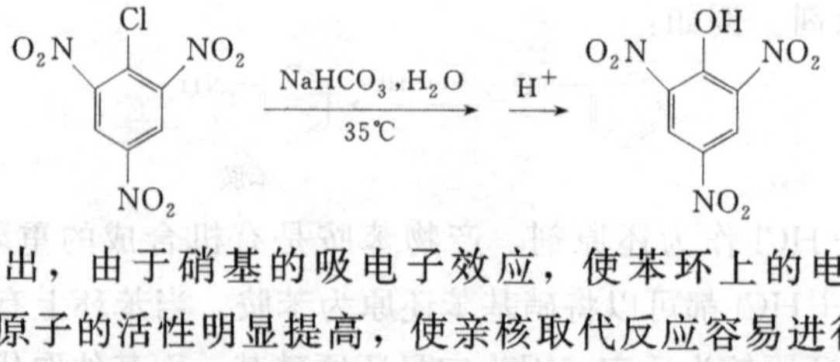

$$\xrightarrow[135℃]{NaHCO_3, H_2O} \xrightarrow{H^+}$$

$$\xrightarrow[100℃]{NaHCO_3, H_2O} \xrightarrow{H^+}$$

$$\xrightarrow[35℃]{NaHCO_3, H_2O} \xrightarrow{H^+}$$

由以上例子可以看出,由于硝基的吸电子效应,使苯环上的电子云密度降低,也是C—Cl 键极性增强,氯原子的活性明显提高,使亲核取代反应容易进行。而且随着硝基的增多,反应越来越容易进行。硝基通过强吸电子的诱导效应和共轭效应,使苯环的邻、对位的电子云密度降低得更多,与氯原子相连的碳原子显一定的正电性,有利于亲核试剂的进攻。当硝基处于氯原子的间位时,硝基对氯原子只有吸电子诱导效应的影响,因此它对氯原子活泼性的影响不显著。

(2) 使酚类酸性增强 硝基对苯酚或苯甲酸的酸性也有一定的影响。例如,苯酚呈弱酸性，当硝基处在酚羟基的邻、对位时，通过诱导和共轭效应的吸电子作用，分散了负电荷，降低了氧上的电子云密度，从而增加了氢解离成质子的能力，使苯酚的酸性增强。

OH	OH	OH	OH	OH
	NO₂ (间)	NO₂ (对)	NO₂,NO₂ (邻,对)	O₂N,NO₂,NO₂

pK_a(25℃)　10.00　　8.28　　7.16　　4.00　　0.38

从上面的例子可以看出，当硝基处于间位时影响比硝基位于邻、对位时对酸性的影响小。苯酚上取代的硝基越多，化合物的酸性越强。

第二节　胺

一、胺的分类和命名

氨分子中氢原子被烃基取代后的衍生物称为胺。胺的结构与氨相似，其氮原子也是不等性 sp³ 杂化，三条 sp³ 杂化轨道与氢或与碳原子成键，第四条 sp³ 杂化轨道含有一对共用电子，处在棱锥的顶点上。

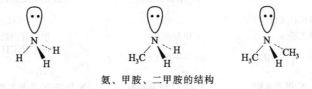

氨、甲胺、二甲胺的结构

1. 胺的分类

氨分子中的一个、两个和三个氢原子被烃基取代而生成的化合物，分别称为伯胺、仲胺和叔胺。

$$R-NH_2 \qquad R_2NH \qquad R_3N$$
$$\text{伯胺} \qquad \text{仲胺} \qquad \text{叔胺}$$

铵盐或氢氧化铵中的 4 个氢全被烃基取代所成的化合物叫做季铵盐和季铵碱。

$$R_4NX \qquad R_4NOH$$
$$\text{季铵盐} \qquad \text{季铵碱}$$

伯、仲、叔胺的分类和伯、仲、叔醇（或卤代烃）不同。醇或卤代烃是按照官能团所连接的碳原子类型的不同来分类的，而胺是按照氮原子所连的烃基的数目分类的。例如：

CH₃CHCH₃	CH₃CHCH₃	CH₃ ─ C ─ CH₃	CH₃ ─ C ─ CH₃
|	|	| CH₃	| CH₃
OH	NH₂	OH	NH₂
异丙醇	异丙胺	叔丁醇	叔丁胺
（仲醇）	（伯胺）	（叔醇）	（伯胺）

根据胺分子中所连烃基的不同可分为脂肪胺（R—NH₂）和芳香胺（Ar—NH₂）。例如：

脂肪胺：

$$\begin{array}{c} CH_3CHCH_3 \\ | \\ NH_2 \end{array}$$
异丙胺

芳香胺：

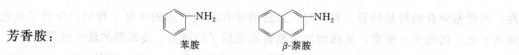

按照分子中氨基的数目，可分为一元胺、二元胺或多元胺。例如：

H₂NCH₂CH₂NH₂　　　H₂NCH₂CH₂CH₂CH₂NH₂　　　H₂N—⌬—NH₂
　　乙二胺　　　　　　　　1,4-丁二胺　　　　　　　　对苯二胺

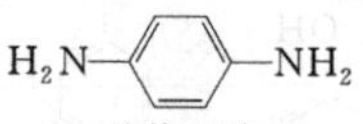

2. 胺的命名

对于简单的胺，命名时在"胺"字之前加上烃基的名称即可。仲胺和叔胺中，当烃基相同时，在烃基名称之前加词头"二"或"三"。例如：

CH₃CH₂NH₂　　　　(CH₃CH₂)₂NH　　　　(CH₃CH₂)₃N
　乙胺　　　　　　　　二乙胺　　　　　　　　三乙胺

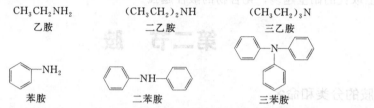

而仲胺或叔胺分子中烃基不同时，命名时选最复杂的烃基作为母体伯胺，小烃基作为取代基。而当氮原子上同时连有芳基和烷基时，则以芳胺为母体，命名时在烷基名称前面冠以英文字母"N"，突出它是连在氮原子上。例如：

较为复杂的胺，一般将氨基看成取代基来命名。例如：

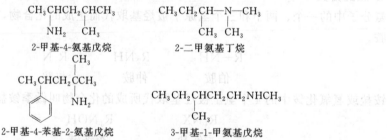

季铵盐和季铵碱，如4个烃基相同时，其命名与卤化铵和氢氧化铵的命名相似，称为卤化四某铵和氢氧化四某铵；若烃基不同时，烃基名称由小到大依次排列。例如：

(CH₃)₄N⁺Cl⁻　　　　　　　　　　　氯化四甲铵
(CH₃)₄N⁺OH⁻　　　　　　　　　　 氢氧化四甲铵
[CH₂CH₂N⁺(CH₃)₃]OH⁻　　　　　　 氢氧化三甲基乙基铵
[C₆H₅CH₂N⁺(CH₃)₂C₁₂H₂₅]Br⁻　　　溴化二甲基十二烷基苄基铵

练习

11-1　命名下列化合物

(1) CH₃CH₂NHCH(CH₃)₂　　　　(2) 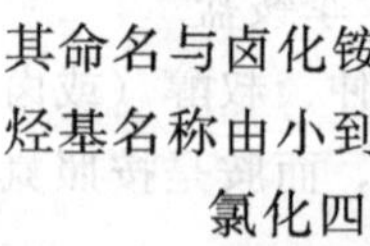 ⌬—NHCH₂CH₃

(3) $CH_3CH(CH_3)CH-N(CH_3)_2$
（简化）$CH_3CH_2CH(CH_3)-N(CH_3)_2$

(4) $[(CH_3)_3N^+C_2H_5]Br^-$

二、胺的制备

1. 氨或胺的烃基化

氨或胺是亲核试剂，能与卤代烃发生亲核取代反应，产物是伯、仲、叔胺和季铵盐的混合物。

$$NH_3 \xrightarrow{RX} RNH_2 \xrightarrow{RX} R_2NH \xrightarrow{RX} R_3N \xrightarrow{RX} [R_4N]^+X^-$$

使用过量的氨则可抑制进一步反应，得到以伯胺为主的产物。

卤原子直接连在芳环上的卤代芳烃，难与氨或胺发生亲核取代反应，制备芳胺一般不用此法。但在液氨中用强碱（$NaNH_2$，KNH_2）处理时，也可得到芳胺，例如：

$$C_6H_5Cl \xrightarrow[\text{液氨}]{KNH_2} C_6H_5NH_2 + KCl$$

2. 含氮化合物的还原

在本章第一节硝基化合物的性质中介绍了硝基还原可以得到伯胺，这是制备芳香族伯胺的常用方法。腈很容易用催化氢化或氢化铝锂还原得到伯胺：

$$R-C\equiv N \xrightarrow[\text{加压},\Delta]{H_2,Ni} R-CH_2NH_2$$

酰胺用氢化铝锂还原可生成伯、仲或叔胺：

$$H_3C-\underset{\underset{O}{\parallel}}{C}-N(C_2H_5)_2 \xrightarrow{LiAlH_4} (C_2H_5)_3N$$

3. 盖布瑞尔（Gabriel）合成法

将邻苯二甲酰亚胺在碱性溶液中与卤代烃发生反应，生成 N-烷基邻苯二甲酰亚胺，再将 N-烷基邻苯二甲酰亚胺水解，得到伯胺。

邻苯二甲酰亚胺 $\xrightarrow{KOH}$ 钾盐 $\xrightarrow{R-X}$ N-烷基邻苯二甲酰亚胺 $\xrightarrow{H_2O,KOH}$ 邻苯二甲酸二钾盐 $+ RNH_2$

此法的最大优点是获得纯净，不含有仲、叔胺的脂肪族伯胺。

三、胺的物理性质

在常温下，低级脂肪胺是气体，丙胺以上是液体，高级脂肪胺是固体。低级胺有令人不愉快的，或是很难闻的气味。例如三甲胺有鱼腥味，丁二胺（腐胺）和戊二胺（尸胺）有动物尸体腐烂后的恶臭味。高级胺不易挥发，气味很小。芳胺为高沸点液体或低熔点固体，气味虽比脂肪胺小，但毒性比较大，无论是吸入它们的蒸气或皮肤与之接触都会引起中毒。有些芳胺，如 β-萘胺、联苯胺还有致癌作用。

由于胺分子中的氮原子能与水形成氢键，所以低级脂肪胺在水中的溶解度都比较大。伯胺和仲胺能形成分子间的氢键，但由于氮原子的电负性小于氧原子，所以胺的氢键缔合能力比较弱，其沸点比分子量相近的醇低。胺的物理常数见表 11-2。

表 11-2 胺的物理常数

名称	熔点/℃	沸点/℃	相对密度(d_4^{20})	名称	熔点/℃	沸点/℃	相对密度(d_4^{20})
甲胺	-93.5	-6.3	0.662	乙二胺	8.5	116.5	0.899
二甲胺	-93	7.4	0.680	苯甲胺	-30	90	0.981
三甲胺	-117.2	2.9	0.635	苯胺	-6.3	184	1.021
乙胺	-81	16.6	0.682	N-甲苯胺	-57	196	0.989
二乙胺	-48	56.3	0.705	N,N-二甲苯胺	2.45	194	0.955
三乙胺	-114.7	89.3	0.727	二苯胺	54	302	1.160
正丙胺	-83.0	47.8	0.717	α-萘胺	50	300.8	1.131
正丁胺	-49.1	77.8	0.740	β-萘胺	113	306.1	1.061

四、胺的化学性质

1. 胺的碱性

胺分子中氮原子上的未共用电子对，能接受质子，因此胺呈碱性。

$$RNH_2 + HCl \longrightarrow R\overset{+}{N}H_3\overset{-}{C}l$$

胺的碱性强弱，可用其解离常数或解离常数的负对数 pK_b 来表示。

$$RNH_2 + H_2O \overset{K_b}{\rightleftharpoons} R\overset{+}{N}H_3 + \overset{-}{O}H$$

$$K_b = \frac{[R\overset{+}{N}H_3][\overset{-}{O}H]}{[RNH_2]}$$

$$pK_b = -\lg K_b$$

碱性越强，K_b 值越大，pK_b 值越小。表 11-3 中是某些胺的 pK_b 值。

表 11-3 某些胺的 pK_b 值

脂肪胺	pK_b	芳香胺	pK_b
甲胺	3.38	苯胺	9.37
二甲胺	3.27	N-甲基苯胺	9.16
三甲胺	4.21	N,N-二甲苯胺	8.93
乙胺	3.29	二苯胺	13.21
二乙胺	3.0	对氯苯胺	10.02
正丁胺	3.23	对硝基苯胺	13.0

从表 11-3 的数值可看出，氨的 pK_b 值为 4.75，脂肪胺 pK_b 值一般在 3～5，脂肪胺的碱性比显然比氨强，而表中芳香胺 pK_b 值都大于 9，碱性比氨弱很多。因此胺的碱性强弱规律是：

脂肪胺＞氨＞芳香胺

在脂肪胺中，脂肪族胺中仲胺碱性最强，伯胺次之，叔胺最弱，并且它们的碱性都比氨强。其碱性按大小顺序排列如下：

二甲胺＞甲胺＞三甲胺

胺的碱性强弱取决于氮原子上未共用电子对和质子结合的难易，而氮原子接受质子的能力，又与氮原子上电子云密度大小以及氮原子上所连基团的空间阻碍有关。脂肪族胺的氨基氮原子上所连接的基团是脂肪族烃基。从供电子诱导效应看，氮原子上烃基数目增多，则氮原子上电子云密度增大，碱性增强。因此脂肪族仲胺碱性比伯胺强，它们碱性都比氨强，但从烃基的空间效应看，烃基数目增多，空间阻碍也相应增大，三甲胺中 3 个甲基的空间效应比供电子作用更显著，所以三甲胺的碱性比甲胺还要弱。

芳香胺的碱性比氨弱，这是由于苯环与氮原子核发生吸电子共轭效应，使氮原子电子云密度降低，同时阻碍氮原子接受质子的空间效应增大，而且这两种作用都随着氮原子上所连接的苯环数目增加而增大。因此芳香胺的碱性是：

$$N,N\text{-二甲基苯胺} > N\text{-甲基苯胺} > \text{苯胺} > \text{二苯胺} > \text{三苯胺}$$

当苯胺上连有供电子取代基时，由于诱导性的影响，使苯胺上氮原子的电子云密度提高，增强了苯胺的碱性，反之连有吸电子基团时，氮原子上电子云密度减弱，碱性降低。

$$\text{对甲苯胺} > \text{苯胺} > \text{对氯苯胺} > \text{对硝基苯胺}$$

胺的碱性较弱，它的强无机酸盐，与氢氧化钠溶液作用时，释放出游离的胺。此性质可用于混合物中胺的分离和精制。

$$R_2NH_2^+Cl + NaOH \longrightarrow R_2NH + NaCl + H_2O$$

练习

11-2 将下列各组化合物，按碱性由大到小的顺序排列：
(1) 二乙胺、乙二胺、苯胺、苯甲酰胺
(2) 苯胺、苄胺、对氯苯胺、对硝基苯胺
(3) 苯胺、乙酰苯胺、邻苯二甲酰亚胺、对甲基苯胺

2. 胺的烷基化反应

胺和卤代烷、醇等试剂反应，能在氮原子上引入烷基，该反应称为胺的烷基化反应。

$$CH_3CH_2NH_2 + CH_3CH_2Br \longrightarrow (CH_3CH_2)_2NH$$

生成的仲胺继续与卤代烷或醇反应生成叔胺和季铵盐。

$$(CH_3CH_2)_2NH + CH_3CH_2Br \longrightarrow (CH_3CH_2)_3N$$

$$(CH_3CH_2)_3N + CH_3CH_2Br \longrightarrow (CH_3CH_2)_4N^+Br^-$$

胺和氨的烷基化往往得到各种胺和季铵盐的混合物。工业上采用分馏的方法将它们分离。也可利用反应物摩尔比的不同，以及通过控制反应温度、时间等，使某一种胺成为主要产物。

反应中使用的卤代烃一般是伯卤代烃，仲卤代烃产率较低，而叔卤代烃与氨发生的主要是消除反应，而不是取代反应。例如：

$$H_3C-\underset{\underset{CH_3}{|}}{\overset{\overset{CH_3}{|}}{C}}-Cl \xrightarrow{NH_3} CH_3-C=CH_2 + NH_4Cl$$

3. 胺的酰基化反应

伯胺和仲胺与酰基化试剂酰氯、酸酐作用，生成 N-取代酰胺或 N,N-二取代酰胺，此类反应称为胺的酰基化反应。反应时氨上的氢原子被酰基取代，因叔胺氮原子上没有氢原子，所以不能发生酰基化反应。

<chemical reaction scheme>
对甲苯胺 $\xrightarrow{(CH_3CO)_2O}$ 对乙酰氨基甲苯 $\xrightarrow{KMnO_4/H^+}$ 对乙酰氨基苯甲酸 $\xrightarrow{H_2O/H^+}$ 对氨基苯甲酸

苯胺 $+ (CH_3CO)_2O \longrightarrow$ C$_6$H$_5$NHCOCH$_3$ + CH$_3$COOH
乙酰苯胺
</chemical reaction scheme>

酰胺水解后重新生成原来的胺。例如：

$$\underset{\text{PhNHCOCH}_3}{\text{C}_6\text{H}_5\text{NHCOCH}_3} \xrightarrow[\text{H}^+ \text{或 OH}^-]{\text{H}_2\text{O}} \text{C}_6\text{H}_5\text{NH}_2 + \text{CH}_3\text{COOH}$$

由于苯胺易被氧化,而苯胺的酰基衍生物比较稳定,故在有机合成中常用酰基化反应来保护氨基。

$$\underset{\text{CH}_3}{\text{NH}_2\text{-C}_6\text{H}_4\text{-CH}_3} \xrightarrow{(\text{CH}_3\text{CO})_2\text{O}} \underset{\text{CH}_3}{\text{NHCOCH}_3\text{-C}_6\text{H}_4\text{-CH}_3} \xrightarrow[\text{H}^+]{\text{KMnO}_4} \underset{\text{COOH}}{\text{NHCOCH}_3\text{-C}_6\text{H}_4\text{-COOH}} \xrightarrow[\text{H}^+]{\text{H}_2\text{O}} \underset{\text{COOH}}{\text{NH}_2\text{-C}_6\text{H}_4\text{-COOH}}$$

4. 胺的磺酰化反应

伯胺或仲胺在碱的存在下能与苯磺酰氯或对甲苯磺酰氯作用,生成相应的磺酰胺,该反应又称为兴斯堡(Hinsberg)反应。例如:

$$\text{CH}_3\text{CH}_2\text{NH}_2 + \text{C}_6\text{H}_5\text{SO}_2\text{Cl} \longrightarrow \text{C}_6\text{H}_5\text{SO}_2\text{NHCH}_2\text{CH}_3 \xrightarrow{\text{NaOH}} \text{溶解}$$

$$(\text{CH}_3\text{CH}_2)_2\text{NH} + \text{C}_6\text{H}_5\text{SO}_2\text{Cl} \longrightarrow \text{C}_6\text{H}_5\text{SO}_2\text{N}(\text{CH}_2\text{CH}_3)_2 \xrightarrow{\text{NaOH}} \text{不溶解}$$

$$(\text{CH}_3\text{CH}_2)_3\text{N} + \text{C}_6\text{H}_5\text{SO}_2\text{Cl} \longrightarrow \text{不反应}$$

伯胺所形成的苯磺酰胺,因受较强吸电子基苯磺酰基的影响,使氮原子上的氢原子具有一定的酸性,因此能与碱作用生成盐而溶于碱溶液中。仲胺所形成的苯磺酰胺,氮原子上已没有氢原子,故不能与碱作用,仍为固体,不溶于碱溶液中。而叔胺不与苯磺酰氯反应,也不溶于碱液。利用这个性质可以鉴别或分离伯、仲、叔胺。

5. 与亚硝酸反应

由于亚硝酸不稳定,易分解,所以用亚硝酸钠与盐酸或硫酸作用生成亚硝酸后参与反应。伯、仲、叔胺与亚硝酸反应的产物各不相同。

(1) 伯胺 脂肪族伯胺与亚硝酸作用,先生成极不稳定的脂肪族重氮盐,它立即分解生成氮气和碳正离子,此碳正离子进一步反应生成醇、烯烃等混合物。如:

$$\text{CH}_3\text{CH}_2\text{NH}_2 \xrightarrow{\text{NaNO}_2, \text{HCl}} [\text{CH}_3\text{CH}_2\overset{+}{\text{N}}\text{≡}\overset{..}{\text{N}}\text{Cl}] \longrightarrow \text{N}_2\uparrow + \text{CH}_3\text{CH}_2\text{OH} + \text{CH}_3\text{CH}_2\text{Cl} + \text{CH}_2\text{=CH}_2$$

由于反应产物复杂,在有机合成上没有实用价值。但可用于氮气的定量测定。

在强酸溶液中芳香族伯胺与亚硝酸在较低温度下反应,生成重氮盐。重氮盐在较低温度下稳定,加热则水解为苯酚并放出氮气。例如:

$$\text{C}_6\text{H}_5\text{NH}_2 + \text{NaNO}_2 + \text{HCl} \xrightarrow{0\sim5℃} \text{C}_6\text{H}_5\text{N}_2^+\text{Cl}^- \xrightarrow[\Delta]{\text{H}_2\text{O}} \text{C}_6\text{H}_5\text{OH} + \text{N}_2\uparrow$$

(2) 仲胺 脂肪族和芳香族仲胺与亚硝酸作用,都得到 N-亚硝基胺。如:

$$(\text{CH}_3\text{CH}_2)_2\text{NH} \xrightarrow[\text{HCl}]{\text{NaNO}_2} \text{N}(\text{H}_2\text{CH}_3\text{C})_2\text{-N=O}$$
N-亚硝基二乙胺

$$\text{C}_6\text{H}_5\text{NHCH}_3 \xrightarrow[\text{HCl}]{\text{NaNO}_2} \underset{\text{CH}_3}{\text{C}_6\text{H}_5\text{-N-N=O}}$$
N-甲基-N-亚硝基苯胺

N-亚硝基苯胺是黄色油状液体或固体,与稀酸共热则分解而成原来的仲胺,可用于分离或提纯仲胺。

(3) 叔胺　脂肪族叔胺能与亚硝酸作用形成亚硝酸盐，不稳定，很易水解成叔胺。

$$R_3N + HNO_2 \longrightarrow [R_3NH]^+ NO_2^-$$

芳香族叔胺与亚硝酸作用，可以在芳环上导入亚硝基，通常发生在氨基的对位上。对位被占据，则发生在氨基的邻位上，如：

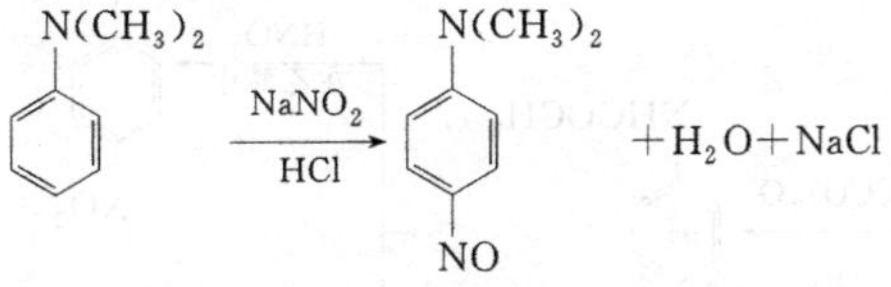

C₆H₅N(CH₃)₂ + NaNO₂/HCl → 对-ON-C₆H₄-N(CH₃)₂ + H₂O + NaCl

对亚硝基-N,N-二甲基苯胺

利用伯、仲、叔胺与亚硝酸反应的现象不同，可鉴别伯、仲、叔胺。

6. 胺的氧化

胺尤其是芳香胺极易氧化。例如，纯苯胺是无色透明液体，但在空气中放置后，颜色逐渐变为黄色至红棕色，这就是夹杂了氧化产物的结果，故芳胺应避光保存在棕色瓶中。氧化产物很复杂，其中包含了聚合、氧化、水解等反应的产物。胺的氧化反应因氧化剂的不同而生成不同的产物。例如，在酸性条件下，苯胺用二氧化锰氧化生成对苯醌，对苯醌还原以后生成对苯二酚。

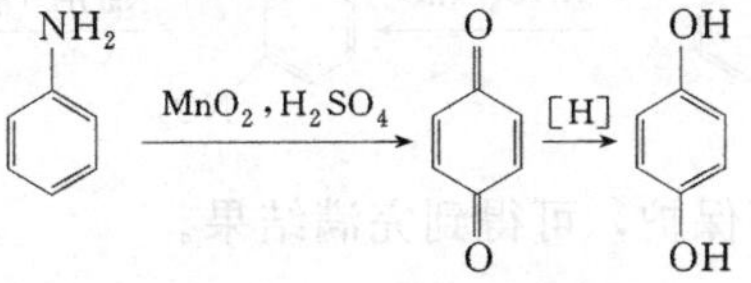

C₆H₅NH₂ —(MnO₂, H₂SO₄)→ 对苯醌 —[H]→ 对苯二酚

这是以苯胺为原料制备对二苯酚的方法。对苯醌易挥发，有毒，气味与臭氧相似。

7. 苯环上的取代反应

由于氨基是邻、对位定位基，具有较强的活化作用，因此苯胺容易发生卤化、硝化、磺化等亲电取代反应。

(1) 卤代反应　苯胺与卤素很容易发生卤化反应。例如，在苯胺的水溶液中滴加溴水立即生成 2,4,6-三溴苯胺白色沉淀。该反应是定量进行的，可用于苯胺的定性和定量反应。

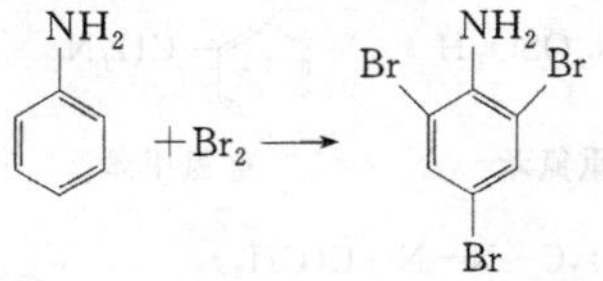

C₆H₅NH₂ + Br₂ → 2,4,6-三溴苯胺↓

该反应很难停留在一元取代阶段，为了得到一元取代物，必须降低氨基的致活能力，常用乙酰化保护氨基的方法。

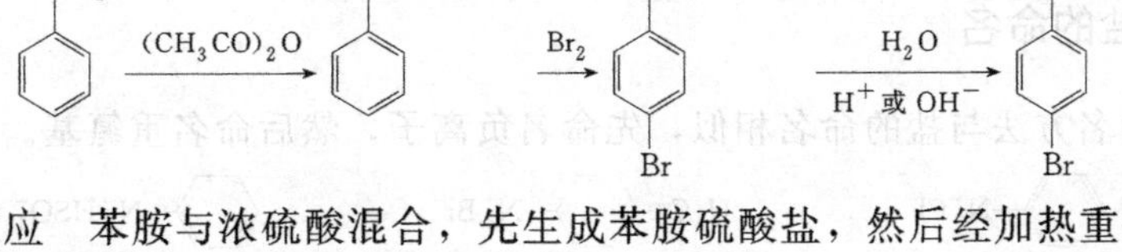

C₆H₅NH₂ —(CH₃CO)₂O→ C₆H₅NHCOCH₃ —Br₂→ p-Br-C₆H₄-NHCOCH₃ —(H₂O, H⁺或OH⁻)→ p-Br-C₆H₄-NH₂

(2) 磺化反应　苯胺与浓硫酸混合，先生成苯胺硫酸盐，然后经加热重排成对氨基苯磺酸。对氨基苯磺酸通常以内盐的形式存在。

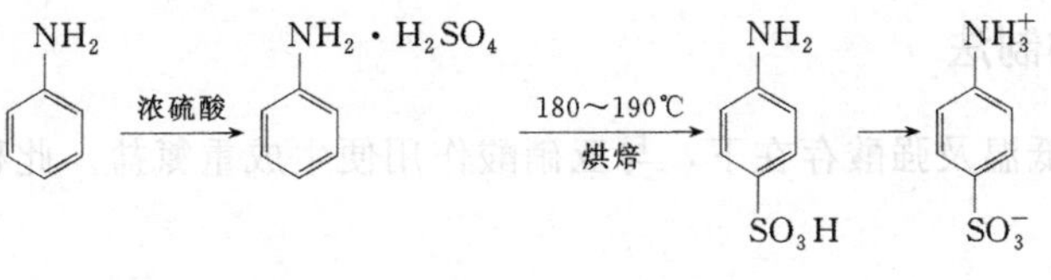

C₆H₅NH₂ —浓硫酸→ C₆H₅NH₂·H₂SO₄ —(180~190℃, 烘焙)→ p-HO₃S-C₆H₄-NH₂ → p-⁻O₃S-C₆H₄-NH₃⁺

对氨基苯磺酸，俗称磺胺酸，白色晶体，熔点 288℃，微溶于冷水，几乎不溶于乙醇、乙醚、苯等有机溶剂，是制备偶氮染料和磺胺药物的原料。

（3）硝化反应 由于芳胺对氧化剂十分敏感，苯胺直接硝化只能引起氧化作用，所以必须先把氨基保护起来，如采用乙酰化或成盐，然后再进行硝化。

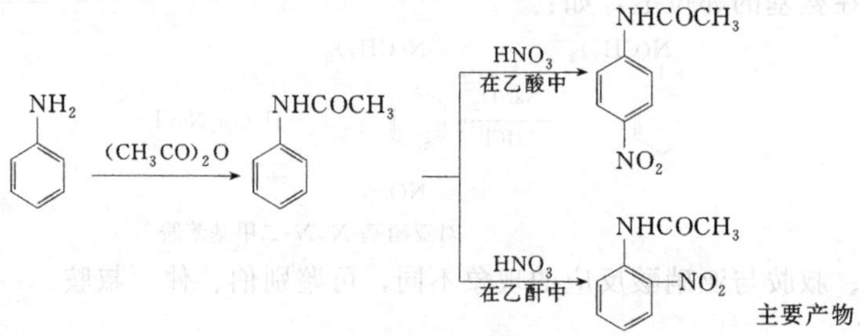

硝基乙酰苯胺很容易用稀碱水解为硝基苯胺。若用浓硝酸和浓硫酸的混酸进行硝化，则主要产物为间硝基苯胺。

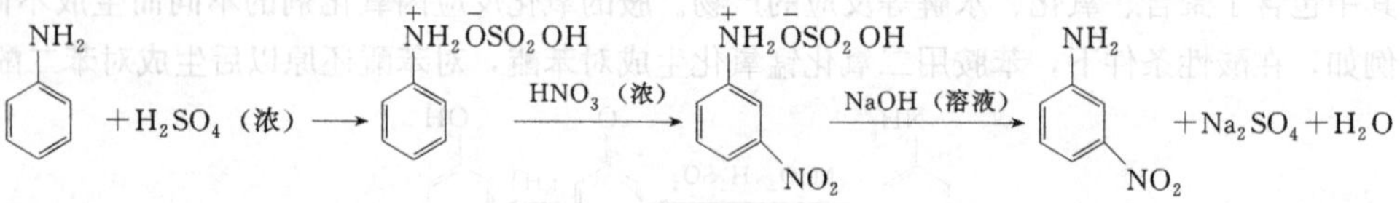

叔胺（三级胺）硝化不用保护，可得到完满结果。

第三节 重氮化合物和偶氮化合物

结构类型：两种化合物都含有—N_2—原子团。该原子团的一端与烃基相连，而另一端与其他原子（非碳原子）或原子团相连的化合物称为重氮化合物；若该原子团以—N=N—的形式两端都和烃基相连的化合物称为偶氮化合物。如：

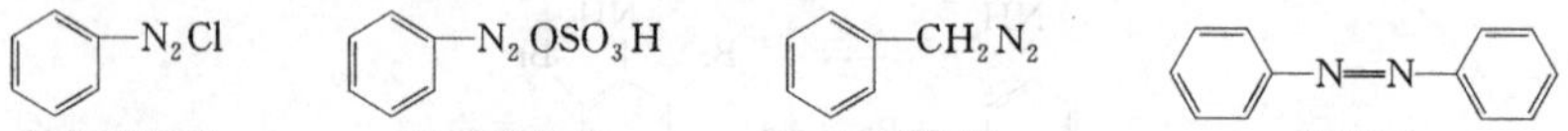

氯化重氮苯　　硫酸重氮苯　　重氮甲苯　　偶氮苯

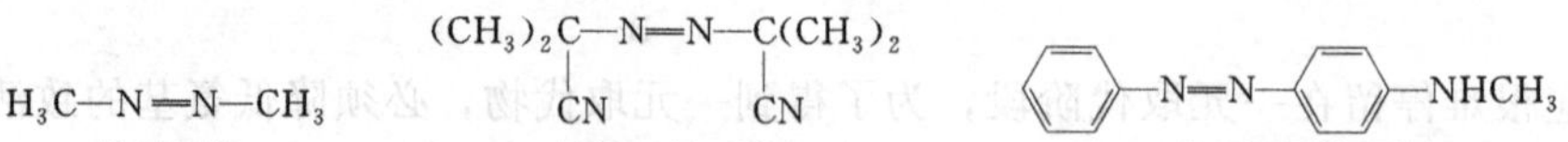

偶氮甲烷　　偶氮二异丁腈　　对甲氨基偶氮苯

一、重氮盐的命名

重氮盐的命名方法与盐的命名相似，先命名负离子，然后命名重氮基。例如：

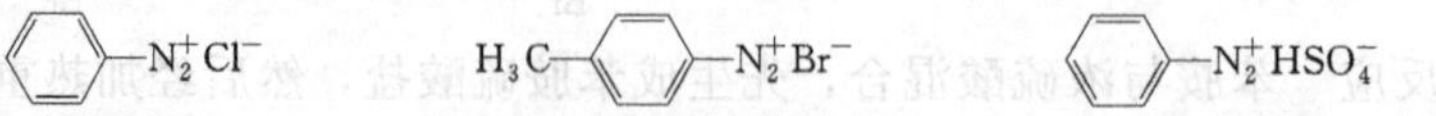

氯化重氮苯　　溴化对甲基重氮苯　　硫酸重氮苯

二、重氮盐的制法

芳香族伯胺有低温及强酸存在下，与亚硝酸作用便生成重氮盐。此种类型的反应，称为重氮化反应。如：

$$\text{C}_6\text{H}_5\text{—NH}_2 + \text{NaNO}_2 + \text{HCl} \xrightarrow{0\sim 5℃} \text{C}_6\text{H}_5\text{—N}_2\text{Cl} + \text{NaCl} + \text{H}_2\text{O}$$

反应条件为强酸，通常为盐酸或硫酸，酸要过量，温度一般在5℃以下。重氮盐在低温水溶液中比较稳定，温度较高时，容易分解。

三、重氮盐的性质

重氮盐是无色晶体，是离子型化合物，易溶于水，不溶于有机溶剂。干燥的重氮盐极不稳定，受热或振动易发生爆炸，所以重氮化反应一般都在水溶液中进行，且保持在0~5℃的较低温度。生成后的重氮盐不需要从水溶液中分离，可直接用于下一步的反应中。

重氮盐是活泼的中间体，可发生许多化学反应。这些反应分为放出氮的反应和保留氮的反应两类。

1. 放出氮的反应——重氮基被取代的反应

重氮基在不同条件下可以被羟基、卤原子、氰基、氢原子等取代，生成各种不同的产物，同时放出氮气。

(1) 被羟基取代：

$$\underset{\underset{\text{NO}_2}{\big|}}{\text{N}_2\text{OSO}_3\text{H}}\text{—C}_6\text{H}_4 + \text{H}_2\text{O} \xrightarrow[\Delta]{\text{H}^+} \underset{\underset{\text{NO}_2}{\big|}}{\text{OH}}\text{—C}_6\text{H}_4 + \text{N}_2\uparrow + \text{H}_2\text{SO}_4$$

此反应一般用重氮硫酸盐在40%~50%的硫酸溶液中进行，这样可以避免反应生成的酚与未反应的重氮盐发生偶合反应。如用重氮盐酸盐加酸溶液，则常有副产物氯化物生成。

常利用这一反应把羟基引入苯环上某一指定位置。通常用来制备不易制得的酚，如：

$$\text{C}_6\text{H}_6 \xrightarrow[\Delta]{\text{HNO}_3, \text{H}_2\text{SO}_4} m\text{-}\text{C}_6\text{H}_4(\text{NO}_2)_2 \xrightarrow[\text{乙醇溶液}]{\text{NH}_4\text{HS}} m\text{-}\text{NO}_2\text{C}_6\text{H}_4\text{NH}_2 \xrightarrow[\Delta]{\text{NaNO}_2+\text{H}_2\text{SO}_4} m\text{-}\text{NO}_2\text{C}_6\text{H}_4\text{N}_2\text{OSO}_2\text{H} \xrightarrow[60℃]{\text{H}_2\text{O}} m\text{-}\text{NO}_2\text{C}_6\text{H}_4\text{OH}$$

(2) 被卤原子取代　在氯化亚铜的浓盐酸溶液或溴化亚铜的浓氢溴酸溶液作用，重氮基可被氯原子或溴原子取代，此反应叫桑德迈尔反应。

$$o\text{-}\text{CH}_3\text{C}_6\text{H}_4\text{NH}_2 \xrightarrow{\text{NaNO}_2, \text{HCl}} o\text{-}\text{CH}_3\text{C}_6\text{H}_4\text{N}_2\text{Cl} \xrightarrow{\text{Cu}_2\text{Cl}_2, \text{HCl}} o\text{-}\text{CH}_3\text{C}_6\text{H}_4\text{Cl}$$

$$m\text{-}\text{ClC}_6\text{H}_4\text{NH}_2 \xrightarrow{\text{NaNO}_2, \text{HBr}} m\text{-}\text{ClC}_6\text{H}_4\text{N}_2\text{Br} \xrightarrow{\text{Cu}_2\text{Cl}_2, \text{HBr}} m\text{-}\text{ClC}_6\text{H}_4\text{Br}$$

重氮基较易被碘取代，此反应是把碘原子引进芳环的好方法。

$$p\text{-}\text{ClC}_6\text{H}_4\text{N}_2\text{SO}_3\text{H} \xrightarrow{\text{KI}+\text{H}_2\text{O}} p\text{-}\text{ClC}_6\text{H}_4\text{I}$$

(3) 被氰基取代 重氮盐与氰化亚铜的氰化钾水溶液作用,则重氮基被氰基取代,如:

$$o\text{-}O_2N\text{-}C_6H_4\text{-}NH_2 \xrightarrow{NaNO_2, HCl} o\text{-}O_2N\text{-}C_6H_4\text{-}N_2Cl \xrightarrow{CuCN+KCN} o\text{-}O_2N\text{-}C_6H_4\text{-}CN$$

氰基经水解或还原可变成羧基或氨甲基,因此通过重氮盐可在芳环上引入羧基或氨甲基。

(4) 被氢原子取代 重氮盐与还原剂次磷酸(H_3PO_2)或碱性甲醛溶液作用,则重氮基被氢原子取代。例如:

$$Ar\text{—}N_2Cl + H_3PO_2 + H_2O \longrightarrow Ar\text{—}H + N_2 + H_3PO_3 + HCl$$

$$Ar\text{—}N_2Cl + HCHO + NaOH \longrightarrow Ar\text{—}H + N_2 + HCOONa + NaCl + H_2O$$

此反应提供了一种从芳环上除去—NH_2或—NO_2的方法。其为不能直接制取的化合物提供几种可制取的途径和方法。

$$p\text{-}CH_3\text{-}C_6H_4\text{-}NH_2 \xrightarrow{(CH_3CO)_2O} p\text{-}CH_3\text{-}C_6H_4\text{-}NHCOCH_3 \xrightarrow[(2)H_2O]{(1)Br_2} 3\text{-}Br\text{-}4\text{-}CH_3\text{-}C_6H_3\text{-}NH_2 \xrightarrow{NaNO_2+H_2SO_4}_{0\sim5℃} 3\text{-}Br\text{-}4\text{-}CH_3\text{-}C_6H_3\text{-}N_2OSO_3H \xrightarrow{H_3PO_2 \text{ 或 } HCHO, NaOH} 3\text{-}Br\text{-}4\text{-}CH_3\text{-}C_6H_4$$

又如,由苯胺制备 1,3,5-三溴苯:

$$C_6H_5NH_2 \xrightarrow{Br_2} 2,4,6\text{-}Br_3C_6H_2NH_2 \xrightarrow{NaNO_2+H_2SO_4}_{0\sim5℃} 2,4,6\text{-}Br_3C_6H_2N_2HSO_4 \xrightarrow{C_2H_5OH} 1,3,5\text{-}Br_3C_6H_3$$

2. 保留氮的反应——还原反应和偶合反应

(1) 偶合反应 重氮盐在适当的条件下与酚或芳胺作用,由偶氮基(—N=N—)将两个分子偶联起来,生成偶氮化合物的反应,称为偶合反应。

$$C_6H_5\text{-}N_2Cl + C_6H_5\text{-}OH \xrightarrow[0℃]{NaOH \cdot H_2O} C_6H_5\text{-}N=N\text{-}C_6H_4\text{-}OH$$
重氮组分 偶联组分   对羟基偶氮苯(橘红色)

$$C_6H_5\text{-}N_2Cl + C_6H_5\text{-}N(CH_3)_2 \xrightarrow[0℃]{CH_3COONa} C_6H_5\text{-}N=N\text{-}C_6H_4\text{-}N(CH_3)_2$$
重氮组分 偶联组分   对二甲氨基偶氮苯(黄色)

偶合反应是亲电取代反应,重氮正离子由于与苯环共轭,电荷得到分散,所以它是一个弱的亲电试剂,只能进攻活化芳环(如酚或芳胺)的邻、对位。参加偶合反应的重氮盐叫做重氮组分,酚和芳胺等叫偶合组分。

重氮盐与酚类或芳胺的偶合反应,由于电子效应和空间效应的影响,反应一般发生在酚羟基或氨基的对位。如果对位上已被其他取代基占据,则发生在邻位上。若其对位和两个邻位都被占据,不会在间位上发生偶合反应。

$$C_6H_5\text{-}N_2Cl + 4\text{-}CH_3\text{-}C_6H_4\text{-}OH \xrightarrow{NaOH} C_6H_5\text{-}N=N\text{-}(2\text{-}OH\text{-}5\text{-}CH_3\text{-}C_6H_3)$$

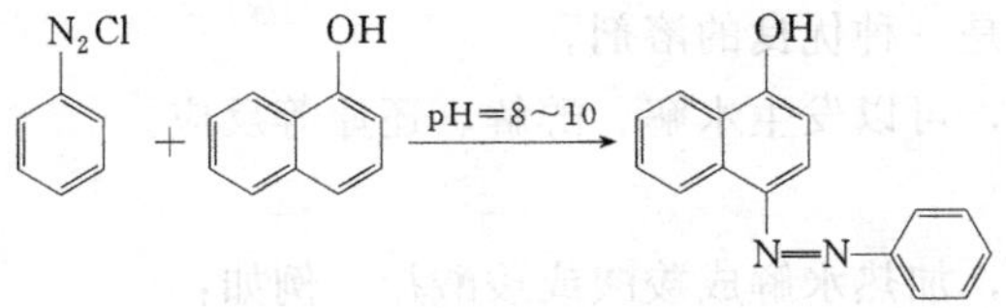

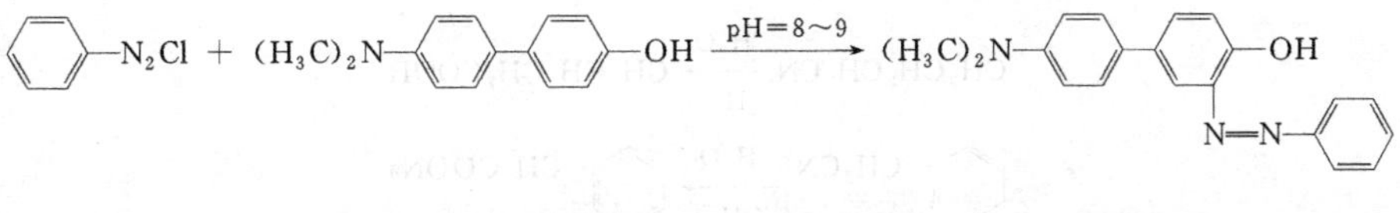

偶合反应的产物,一般都是有颜色的物质,其中许多可以作为燃料。由于分子中均含有偶氮基,故称为偶氮燃料。例如,甲基橙就是由对氨基苯磺酸经重氮化后,与 N,N-二甲基苯胺发生偶合反应而得到的。甲基橙由于在酸碱性溶液中显示不同的颜色,常被用作酸碱指示剂。

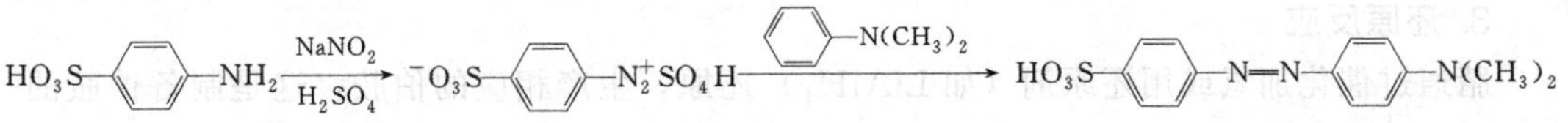

(2) 还原反应 重氮盐可被氯化亚锡、锡和盐酸、锌和乙酸、亚硫酸氢钠等还原为苯肼。如:

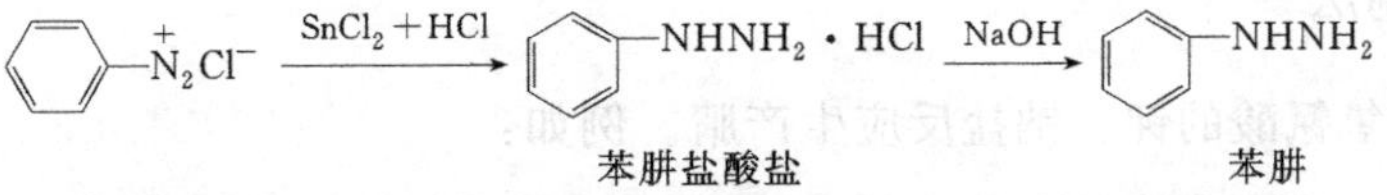

新蒸馏的苯肼是无色液体,在空气中易被氧化成深黑色,苯肼盐酸盐相对比较稳定。肼是常用的羰基试剂,也是合成药物和染料的原料。苯肼有毒,使用时应特别小心。

第四节 腈

一、腈的命名

腈分子中含有氰基(—C≡N)官能团,它可以看作是氢氰酸分子中的氢原子被烃基取代所生成的化合物。

腈命名时根据所含碳原子数(包括氰基的碳)称为某腈。例如:

CH_3CH_2CN　　　$CH_3CH_2CH_2CN$　　　苯甲腈
丙腈　　　　　　　丁腈

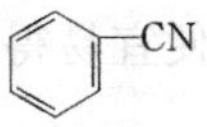

二、腈的性质

氰基为碳氮三键,与炔的碳碳三键相似。由于氮原子的电负性比碳原子大,所以氰基是吸电子基团,故腈分子的极性较大。与分子量相同的化合物相比,腈的沸点较高,与醇相近,低于酸。最简单的腈是乙腈,它能与水互溶,丙腈在水中溶解度也很大,高级的腈一般只微溶于水。低级腈多是无色液体,C_{14} 以上的腈则多是结晶形的固体。腈能溶解盐等离子化合物，常用做萃取剂，也是一种优良的溶剂。

腈的化学性质比较活泼，可以发生水解、醇解、还原等反应。

1. 水解反应

腈在酸或者碱的催化下，加热水解成羧酸或羧酸盐。例如：

$$CH_3CH_2CH_2CN \xrightarrow[H^+]{H_2O} CH_3CH_2CH_2COOH$$

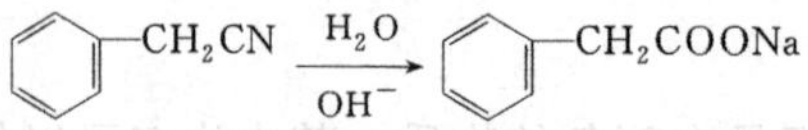

$$C_6H_5CH_2CN \xrightarrow[OH^-]{H_2O} C_6H_5CH_2COONa$$

2. 醇解反应

腈在酸的催化下，与醇反应生产酯。

$$CH_3CH_2CN \xrightarrow[H^+]{CH_3OH} CH_3CH_2COOCH_3 + NH_3$$

3. 还原反应

腈通过催化加氢或用还原剂（如 $LiAlH_4$）还原，生产相应的伯胺，这是制备伯胺的一种方法。例如：

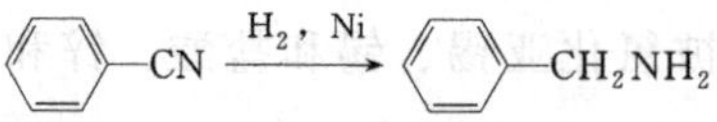

$$C_6H_5-CN \xrightarrow{H_2,\ Ni} C_6H_5-CH_2NH_2$$

三、腈的制法

卤代烷烃和氢氰酸的钾、钠盐反应生产腈。例如：

$$CH_3CH_2CH_2Br + NaCN \longrightarrow CH_3CH_2CH_2CN + NaBr$$

由于产物腈比反应物卤代烷增加了一个碳原子，因此该反应在有机合成中可用于增长碳链。

也可由酰胺在五氧化二磷存在下加热脱水得到腈。例如：

$$CH_3CH_2CH_2CONH_2 \xrightarrow[\triangle]{P_2O_5} CH_3CH_2CH_2CN + H_2O$$

四、重要的腈——丙烯腈

工业上丙烯腈的生产方法主要采用丙烯的氨氧化法。这个方法是丙烯、空气、氨在催化剂作用下，加热到470℃反应而制得丙烯腈。

$$CH_2=CHCH_3 + NH_3 + \frac{3}{2}O_2 \xrightarrow[470℃]{磷钼酸铋} CH_2=CHCN + 3H_2O$$

此法的优点是原料便宜易得，且对丙烯纯度要求不高，工艺流程简单，成本低，收率高（约65%）等。

丙烯腈是具有微弱刺激性气味的无色液体，沸点78℃，稍溶于水。丙烯腈在引发剂（如过氧化苯甲酰）存在下，聚合生产聚丙烯腈。

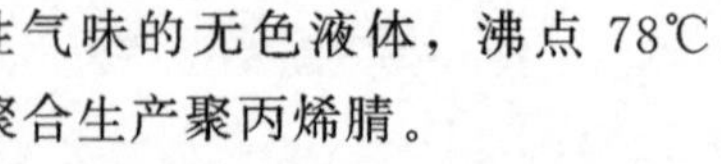

$$nCH_2=CHCH_3 \longrightarrow \begin{bmatrix} CH_2-CH \\ | \\ CN \end{bmatrix}_n$$

聚丙烯腈可以制成合成纤维，商品名为"腈纶"。它类似羊毛，俗称"人造羊毛"。它具有强度高、密度小、保暖性好、着色性好、耐光、耐酸及耐溶剂等特性。

拓展窗

偶氮染料

偶氮染料（azo dyes，偶氮基两端连接芳基的一类有机化合物）是纺织品服装在印染工艺中应用最广泛的一类合成染料，用于多种天然和合成纤维的染色和印花，也用于涂料、塑料、橡胶等的着色。

偶氮化合物和服装染料的关系还要从 1856 年说起，这一年英国化学家帕金在研制疟疾特效药奎宁时意外制得世界第一个合成染料——苯胺紫，开启了人工合成染料的大门，时隔 3 年，年仅 29 岁的德国化学专业肄业生彼得·格里斯成功实施了苯胺和亚硝酸的反应，在世界上首次制得重氮化合物，并由此开创重氮化反应（也称格里斯反应）。重氮化合物可用于许多芳香族化合物的合成，在染料发展史上功勋卓著。1861 年，Ch. 曼恩发现芳香胺重氮盐能与芳香胺或芳香酚偶合，从此制得第一个偶氮染料——苯胺黄。此后，越来越多的偶氮染料被开发出来，广泛应用于服装印染等行业。

偶氮染料作为一种重要的合成染料，呈现出各种各样的颜色，基本可覆盖整个可见光谱。其显色主要是由于偶氮染料具有顺、反几何结构体，两者间能量存在差异，在光照或加热的时候会进行转换，这时就需要吸收特定的光作为能量，因此就会呈现出特定波长光的反色。生色基团主要有偶氮基、硝基和亚硝基等。苯环结构、醌型结构、共轭多烯体系等也是重要的生色来源。

除了颜色多样外，偶氮染料还具有工艺简单、生产成本低、染色能力强的特点，因此被广泛应用于纺织品的染色，也用于纸张、皮革、涂料、油墨、塑料、橡胶等产品的着色。在食品、化妆品中也有应用，例如染发剂就常用偶氮染料制成。偶氮染料已成为合成染料中品种最多、应用最广的一种。资料显示，近年来全球年均生产 100 多万吨染料，其中偶氮染料占比达 2/3 以上。

偶氮染料虽然应用广泛，但是部分偶氮染料经还原裂解，会产生 24 种致癌的芳香胺化合物，如被人体吸收，会严重威胁人体的健康。尤其当用于纺织品、服装和皮革等制品中，在与人体长期接触中，这些染料可通过呼吸道、食道及皮肤黏膜进入人体，随着体内的新陈代谢，特定条件下会还原分解出致癌的芳香胺。这些芳香胺经过人体的活化作用可改变 DNA 的结构，引起人体病变甚至诱发膀胱癌、肝癌等多种恶性肿瘤，且潜伏期很长。

我国于 2005 年起实施首个纺织品强制性国家标准 GB 18401《国家纺织产品基本安全技术规范》，首次将可分解芳香胺染料等能致癌的有毒有害物质列入监控范围，规定禁止生产、销售、进口含有可分解芳香胺染料的纺织产品，对控制纺织品中的有害物质、保障消费者健康意义重大。该标准于 2010 年进行了修订，要求纺织品所用染料中不得检出 24 种分解致癌芳香胺，限量值为≤20mg/kg。除了纺织品之外，儿童家具、婴幼儿服装、食品接触用塑料、食品包装材料、化妆品等相关标准均对禁用芳香胺进行了规定。

虽然国家对纺织品等产品中禁用偶氮染料的使用制定了严格的标准，不过由于偶氮染料价格低廉、色泽丰富，标准如今已实施十余年，仍有企业无视规则用有害的偶氮染料进行生产，给消费者的健康安全产生极大威胁。例如，根据近期的公开报道，上海、江苏、广东等地的质监机构在例行抽查中，发现个别儿童服装、针织内衣、床单、皮具等产品可分解致癌芳香胺染料一项存在不合格。

可见，正是偶氮染料的绚丽，将人们打扮得赏心悦目，也装点着五彩缤纷的世界。然而，绚丽的背后，偶氮染料所隐藏的毒害也不能不让人正视。还有望管理机构加强监管、生产者加强自律，让人们在享受偶氮染料带来美的同时，无需担心付出健康代价，真正让偶氮染料造福于民。

技能项目十一
乙酰苯胺的合成

背景：

乙酰苯胺是磺胺类药物的原料，可用作止痛剂、退热剂和防腐剂。用来制造染料中间体对硝基乙酰苯胺、对硝基苯胺和对苯二胺。在第二次世界大战的时候大量用于制造对乙酰氨基苯磺酰氯。乙酰苯胺也用于制硫代乙酰胺。在工业上可作橡胶硫化促进剂、纤维脂涂料的稳定剂、过氧化氢的稳定剂，以及用于合成樟脑等。本次课同学们要学习通过苯胺的乙酰化来制备乙酰苯胺。

一、工作任务

任务（一）：认识苯胺乙酰化制备乙酰苯胺的原理和重结晶的原理。

任务（二）：学会分馏、脱色、重结晶等实验操作技能。

任务（三）：学会用苯胺制备乙酰苯胺。

二、主要工作原理

$$C_6H_5-NH_2 + CH_3COOH \longrightarrow C_6H_5-NHCOCH_3 + H_2O$$

苯胺（$C_6H_5NH_2$）与乙酰基化试剂如冰醋酸、$(CH_3CO)_2O$、CH_3COCl 等反应可制得乙酰苯胺。苯胺与 CH_3COCl 反应速率最快，$(CH_3CO)_2O$ 次之，冰醋酸最慢。但冰醋酸价格便宜，操作方便，为常用乙酰基化试剂。主反应为可逆反应，本实验采用的措施是：在实验中采用冰醋酸过量，并随时将生成的水蒸出，以使苯胺完全反应，提高反应产率。

三、所需仪器、试剂

1. 主要试剂及产品的物理常数

药品名称	用量	性状	相对密度	熔点/℃	沸点/℃	折射率(n)	水溶解度/(g/100mL)
苯胺	5mL	无色液体	1.0217	−5.89	184.4	1.5863	3.4^{20}
乙酰苯胺		白色固体	1.0261	114.3	304	2.22^{120}	0.56^{25}
乙酸	7.4mL	无色液体	1.0492	16.75	118.1	1.3720	∞
其他药品				活性炭			

2．实验仪器装置图

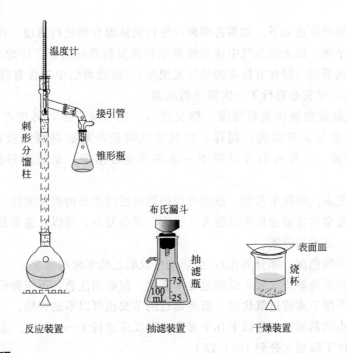

反应装置　　　　抽滤装置　　　　干燥装置

四、工作过程

（1）根据工作任务进行实验方案设计，小组讨论进行方案修订及可行性论证；

（2）根据实验方案列出仪器、药品清单并准备所需仪器、药品；

（3）合成乙酰苯胺。

五、问题讨论

（1）还可以用什么方法从苯胺制备乙酰苯胺？

（2）在重结晶操作中，必须注意哪几点才能使产物产率高？质量好？

（3）试计算重结晶时留在母液中的乙酰苯胺的量。

六、方案参考

在250mL锥形瓶上装上一个分馏柱[1]，柱顶插一支150℃温度计，用一个小量筒收集稀醋酸溶液。在锥形瓶中放入5mL新蒸馏过的苯胺[2]、7.4mL冰醋酸和0.1g锌粉[3]，用电热套小火加热至沸腾。控制火焰，保持温度计读数在105℃左右。经过40～60min，反应所生成的水可完全蒸出。当温度计的读数发生上下波动时（有时，反应容器中出现白雾），反应即达终点[4]，停止加热。在不断搅拌下把反应混合物趁热以细流慢慢倒入盛100mL水的烧杯中。继续剧烈搅拌，并冷却烧杯（注：不能先把烧杯放在冷水浴里，这样，烧杯壁易黏结产物）使粗乙酰苯胺成细粒状完全析出。用布氏漏斗抽滤析出的固体。用玻璃瓶塞把固体压碎，再用 5~10mL 冷水洗涤以除去残留的酸液。把粗乙酰苯胺放入 150mL 热水中（先取出 20mL 热水，用其把滤纸上黏附的产品和玻璃棒上黏附的产品冲洗入烧杯）加热至沸腾。如仍有未溶解的油珠（此油珠是熔融状态的乙酰苯胺。如果溶液温度在 83℃ 以下，溶液中未溶解的乙酰苯胺以固体存在），需补加热水，直到油珠完全溶解为止。稍冷后加入约 0.5g 粉末状活性炭[5]，用玻璃棒搅动并煮沸 1~2min。趁热用预先加热好的布氏漏斗过滤。冷却滤液，乙酰苯胺呈无色片状晶体析出。减压过滤，尽量挤压以除去晶体中的水分。产物称湿重，计算产率[6]。产量约 5g。

七、注释

[1] 分馏的原理简述如下：如果将两种挥发性液体混合物进行蒸馏，在沸腾温度下，其气相与液相达成平衡，出来的蒸气中含有较多量易挥发物质的组分，将此蒸气冷凝成液体，其组成与气相组成等同（即含有较多的易挥发组分），而残留物中却含有较多量的高沸点组分（难挥发组分），这就是进行了一次简单的蒸馏。

如果将蒸气凝成的液体重新蒸馏，即又进行一次气液平衡，再度产生的蒸气中，所含的易挥发物质组分又有增高，同样，将此蒸气再经冷凝而得到的液体中，易挥发物质的组成当然更高，这样我们可以利用一连串的重复蒸馏，最后能得到接近纯组分的两种液体。

应用这样反复多次的简单蒸馏，虽然可以得到接近纯组分的两种液体，但是这样做既浪费时间，且在重复多次蒸馏操作中的损失又很大，设备复杂，所以，通常是利用分馏柱进行多次气化和冷凝，这就是分馏。

[2] 久置的苯胺色深（部分氧化），会影响生成的乙酰苯胺的质量。

[3] 锌粉的作用是防止苯胺在反应过程中氧化。但必须注意，不能加得过多，否则，在后处理中会出现不溶于水的过氧化锌。新蒸馏过的苯胺也可以不加锌粉。

[4] 反应终点的判断可参考以下几个参数：①反应进行 40~60min。②反应烧瓶中出现白雾。③柱顶温度下降后又升到 105℃ 以上。

[5] 在沸腾的溶液中加入活性炭，会引起突然暴沸，致使溶液冲出容器。

[6] 实验时间约 6h。

本章小结

1. 胺的制法

$$\text{PhNO}_2 \xrightarrow{\text{Fe+HCl}} \text{PhNH}_2$$

$$CH_3CH_2Br + 2NH_3 \longrightarrow CH_3CH_2NH_2 + NH_4Br$$

$$\text{Ph-CH}_2\text{CN} \xrightarrow[140℃]{H_2,Ni} \text{Ph-CH}_2CH_2NH_2$$

$$CH_3CH_2\overset{O}{\overset{\|}{C}}-NH_2 \xrightarrow[(2)H_2O]{(1)LiAlH_4} CH_3CH_2CH_2NH_2$$

$$RCONH_2 + NaOX + NaOH \longrightarrow RNH_2 + Na_2CO_3 + H_2O$$

2. 胺的化学性质

(1) 碱性

$$\text{脂肪胺} > \text{氨} > \text{芳香胺}$$

(2) 芳香族伯胺的化学性质

$$\text{C}_6\text{H}_5\text{NH}_2 + \text{CH}_3\text{COCl 或 (CH}_3\text{CO)}_2\text{O} \longrightarrow \text{C}_6\text{H}_5\text{NHCOCH}_3$$

$$\text{C}_6\text{H}_5\text{NH}_2 + \text{Br}_2 \longrightarrow \text{2,4,6-三溴苯胺}$$

$$\text{C}_6\text{H}_5\text{NH}_2 \xrightarrow{\text{MnO}_2, \text{H}_2\text{SO}_4} \text{对苯醌}$$

$$\text{C}_6\text{H}_5\text{NH}_2 \xrightarrow{\text{H}_2\text{SO}_4} \text{C}_6\text{H}_5\text{NH}_2 \cdot \text{H}_2\text{SO}_4 \xrightarrow[-\text{H}_2\text{O}]{180\sim190\text{°C}} \text{对氨基苯磺酸}$$

$$\text{C}_6\text{H}_5\text{NH}_2 \xrightarrow{\text{CH}_3\text{COOH}} \text{C}_6\text{H}_5\text{NHCOCH}_3 \longrightarrow \text{4-Br-C}_6\text{H}_4\text{NHCOCH}_3 \xrightarrow[\text{H}^+/\text{OH}^-]{\text{H}_2\text{O}} \text{4-Br-C}_6\text{H}_4\text{NH}_2$$

(3) 胺的鉴别反应

① 苯胺的鉴别反应：苯胺与溴水反应生产 2,4,6-三溴苯胺的白色沉淀。

② 与亚硝酸的反应：伯胺与亚硝酸反应放出氮气；仲胺与亚硝酸反应，都生产黄色油状物；脂肪族叔胺一般不与亚硝酸反应，芳香族叔胺与亚硝酸反应，生成有颜色的对亚硝基化合物。

③ 与对甲苯磺酰氯的反应：伯胺与对甲苯磺酰氯的反应产物溶于氢氧化钠；仲胺与对甲苯磺酰氯的反应产物不溶于氢氧化钠；叔胺与对甲苯磺酰氯不反应。

3. 重氮盐的制法

$$\text{C}_6\text{H}_5\text{—NH}_2 + \text{NaNO}_2 + \text{HCl} \xrightarrow{0\sim5\text{°C}} \text{C}_6\text{H}_5\text{—N}_2\text{Cl} + \text{NaCl} + \text{H}_2\text{O}$$

4. 重氮盐的化学性质

$$\text{C}_6\text{H}_5\text{—N}_2\text{HSO}_4 \xrightarrow[\text{或 C}_2\text{H}_5\text{OH}]{\text{H}_3\text{PO}_2} \text{C}_6\text{H}_6$$

$$\text{C}_6\text{H}_5\text{—N}_2\text{HSO}_4 \xrightarrow[\text{H}_2\text{SO}_4]{\text{H}_2\text{O}} \text{C}_6\text{H}_5\text{OH}$$

$$\text{C}_6\text{H}_5\text{—N}_2\text{Cl} \xrightarrow[0\sim5\text{°C}]{\text{CuX}+\text{HX}} \text{C}_6\text{H}_5\text{—Cl} \quad (\text{X}=\text{Cl, Br})$$

$$\text{C}_6\text{H}_5\text{—N}_2\text{HSO}_4 \xrightarrow{\text{KI}} \text{C}_6\text{H}_5\text{—I}$$

$$\underset{}{}\text{C}_6\text{H}_5\text{—N}_2\text{Cl} \xrightarrow[\text{HCl}]{\text{SnCl}_2} \text{C}_6\text{H}_5\text{—NHNH}_2 \cdot \text{HCl} \xrightarrow{\text{NaOH}} \text{C}_6\text{H}_5\text{—NHNH}_2$$

$$\text{C}_6\text{H}_5\text{—N}_2\text{Cl} + \text{C}_6\text{H}_5\text{—OH} \xrightarrow[0\,^\circ\text{C}]{\text{NaOH, H}_2\text{O}} \text{C}_6\text{H}_5\text{—N=N—C}_6\text{H}_4\text{—OH}$$

$$\text{C}_6\text{H}_5\text{—N}_2\text{Cl} + \text{C}_6\text{H}_5\text{—NH}_2 \xrightarrow[0\,^\circ\text{C}]{\text{CH}_3\text{COONa, H}_2\text{O}} \text{C}_6\text{H}_5\text{—N=N—C}_6\text{H}_4\text{—NH}_2$$

5. 腈的化学性质

$$\text{CH}_3\text{CH}_2\text{CH}_2\text{CN} \xrightarrow[\text{H}^+]{\text{H}_2\text{O}} \text{CH}_3\text{CH}_2\text{CH}_2\text{COOH}$$

$$\text{CH}_3\text{CH}_2\text{CN} \xrightarrow[\text{H}^+]{\text{CH}_3\text{OH}} \text{CH}_3\text{CH}_2\text{COOCH}_3 + \text{NH}_3$$

$$\text{C}_6\text{H}_5\text{—CN} \xrightarrow{\text{H}_2, \text{Ni}} \text{C}_6\text{H}_5\text{—CH}_2\text{NH}_2$$

习题

1. 命名下列化合物

(1) $\text{CH}_3\text{CH}_2\text{NO}_2$

(2) 2,4-二硝基甲苯 (结构式:苯环上有 CH_3、2-NO_2、4-NO_2)

(3) 间氯硝基苯 (结构式:苯环上有 NO_2 和 Cl 间位)

(4) $\text{CH}_3\text{CH}_2\text{—CH—CH}_3$
 $\qquad\qquad\quad\;\;|$
 $\qquad\qquad\;\;\text{NH}_2$

(5) $(\text{CH}_3\text{CH}_2)_2\text{NH}$

(6) $\text{C}_6\text{H}_5\text{CH}_2\text{NH}_2$

(7) 对苯二胺

(8) 间氨基苯甲醛

(9) 对羟基苯甲酸

(10) 邻羟基苯磺酸

(11) $\text{CH}_3\text{CH}_2\text{CN}$

(12) $\text{C}_6\text{H}_5\text{N}(\text{C}_2\text{H}_5)_2$

(13) $(\text{CH}_3)_2\text{CH—CN}$

(14) $\text{C}_6\text{H}_5\text{—N}_2\text{HSO}_4$

(15) $\text{C}_6\text{H}_5\text{—N=N—C}_6\text{H}_4\text{—NH}_2$

(16) $\text{C}_6\text{H}_5\text{CN}$

2. 根据化合物的命名写出其相应结构式

(1) 乙腈   (2) 对氨基苯磺酸   (3) TNT

3. 写出分子式为 $\text{C}_4\text{H}_{11}\text{N}$ 的胺的各种异构体，并加以命名，指明伯胺、仲胺和叔胺。

4. 按照碱性由强到弱的排序，排列下列各组化合物的碱性：

(1) 乙酰胺　　　乙胺　　　苯胺　　　　　　对甲基苯胺

(2) 苯胺　　　　甲胺　　　二甲胺　　　　　苯甲酰胺

(3) 对甲苯胺　　苄胺　　　2,4-二硝基苯胺　对硝基苯胺

5. 完成下列方程式

(1) $\text{CH}_3\text{CN} \xrightarrow[\text{H}^+]{\text{H}_2\text{O}} \xrightarrow{\text{PCl}_5} \xrightarrow{\text{CH}_3\text{NH}_2}$

(2) ![benzene-NO2] $\xrightarrow[\text{Fe}]{\text{HCl}}$ $\xrightarrow[0\sim5℃]{\text{NaNO}_2,\ \text{HCl}}$![benzene-NH2] $\longrightarrow$

(3) ![benzene-NH2] $\xrightarrow{\text{Br}_2}$ $\xrightarrow[0\sim5℃]{\text{NaNO}_2,\ \text{HCl}}$ $\xrightarrow[\text{H}_2\text{O}]{\text{H}_3\text{PO}_2}$

(4) Br—⌬—$N_2^+SO_4H^-$ + ⌬—$N(CH_3)_2$ ⟶

6. 分子式为 $C_7H_7NO_2$ 的化合物 A，与 Sn＋HCl 反应生成分子式为 C_7H_9N 的化合物 B；B 和 $NaNO_2$＋HCl 在 0℃下反应生成分子式为 $C_7H_7ClN_2$ 的一种盐 C；在稀酸中 C 与 CuCN 反应生成分子式为 C_8H_7N 的化合物 D；D 在稀酸中水解得到分子式为 $C_8H_8O_2$ 的有机酸 E；E 用 $KMnO_4$ 氧化得到另一种酸 F；F 受热时生成分子式为 $C_8H_4O_3$ 的酸酐 G。试写出 A～G 的构造式。

第十二章
杂环化合物
Heterocyclic Compounds

学习目标（Learning Objectives）

1. 了解杂环化合物的分类和命名；
2. 掌握呋喃、噻吩、吡咯、吡啶的结构；
3. 熟悉呋喃、噻吩、吡咯、吡啶的重要化学性质；
4. 了解重要化工产品糠醛。

杂环化合物是指由碳原子和氧、硫、氮等杂原子共同组成的，具有环状结构的化合物。

第一节 杂环化合物的分类和命名

一、杂环化合物的分类

杂环化合物可按环的形式分类，分为单杂环和稠杂环。单杂环又按环的大小主要分为五元杂环和六元杂环。还可按环中杂原子的数目分为含有一个杂原子的杂环和含有多个杂原子的杂环。如表 12-1 所示。

表 12-1 常见杂环化合物的分类及名称

分类		含一个杂原子			含多个杂原子	
单杂环	五元杂环	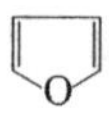 呋喃 (furan) 	噻吩 (thiophene) 	吡咯 (pyrrole)	 噻唑 (thiazole) 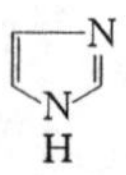	咪唑 (imidazole)

续表

分类		含一个杂原子		含多个杂原子	
单杂环	六元杂环	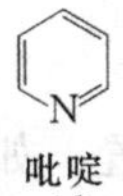 吡啶 (pyridine)	 吡喃 (pyran)	 嘧啶 (pyrimidine)	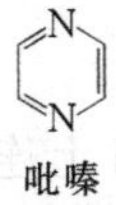 吡嗪 (pyrazine)
稠杂环		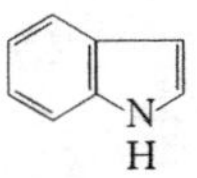 吲哚 (indole)	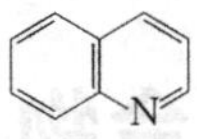 喹啉 (quinoline)	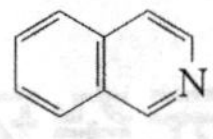 异喹啉 (isoquinoline)	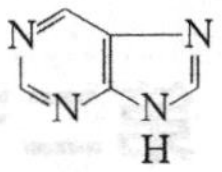 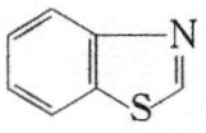 嘌呤 (purine) / 苯并噻唑 (benzothiazole)

二、杂环化合物的命名

1. 译音法

杂环化合物的命名通常采用外文译音法，即根据杂环化合物的英文名称，选择带"口"字偏旁的同音汉字来命名。如表12-1中的呋喃（furan）、吡咯（pyrrole）等。

2. 系统命名法

对杂环的衍生物命名时，采用系统命名方法。

（1）选母体 与芳香族化合物命名原则类似，当杂环上连有—R、—X、—OH、—NH$_2$等取代基时，以杂环为母体；如果连有—CHO、—COOH、—SO$_3$H等时，把杂环作为取代基。

（2）杂环编号 杂环上连有取代基时，需要给杂环编号，编号规则如下。

① 从杂原子开始编号，杂原子位次为1。当环上只有一个杂原子时，也可把与杂原子直接相连的碳原子称为α位，其后依次为β位和γ位。例如：

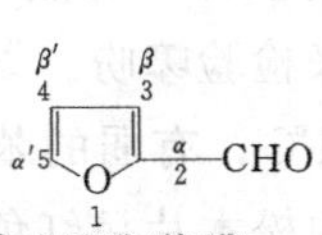

2-呋喃甲醛(糠醛)　　4-甲基吡啶　　8-羟基喹啉　　3-吲哚乙酸
（α-呋喃甲醛）　　（γ-甲基吡啶）　　（不叫8-喹啉酚）　　（β-吲哚乙酸）

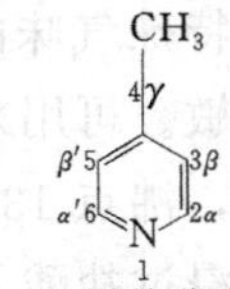

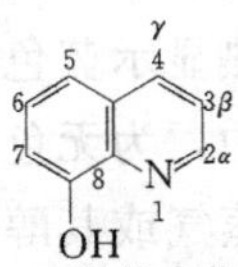

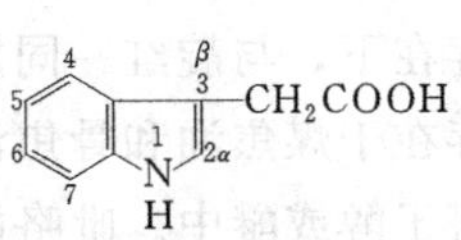

② 若含有多个相同的杂原子，则从连有氢或取代基的杂原子开始编号，并使其他杂原子的位次尽可能最小。如：

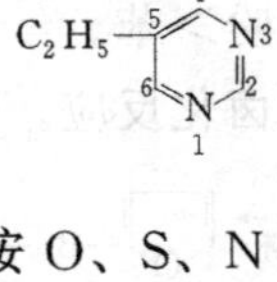

（5-乙基嘧啶）

③ 若含有不相同的杂原子，按O、S、N的顺序编号。如：

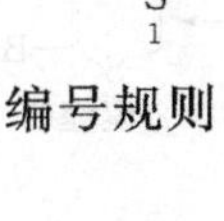

（4-氯噻唑）

某些特殊的稠杂环，不符合以上编号规则，有其特定的编号。如：

4-异喹啉甲酸　　6-氨基嘌呤

当N上连有取代基时，往往用"N"表示取代基的位置。如：

N—CH₃ （N-甲基吡啶）

第二节　五元杂环化合物

含有一个杂原子的五元杂环化合物，具有代表性的是呋喃、噻吩、吡咯。

五元杂环化合物呋喃、噻吩、吡咯在结构上有共同点：组成五元杂环的五个原子都位于同一个平面上，碳原子和杂原子（O、S、N）彼此以 sp^2 杂化轨道形成 σ 键，每个杂原子各有一对未共用电子对处在 sp^2 杂化轨道与环共面，另外还各有一对电子处于与环平面垂直的 p 轨道上，与4个碳原子的 p 轨道相互重叠，形成了一个含有6个 π 电子的闭合共轭大 π 键。因此五元杂环化合物都具有芳香性。如图12-1所示。

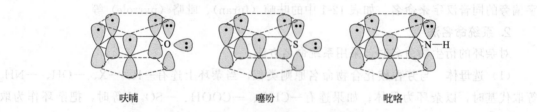

图12-1　呋喃、噻吩、吡咯的原子轨道示意

呋喃存在于松木焦油中，是无色易挥发的液体，沸点 31.36℃，难溶于水，易溶于有机溶剂，有类似氯仿的气味。呋喃的蒸气遇到浸过盐酸的松木片时呈绿色，叫做松木片反应，此现象可用来鉴定呋喃。

噻吩存在于煤焦油的粗苯及石油中，是无色而有特殊气味的液体，沸点 81.16℃。噻吩在浓硫酸存在下，与靛红一同加热显示蓝色，反应灵敏。可用来检验噻吩。

吡咯存在于煤焦油和骨焦油中，为无色油状液体，沸点 131℃，有弱的苯胺气味，难溶于水，易溶于醇或醚中。吡咯的蒸气或其醇溶液能使浸过盐酸的松木片呈红色，此反应可用来鉴定吡咯。

1. 亲电取代反应

呋喃、噻吩、吡咯都具有芳香性，由于环中的杂原子上的未共用电子对参与了环的共轭体系，使环上的电子云密度增大，故它们都比苯容易发生亲电取代反应，取代主要发生在 α 位。它们反应的活性顺序为：吡咯＞呋喃＞噻吩＞苯。

（1）卤化　呋喃、噻吩、吡咯都容易发生卤化反应。例如：

[呋喃]+Br₂ $\xrightarrow[\text{二氧六环}]{25℃}$ [呋喃]—Br + HBr

2-溴呋喃(75%)

[噻吩]+Br₂ $\xrightarrow{CH_3COOH}$ [噻吩]—Br + HBr

2-溴噻吩

$$\text{吡咯} + 4I_2 + 4NaOH \longrightarrow \text{四碘吡咯} + 4NaI + 4H_2O$$

(2) 硝化　呋喃、噻吩、吡咯不能采用一般的硝化试剂硝化,常使用比较缓和的硝化剂(硝酸乙酰酯)在低温下进行硝化。

$$\text{呋喃} + CH_3COONO_2 \xrightarrow[\text{硝酸乙酰酯}]{-5\sim 30℃} \alpha\text{-硝基呋喃}(35\%) + CH_3COOH$$

$$\text{噻吩} + CH_3COONO_2 \xrightarrow[\text{乙酸或乙酐}]{0℃} \alpha\text{-硝基噻吩}(60\%) + CH_3COOH$$

$$\text{吡咯} + CH_3COONO_2 \xrightarrow[\text{乙酐}]{-10℃} \alpha\text{-硝基吡咯}(51\%) + CH_3COOH$$

(3) 磺化　噻吩在室温下可溶于浓硫酸,并发生磺化反应。

$$\text{噻吩} + H_2SO_4(\text{浓}) \longrightarrow \alpha\text{-噻吩磺酸}(70\%) + H_2O$$

α-噻吩磺酸能溶于浓硫酸,而且易发生水解反应。利用此性质可分离或除去粗苯中的噻吩。

$$\text{噻吩-}SO_3H + H_2O \xrightarrow{100\sim 150℃} \text{噻吩} + H_2SO_4(\text{稀})$$

由于呋喃和吡咯芳香性较弱,反应比较活泼。遇酸容易发生环的破裂,往往使用比较缓和的磺化剂(吡啶三氧化硫)。

$$\text{呋喃} + \underset{\text{吡啶三氧化硫}}{N\cdot SO_3} \xrightarrow{ClCH_2CH_2Cl} \alpha\text{-呋喃磺酸}(41\%) + \text{吡啶}$$

$$\text{吡咯} + N\cdot SO_3 \longrightarrow \alpha\text{-吡咯磺酸}(90\%) + \text{吡啶}$$

2. 加成反应

呋喃、噻吩、吡咯在催化剂存在下,都能进行加氢反应,生成相应的四氢化物。

$$\text{呋喃} + 2H_2 \xrightarrow[100℃,5MPa]{Ni} \text{(四氢呋喃)}$$

$$\text{噻吩} + 2H_2 \xrightarrow[0.2\sim 0.4MPa]{Pb} \text{(四氢噻吩)}$$

$$\text{吡咯} + 2H_2 \xrightarrow[200℃]{Ni} \text{(四氢吡咯)}$$

第三节　糠醛

α-呋喃甲醛俗名糠醛,是重要的呋喃衍生物,最初由米糠经稀酸水解制得,因此被称做糠醛。

一、结构

糠醛的分子式为 $C_5H_4O_2$,构造式为 ![furan-CHO], 由呋喃环和醛基组成。因此糠醛具有芳香醛的特征。性质与苯甲醛相似,可以发生氧化、还原及歧化等反应。

二、制法

工业上用含有多缩戊糖的米糠、玉米芯、甘蔗渣、花生壳、高粱秆等为原料,在稀酸催化下发生水解生成戊糖,戊糖再进一步脱水环化则得到糠醛。

$$(C_5H_8O_4)_n + nH_2O \xrightarrow{\text{稀} H_2SO_4} nC_5H_{10}O_5 \xrightarrow[\triangle]{-3H_2O} \text{呋喃-CHO}$$

多缩戊糖　　　　　　　　戊糖　　　　糠醛

三、性质和用途

糠醛为无色液体,因易受空气氧化,通常都带有黄色或棕色。沸点 162℃,熔点 −36.5℃,溶于水,并能与乙醇、乙醚混溶。糠醛可发生银镜反应,在乙酸存在下与苯胺作用显红色,这些性质可用来检验糠醛。

糠醛结构中含有呋喃环和醛基,因此既具有芳环上的亲电取代反应,又具有芳醛的一般性质。

(1) 氧化反应　糠醛用 $KMnO_4$ 的碱溶液或在 Cu 或 Ag 的氧化物催化下,用空气氧化生成糠酸。

$$\text{呋喃-CHO} \xrightarrow[OH^-]{KMnO_4} \text{呋喃-COOH} \quad (\text{糠酸})$$

(2) 还原反应

$$\text{呋喃-CHO} + H_2 \xrightarrow[100\sim200℃]{\text{Cu,铬铁矿}} \text{呋喃-CH}_2\text{OH} \quad (\text{糠醇})$$

(3) 歧化反应

$$2\,\text{呋喃-CHO} \xrightarrow{\text{浓 NaOH}} \text{呋喃-COONa} + \text{呋喃-CH}_2\text{OH}$$

(4) 脱羰基反应

$$\text{呋喃-CHO} + H_2O \xrightarrow[400\sim415℃]{ZnO\text{-}Cr_2O_3\text{-}MnO_2} \text{呋喃} + CO_2 + H_2$$

(蒸气)

此反应可用于制备呋喃。

(5) 环上的取代反应　糠醛的环上取代反应一般发生在 5 号位。例如:

$$\text{呋喃-CHO} + Br_2 \longrightarrow \text{Br-呋喃-CHO} + HBr$$

第四节　六元杂环化合物

吡啶是典型的六元杂环化合物,它的各种衍生物广泛存在于生物体中,并且大都具有强烈的生物活性。

一、吡啶的结构

吡啶的构造式为 ⟨N⟩。它与苯的结构非常相似,是一个平面六元环。组成环的氮原子和 5 个碳原子彼此以 sp^2 杂化轨道相互重叠形成 σ 键,环上每一个原子还有一个未参与杂化的 p 轨道，其对称轴垂直于环的平面，并且侧面相互重叠形成一个闭合共轭大 π 键。如图 12-2 所示。因此吡啶也具有芳香性。

与苯不同的是由于氮原子的电负性较强，所以吡啶环上的电子云密度因向氮原子转移而降低，亲电取代比苯难，并且取代反应主要发生在 β 位上，与硝基苯类似。

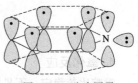

图 12-2　吡啶原子轨道示意

二、吡啶的性质

吡啶是一种弱碱，能使湿润的石蕊试纸变蓝，可用此性质鉴定吡啶。吡啶能与无水氯化钙生成配合物，所以不能使用氯化钙干燥吡啶。

1. 碱性

吡啶氮原子上有一对孤对电子（sp^2 杂化电子）没有参与共轭，可与质子结合，因此具有碱性。吡啶的碱性比吡咯、苯胺强，但比氨弱。不同化合物的碱性大小顺序为：

$$\underset{\text{四氢吡咯}}{\boxed{}_{\underset{H}{N}}} > NH_3 > \underset{\text{吡啶}}{\boxed{}_N} > \underset{\text{苯胺}}{-NH_2} > \underset{\text{吡咯}}{\boxed{}_{\underset{H}{N}}}$$

吡啶能与无机酸作用生成盐，得到的吡啶盐再碱化可恢复原物。例如：

$$\underset{N}{\boxed{}} + H_2SO_4 \longrightarrow \left[\underset{\underset{H}{N^+}}{\boxed{}}\right] HSO_4^- \xrightarrow{2NaOH} \underset{N}{\boxed{}} + Na_2SO_4 + 2H_2O$$

吡啶硫酸盐

利用此反应可分离、提纯吡啶，也可用吡啶吸收反应中所生成的酸。

吡啶容易与三氧化硫结合，生成吡啶三氧化硫。

$$\underset{N}{\boxed{}} + SO_3 \longrightarrow \underset{N^+}{\boxed{}} SO_3^-$$

吡啶三氧化硫

吡啶与叔胺相似，也可与卤代烷作用生成季铵盐。例如：

$$\underset{N}{\boxed{}} + C_{15}H_{31}Cl \longrightarrow \left[\underset{N}{\boxed{}}-C_{15}H_{31}\right]^+ Cl^-$$

氯化十五烷基吡啶

2. 取代反应

吡啶可发生卤化、硝化和磺化反应，主要发生在 β 位，但反应比苯困难。吡啶不发生傅氏反应。

$$\underset{N}{\boxed{}} \begin{array}{l} \xrightarrow[\text{浮石,气相}]{Br_2, 300℃} \underset{N}{\boxed{}}-Br \quad β\text{-溴吡啶}(39\%) \\ \xrightarrow[300℃]{KNO_3 + H_2SO_4} \underset{N}{\boxed{}}-NO_2 \quad β\text{-硝基吡啶}(22\%) \\ \xrightarrow[22℃]{\text{浓}H_2SO_4, HgSO_4} \underset{N}{\boxed{}}-SO_3H \quad β\text{-吡啶磺酸}(70\%) \end{array}$$

3. 加成反应

吡啶比苯容易还原，经催化氢化或用醇钠还原都可以得到六氢吡啶。

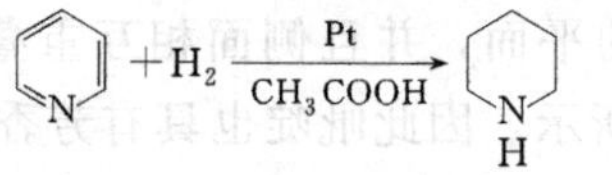

$$\text{吡啶} + H_2 \xrightarrow[CH_3COOH]{Pt} \text{六氢吡啶}$$

4. 氧化反应

吡啶比苯稳定，不易被氧化剂氧化，当环上连有含 α-氢的侧链时，侧链容易被氧化成羧基。

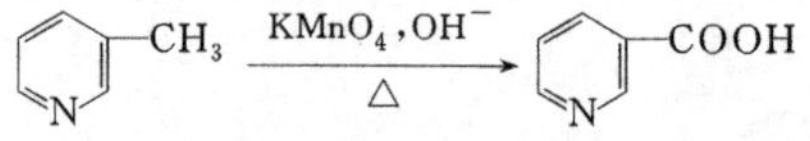

$$\text{3-甲基吡啶} \xrightarrow[\triangle]{KMnO_4, OH^-} \text{β-吡啶甲酸（烟酸）}$$

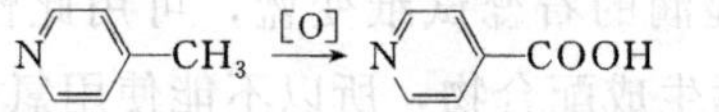

$$\text{4-甲基吡啶} \xrightarrow{[O]} \text{γ-吡啶甲酸（异烟酸）}$$

拓展窗

百年神奇药——阿司匹林

阿司匹林从一个治疗头痛的药物，直至作为"心脏急救药品"成为飞往月球的"必备药"，从美国阿波罗号飞船 1969 年首次登上月球到我国"太阳神十号"飞天。人们不断地发现阿司匹林的新效用，它因此被称为"神奇药"。

"假如我将身处荒岛，如果选择随身携带某种药物的话，那么可能首先想到的就是它——阿司匹林（aspirin）"——John A. Baron 教授，Dartmouth 医学院。这是专业医生给阿司匹林的真实评价。

阿司匹林的诞生

阿司匹林学名乙酰水杨酸。阿司匹林从发明至今已有百年的历史，阿司匹林的发明起源于随处可见的柳树。在中国和西方，人们自古以来就知道柳树皮具有解热镇痛的神奇功效，在缺医少药的年代里，人们常常将它作为治疗发烧的廉价"良药"，在许多偏远的地方，当产妇生育时，人们也往往让她咀嚼柳树皮，作为镇痛的药物。

2300 多年前，西方医学的奠基人、希腊生理和医学家希波克拉底就已发现，水杨柳树的叶和皮具有镇痛和退热作用，但弄不清它的有效成分。直至 1800 年，人们才从柳树皮中提炼出了具有解热镇痛作用的有效成分——水杨酸，由此解开了这个千年之谜。1827 年，英国科学家拉罗克斯首先发现柳树含有一种叫水杨苷的物质。1853 年，德国化学家杰尔赫首次合成水杨酸盐类的前身——纯水杨酸。它具有退热止痛作用，但毒性大，对胃有强烈的刺激。

1897 年，另一位德国化学家霍夫曼为解除父亲的风湿病之苦，将纯水杨酸制成乙酰水杨酸，这即是沿用至今的阿司匹林。它保持了纯水杨酸的退热止痛作用，毒性和副作用却大为降低。1899 年，德国化学家拜尔创立了以工业方法制造阿司匹林的工艺，大量生产阿司匹林，畅销全球。至今，阿司匹林仍是一种使用广泛、疗效肯定的药物。1982 年诺贝尔奖得主文尼说，全世界每年要消耗 45000t 阿司匹林。

阿司匹林在人体内的作用

阿司匹林具有十分广泛的用途，其最基本的药理作用是解热镇痛，通过发汗增加散热作用，从而达到降温目的。

抗凝血：阿司匹林进入循环系统后，可作用于丘脑下部的体温调节中心。此中枢会监视血液的温度，及引发身体产热或散热的反应。阿司匹林因此有退烧的作用。它也可产生发汗、毛囊竖立和最重要的血管收缩或扩张作用。

消炎：阿司匹林常用来治疗风湿症，减轻炎症反应。类风湿性关节炎病人血中前列腺素的浓度比正常人高出甚多，使得关节滑液改变，阿司匹林抑制前列腺素的合成，因而减轻发炎与疼痛。

解热：阿司匹林作用在血小板上，降低血液凝固的能力，因此外科手术前一周不可使用阿司匹林。但是它对凝血引起的血栓症具有疗效。

近年来，随着医学科学的发展，阿司匹林越来越多的新用途被逐步发现。

（1）预防心脑血管疾病：经常服用小剂量肠溶阿司匹林对心肌梗死和脑血栓的预防效果是肯定的。据大量流行病学调查资料表明：长期服用阿司匹林组与对照组相比，其心脑血管疾病发病的危险性降低 50% 以上。

（2）防治老年性中风和老年痴呆：对老年性中风和老年痴呆服用阿司匹林，其知觉度每年可恢复 17%～20%，且不易再复发。对发病率亦有明显影响，据文献报告可降低 30% 以上。

（3）增强机体免疫力：科学家指出，阿司匹林能促进免疫分子——干扰素和白细胞介素-1 的生成。由此可以推论并经临床实践证明，阿司匹林不仅具有免疫增强作用，并有抗癌、抗艾滋病作用。

（4）抗衰老作用：阿司匹林可以使人体角膜组织保持弹性，这是因为阿司匹林能抑制角膜组织中糖原的生成，故能延缓角膜老化过程。临床研究报告表明，应用阿司匹林可使白内障的发生率减少 50% 以上。

（5）预防结（直）肠癌：美国癌症协会对 50 个州和华盛顿特区的调查结果表明，服用阿司匹林组比未服用组的结肠癌的发病率降低 40% 以上。

（6）对糖尿病的防治：据文献报告，每日服用阿司匹林可减少糖尿病微血管并发症的发生，这是由于阿司匹林具有抗血小板聚集和抗血栓形成的作用。阿司匹林还能刺激胰岛素的分泌，故有降血糖作用。阿司匹林这一百年老药的新用途仍在不断地被发现，被人类所应用。阿司匹林在临床上可用来治疗胆道蛔虫病；阿司匹林可抑制前列腺素的产生而降低肠癌的发生率；对长有肠息肉的人，服用阿司匹林，可以预防息肉癌变；临床上，阿司匹林还可用于治疗脚癣、偏头痛、糖尿病、老年性白内障、妊娠高血压、老年性痴呆、下肢静脉曲张引起的溃疡等。

科学使用阿司匹林

自被发现以来，阿司匹林从最初的镇痛、解热、抗炎抗风湿作用，到抗血小板聚集，从川崎病、糖尿病、阿尔茨海默病（老年痴呆症）及肿瘤防御，再到预防老年性白内障及衰老相关的心脑血管疾病发生，该药已为人类健康贡献出了巨大的力量。

当然，任何一种药物也避免不了副作用的产生。阿司匹林在发挥它广泛治疗作用的同时，也同样面临着这一问题！

据报道，长期或大量服用阿司匹林后或多或少有反酸、食欲差、腹胀、腹痛等症状,由于阿司匹林会抑制一些保护胃黏膜的激素的合成,严重时会引起胃黏膜糜烂,导致上消化道出血。偶尔也会出现尿酸增高、药物性皮炎、过敏性哮喘、抑制凝血功能、性功能减退等症状。所以,一定要科学用药,长期用药需遵医嘱!

阿司匹林——一个不朽的传奇!相信经历时代变迁、岁月洗礼、时间积累和历史检验的这种百年神药,将会继续为人类的健康保驾护航,继续向更多疾病的预防和治疗中延伸,在医药史上发出更加璀璨的光芒!

技能项目十二
乙酰水杨酸（阿司匹林）的制备

背景：

阿司匹林是人类常用的具有解热和镇痛等作用的药品。1853年，德国化学家杰尔赫首次合成水杨酸盐类的前身——纯水杨酸，它有退热止痛作用，但毒性大，对胃有强烈的刺激。1897年，德国化学家霍夫曼为解除父亲的风湿病之苦，又减少对胃的刺激，用纯水杨酸制成乙酰水杨酸，这即是沿用至今的阿司匹林。它保持了纯水杨酸的退热止痛作用，毒性和副作用却大为降低。

水杨酸是一个具有羧基和酚羟基的双官能团化合物，能进行两种不同的酯化反应。如果用乙酸酐作酯化剂，就可与其酚羟基反应生成乙酰水杨酸，即阿司匹林。现用乙酸酐作酯化剂，硫酸为催化剂合成乙酰水杨酸，并分离提纯，制得实验室产品。

一、工作任务

任务（一）：认识酚羟基酯化反应的原理和特点。

任务（二）：安装反应装置。

任务（三）：计算原料用量，并正确加料，控制反应条件，完成合成反应。

任务（四）：利用重结晶分离提纯被制备产品，计算产率。

二、主要工作原理

本实验以浓硫酸为催化剂，使水杨酸与乙酸酐在75℃左右发生酰化反应，制取阿司匹林。反应式如下：

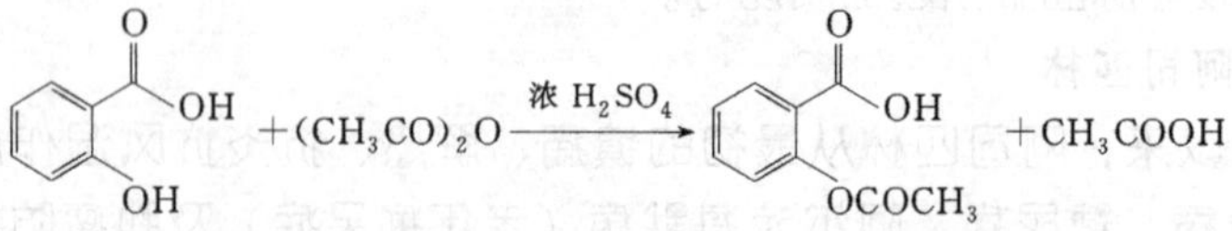

$$\text{水杨酸} + (CH_3CO)_2O \xrightarrow{\text{浓 } H_2SO_4} \text{乙酰水杨酸} + CH_3COOH$$

水杨酸在酸性条件下受热，还可发生缩合反应，生成少量聚合物等副产物，如：

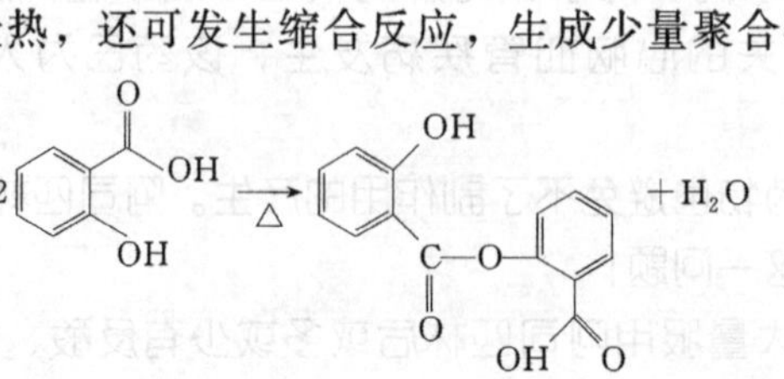

$$2\,\text{水杨酸} \xrightarrow{\Delta} \text{聚合物} + H_2O$$

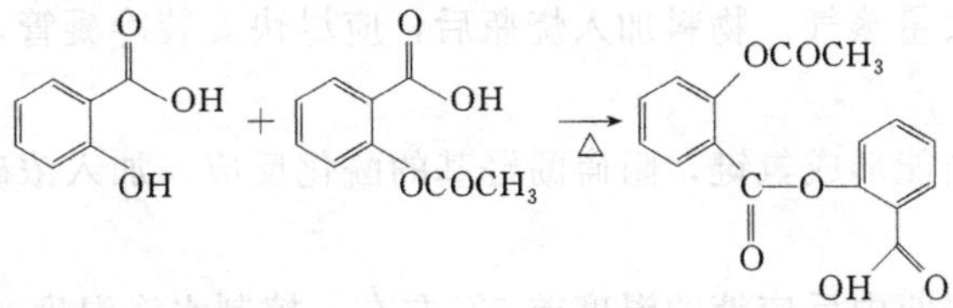

阿司匹林可与碳酸氢钠反应生成水溶性的钠盐,作为杂质的副产物则不能与碱作用,可在用碳酸氢钠溶液进行重结晶时分离除去。

三、所需仪器、试剂
(1) 主要试剂及产品的物理常数

药品名称	分子量	用 量	熔点/℃	沸点/℃	相对密度(d_{20})	水溶解度
水杨酸	138	4.1g	158	211	1.443	微溶
乙酸酐	102.09	6mL		139.35	1.082	易溶
乙酰水杨酸	180.17	—	135		1.35	微溶
其他药品	浓硫酸 盐酸溶液(1:2) 饱和碳酸氢钠溶液					

(2) 仪器:100mL 圆底烧瓶;冷凝管;布氏漏斗;抽滤瓶;100mL 烧杯 2 个;250mL 烧杯 2 个;滤纸。

四、工作过程
1. 酰化

在 100mL 干燥的圆底烧瓶中加入 4.1g 水杨酸和 6mL 乙酸酐[1],在不断振摇下缓慢滴加 10 滴浓硫酸[2]。安装回流冷凝管,通水后,振摇烧瓶使水杨酸溶解。然后于水浴中加热,控制水浴温度在 80~85℃[3],反应 20min。

2. 结晶、抽滤

稍冷后,拆下冷凝管。将反应液在搅拌下倒入盛有 100mL 冷水的烧杯中,并用冰-水浴冷却,放置 20min。待结晶完全析出后,减压过滤。用少量冷水洗涤结晶两次[4],压紧抽干。将滤饼移至表面皿上,晾干、称重质量。

3. 重结晶

将粗产物放入 100mL 烧杯中,加入 50mL 饱和碳酸氢钠溶液并不断搅拌,直至无二氧化碳气泡产生为止。

减压过滤,除去不溶性杂质。滤液倒入洁净的 250mL 烧杯中,在搅拌下加入 30mL 1:2 的盐酸溶液,阿司匹林即呈沉淀析出。将烧杯置于冰-水浴中充分冷却后,减压过滤。用少量冷水洗涤滤饼两次,压紧抽干。

4. 称量、计算收率

将结晶小心转移至洁净的表面皿上,晾干后称量,并计算收率。

五、问题讨论
1. 制备阿司匹林时,为什么需要使用干燥的仪器?
2. 本实验中,为什么要将反应温度控制在 70~80℃?温度过高对实验会有什么影响?
3. 用什么方法可以简便地检验产品中是否含有未反应的水杨酸?

六、注释
[1] 注意:乙酸酐有强烈的刺激性,应在通风橱内进行操作,取用时应注意不要与皮肤

直接接触，防止吸入大量蒸气。物料加入烧瓶后，应尽快安装冷凝管，冷凝管内事先接通冷却水。

[2] 水杨酸分子内能形成氢键，阻碍酚羟基的酰化反应。加入浓硫酸可以破坏氢键，使反应顺利进行。

[3] 水浴温度与烧瓶内反应液的温度差5℃左右，控制水浴温度80～85℃，可使反应在75～80℃进行。反应温度不宜过高，否则会增加副产物的生成。

[4] 由于阿司匹林微溶于水，所以洗涤结晶时，用水量要少些，温度要低些，以减少产品损失。

本章小结

1. 杂环化合物的分类

按环的形式分：单杂环和稠杂环。单杂环按环的大小主要分为五元杂环和六元杂环。

按环中杂原子的数目分：为含有一个杂原子的杂环和含有多个杂原子的杂环。

2. 五元杂环化合物的结构和性质

（1）呋喃、噻吩、吡咯的结构。

（2）呋喃、噻吩、吡咯的性质。

3. 糠醛的结构和性质

4. 六元杂环化合物——吡啶的结构和性质

习题

1. 选择题

(1) 下列结构式中，属于五元杂环化合物的是（　　）。

A. 　　B. 　　C. 　　D.

(2) 下列结构不为杂环化合物的是（　　）。

A. 　　B. 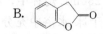　　C. 　　D.

(3) 杂环上有几个不相同的杂原子时，命名时的编号顺序为（　　）。

A. N→O→S　　B. N→S→O　　C. O→S→N　　D. S→O→N

(4) 下列化合物中为吡啶的是（　　）。

A. 　　B. 　　C. 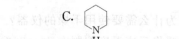　　D.

(5) 下列化合物中为吡咯的是（　　）。

A. 　　B. 　　C. 　　D.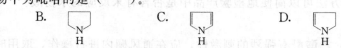

(6) 下列化合物中，水溶性最大的是（　　）
A. 2-羟基吡咯　　　B. 吡咯　　　C. 2-甲基吡咯　　　D. 呋喃
(7) 下列杂环化合物芳香性顺序为（　　）
A. 呋喃＞噻吩＞吡咯　　　　　　B. 吡咯＞呋喃＞噻吩
C. 噻吩＞吡咯＞呋喃　　　　　　D. 吡咯＞噻吩＞呋喃
(8) 下列化合物中，命名为喹啉的是（　　）

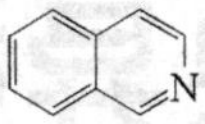

2. 命名下列化合物或写出其结构简式。

(1) 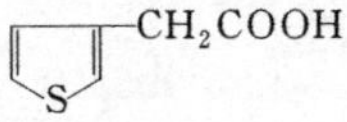 　　(2) 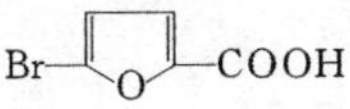 　　(3) 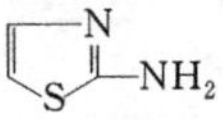 　　(4)

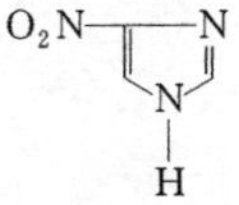

(5) 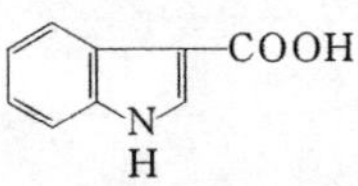   (6)   (7)

(8) 5-羟甲基-2-呋喃甲醛　　　　(9) γ-吡啶甲酰胺　　　(10) 2，8-二溴喹啉

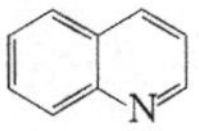

(11) α，β-二甲基噻吩　　　　　(12) 5-氨基-2，4，6-三羟基吡啶

3. 完成下列反应式。

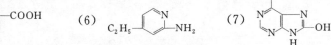

(1) 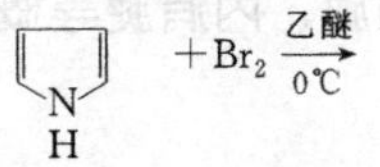 　+Br₂ —乙醚/0℃→　　　　(2) 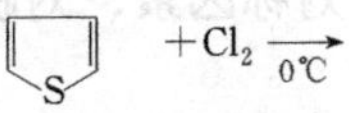 　+Cl₂ —0℃→

(3)  　+CH₃COONO₂ —乙酸酐/−5～−30℃→　　(4)  　+CH₃COONO₂ —H₂,Ni/高温,高压→

(5) 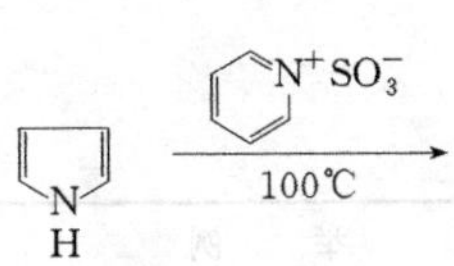 　　　—100℃→　　(6) 　—KMnO₄/H₂O/Δ→

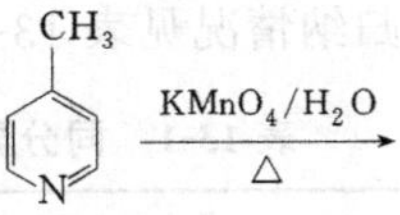

第十三章
对映异构
Enantiomer

学习目标 (Learning Objectives)

1. 了解异构体的种类；
2. 理解偏振光、手性、对称因素、对映体、对映异构、外消旋、内消旋等概念；
3. 了解手性药物。

有机化合物的性质，除了由它们的组成决定以外，还取决于分子中原子的排列顺序和立体结构。同分异构现象大致归纳情况见表 13-1。

表 13-1　同分异构体分类及举例

分类		举例
构造异构	碳架异构：碳原子连接顺序和方式不同，形成了不同的碳架	$CH_3CH_2CH_2CH_3$ 和 CH_3CHCH_3 $\qquad\qquad\qquad\qquad\quad\;\; \mid$ $\qquad\qquad\qquad\qquad\;\; CH_3$
	位置异构：官能团的位置不同	$CH_3CH=CHCH_3$ 和 $CH_3CH_2CH=CH_2$
	官能团异构：原子的连接顺序和方式不同，形成了不同的官能团	CH_3CH_2OH 和 CH_3OCH_3
	互变异构：能相互转化，形成动态平衡的构造异构体	$CH_3CH_2\overset{O}{\overset{\|}{C}}CH_2\overset{O}{\overset{\|}{C}}OC_2H_5 \rightleftharpoons CH_3\overset{OH}{\overset{\|}{C}}=CHC\overset{O}{\overset{\|}{}}OC_2H_5$
立体异构	构型异构　顺反异构：由于分子中存在限制旋转的因素，而使原子或基团在空间的排列方式不同	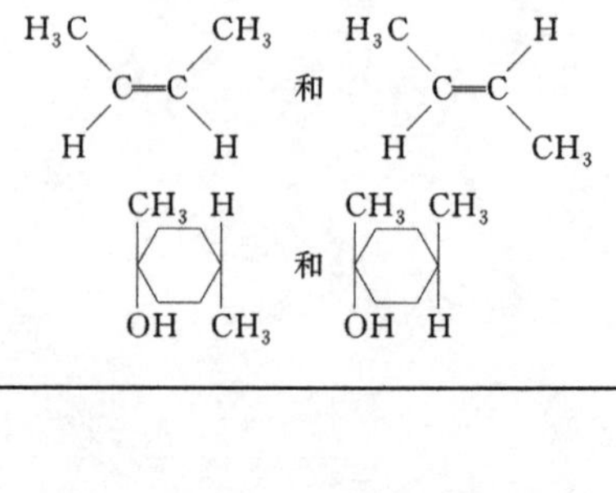 ![烯烃顺反异构及环己烷顺反异构结构式]

分类		举例
立体异构	构型异构	旋光异构：由于构型不同而使平面偏振光的旋转方向不同	COOH（立体结构式）和 COOH（立体结构式）
	构象异构：可以通过单键的自由旋转而相互转变的异构体。在平衡体系中以多种混合形式存在，不能分离	（环己烷构型结构）和（环己烷构型结构）

对映异构是立体异构的一种。而立体异构是指分子式和构造式相同，只是原子在空间的排列方式不同的异构现象。

第一节 偏振光与旋光性

一、偏振光与旋光性

偏振光：当普通光通过一个特制的叫做尼科尔（Nicol）棱镜的晶体时，只有在与棱镜晶轴平行的平面上振动的光能够通过。这种只在某一个平面上振动的光叫平面偏振光，简称偏振光（图 13-1）。

旋光性：当偏振光通过葡萄糖、乳酸、氯霉素等物质（液态或溶液）时，其振动平面就会发生一定角度的旋转，物质的这种使偏振光的振动平面发生旋转的性质叫做旋光性，具有旋光性的物质叫做旋光性物质或光学活性物质（图 13-2）。

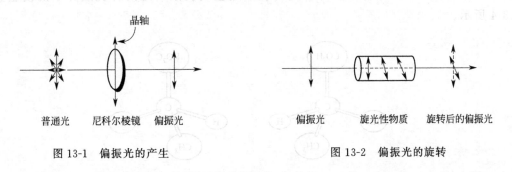

图 13-1 偏振光的产生　　　　图 13-2 偏振光的旋转

能使偏振光的振动平面向右（顺时针方向）旋转的物质叫做右旋物质，反之叫做左旋物质。通常用（+）表示右旋，用（-）表示左旋。

二、旋光度与比旋光度

旋光度：偏振光通过旋光性物质时，其振动平面旋转的角度叫做旋光度，用"α"表示。旋光度及旋光方向可用旋光仪测定（图 13-3）。

比旋光度：为了比较不同物质的旋光性，通常规定溶液的浓度为 1g/mL，盛液管的长

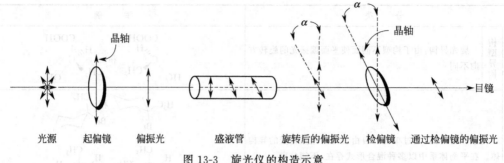

图 13-3 旋光仪的构造示意

度规定为 1dm（1dm=10cm），在这种条件下测得的旋光度称为该物质的比旋光度。比旋光度是旋光物质特有的物理常数，其只决定于物质的结构。一般用 $[\alpha]_\lambda^t$ 表示。t 为测定时的温度，λ 为测定时的波长。

$$[\alpha]_\lambda^t = \frac{\alpha}{Lc}$$

式中 α——用旋光仪所测的旋光度；

c——溶液的浓度，g/mL，若被测样品为液体时，用相对密度 d 代替；

L——盛液管的长度，dm；

λ——测定时光源的波长，用钠光灯作光源时，用 D 表示。

第二节 物质的旋光性与分子结构的关系

有些物质具有旋光性，而有些物质没有旋光性。那么，什么样的物质会有旋光性呢？大量事实表明，凡是具有手性的物质一般都具有旋光性。例如，从肌肉得到的乳酸是右旋乳酸，而从葡萄糖发酵得到的乳酸是左旋乳酸，这两种乳酸分子的模型如图 13-4 所示。

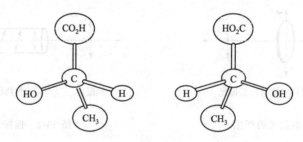

图 13-4 两种乳酸分子模型

1. 手性分子

这两种乳酸分子，就好像人的左手和右手一样，虽然分子构造相同，却不能重叠，如果把其中一个分子看成实物，则另一个分子恰好是它的镜像。这种与其镜像不能重叠的分子，叫做手性分子。

凡是手性分子，必有互为镜像关系的两种构型，如左旋乳酸和右旋乳酸。这种互为镜像关系的构型异构叫做对映异构体。

2. 对称因素

（1）**对称面**　假设有一个平面，它可以把分子分割成互为镜像的两半，这个平面就叫做对称面。例如 1,1-二溴乙烷 和 (E)-1-氯-2-溴乙烯的分子中各自存在着一个对称面，如图 13-5 所示。

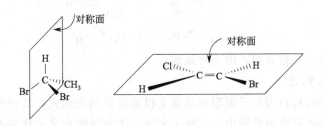

(a) 1,1-二溴乙烷的对称面　　　(b) (E)-1-氯-2-溴乙烯的对称面

图 13-5　有对称面的分子

由图 13-5 可知，它们均可以在对称面的位置互为镜像，因此二者不是手性分子。

（2）**对称中心**　当假想分子中有一个点与分子中的任何一个原子或基团相连线后，在其连线反方向延长线的等距离处遇到一个相同的原子或基团，这个假想点即为该分子的对称中心。图 13-6 中箭头所指处即为分子的对称中心，因此它们也不是手性分子。

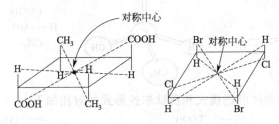

图 13-6　分子的对称中心

3. 手性碳原子

连有 4 个不同的原子或基团的饱和碳原子，叫做手性碳原子或不对称碳原子，通常用 C^* 表示。只含有一个手性碳原子的分子没有任何对称因素，所以是手性分子。

第三节　含一个手性碳原子的化合物的对映异构

对映体：乳酸就是只含一个手性碳原子的化合物。乳酸有两种不同的空间构型。它们是一对对映异构体，简称对映体。对映体中一个是右旋物质，称为右旋体；另一个是左旋物质，称为左旋体。

外消旋体：若将左旋体和右旋体等量混合，用旋光仪测其无旋光性。由等量的左旋体和右旋体组成的无旋光性的混合物叫外消旋体，用（±）表示。

一、对映异构体的构型表示方法

对映体中的手性碳原子具有四面体结构，它们的构型一般可采用透视式和费歇尔投影式表示。

1. 透视式

透视式是将手性碳原子置于纸平面，与手性碳原子相连的 4 个键，有 3 种不同的表示法：用细实线表示处于纸平面，用楔形实线表示伸向纸面前方，用楔形虚线表示伸向纸面后方。例如，乳酸分子的一对对映体可表示如下：

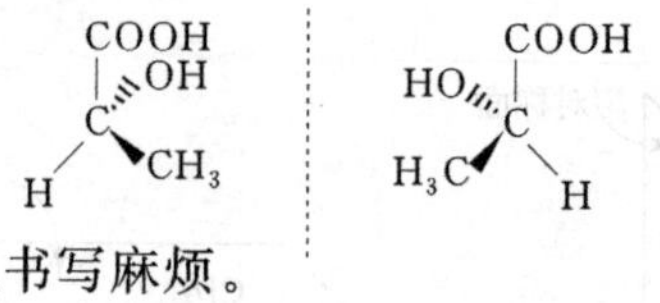

这种表示方法比较直观，但书写麻烦。

2. 费歇尔投影式

费歇尔投影式是利用分子模型在纸面上投影得到的表达式，其投影原则如下：

（1）以手性碳原子为投影中心，画十字线，十字线的交叉点代表手性碳原子。

（2）一般把分子中的碳链放在竖线上，且把氧化态较高的碳原子（或命名时编号最小的碳原子）放在上端，其他两个原子或基团放在横线上。

（3）竖线上的两个原子或基团表示指向纸面的后方，横线上的两个原子或基团表示指向纸面的前方。

例如，乳酸分子的一对对映体用模型和费歇尔投影式分别表示如下：

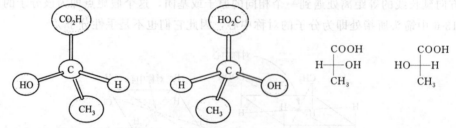

乳酸分子的一对对映体的透视式和费歇尔投影式的对比如下：

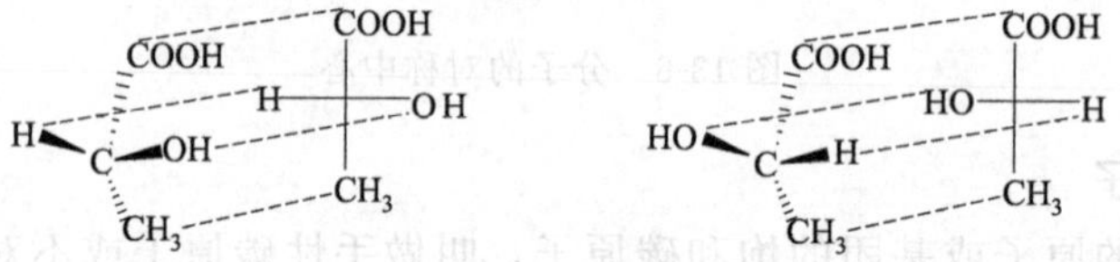

使用费歇尔投影式应注意以下几点：①由于费歇尔投影式是用平面结构来表示分子的立体构型，所以在书写费歇尔投影式时，必须将模型按规定的方式投影，不能随意改变投影原则（即横前竖后，交叉点为手性碳原子）；②费歇尔投影式不能离开纸面翻转，否则构型改变；③费歇尔投影式可在纸面内旋转 180°或它的整数倍，其构型不会改变；若旋转 90°或它的奇数倍，其构型改变。

二、手性碳原子的构型的标记法

构型的标记方法，一般采用 D-L 标记法和 R-S 标记法。

1. D-L 标记法

在 X—C(R)(R')—H 型的旋光异构体中，按系统命名原则，将其主链竖向排列，以氧化态较高的碳原子（或命名中编号最小的碳原子）放在上方，写出费歇尔投影式。取代基（X）在碳链右边的为 D 型，在左边的为 L 型。例如：

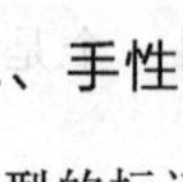

$$\begin{array}{c}\text{COOH}\\ \text{HO}-\!\!\!\!-\!\!\!\!-\text{H}\\ \text{CH}_2\text{OH}\end{array} \qquad \begin{array}{c}\text{COOH}\\ \text{H}-\!\!\!\!-\!\!\!\!-\text{OH}\\ \text{CH}_2\text{OH}\end{array} \qquad \begin{array}{c}\text{CHO}\\ \text{HO}-\!\!\!\!-\!\!\!\!-\text{H}\\ \text{CH}_2\text{OH}\end{array} \qquad \begin{array}{c}\text{CHO}\\ \text{H}-\!\!\!\!-\!\!\!\!-\text{OH}\\ \text{CH}_2\text{OH}\end{array}$$

L-(+)-甘油酸　　　　D-(−)-甘油酸　　　　D-(+)-甘油醛　　　　L-(−)-甘油醛

2. R-S 标记法

R-S 标记法的原则如下：

（1）根据次序规则，将手性碳原子上所连的 4 个原子或基团（a，b，c，d）按优先次序排列。设：a>b>c>d；

（2）将次序最小的原子或基团（d）放在距离观察者视线最远处，并令其（d）和手性碳原子及眼睛三者成一条直线，这时，其他 3 个原子或基团（a,b,c）则分布在距眼睛最近的同一平面上；

（3）按优先次序观察其他三个原子或基团的排列顺序，如果 a ⟶ b ⟶ c 按顺时针排列，该化合物的构型称为 R 型，如果 a ⟶ b ⟶ c 按反时针排列，则称为 S 型。如图 13-7 所示。

顺时针-R　　　　　　　反时针-S

图 13-7　R-S 标记法

当化合物的构型以费歇尔投影式表示时，确定构型的方法是：当优先次序中最小原子或基团处于投影式的竖线上时，如果其他 3 个原子或基团按顺时针由大到小排列，该化合物的构型是 R 型；如果按反时针排列，则是 S 型。例如：

$$\begin{array}{c}\text{H}\\ \text{CH}_3\text{CH}_2-\!\!\!\!-\!\!\!\!-\text{CH}_3\\ \text{OH}\end{array} \qquad\qquad \begin{array}{c}\text{OH}\\ \text{CH}_3\text{CH}_2-\!\!\!\!-\!\!\!\!-\text{CH}_3\\ \text{H}\end{array}$$

R-2-丁醇　　　　　　　　　　S-2-丁醇

当优先次序中最小的原子或基团处于投影式的横线上时，如果其他 3 个原子或基团按顺时针由大到小排列，该化合物的构型是 S 型；如果按反时针排列，则是 R 型。例如：

$$\begin{array}{c}\text{CHO}\\ \text{H}-\!\!\!\!-\!\!\!\!-\text{OH}\\ \text{CH}_2\text{OH}\end{array} \qquad\qquad \begin{array}{c}\text{CHO}\\ \text{HO}-\!\!\!\!-\!\!\!\!-\text{H}\\ \text{CH}_2\text{OH}\end{array}$$

R-甘油醛　　　　　　　　　S-甘油醛

第四节　含两个手性碳原子的化合物的对映异构

一、含有两个不相同手性碳原子化合物的对映异构

1-苯基-2-甲氨基-1-丙醇（即麻黄碱和伪麻黄碱）分子中含有两个不相同的手性碳原子，它具有 4 个构型异构体，用费歇尔投影式表示如下：

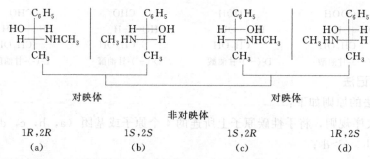

这些异构体的构型也可以用 R-S 标记法来标记,其方法是分别标记每个手性碳原子的构型,如上式所示。构型确定后,(a) 的系统名称可称为 $(1R,2R)$-1-苯基-2-甲氨基-1-丙醇。同理可以标记出 (b)、(c)、(d) 的构型,它们的系统名称分别是:$(1S,2S)$-1-苯基-2-甲氨基-1-丙醇、$(1S,2R)$-1-苯基-2-甲氨基-1-丙醇、$(1R,2S)$-1-苯基-2-甲氨基-1-丙醇。

二、含有两个相同手性碳原子化合物的对映异构

2,3-二羟基丁二酸(酒石酸)是含两个相同手性碳原子(即两个手性碳原子上连有同样的 4 个不原子或基团)的化合物,从两个手性碳原子来考虑,它也应有 4 个构型异构体。用费歇尔投影式表示如下:

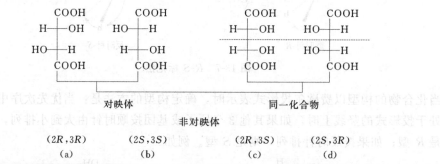

内消旋体:虽然含有手性碳原子,但却不是手性分子,没有旋光性的化合物叫内消旋体。

可见,酒石酸有 3 种构型异构体,一个是左旋体,一个是右旋体,另一个是内消旋体。内消旋体和左、右旋体是非对映体关系,因此内消旋酒石酸 (c) 不仅没有旋光性,与有旋光性的 (a) 或 (b) 的物理性质也不相同。

内消旋体和外消旋体都没有旋光性,但它们的本质不同。前者是一个单纯的非手性分子,是纯净物。而后者是两种互为对映体的手性分子的等量混合物,可以用特殊的方法拆分成两种化合物。

事实表明,如果分子中含有 n 个不相同的手性碳原子,必然存在着 $2n$ 个构型异构体,其中有 $2n-1$ 对对映体,组成 $2n-1$ 个外消旋体。若分子中有相同的手性碳原子,因为存在着内消旋体,所以构型异构体数目少于 $2n$ 个。

第五节 手性药物

一、手性药物的定义

用于治疗疾病的药物好多存在对映异构体,只含单一对映体的药物称为手性药物。大量

研究结果表明,手性药物分子的立体构型对其药理功能影响很大。许多药物的一对对映体常表现出不同的药理作用,往往一种构型体具有较高的治病药效,而另一种构型体却有较弱或不具有同样的药效,甚至具有致毒作用。例如在 1961 年,曾因人们对对映异构体的药理作用认识不足,造成孕妇服用外消旋的镇静剂"反应停"后,产生了畸胎事件。后经研究发现,"反应停"的 S-构型体具有镇静作用,能缓解孕期妇女恶心、呕吐等妊娠反应;而 R-构型体非但没有这种功能,反而能导致胎儿畸形。又如,左旋氯霉素有抗菌的作用,而其对映体右旋氯霉素没有此疗效。由此,人们开始对手性药物引起了高度的重视,并相继开发研制出大量的手性药物。目前,手性药物在合成新药中已占据主导地位。所以本节知识对制药专业的学生至关重要。

二、手性药物的分类

根据对映异构体的药理作用不同,可将手性药物分为以下 3 种类型。

1. 对映体的药理作用不同

有些药物的对映异构体具有完全不同的药理作用。例如,曲托喹酚(速喘宁)的 S-构型体是支气管扩张剂,而 R-构型体则有抑制血小板凝聚的作用。"反应停"也属这类药物。生产该类药物时,应严格分离并清除有毒性的构型体,以确保用药安全。

2. 对映体的药理作用相似

有些药物的对映异构体具有类似的药理作用。例如,异丙嗪的两个异构体都具有抗组织胺活性,其毒副作用也相似。这类药物的对映异构体不必分离便可直接使用。

3. 单一对映体有药理作用

有些药物的对映异构体中,只有一个具有药理活性,而另一个则没有。例如抗炎镇痛药萘普生的 S-构型体有疗效,而 R-构型体则基本上没有疗效,但也无毒副作用。生产该类手性药物时,要注意提高有药理活性的异构体的产量。

三、手性药物的制法

手性药物的制取方法主要有两种,一种是手性合成法,另一种是手性拆分法。

1. 手性合成法

手性合成法包括化学合成和生物合成两种途径。

(1) 化学合成 化学合成主要是以糖类化合物作起始原料,经不对称反应,在分子的适当部位,引进新的活性功能团,合成各种有生物活性的手性化合物。因为糖是自然界存在最广的手性物质之一,而且各种糖的立体异构都研究得比较清楚。一个六碳糖,可同时提供 4 个已知构型的不对称碳原子,用它作起始原料,经适当的化学改造,可以合成多种有用的手性药物。

近年来新开发了不对称催化合成法。这一方法是用手性催化剂催化药物合成反应制取新的手性化合物。一个好的手性催化剂分子可产生十万个手性产物。因此,手性催化的研究已成为世界上许多著名有机化学研究室和各大制药公司开发研制手性药物的热点课题。

(2) 生物合成 生物合成包括发酵法和生物酶法。发酵法就是利用细胞发酵合成手性化合物。例如,生物化学工业利用细胞发酵法生产 L-氨基酸。生物酶法是通过酶促反应将具有潜手性的化合物转化为单一对映体。可利用氧化还原酶、裂解酶、水解酶及环氧化酶等,直接从前体合成各种复杂的手性化合物,这种方法收率高,副反应少,反应条件温和,无环境污染，有利于工业化生产。

2. 手性拆分

手性拆分法就是将消旋体拆分成单一的对映体。这是制取手性药物最省事的方法。主要有结晶法拆分、动力学拆分、包结拆分、酶拆分和色谱拆分等方法。其中色谱拆分已可用微机软件控制操作。在手性色谱柱的一端注入外消旋体和溶剂，在另一端便可接收到已拆分开来的单一对映体。包结拆分是化学拆分中较新的一种方法。它是使消旋体与手性拆分剂发生包结作用，从而在分子-分子体系层次上进行手性匹配和选择，然后再通过结晶方法将两种对映体分离开来。例如治疗消化道溃疡的药物奥美拉唑的 S-构型体和 R-构型体就是利用这种方法拆分开的。

随着社会需求的日益增长，手性药物的产量也在快速增加，21世纪将成为手性药物和手性技术有突破性进展的新世纪。

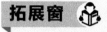

反应停——沙利度胺

孕妇的理想选择？

1953 年，瑞士的一家名为 Ciba 的药厂（现药界巨头瑞士诺华的前身之一）首次合成了一种名为"反应停"的药物。此后，Ciba 药厂的初步实验表明，此种药物并无确定的临床疗效，便停止了对此药的研发。

然而当时的联邦德国一家名为 Chemie Gruenenthal 的制药公司对"反应停"颇感兴趣。其研究人员在做抗惊厥药物以治疗癫痫、做抗过敏这两项研究过程中发现，"反应停"具有一定的镇静安眠的作用，而且对孕妇怀孕早期的妊娠呕吐疗效极佳。此后，在老鼠、兔子和狗身上的实验没有发现"反应停"有明显的副作用（事后的研究显示，其实这些动物服药的时间并不是"反应停"作用的敏感期），Chemie Gruenenthal 公司便于 1957 年 10 月 1 日将"反应停"正式推向了市场。

1957 年 10 月，"反应停"正式投放欧洲市场，不久进入日本市场，在此后的不到一年内，"反应停"风靡欧洲、日本、非洲、澳大利亚和拉丁美洲，作为一种"没有任何副作用的抗妊娠反应药物"，成为"孕妇的理想选择"。在美国，"反应停"遇到了美国食品药品监督管理局冗长而烦琐的市场准入调查，一些 FDA 官员认为，沙利度胺的动物实验获得的药理活性和人体实验结果有极大差异，由动物实验获得的毒理学数据并不可靠，最终沙利度胺没有获得机会进入美国市场。

令人恐怖的副作用

到了 1960 年，欧洲的医生们开始发现，本地区畸形婴儿的出生率明显上升。这些婴儿有的是四肢畸形，有的是腭裂，有的是盲儿或聋儿，还有的是内脏畸形，其实早在 1956 年 12 月 25 日，世界上第一例因母亲在怀孕期间服用"反应停"而导致耳朵畸形的婴儿就出生了。

1961 年，澳大利亚悉尼市皇冠大街妇产医院的麦克布雷德医生发现，他经治的 3 名患儿的海豹样肢体畸形与他们的母亲在怀孕期间服用过"反应停"有关。麦克布雷德医生随后将自己的发现和疑虑以信件的形式发表在了英国著名的医学杂志《柳叶刀》上。而此时，"反应停"已经被销往全球 46 个国家！

因为发现越来越多类似的临床报告，Chemie Gruenenthal 公司不得不于 1961 年 11 月底将"反应停"从联邦德国市场上召回。

但此举为时已晚，人们此后陆续发现了 1 万～1.2 万名因母亲服用"反应停"而导致出生缺陷的婴儿！这其中，有将近 4000 名患儿活了不到一岁就夭折了。而且，因为在此后一段时间里，Chemie Gruenenthal 公司一直不肯承认"反应停"的致畸胎性，在联邦德国和英国已经停止使用"反应停"的情况下，在爱尔兰、荷兰、瑞典、比利时、意大利、巴西、加拿大和日本，"反应停"仍被使用了一段时间，也导致了更多的畸形婴儿的出生。

"反应停"事件暴露的问题

（1）药品申报过程存在严重的缺陷

药品申报过程中没有明确规定药物上市前需要做哪些研究，"反应停"只做了 300 人的上市前临床试验就被批准上市。

1960 年，有医生发现欧洲新生儿畸形比率异常升高，当这一数据引起大多数人注意之后，有学者展开了流行病学调查，发现新生儿畸形的发生率与沙利度胺的销售量呈现一定的相关性，遂对"反应停"的安全性产生怀疑，之后的毒理学研究显示，沙利度胺对灵长类动物有很强的致畸性。

（2）手性异构，结构相似，作用大相径庭

1965 年，一名以色列医生发现"反应停"对麻风病患者的自身免疫症状有治疗作用（在抗生素杀死麻风细菌后，免疫系统攻击死去的细菌，同时也攻击人体自身），此后的研究显示，沙利度胺对卡波济氏肉瘤、系统性红斑狼疮、多发性骨髓瘤等有治疗作用。进一步的研究显示，沙利度胺分子结构中含有一个手性中心，从而形成两种光学异构体，其中构型 R-$(+)$ 的结构有中枢镇静作用，另一种构型 S-$(-)$ 的对映体则有强烈的致畸性，通过分离手性异构体可以将沙利度胺降至最低。

"反应停"命不该绝？

经过大量谨慎而客观的临床实验观察，科学家们逐渐发现，"反应停"对结核、红斑狼疮、艾滋病导致的极度虚弱和卡波济肉瘤、骨髓移植时发生的移植物抗宿主病以及多发性骨髓瘤等多种疾病都有一定的疗效。人们对"反应停"的认识开始发生了变化。

虽然"反应停"目前在美国还没有被正式批准用于治疗癌症，但已经有很多医生在暗地里尝试将"反应停"用于治疗晚期癌症患者的极度衰弱。而一些艾滋病患者也从黑市上购买"反应停"以治疗艾滋病导致的极度虚弱和卡波济肉瘤。据估计，在过去的 3 年里，已经有超过 5 万名美国人接受过"反应停"的治疗，其中绝大多数是癌症患者，而在用于治疗多发性骨髓瘤的病例中，也有 30％～50％的患者病情都或多或少得到了改善。

不久前，塞尔基因公司的发言人在接受媒体采访时说，目前医学界已经尝试将"反应停"用于治疗 50 多种疾病。但"反应停"销售总量中只有约 1％是被用于治疗麻风病，将近 92％则是被用于治疗癌症（虽然这并未得到官方机构的认可）。现在，全球已经有将近 150 项有关"反应停"的临床实验正在进行之中。全球医学界人士都翘首以待，希望"反应停"能够将功补过，在不久的将来为人类健康作出更大的贡献。

在我国，"反应停"目前已被医学界人士逐渐改称为沙利度胺。在临床医生的严格指导下，我国众多皮肤科、免疫科和肿瘤科的患者正在接受着沙利度胺的治疗。

本章小结

1. 同分异构体分类

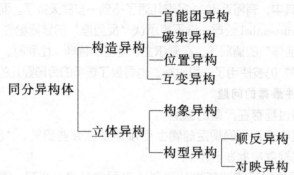

2. 手性碳原子和手性分子

手性碳原子是指含有 4 个不同原子或基团的碳原子，手性是指实物与镜像不能重叠的性质，手性分子才有旋光异构。手性分子一般含有手性碳原子。

3. 对映异构体表示方法：透视式和费歇尔投影式。
4. 手性碳原子的构型的标记法：一般采用 D-L 标记法和 R-S 标记法。
5. 手性药物的概念和分类。

习题

1. 选择题

(1) 对映异构体（　　）。
A. 构造异构　　B. 构象异构　　C. 顺反异构　　D. 构型异构

(2) 对映异构又被称为（　　）。
A. 碳链异构　　B. 互变异构　　C. 旋光异构　　D. 位置异构

(3) 手性分子必然（　　）。
A. 有手性碳　　B. 有对称轴　　C. 有对称面　　D. 与镜像不能完全重合

(4) 下列化合物中为同一物质的是（　　）。

COCH₃	COCH₃	COCH₃	COCH₃
H—Cl	Cl—H	Cl—H	H—Cl
H—Cl	H—Cl	Cl—H	Cl—H
COCH₃	COCH₃	COCH₃	COCH₃
(1)	(2)	(3)	(4)

A. (1) 和 (2)　　B. (1) 和 (3)　　C. (2) 和 (3)　　D. (1)

(5) 对映体绝对构型的标记方法（　　）。
A. D/L　　B. R/S　　C. Z/E　　D. 顺/反

(6) 一对对映体以（　　）比例混合后得到的混合物称为外消旋体。
A. 1∶1　　B. 2∶1　　C. 1∶3　　D. 4∶3

(7) 乳酸有（　　）个光学异构体。

A. 1 B. 2 C. 3 D. 4

(8) 下列化合物中，互为非对映体的是（　　）。

(1)
```
      CH₂OH
  H——NHCOCHCl₂
  H——OH
      C₆H₅
```

(2)
```
      CH₂OH
        OH——H
Cl₂CHCONH——H
      C₆H₅
```

(3)
```
         CH₂OH
Cl₂CHCONH——H
        HO——H
         C₆H₅
```

(4)
```
      CH₂OH
  H——NHCOCHCl₂
  HO——H
      C₆H₅
```

A.（1）和（3）   B.（1）和（4）   C.（2）和（3）   D.（2）和（4）

(9) 酒石酸有（　　）个光学异构体。

A. 1 B. 2 C. 3 D. 4

(10) 酒石酸有（　　）对对映体。

A. 1 B. 2 C. 3 D. 4

(11) 不是费歇尔投影式表示构型特点的是（　　）。

A. 实前虚后线纸面 B. 横前竖后 C 纸面
C. 最小编号的 C 在上端 D. 平面式

(12) 下列化合物中为内消旋体的是（　　）。

(1)
```
      CH₃
  H——Br
  H——Br
      CH₃
```

(2)
```
      CH₃
  H——Br
  Br——H
      CH₃
```

(3)
```
      H
  Br——H
  H₃C——H
      Br
```

(4)
```
      CH₃
  Br——H
  H——Br
      CH₃
```

A.（1） B.（2） C.（3） D.（4）

(13) 费歇尔投影式中手性碳原子的最小基团在横线上时，如果按照基团大小的判断原则判断出的 a、b、c 的划圆方向为顺时针，标记为（　　）型。

A. D 型 B. L 型 C. R 型 D. S 型

(14) (2S,3R)-2,3-二羟基丁二酸无旋光性的原因是分子中有（　　）。

A. 手性碳原子 B. 对称面 C. 对称轴 D. 对称中心

(15) 下列化合物中互为对映体的是（　　）。

(1)
```
      CH₃
  H——NH₂
  H——OH
      C₆H₅
```

(2)
```
         CH₃
CH₃NH——H
     HO——H
         C₆H₅
```

(3)
```
      CH₃
 NH₂——H
  HO——H
      C₆H₅
```

(4)
```
      CH₃
  H——NHCH₃
  H——OH
      C₆H₅
```

A.（1）和（2） B.（1）和（3） C.（2）和（3） D.（3）和（4）

(16)
```
      COOH
  H——Cl
 H₃CO——
      CH(CH₃)₂
```
分子中手性碳原子用 R/S 标记（　　）。

A. 2R,3S B. 2R,3R C. 2S,3R D. 2S,3S

第十四章
生命有机化合物
Organic Compounds in Life

> **学习目标** (Learning Objectives)
>
> 1. 熟悉各类糖、氨基酸、蛋白质的结构及分类；
> 2. 掌握重要的单糖、氨基酸、蛋白质的主要性质；
> 3. 了解各类重要的糖、蛋白质的主要用途；
> 4. 能应用 ChemDraw 化学绘图软件完成指定化合物结构式、方程式和仪器的绘制；
> 5. 培养学生实事求是、严谨科学的工作作风。

在有机化合物中有一类分子量比较大，而且和生物现象有密切关系，这类有机物质把它们称为生物有机化合物，它们主要是碳水化合物、氨基酸、蛋白质以及核酸等。

第一节 碳水化合物

碳水化合物又称为糖类，是植物光合作用的产物，是一类重要的天然有机化合物，对于维持动植物的生命起着重要的作用。植物在日光的作用下，在叶绿素催化下将空气中的二氧化碳和水转化成葡萄糖，并放出氧气。葡萄糖在植物体内还进一步结合生成多糖——淀粉及纤维素。地球上每年由绿色植物经光合作用合成的糖类物质达数千亿吨。它既是构成植物的组织基础，又是人类和动物赖以生存的物质基础，同时为工业提供如粮、棉麻、竹、木等众多的有机原料。我国物产丰富，许多特产均是含糖衍生物，具有特殊的药用功效。

这类化合物都是由 C、H、O 三种元素组成，且都符合 $C_n(H_2O)_m$ 的通式，所以称之为碳水化合物。例如：葡萄糖的分子式为 $C_6H_{12}O_6$，可表示为 $C_6(H_2O)_6$，蔗糖的分子式为 $C_{12}H_{22}O_{11}$，可表示为 $C_{12}(H_2O)_{11}$ 等。但有的糖不符合碳水化合物的比例，例如：鼠李糖 $C_5H_{12}O_5$（甲基糖）、脱氧核糖 $C_5H_{10}O_4$。有些化合物的组成符合碳水化合物的比例，但不是糖。例如甲醛（CH_2O）、乙酸（$C_2H_4O_2$）、乳酸（$C_3H_6O_3$）等。但因为"碳水化合物"这一名称沿用已久，所以至今仍然被继续使用。但还是叫做糖类较为合理。目前把糖看作是多羟基醛和多羟基酮及其缩合物，或水解后能产生多羟基醛、酮的一类有机化合物。

糖根据其单元结构分为三类：

单糖——不能再水解的多羟基醛或多羟基酮。

低聚糖——含 2~10 个单糖结构的缩合物。以二糖最为多见，如蔗糖、麦芽糖、乳糖等。

多糖——含 10 个以上单糖结构的缩合物。如淀粉、纤维素等。

一、单糖

单糖可根据分子中所含碳原子的数目分为戊糖、己糖等。自然界中存在最广泛的单糖是葡萄糖、果糖和核糖。我们以葡萄糖和果糖为代表来讨论单糖。

1. 单糖的结构

（1）单糖的构造式　葡萄糖、果糖等的结构已在 20 世纪由被誉为"糖化学之父"的费歇尔（Fischer）及哈沃斯（Haworth）等化学家的不懈努力而确定。

葡萄糖的开链式结构是根据其化学性质推导出来的，实验事实是这样的：

① 碳氢定量分析，实验式 CH_2O。

② 经分子量测定，确定分子式为 $C_6H_{12}O_6$。

③ 能起银镜反应，能与一分子 HCN 加成，与一分子 NH_2OH 缩合成肟，说明它有一个羰基。

④ 能酰基化生成酯。乙酰化后再水解，一分子酰基化后的葡萄糖可得五分子乙酸，说明分子中有 5 个羟基。

⑤ 葡萄糖用钠汞齐还原后得己六醇；己六醇用 HI 彻底还原得正己烷。这说明葡萄糖是直链化合物。

按照经验，一个碳原子一般不能与两个羟基同时结合，因为这样是不稳定的，根据上述性质，如果羰基是个醛基，则它的构造式应是：

$$CH_2-CH-CH-CH-CH-CHO$$
$$\ \ |\quad\ \ |\quad\ \ |\quad\ \ |\quad\ \ |$$
$$\ OH\ \ OH\ \ OH\ \ OH\ \ OH$$

醛氧化后得相应的酸，碳链不变。而酮氧化后引起碳链的断裂，应用这一性质就可确定是醛糖或酮糖。葡萄糖用 HNO_3 氧化后生成四羟基己二酸，称葡萄糖二酸。因此，葡萄糖是醛糖。葡萄糖与 HCN 加成后水解生成六羟基酸，后者被 HI 还原后得正庚酸，这进一步证明葡萄糖是醛糖。

$$葡萄糖 \xrightarrow[\text{②水解}]{\text{①HCN}} \begin{matrix}COOH\\|\\(CHOH)_5\\|\\CH_2OH\end{matrix} \xrightarrow{HI} \begin{matrix}COOH\\|\\(CH_2)_5\\|\\CH_3\end{matrix}$$

同样的方法处理果糖，最后的产物是 α-甲基己酸。

$$\begin{array}{c} CH_2OH \\ | \\ C=O \\ | \\ (CHOH)_3 \\ | \\ CH_2OH \end{array} \Rightarrow \begin{array}{c} CH_3 \\ | \\ CHCOOH \\ | \\ (CH_2)_3 \\ | \\ CH_3 \end{array}$$

α-甲基己酸

因此，果糖的羰基是在第二位。综合上述反应和分析，就确定了葡萄糖和果糖的构造式。

$$\underset{葡萄糖}{CH_2\underset{OH}{-}\overset{*}{C}H\underset{OH}{-}\overset{*}{C}H\underset{OH}{-}\overset{*}{C}H\underset{OH}{-}\overset{*}{C}H\underset{OH}{-}CHO} \qquad \underset{果糖}{CH_2\underset{OH}{-}\overset{*}{C}H\underset{OH}{-}\overset{*}{C}H\underset{OH}{-}\overset{*}{C}H\underset{OH}{-}\underset{O}{C}\underset{\|}{-}CH_2\underset{OH}{}}$$

(2) 单糖的构型　　葡萄糖有 4 个手性碳原子，因此，它有 $2^4=16$ 个对映异构体。所以，只测定糖的构造式是不够的，还必须确定它的构型。

① 相对构型的确定　糖的相对构型（D 系列和 L 系列）是以 D-（+）甘油醛和 L-（-）甘油醛作为标准，将其进行与糖类化合物有关联的一系列反应联系，得到相应的糖类。这样糖类的相对构型也就可以确定了。

19 世纪末～20 世纪初，费歇尔（E. Fischer）首先对糖进行了系统的研究，十六个己醛糖都经合成得到，其中十二个是费歇尔一个人取得的（于 1890 年完成合成）。所以费歇尔被誉为"糖化学之父"，也因而获得了 1902 年的诺贝尔化学奖。费歇尔确定了葡萄糖的结构。葡萄糖的构型如下：

```
      CHO              CHO
   H──OH            HO──H
  HO──H              H──OH
   H──OH            HO──H
   H──OH            HO──H
      CH2OH            CH2OH
   D-(+) 葡萄糖      L-(-) 葡萄糖
```

② 构型的标记和表示方法　糖类的构型习惯用 D/L 名称进行标记。即编号最大的手性碳原子上 OH 在右边的为 D 型，OH 在左边的为 L 型。在 1951 年以前还没有适当的方法测定旋光物质的真实构型。这给有机化学的研究带来了很大的困难。当时，为了研究方便，为了能够表示旋光物质构型之间的关系，就选择一些物质作为标准，并人为地规定它们的构型，如甘油醛有一对对映体（+）-甘油醛和（-）-甘油醛。

```
      CHO              CHO
   H──OH            HO──H
      CH2OH            CH2OH
   D-(+)-甘油醛     L-(-)-甘油醛
     （Ⅰ）             （Ⅱ）
```

当时认为规定右旋的甘油醛具有（Ⅰ）的构型（即当醛基—CHO 排在上面时，H 在左边，OH 在右边），并且用符号"D"标记它的构型"dextro"即右旋；左旋的甘油醛具有（Ⅱ）的构型，用符号"L"标记它的构型"levo"即左旋。右旋甘油醛就称为 D-(+)-甘油醛，左旋甘油醛称为 L-(-)-甘油醛，在这里 +、- 表示旋光方向，D，L 表示构型。构型与旋光性之间没有一一对应关系。

糖的构型一般用费歇尔式表示，但为了书写方便，也可以写成省写式。其常见的几种表示方法为：

$$\begin{array}{c}\text{CHO}\\H\!-\!\!-\!\!\text{OH}\\\text{HO}\!-\!\!-\!\!H\\H\!-\!\!-\!\!\text{OH}\\H\!-\!\!-\!\!\text{OH}\\\text{CH}_2\text{OH}\end{array}\ =\ \begin{array}{c}\text{CHO}\\\!-\!\!\text{OH}\\\text{HO}\!-\!\!\\\!-\!\!\text{OH}\\\!-\!\!\text{OH}\\\text{CH}_2\text{OH}\end{array}\ =\ \begin{array}{c}\text{CHO}\\\!-\!\!\text{OH}\\\!-\!\!\\\!-\!\!\text{OH}\\\!-\!\!\text{OH}\\\text{CH}_2\text{OH}\end{array}\ =\ \triangle$$

标准物质的构型规定以后，其他旋光物质的构型可以通过化学转变的方法与标准物质进行联系来确定。由于这样确定的构型是相对于标准物质而言的，所以是相对构型。我们把构型相当于右旋甘油醛的物质都用 D 来表示，而相当于左旋甘油醛的都用 L 表示。即由 D-甘油醛转化的物质，构型为 D。这样，通过与标准物质的反应联系，一系列化合物的相对构型也就可确定了。确定了甘油醛的构型以后，就可以通过一定的方法，把其他糖类化合物和甘油醛联系起来，确定其相对构型，如：从 D-赤藓糖和 D-苏阿糖出发，用与 HCN 加成水解、还原等同样方法，可各衍生出两个戊糖，共 4 个 D-戊醛糖，从 4 个 D-戊醛糖出发可各得两个己糖，共 8 个 D-己醛糖。

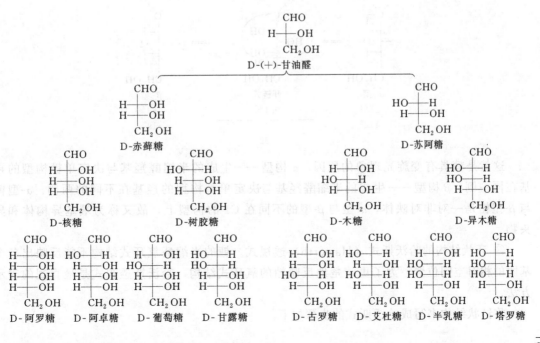

(3) 单糖的环状结构　单糖的开链结构是由它的一些性质而推出来的，因此，开链结构能说明单糖的许多化学性质，但开链结构不能解释单糖的所有性质，如：不与品红醛试剂反应、与 $NaHSO_3$ 反应非常迟缓（这说明单糖分子内无典型的醛基）；单糖只能与一分子醇生成缩醛（说明单糖是一个分子内半缩醛结构）；变旋光现象。葡萄糖的变旋光现象见表 14-1。

表 14-1　葡萄糖的变旋光现象

葡萄糖晶体	常温下用乙醇结晶而得(α型)	高温下用醋酸结晶而得(β型)
熔点	146℃	150℃
新配溶液的$[\alpha]_D$	+112°	+19°
新配溶液放置	$[\alpha]_D$ 逐渐减少至52°	$[\alpha]_D$ 逐渐增高至52°

变旋光现象说明，单糖并不是仅以开链式存在，还有其他的存在形式。1925～1930 年，由 X 射线等现代物理方法证明，葡萄糖主要是以氧环式（环状半缩醛结构）存在的。

① 氧环式结构。

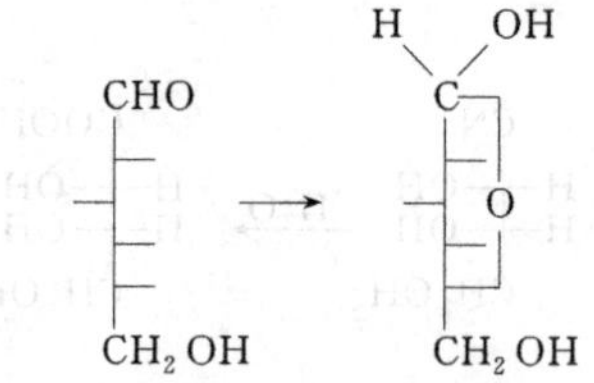

②环状结构的 α 构型和 β 构型。糖分子中的醛基与羟基作用形成半缩醛时，由于 C=O 为平面结构，羟基可从平面的两边进攻 C=O，所以得到两种异构体 α 构型和 β 构型。两种构型可通过开链式相互转化而达到平衡。

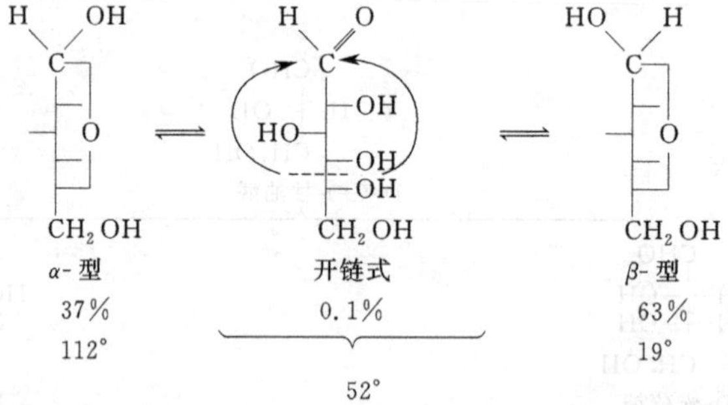

α- 型　　　　开链式　　　　β- 型
37%　　　　0.1%　　　　63%
112°　　　　52°　　　　19°

这就是糖具有变旋光现象的原因。α 构型——生成的半缩醛羟基与决定单糖构型的羟基在同一侧。β 构型——生成的半缩醛羟基与决定单糖构型的羟基在不同的两侧。α-型糖与 β-型糖是一对非对映体，α-型与 β-型的不同在 C1 的构型上，故又称为端基异构体和异头物。

③ 环状结构的哈沃斯式（Haworth）透视式。糖的半缩醛氧环式结构不能反映出各个基团的相对空间位置。为了更清楚地反映糖的氧环式结构，哈沃斯透视式是最直观的表示方法。

将链状结构书写成哈沃斯式的步骤如下。

a. 将碳链向右放成水平，使原基团处于左上右下的位置。

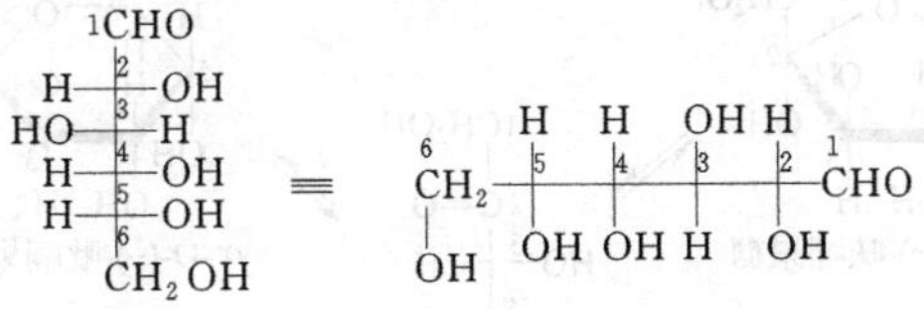

b. 将碳链水平位置弯成六边形状。

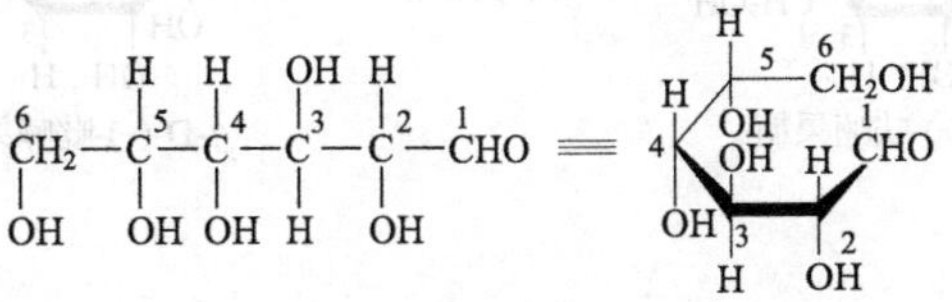

c. 以 C4—C5 为轴旋转 $120°$，使 C5 上的羟基与醛基接近，然后成环（因羟基在环平面的下面，它必须旋转到环平面上才易与 C1 成环）。

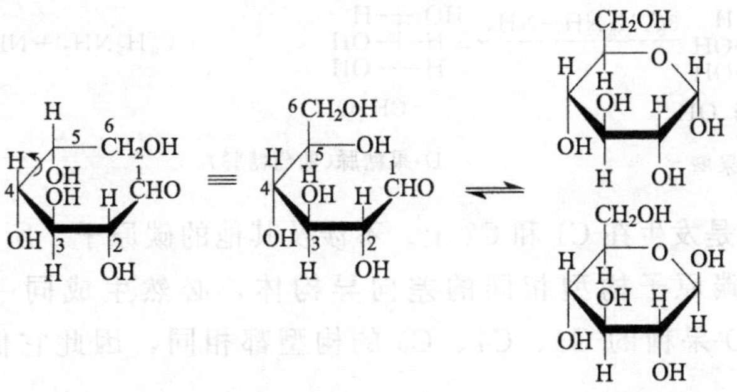

糖的哈沃斯结构和吡喃相似，所以，六元环单糖又称为吡喃型单糖。因而葡萄糖的全名称为：

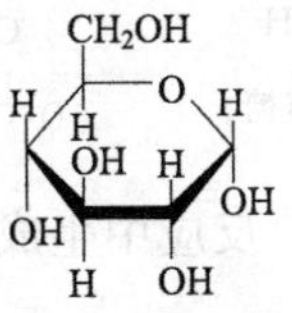

α-D-(+)-吡喃葡萄糖 β-D-(+)-吡喃葡萄糖

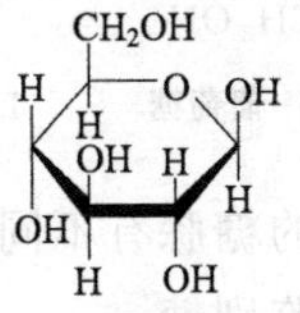

（4）果糖的结构　D-果糖为 2-己酮糖，其 C3、C4、C5 的构型与葡萄糖一样。

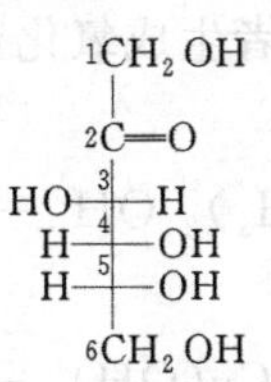

果糖在形成环状结构时，可由 C5 上的羟基与羰基形成呋喃式环，也可由 C6 上的羟基与羰基形成吡喃式环。两种氧环式都有 α-型和 β-型两种构型，因此，果糖可能有 5 种构型。

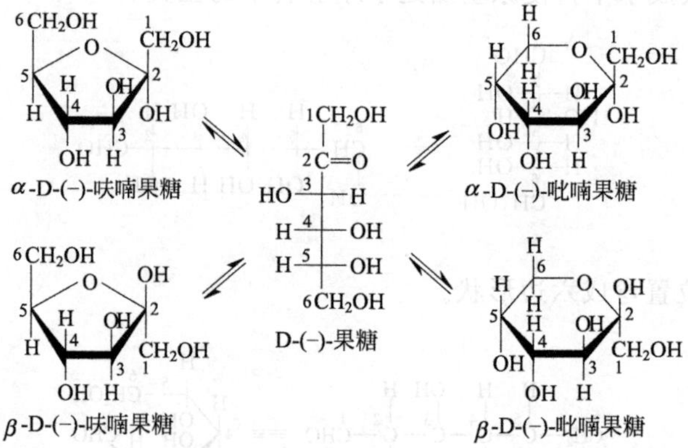

[图: α-D-(−)-呋喃果糖、β-D-(−)-呋喃果糖、D-(−)-果糖、α-D-(−)-吡喃果糖、β-D-(−)-吡喃果糖 之间的互变平衡]

2. 单糖的化学性质

(1) 成脎反应　单糖与苯肼反应生成的产物叫做脎。

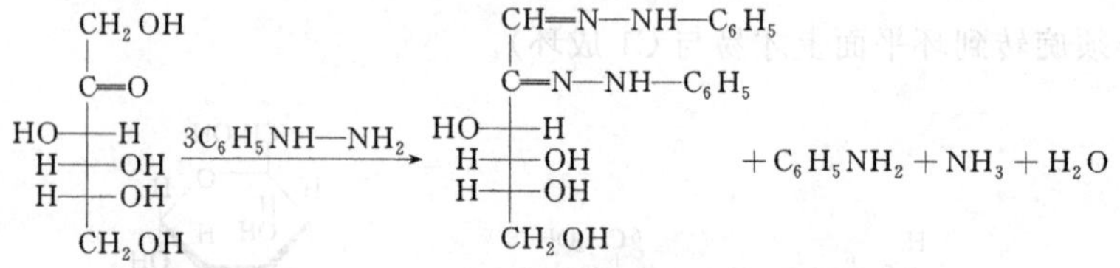

[图: D-(−)-果糖 + 3C₆H₅NH—NH₂ → D-果糖脎(葡萄糖脎) + C₆H₅NH₂ + NH₃ + H₂O]

生成糖脎的反应是发生在 C1 和 C2 上。不涉及其他的碳原子，所以，如果仅在第二碳上构型不同而其他碳原子构型相同的差向异构体，必然生成同一个脎。例如，D-葡萄糖、D-甘露糖、D-果糖的 C3、C4、C5 的构型都相同，因此它们生成同一个糖脎。

[图: D-(+)-葡萄糖、D-(+)-甘露糖、D-(−)-果糖 的 Fischer 投影式]

糖脎为黄色结晶，不同的糖脎有不同的晶形，反应中生成的速度也不同。因此，可根据糖脎的晶型和生成的时间来鉴别糖。

(2) 氧化反应

① 托伦试剂、斐林试剂氧化（碱性氧化）。醛糖与酮糖都能被像托伦试剂或斐林试剂这样的弱氧化剂氧化，前者产生银镜，后者生成氧化亚铜的砖红色沉淀，糖分子的醛基被氧化为羧基。

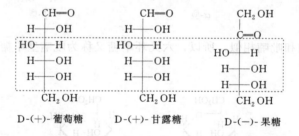

$$C_6H_{12}O_6 + Ag(NH_3)_2^+ OH^- \longrightarrow C_6H_{12}O_7 + Ag\downarrow$$

葡萄糖或果糖　　　　　　　　　　　葡萄糖酸

$$C_6H_{12}O_6 + Cu(OH)_2 \longrightarrow C_6H_{12}O_7 + Cu_2O\downarrow$$

　　　　　　　　　　　　　　　　　　　　红色沉淀

凡是能被上述弱氧化剂氧化的糖，都称为还原糖，所以，果糖也是还原糖。因为果糖在稀碱溶液中可发生酮式-烯醇式互变，酮基不断地变成醛基，托伦试剂和斐林试剂都是碱性试剂，故酮糖能被这两种试剂氧化。其反应如下：

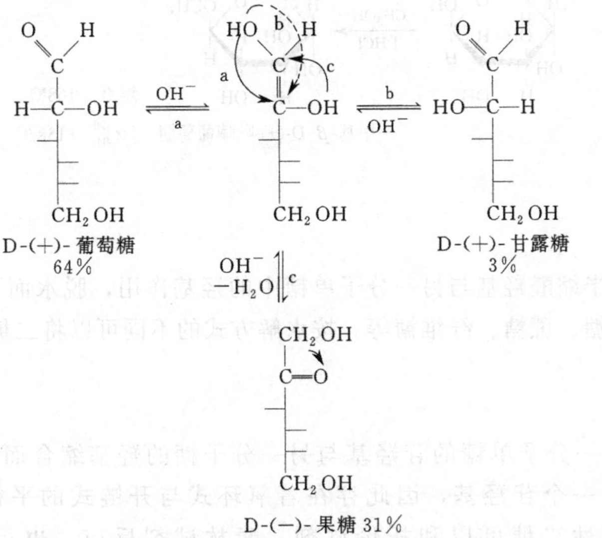

（图：D-(+)-葡萄糖 64% ⇌ 烯二醇中间体 ⇌ D-(+)-甘露糖 3%；下方 D-(−)-果糖 31%）

② 溴水氧化（酸性氧化）。溴水能氧化醛糖，但不能氧化酮糖，因为酸性条件下，不会引起糖分子的异构化作用。可用此反应来区别醛糖和酮糖。

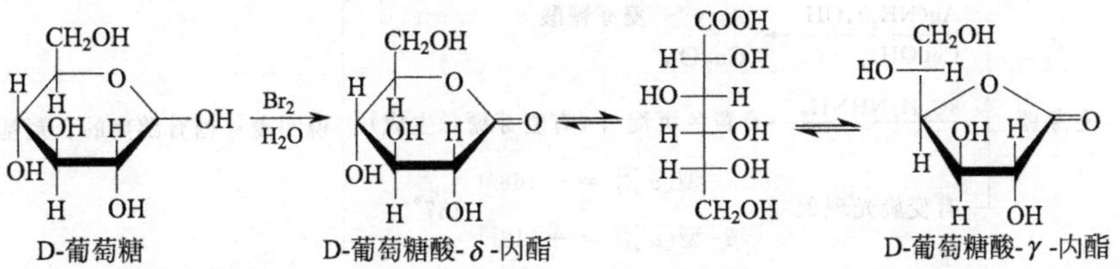

（图：D-葡萄糖 →(Br_2/H_2O) D-葡萄糖酸-δ-内酯 ⇌ D-葡萄糖酸 ⇌ D-葡萄糖酸-γ-内酯）

③ 硝酸氧化。稀硝酸的氧化作用比溴水强，能使醛糖氧化成糖二酸。例如：

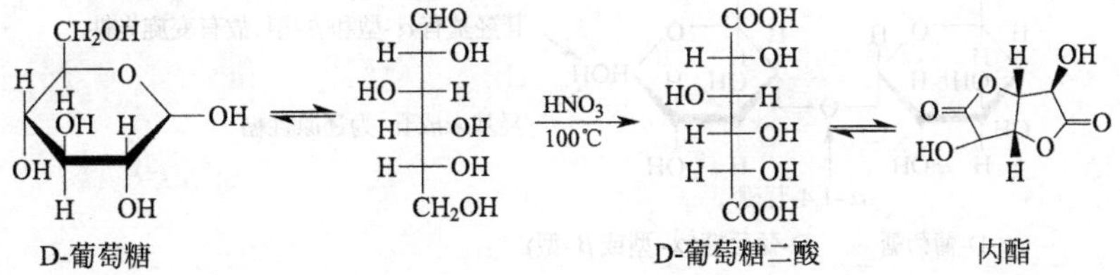

（图：D-葡萄糖 ⇌ 开链式 →(HNO_3, 100℃) D-葡萄糖二酸 ⇌ 内酯）

（3）还原反应　单糖还原生成多元醇。D-葡萄糖还原生成山梨醇，D-甘露醇还原生成甘露醇，D-果糖还原生成甘露醇和山梨醇的混合物。山梨醇、甘露醇等多元醇存在于植物中，山梨醇无毒，有轻微的甜味和吸湿性，用于化妆品和药物中。

（4）成苷反应　糖分子中的活泼半缩醛羟基与其他含羟基的化合物（如醇、酚），含氮杂环化合物作用，失水而生成缩醛的反应称为成苷反应。其产物称为配糖物，简称为"苷"，全名为某糖某苷。

苷似醚不是醚，它比一般的醚键易形成，也易水解。苷用酶水解时有选择性。糖苷没有变旋光现象，没有还原糖的反应。糖苷在自然界的分布极广，与人类的生命和生活密切相关。

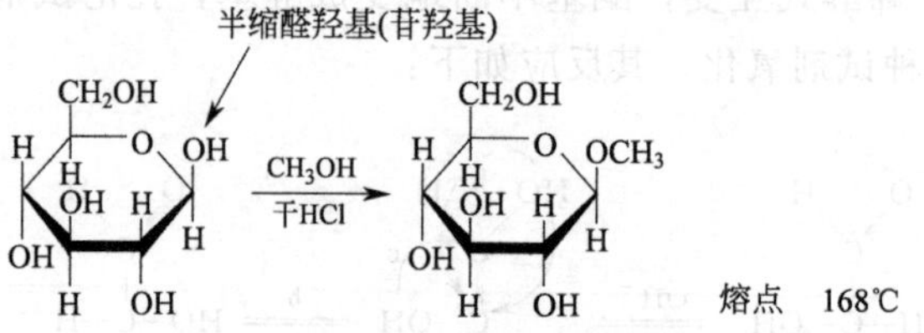
半缩醛羟基(苷羟基)
CH_3OH
干HCl
熔点 168℃

甲基-β-D-(+)-吡喃葡萄糖 $[\alpha]_D^{20}$ +158.9°

二、二糖

单糖分子中的半缩醛羟基与另一分子单糖中的羟基作用，脱水而形成的糖苷称为二糖。常见的二糖有麦芽糖、蔗糖、纤维糖等。按水解方式的不同可以将二糖分为还原性二糖和非还原性二糖。

1. 还原性二糖

还原性二糖是一分子单糖的苷羟基与另一分子糖的羟基缩合而成的二糖。在这样的二糖分子中还保留一个苷羟基，因此存在着氧环式与开链式的平衡。在开链式中由于羰基的存在，还原性二糖可以和托伦试剂、斐林试剂反应，也可以成脎并存在变旋现象。

（1）麦芽糖　麦芽糖是在淀粉酶催化下由淀粉水解而得。它的性质与葡萄糖相似。

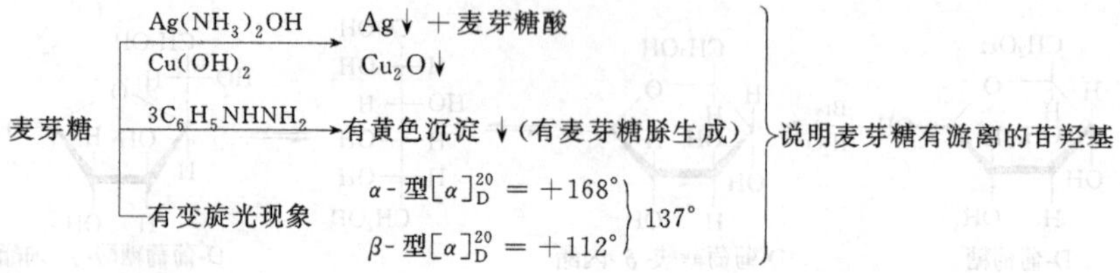
麦芽糖
$Ag(NH_3)_2OH$ → Ag↓ + 麦芽糖酸
$Cu(OH)_2$ → Cu_2O↓
$3C_6H_5NHNH_2$ → 有黄色沉淀↓（有麦芽糖脎生成）
有变旋光现象
α-型 $[\alpha]_D^{20}$ = +168°
β-型 $[\alpha]_D^{20}$ = +112°
137°
说明麦芽糖有游离的苷羟基

麦芽糖的结构为：

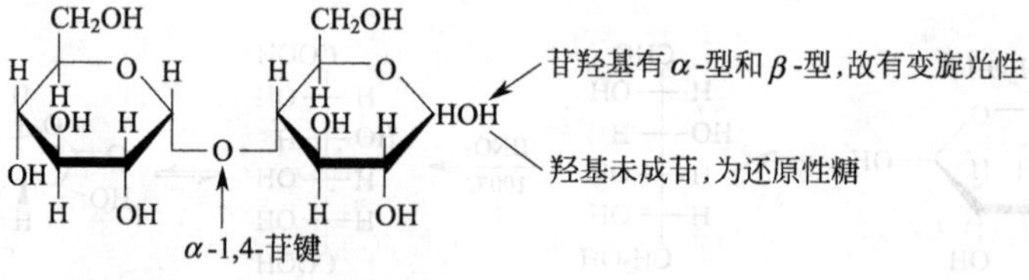
苷羟基有α-型和β-型，故有变旋光性
羟基未成苷，为还原性糖
α-1,4-苷键

α-D-葡萄糖　D-葡萄糖(α-型或β-型)

（2）纤维二糖　纤维二糖也是还原糖，化学性质与麦芽糖相似，纤维二糖与麦芽糖的唯一区别是苷键的构型不同，麦芽糖为α-1，4-苷键，而纤维二糖为β-1，4-苷键。纤维二糖的结构为：

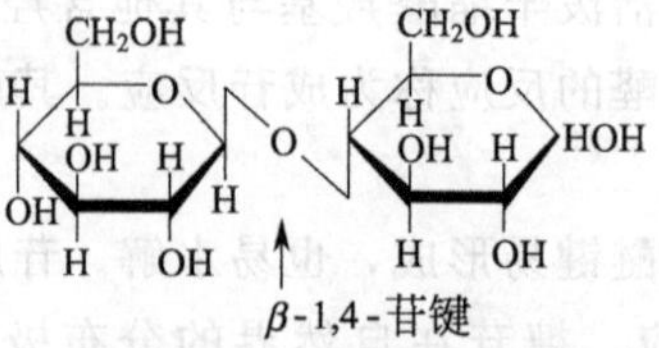

β-1,4-苷键

β-D-葡萄糖　D-葡萄糖(α-型或β-型)

2. 非还原性二糖

非还原性二糖是分子单糖的苷羟基与另一分子糖的苷羟基缩合而成的二糖。主要是蔗糖，是广泛存在于植物中的二糖，利用光合作用合成的植物的各个部分都含有蔗糖。例如，甘蔗含蔗糖 14% 以上，北方甜菜含蔗糖 16%~20%，但蔗糖一般不存在于动物体内。

蔗糖是由 α-D-吡喃葡萄糖的苷羟基和 β-D-呋喃果糖的苷羟基脱水而成，其结构如下：

α-D-葡萄糖单位　　β-D-果糖单位

（是 β-D-果糖翻转 180°以后的构型）

因为蔗糖没有游离的醛基，所以不能与托伦试剂和斐林试剂反应，不能与苯肼反应，没有变旋光现象。因此称为非还原糖。

三、多糖

多糖是重要的天然高分子化合物，是由单糖通过苷键连接而成的高聚体。多糖与单糖的区别是：无还原性，无变旋光现象，无甜味，大多难溶于水，有的能和水形成胶体溶液。

在自然界分布最广，最重要的多糖是淀粉和纤维素。

1. 纤维素

纤维素是构成植物细胞壁及支柱的主要成分。棉花中纤维素的含量达 90% 以上，棉花中纤维素的分子量是 57 万，亚麻中纤维素的含量为 80% 分子量为 184 万，木材中纤维素的含量一般在 40%~60%，分子量为 9 万~15 万。

将纤维素用纤维素酶（β-糖苷酶）水解或在酸性溶液中完全水解，生成 D-(+)-葡萄糖。

由此推断，纤维素是由许多葡萄糖结构单位以 β-1,4-苷键互相连接而成的。

人的消化道中没有水解 β-1,4-葡萄糖苷键的纤维素的酶，所以人不能消化纤维素，但人对纤维素又是必不可少的，因为纤维素可帮助肠胃蠕动，以提高消化和排泄能力。

2. 淀粉

淀粉大量存在于植物的种子和地下块茎中，是人类的三大食物之一。淀粉用淀粉酶水解得麦芽糖，在酸的作用下，能彻底水解为葡萄糖。所以，淀粉是麦芽糖的高聚体。淀粉是白色无定形粉末，有直链淀粉和支链淀粉两部分组成。直链淀粉可溶于热水，又叫可溶性淀粉，占 10%~20%。支链淀粉是不溶性淀粉，占 80%~90%。

（1）直链淀粉　　直链淀粉是由 α-D-(+)-葡萄糖以 α-1,4-苷键结合而成的链状高聚物。

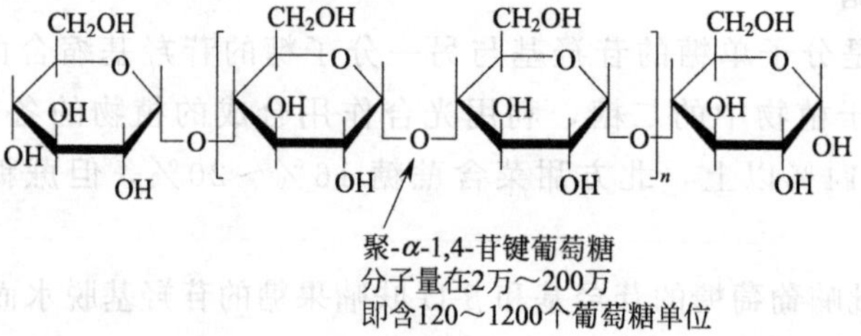

聚-α-1,4-苷键葡萄糖
分子量在2万~200万
即含120~1200个葡萄糖单位

直链淀粉不溶于冷水，不能发生还原糖的一些反应，遇碘显深蓝色，可用于鉴定碘的存在。直链淀粉不是伸开的一条直链，而是螺旋状结构。

螺旋状空穴正好与碘的直径相匹配，允许碘分子进入空穴中，形成包合物而显色。

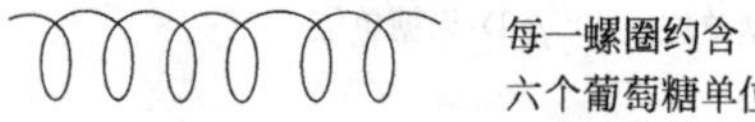

每一螺圈约含六个葡萄糖单位

淀粉-碘包合物呈深蓝色，加热解除吸附，则蓝色退去。

(2) 支链淀粉（不溶性淀粉） 支链淀粉在结构上除了由葡萄糖分子以 α-1,4-苷键连接成主链外，还有以 α-1,6-苷键相连而形成的支链（每个支链大约 20 个葡萄糖单位）。其基本结构如下所示：

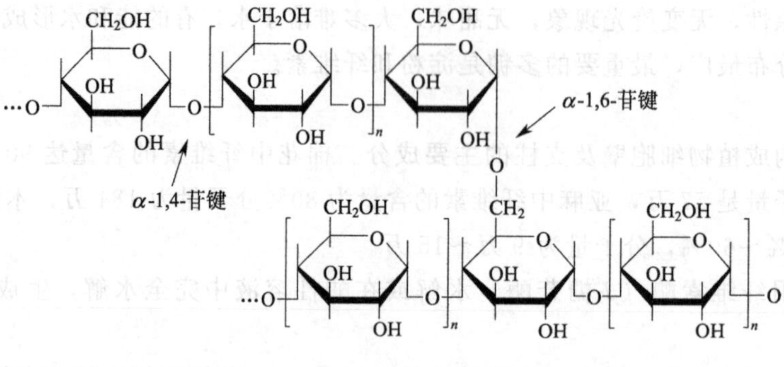

α-1,6-苷键

α-1,4-苷键

第二节 氨基酸和蛋白质

蛋白质是天然高分子化合物，是生命物质的基础。我们知道，生命活动的基本特征就是蛋白质的不断自我更新。蛋白质是一切活细胞的组织物质，也是酶、抗体和许多激素中的主要物质。所有蛋白质都是由 α-氨基酸构成的，因此，α-氨基酸是构筑蛋白质的砖石。要讨论蛋白质的结构和性质，首先要研究 α-氨基酸的化学性质。

一、氨基酸

1. 结构、分类、命名

组成蛋白质的氨基酸（天然产氨基酸）都是 α-氨基酸，即在 α-碳原子上有一个氨基，可用下式表示：

$$R-\overset{H}{\underset{NH_2}{C}}-COOH$$

天然产的各种不同的 α-氨基酸只 R 不同而已。氨基酸目前已知的已超过 100 种以上，但在生物体内作为合成蛋白质的原料只有 20 种。

(1) 氨基酸的分类　按烃基类型可分为脂肪族氨基酸、芳香族氨基酸、含杂环氨基酸。根据氨基和羧基的相对位置分为：α-氨基酸、β-氨基酸、γ-氨基酸、ω-氨基酸等，如：

$$CH_3CH_2CH_2CH_2CH_2CH_2CHCOOH \atop NH_2 \qquad CH_2CH_2CH_2CH_2CH_2CH_2COOH \atop NH_2$$

α-氨基辛酸　　　　　　　　　　　　　ω-氨基辛酸

其中 α-氨基酸在自然界中存在最多，它们是构成蛋白质分子的基础。

按分子中氨基和羧基的数目分为中性氨基酸、酸性氨基酸、碱性氨基酸。常见的 α-氨基酸见表 14-2。

表 14-2　常见的 α-氨基酸

名称	构造式	等电点
(一)中性氨基酸		
甘氨酸(氨基乙酸)	$CH_2(NH_2)COOH$	5.97
丙氨酸(α-氨基丙酸)	$CH_3CH(NH_2)COOH$	6.00
丝氨酸(α-氨基-β-羟基丙酸)	$CH_2(OH)CH(NH_2)COOH$	5.68
半胱氨酸(α-氨基-β-巯基丙酸)	$CH_2(SH)CH(NH_2)COOH$	5.05
胱氨酸(β-硫代-α-氨基丙酸)	$\text{S}{-}CH_2CH(NH_2)COOH \atop \text{S}{-}CH_2CH(NH_2)COOH$	4.80
苏氨酸[①](α-氨基-β-羟基丁酸)	$CH_3CH(OH)CH(NH_2)COOH$	5.70
蛋氨酸[①](α-氨基-γ-甲硫基丁酸)	$CH_3SCH_2CH_2CH(NH_2)COOH$	5.74
缬氨酸[①](β-甲基-α-氨基丁酸)	$(CH_3)_2CHCH(NH_2)COOH$	5.96
亮氨酸[①](γ-甲基-α-氨基戊酸)	$(CH_3)_2CHCH_2CH(NH_2)COOH$	6.02
异亮氨酸[①](β-甲基-α-氨基戊酸)	$CH_3CH_2CH(CH_3)CH(NH_2)COOH$	5.98
苯丙氨酸[①](β-苯基-α-氨基丙酸)	C$_6$H$_5$—$CH_2CH(NH_2)COOH$	5.48
酪氨酸(β-对羟苯基-α-氨基丙酸)	HO—C$_6$H$_4$—$CH_2CH(NH_2)COOH$	5.66
脯氨酸(α-吡咯甲酸)	(吡咯环)—COOH	6.30
色氨酸[①][α-氨基-β-(3-吲哚)丙酸]	(吲哚环)—$CH_2CH(NH_2)COOH$	5.80
(二)酸性氨基酸		
天冬氨酸(α-氨基丁二酸)	$HOOCCH_2CH(NH_2)COOH$	2.77
谷氨酸(α-氨基戊二酸)	$HOOCCH_2CH_2CH(NH_2)COOH$	3.22
(三)碱性氨基酸		
精氨酸(α-氨基-δ-胍基戊酸)	$H_2NCNH(CH_2)_3CH(NH_2)COOH \atop \|\|\ \atop NH$	10.06

续表

名称	构造式	等电点
(三)碱性氨基酸		
赖氨酸①(α,ω-二氨基己酸)	$H_2N(CH_2)_4CH(NH_2)COOH$	9.74
组氨酸[α-氨基-β-(5-咪唑)丙酸]	(咪唑环)-$CH_2CH(NH_2)COOH$	7.59

① 为必需氨基酸,中性氨基酸 $-NH_2$ 数目＝$-COOH$ 数目,近乎中性;
　　　　　　碱性氨基酸 $-NH_2$ 数目＞$-COOH$ 数目,呈碱性;
　　　　　　酸性氨基酸 $-NH_2$ 数目＜$-COOH$ 数目,呈酸性。

蛋白质水解可得到各种 α-氨基酸的混合物,经过分离,可以得到 20 多种 α-氨基酸。人体所必需的氨基酸,有些可以在体内由其他物质自行合成。但有些氨基酸人体不能合成,必须通过食物摄取,这些氨基酸称为必需氨基酸。如果缺乏这些氨基酸,人体就会发生某些疾病。人们可以从不同的食物中得到必需的氨基酸,但并不能从某一种食物中获得全部必需的氨基酸,因此人们的饮食就应多样化,这对人体健康是必需而有益的。

(2) 氨基酸的命名　氨基酸的系统命名法是以羧酸为母体,氨基为取代基来命名。由于 α-氨基酸是组成蛋白质的基本结构,而且通常是由蛋白质水解而来,所以一般都采用俗名,并已广泛使用。

$$H_2NCH_2COOH \qquad H_2NCH_2CH_2COOH \qquad HOOCCHCH_2CH_2COOH$$
$$\qquad\qquad\qquad\qquad\qquad\qquad\qquad\qquad\qquad\qquad\qquad\qquad\qquad\quad |$$
$$\qquad\qquad\qquad\qquad\qquad\qquad\qquad\qquad\qquad\qquad\qquad\qquad\qquad\; NH_2$$
α-氨基乙酸　　　　　　　β-氨基乙酸　　　　　　　α-氨基戊二酸
甘氨酸　　　　　　　　　　丙氨酸　　　　　　　　　　谷氨酸

除最简单的甘氨酸外,其他 α-氨基酸都含有一个手性碳原子,都有旋光性,而且其构型都属于 L-型。例如:

L-甘油醛　　　　　　　L-丝氨酸　　　　　　　L-脯氨酸

若用 R/S 标记法,绝大多数氨基酸的 α-碳原子的构型都是 S-型。

2. 氨基酸的性质

(1) 氨基酸的酸-碱性——两性与等电点　氨基酸分子中的氨基是碱性的,而羧基是酸性的,因而氨基酸既能与酸反应,也能与碱反应,是一个两性化合物。

$$R-CH-COOH \xleftarrow{H^+} R-CH-COOH \xrightarrow{OH^-} R-CH-COO^-$$
$$\quad |\qquad\qquad\qquad\qquad\qquad\; |\qquad\qquad\qquad\qquad\qquad\; |$$
$$^+NH_3\qquad\qquad\qquad\qquad\; NH_2\qquad\qquad\qquad\qquad\; NH_2$$

① 两性。氨基酸在一般情况下不是以游离的羧基或氨基存在的,而是两性电离,在固态或水溶液中形成内盐。

$$R-CH-COOH \rightleftharpoons R-CH-COO^-$$
$$\quad |\qquad\qquad\qquad\qquad\qquad |$$
$$NH_2\qquad\qquad\qquad\qquad ^+NH_3$$

② 等电点。在氨基酸水溶液中加入酸或碱，使羧基和氨基的离子化程度相等（即氨基酸分子所带电荷呈中性——处于等电状态）时溶液的 pH 值称为氨基酸的等电点。常以 pI 表示。

$$R-\underset{\underset{NH_2}{|}}{CH}-COO^- \underset{H^\oplus}{\overset{OH^\ominus}{\rightleftharpoons}} R-\underset{\underset{NH_3^+}{|}}{CH}-COO^- \underset{OH^\ominus}{\overset{H^\oplus}{\rightleftharpoons}} R-\underset{\underset{NH_3^+}{|}}{CH}-COOH$$

溶液 pH＞等电点　　　等电点(pI)　　　溶液 pH＜等电点

注：a. 等电点为电中性而不是中性（即 pH＝7），在溶液中加入电极时其电荷迁移为零。

中性氨基酸　　　pI＝4.8～6.3
酸性氨基酸　　　pI＝2.7～3.2
碱性氨基酸　　　pI＝7.6～10.8

b. 等电点时，偶极离子在水中的溶解度最小，易结晶析出。

(2) 氨基酸氨基的反应

①氨基的酰基化。氨基酸分子中的氨基能酰基化成酰胺。

$$R'-COCl + NH_2-\underset{\underset{R}{|}}{CH}-COOH \longrightarrow R'-\underset{\underset{O}{\|}}{C}-NH-\underset{\underset{R}{|}}{CH}-COOH + HCl$$

乙酰氯、乙酸酐、苯甲酰氯、邻苯二甲酸酐等都可用作酰化剂。在蛋白质的合成过程中为了保护氨基则用苄氧甲酰氯作为酰化剂。

$$\text{C}_6\text{H}_5-CH_2-O-\underset{\underset{O}{\|}}{C}-Cl + NH_2-\underset{\underset{R}{|}}{CH}-COOH \longrightarrow \text{C}_6\text{H}_5-CH_2-O-\underset{\underset{O}{\|}}{C}-NH-\underset{\underset{R}{|}}{CH}-COOH$$

选用苄氧甲酰氯这一特殊试剂，是因为这样的酰基易引入，对以后应用的种种试剂较稳定，同时还能用多种方法把它脱下来。

②氨基的烃基化。氨基酸与 RX 作用则烃基化成 N-烃基氨基酸：

$$O_2N-\text{C}_6\text{H}_3(NO_2)-F + NH_2-\underset{\underset{R}{|}}{CH}-COOH \longrightarrow O_2N-\text{C}_6\text{H}_3(NO_2)-NH-\underset{\underset{R}{|}}{CH}-COOH$$

氟代二硝基苯在多肽结构分析中用作测定 N 端的试剂。

③与亚硝酸反应。

$$R-\underset{\underset{NH_2}{|}}{CH}-COOH + HNO_2 \longrightarrow R-\underset{\underset{OH}{|}}{CH}-COOH + N_2\uparrow + H_2O$$

反应是定量完成的，恒量地放出 N_2，测定 N_2 的体积便可计算出氨基酸中氨基的含量。

④与茚三酮反应。α-氨基酸在碱性溶液中与茚三酮作用，生成显蓝色或紫红色的有色物

质，是鉴别α-氨基酸的灵敏的方法。

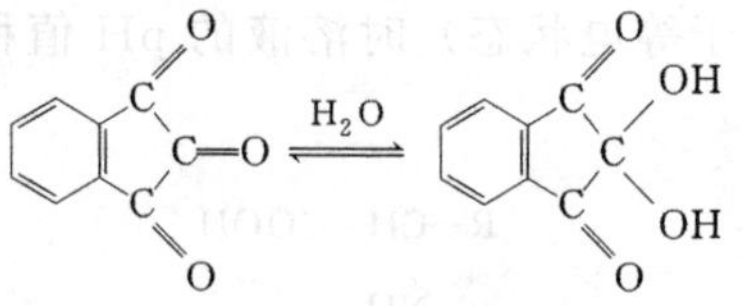

茚三酮　　　　水合茚三酮

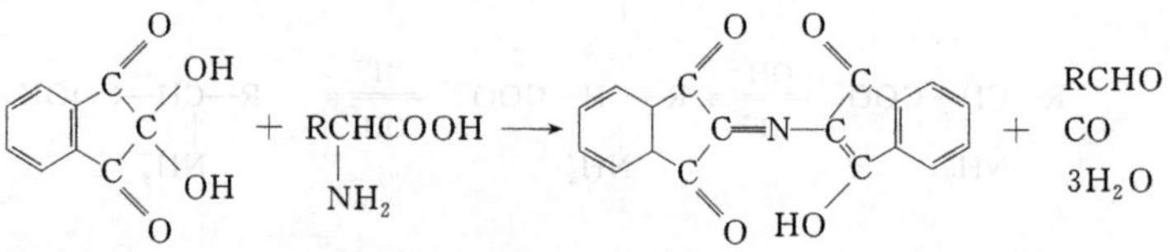

（3）氨基酸羧基的反应　氨基酸分子中羧基的反应主要利用它能成酯、成酐、成酰胺的性质。这里值得特别提出的是将氨基酸转化为叠氮化合物的方法（氨基酸酯与肼作用生成酰肼，酰肼与亚硝酸作用则生成叠氮化合物）。

二、多肽

一分子氨基酸中的羧基与另一分子氨基酸分子的氨基脱水而形成的酰胺叫做肽，其形成的酰胺键称为肽键。

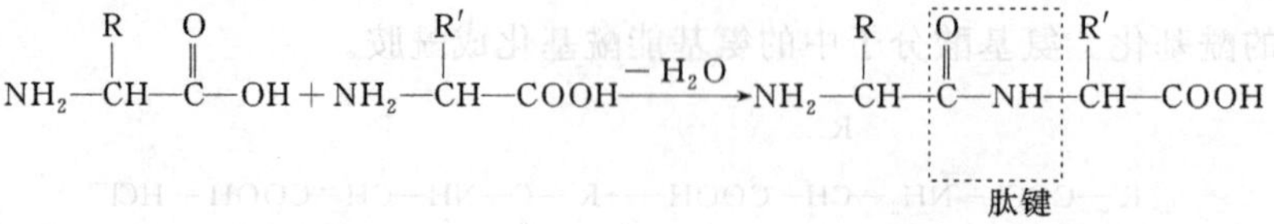

由 n 个α-氨基酸缩合而成的肽称为 n 肽，由多个α-氨基酸缩合而成的肽称为多肽。一般把含 100 个以上氨基酸的多肽（有时是含 50 个以上）称为蛋白质。

无论肽链有多长，在链的两端一端有游离的氨基（—NH_2），称为 N 端；链的另一端有游离的羧基（—COOH），称为 C 端。

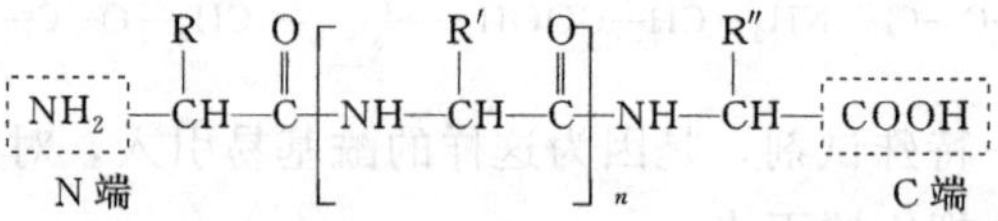

根据组成肽的氨基酸的顺序称为某氨酰某氨酰……某氨酸（简写为某、某、某）。例如：

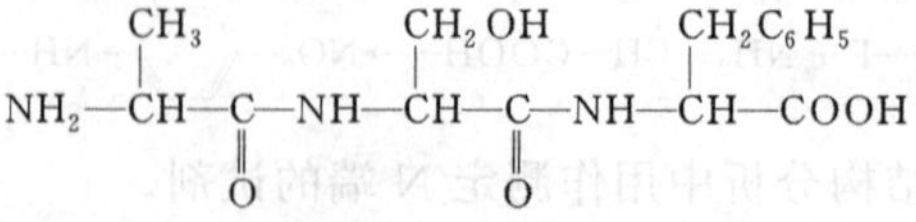

丙氨酰丝氨酰苯丙氨酸(丙 - 丝 - 苯丙)

很多多肽都采用俗名，如催产素、胰岛素等。

由氨基酸组成的多肽数目惊人，情况十分复杂。假定 100 个氨基酸聚合成线形分子，可能具有 20^{100} 种多肽。例如：由甘氨酸、缬氨酸、亮氨酸 3 种氨基酸就可组成 6 种三肽。

甘-缬-亮　　甘-亮-缬　　缬-亮-甘　　缬-甘-亮　　亮-甘-缬　　亮-缬-甘

多肽结构的测定主要是做如下工作：了解某一多肽是由哪些氨基酸组成的，确定各种氨基酸的相对比例，确定各氨基酸的排列顺序。F. Sanger 及其他工作者花费了约 10 年时间于 1953 年首先测定出牛胰岛素的氨基酸顺序，由此 Sanger 获得了 1958 年的诺贝尔化学奖。此后，有几百种多肽和蛋白质的氨基酸顺序被测定出来，其中包括含 333 个氨基酸单位的甘油醛-3-磷酸酯脱氢酶。以后 F. Sanger 又测定了 DNA 核苷酸顺序，因而他在 1980 年第二次获得了诺贝尔奖。

多肽是蛋白质部分水解的产物，因此多肽的研究是了解蛋白质的基础，只有了解多肽的结构才能了解蛋白质的结构。多肽的合成也是蛋白质合成的基础。

三、蛋白质

分子量在 10000 以上，构型复杂的多肽称为蛋白质。蛋白质是由 α-氨基酸按一定顺序结合形成一条多肽链，再由一条或一条以上的多肽链按照其特定方式结合而成的高分子化合物。蛋白质就是构成人体组织器官的支架和主要物质，在人体生命活动中，起着重要作用，可以说没有蛋白质就没有生命活动的存在。每天的饮食中蛋白质主要存在于瘦肉、蛋类、豆类及鱼类中。

1. 蛋白质的分类与结构

蛋白质是由 C（碳）、H（氢）、O（氧）、N（氮）组成，一般蛋白质可能还会含有 P（磷）、S（硫）、Fe（铁）、Zn（锌）、Cu（铜）等多种元素。这些元素在蛋白质中的组成百分比约为：碳 50%、氢 7%、氧 23%、氮 16%、硫 0~3%，其他微量。一切蛋白质都含 N 元素，且各种蛋白质的含氮量很接近，平均为 16%。

根据蛋白质的形状分为：①纤维蛋白质，如丝蛋白、角蛋白等；②球状蛋白质，如蛋清蛋白、酪蛋白、血红蛋白、γ-球蛋白（感冒抗体）等。

根据组成分：①单纯蛋白质——其水解最终产物是 α-氨基酸。②结合蛋白质—α-氨基酸+非蛋白质（辅基），辅基为糖时称为糖蛋白；辅基为核酸时称为核蛋白；辅基为血红素时称为血红素蛋白等。

根据蛋白质的功能分：①活性蛋白，按生理作用不同又可分为酶、激素、抗体、收缩蛋白、运输蛋白等。②非活性蛋白，担任生物的保护或支持作用的蛋白，但本身不具有生物活性的物质。例如：贮存蛋白（清蛋白、酪蛋白等），结构蛋白（角蛋白、弹性蛋白胶原等）等等。

各种蛋白质的特定结构，决定了各种蛋白质的特定生理功能。蛋白质种类繁多，结构极其复杂。通过长期研究确定，蛋白质的结构可分为一级结构、二级结构、三级结构和四级结构。

蛋白质的一级结构由各氨基酸按一定的排列顺序结合而形成的多肽链（50 个以上氨基酸）称为蛋白质的一级结构。对某一蛋白质，若结构顺序发生改变，则可引起疾病或死亡。例如，血红蛋白是由两条 α-肽链（各为 141 肽）和两条 β-肽链（各为 146 肽）四条肽链（共 574 肽）组成的。在 β 链，N6 为谷氨酸，若换为缬氨酸，则造成红细胞附聚，即由球状变成镰刀状，若得了这种病（镰刀形贫血症）不到十年就会死亡。

多肽链中互相靠近的氨基酸通过氢键的作用而形成的多肽在空间排列（构象）称为蛋白质的二级结构。蛋白质的二级结构主要有三种形式：α-螺旋、β-折叠和 β-转角，无规则卷曲。

由蛋白质的二级结构在空间盘绕、折叠、卷曲而形成的更为复杂的空间构象称为蛋白质的三级结构。维持三级结构的作用力有：共价键（—S—S—）、静电键（盐键）、氢键、疏水基（烃基等），形成三级结构后，亲水基团在结构外，疏水基团在结构内，故球状蛋白溶于水。

由一条或几条多肽链构成蛋白质的最小单位称为蛋白质亚基，由几个亚基借助各种副键的作用而构成的一定空间结构称为蛋白质的四级结构。

2. 蛋白质的性质

(1) 两性及等电点　多肽链中有游离的氨基和羧基等酸碱基团，具有两性。

$$P = \text{Protin} \quad \text{蛋白质} \quad P\begin{matrix}COO^-\\NH_2\end{matrix} \xrightleftharpoons[OH^-]{H^+} P\begin{matrix}COO^-\\NH_3^+\end{matrix} \xrightleftharpoons[OH^-]{H^+} P\begin{matrix}COOH\\NH_3^+\end{matrix}$$

$$pH > pI \qquad\qquad pH \qquad\qquad pH < pI$$

(2) 胶体性质与沉淀作用　蛋白质是大分子化合物，分子颗粒的直径在胶粒幅度之内（$0.1 \sim 0.001 \mu m$）呈胶体性质。蛋白质颗粒表面都带电荷，在酸性溶液中带正电荷，在碱性溶液中带负电荷。由于同性电荷相斥，颗粒互相隔绝而不黏合，形成稳定的胶体体系。

蛋白质与水形成的亲水胶体，也和其他胶体一样不是十分稳定，在各种因素的影响之下，蛋白质容易析出沉淀。

① 可逆沉淀（盐析）。

$$\text{蛋白质溶液} \xrightarrow{\text{碱金属盐或铵盐}} \text{沉淀（蛋白质）} \xrightarrow{H_2O} \text{溶解}$$

②不可逆沉淀。蛋白质与重金属盐作用，或在蛋白质溶液中加入有机溶剂（如丙酮、乙醇等）则发生不可逆沉淀。如 70%～75%的酒精可破坏细菌的水化膜，使细菌发生沉淀和变性，从而起到消毒的作用。

③蛋白质的变性作用。蛋白质在一定条件下，共价键不变，但构象发生变化而丧失生物活性的过程称为蛋白质的变性作用。物理因素包括干燥、加热、高压、振荡或搅拌、紫外线、X射线、超声等。

化学因素有强酸、强碱、尿素、重金属盐、生物碱试剂（三氯乙酸、乙醇等）。蛋白质变性后丧失了生物活性，溶解度降低，对水解酶的抵抗力减弱易被水解。因此可以利用蛋白质变性的现象，来进行消毒、杀菌。

④蛋白质的颜色反应。蛋白质与新配制的碱性硫酸铜溶液反应，呈紫色，称为缩二脲反应。蛋白质中含有苯环的氨基酸，遇浓硝酸发生硝化反应而生成黄色硝基化合物的反应称为蛋白黄反应。蛋白质与稀的茚三酮溶液共热，即呈现蓝色。

拓展窗

米勒实验和生命的化学起源

生命起源是一个极其复杂而又难以研究的问题。虽然 19 世纪 70 年代恩格斯在《反杜林论》中就指出："生命的起源必然是通过化学的途径实现的"；20 世纪 20 年代奥巴林和霍尔丹也相继提出生命起源的化学进化观点，即认为在原始地球的条件下，无机物可以转变为有机物，有机物可以发展为生物大分子和多分子体系，直到演变出原始的生命体；但这些都只是理论的推测，还缺乏令人信服的实验证据。米勒首次在实验室内模拟原始地球还原性大气中的雷鸣闪电，结果从无机物合成出有机物，特别是多种组成蛋白质的氨基酸，这是生命起源研究的一次重大突破。

先将玻璃仪器中的空气抽去。然后打开左方的活塞，泵入 CH_4、NH_3 和 H_2 的混合气体（模拟还原性大气）。再将 500mL 烧瓶内的水煮沸，使水蒸气（H_2O）和混合气体同在密闭的玻璃管道内不断循环，并在另一容量为 5L 的大烧瓶中，经受火花放电（模拟雷鸣闪电）一周，最后生成的有机物，经过冷却后，积聚在仪器底部的溶液内（模拟原始大气中生成的有机物被雨水冲淋到原始海洋中）。

此实验共生成 20 种有机物。其中 11 种氨基酸中有 4 种（即甘氨酸、丙氨酸、天冬氨酸和谷氨酸）是生物的蛋白质所含有的。以后，米勒认为，设想原始地球还原性大气的成分是 CH_4、N_2、微量的 NH_3 和 H_2O 的混合气体更为合理，因为 NH_3 不可能在大气中大量存在，它会溶于海水中。他和他的合作者于 1972 年在上述混合气体中进行火花放电，结果得到 35 种有机物，其中有 10 种组成蛋白质的氨基酸，即甘氨酸（440μg 分子）、丙氨酸（790μg 分子）、缬氨酸（19.5μg 分子）、亮氨酸（11.3μg 分子）、异亮氨酸（4.8μg 分子）、脯氨酸（1.5μg 分子）、天冬氨酸（34μg 分子）、谷氨酸（7.7μg 分子）、丝氨酸（5.0μg 分子）和苏氨酸（约 0.8μg 分子）。若在分析之前进行水解，还可生成天冬酰胺和谷氨酰胺。若增加 H_2S，则可生成甲硫氨酸。在 CH_4、NH_3、H_2O 和 H_2S 混合气体中进行光解作用，可以找到半胱氨酸。对 CH_4 及其他碳氢化合物在高温下进行热解，可以得到苯丙氨酸、酪氨酸和色氨酸。到目前为止，用米勒模拟实验和其他类似实验，已能合成出 20 种天然氨基酸中的 17 种；其余 3 种（赖氨酸、精氨酸和组氨酸）相信在改进技术之后，不久亦能合成。由此实验可以证明：由无机物合成小分子有机物是完全有可能的。

后来，科学家们仿效米勒的模拟实验，已合成出大量与生命有关的有机分子。例如，有人用紫外线或 γ 射线照射稀释的甲醛（HCHO）溶液获得了核糖和脱氧核糖（1966）；用紫外线照射 HCN 获得了腺嘌呤和鸟嘌呤；用丙炔腈（N≡C—C≡CH）、KCN 和 H_2O，在 100℃ 下加热一天得到了胞嘧啶（1966）；将 NH_3、CH_4、H_2O 与聚磷酸加热到 100~140℃ 获得了尿嘧啶（1961）；将腺嘌呤和核糖的稀溶液与磷酸或乙基偏磷酸盐（ethyl- metaphosphate）放在一起，用紫外线照射，可生成腺苷（1977）；将腺苷、乙基偏磷酸盐封入石英玻璃管中用紫外线照射，可产生腺苷酸（A）（1966）。此外，长链脂肪酸也可通过在高压下用 γ 射线照射乙烯和 CO_2 而获得。可以说，几乎全部的生物小分子，都可以通过模拟原始地球的条件，在实验室内合成了。

技能项目十三
有机化合物结构绘制

背景：
ChemDraw 软件是目前国内外最流行、最受欢迎的化学绘图软件。它是美国 CambridgeSoft 公司开发的 ChemOffice 系列软件中最重要的一员。由于它内嵌了许多国际权威期刊的文件格式，近几年来成为了化学界出版物、稿件、报告、CAI 软件等领域绘制结构图的标准。

一、工作任务
任务（一）：认识 ChemDraw 化学绘图软件。
任务（二）：模仿学习 ChemDraw 软件的基本操作。
任务（三）：完成指定化合物结构式、方程式和仪器的绘制。

二、ChemDraw 软件使用的简要介绍

ChemDraw 软件是目前国内外最流行、最受欢迎的化学绘图软件。它是美国 CambridgeSoft 公司开发的 ChemOffice 系列软件中最重要的一员。由于它内嵌了许多国际权威期刊的文件格式，近几年来成为了化学界出版物、稿件、报告、CAI 软件等领域绘制结构图的标准。

ChemDraw 软件功能十分强大，可编辑、绘制与化学有关的一切图形。例如，建立和编辑各类分子式、方程式、结构式、立体图形、对称图形、轨道等，并能对图形进行编辑、翻转、旋转、缩放、存储、复制、粘贴等等多种操作。用它绘制的图形可以直接复制粘贴到 word 软件中使用。最新版本的软件还可以生成分子模型、建立和管理化学信息库、增加了光谱化学工具等等功能。

本次实验将以有机物结构式、化学方程式，进行详细的实例指导。让同学们能掌握 ChemDraw 中结构式、方程式的基本绘制功能与技巧。

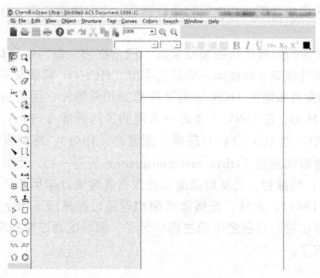

三、ChemDraw 软件操作练习题

1. 结构式画法练习

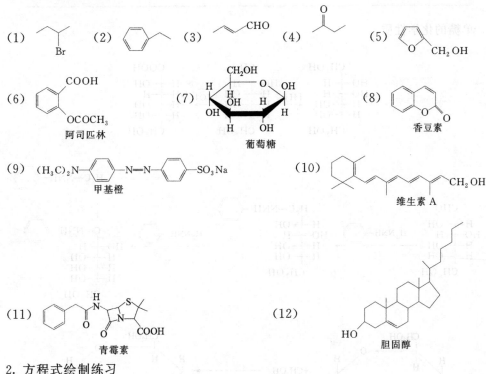

2. 方程式绘制练习

(1) 呋喃甲醛 —氧化→ 呋喃甲酸 —NaOH/CaO→ 呋喃

(2) 丙酮 —OH⁻→ 双丙酮醇

3. 仪器及装置图绘制练习

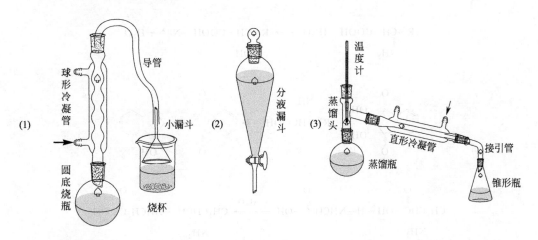

四、问题讨论

(1) 试述如何操作菜单栏使工具软件默认为罗马字体，10 号。

本章小结

1. 单糖的化学性质

$$\begin{array}{c}CH_2OH\\H\!\!-\!\!OH\\HO\!\!-\!\!H\\HO\!\!-\!\!H\\H\!\!-\!\!OH\\H\!\!-\!\!OH\\CH_2OH\end{array} \xleftarrow{[H]} \begin{array}{c}CHO\\H\!\!-\!\!OH\\HO\!\!-\!\!H\\H\!\!-\!\!OH\\H\!\!-\!\!OH\\CH_2OH\end{array} \xrightarrow{[O]} \begin{array}{c}COOH\\H\!\!-\!\!OH\\HO\!\!-\!\!H\\H\!\!-\!\!OH\\H\!\!-\!\!OH\\CH_2OH\end{array}$$

$$\begin{array}{c}CHO\\H\!\!-\!\!OH\\HO\!\!-\!\!H\\H\!\!-\!\!OH\\H\!\!-\!\!OH\\CH_2OH\end{array} \xrightarrow{H_2N\text{NH}\text{-}C_6H_5} \begin{array}{c}H_2C\!\!=\!\!NNH\text{-}C_6H_5\\HO\!\!-\!\!H\\H\!\!-\!\!OH\\H\!\!-\!\!OH\\CH_2OH\end{array} \xrightarrow{H_2N\text{NH}\text{-}C_6H_5} \begin{array}{c}H_2C\!\!=\!\!NNH\text{-}C_6H_5\\C\!\!=\!\!NNH\text{-}C_6H_5\\HO\!\!-\!\!H\\H\!\!-\!\!OH\\H\!\!-\!\!OH\\CH_2OH\end{array}$$

（吡喃糖 + CH_3OH → 甲基糖苷）

2. 氨基酸的化学性质

$$\underset{NH_2}{R\!-\!CH_2\!-\!COO^-} \xrightleftharpoons[H^+]{OH^-} \underset{NH_2}{R\!-\!CH\!-\!COOH} \xrightleftharpoons[OH^-]{H^+} \underset{+NH_3}{R\!-\!CH\!-\!COOH}$$

$$\underset{NH_2}{R\!-\!CH\!-\!COOH} + HNO_2 \longrightarrow \underset{OH}{R\!-\!CH\!-\!COOH} + N_2\uparrow + H_2O$$

（茚三酮 + $R\text{-}CHCOOH(NH_2)$ → 蓝紫色产物）

$$\underset{NH_2}{CH_3\overset{O}{\overset{\|}{C}}\!-\!OH} + H\!-\!NHCH_2\overset{O}{\overset{\|}{C}}\!-\!OH \xrightarrow{-H_2O} \underset{NH_2}{CH_3CH}\!-\!NHCH_2\overset{O}{\overset{\|}{C}}\!-\!OH$$

习题

1. 写出葡萄糖与下列试剂反应的产物：
（1）溴水　　（2）托伦试剂　　（3）苯肼　　（4）催化加氢

2. 用热的硝酸氧化时，有些己醛糖会生产没有旋光性的己二酸，请写出它们的费歇尔投影式。

3. 请解释下列名词
（1）α-氨基酸　　（2）等电点　　（3）肽键

参 考 文 献

[1] 高职高专化学教学编写组. 有机化学. 第 4 版. 北京：高等教育出版社，2009.
[2] 徐寿昌主编. 有机化学. 第 2 版. 北京：高等教育出版社，2014.
[3] 张法庆主编. 有机化学. 第 3 版. 北京：化学工业出版社，2012.
[4] 周志高主编. 有机化学实验. 北京：化学工业出版社，2014.
[5] 王丽君主编. 有机化学. 北京：化学工业出版社，2014.
[6] 汤长青，陈淑芬. 有机化学（实训篇）. 大连：大连理工大学出版社，2009.
[7] 周科衍，高占先. 有机化学实验. 第 3 版. 北京：高等教育出版社，2001.
[8] 邢其毅. 基础有机化学. 第 4 版. 北京：北京大学出版社，2016.
[9] 刘永辉，李静. 绿色化学的研究进展及前景. 浙江化工，2008，39（11）：10-13.
[10] 冷永刚. 常见呼气式酒精检测仪简介. 化学教学，2011，(8)：68-69.